D1686890

Ralf Dohrn

Berechnung von Phasengleichgewichten

Otto von Guericke-Universität
Magdeburg
Institut für Apparate- und Umwelttechnik
Inventar-Nr.: 1994/25

Grundlagen und Fortschritte der Ingenieurwissenschaften

Fundamentals and Advances in the Engineering Sciences

herausgegeben von
Prof. Dr.-Ing. *Wilfried B. Krätzig*, Ruhr-Universität Bochum
Prof. em. Dr.-Ing. Dr.-Ing. E.h. *Theodor Lehmann*†, Ruhr-Universität Bochum
Prof. Dr.-Ing. Dr.-Ing. E.h. *Oskar Mahrenholtz*, TU Hamburg-Harburg
Prof. Dr. *Peter Hagedorn*, TH Darmstadt

Konvektiver Impuls-, Wärme- und Stoffaustausch
von Michael Jischa

Einführung in Theorie und Praxis der Zeitreihen- und Modalanalyse
von Hans G. Natke

Mechanik der Flächentragwerke
von Yavuz Basar und Wilfried B. Krätzig

Introductory Orbit Dynamics
von Fred P. J. Rimrott

Festigkeitsanalyse dynamisch beanspruchter Offshore-Konstruktionen
von Karl-Heinz Hapel

Abgelöste Strömungen
von Alfred Leder

Strömungsmechanik
von Klaus Gersten und Heinz Herwig

Konzepte der Bruchmechanik
von Reinhold Kienzler

Dünnwandige Stab- und Stabschalentragwerke
von Johannes Altenbach, Wolfgang Kissing
und Holm Altenbach

Thermodynamik der Strahlung
von Stephan Kabelac

Simulation von Kraftfahrzeugen
von Georg Rill

Berechnung von Phasengleichgewichten
von Ralf Dohrn

Ralf Dohrn

Berechnung von Phasengleichgewichten

Mit 50 Bildern und 14 Tabellen

vieweg

Privatdozent Dr.-Ing. habil. *Ralf Dohrn*
Oberingenieur am Arbeitsbereich Thermische Verfahrenstechnik
der Technischen Universität Hamburg-Harburg

Alle Rechte vorbehalten
© Friedr. Vieweg & Sohn Verlagsgesellschaft mbH, Braunschweig/Wiesbaden, 1994

Der Verlag Vieweg ist ein Unternehmen der Verlagsgruppe Bertelsmann International.

Das Werk einschließlich aller seiner Teile ist urheberrechtlich geschützt. Jede Verwertung außerhalb der engen Grenzen des Urheberrechtsgesetzes ist ohne Zustimmung des Verlags unzulässig und strafbar. Das gilt insbesondere für Vervielfältigungen, Übersetzungen, Mikroverfilmungen und die Einspeicherung und Verarbeitung in elektronischen Systemen.

Druck und buchbinderische Verarbeitung: Lengericher Handelsdruckerei, Lengerich
Gedruckt auf säurefreiem Papier
Printed in Germany

ISBN 3-528-06587-7

Vorwort

In unserem täglichen Leben spielt die Übertragung von Substanzen von einer Stoffmischung in eine andere eine große Rolle. Ein wichtiges Beispiel ist die Atmung: In unseren Lungen wird Sauerstoff aus der Luft in das Blut übertragen, und gleichzeitig wandert Kohlendioxid aus dem Blut in die Luft. Diese Vorgänge geschehen, weil beim Zusammenbringen zweier Phasen diese ihre Bestandteile austauschen bis die Zusammensetzungen in den Phasen konstante Werte erreicht haben. Das Stoffsystem hat dann einen Gleichgewichtszustand erreicht, der **Phasengleichgewicht** genannt wird. Gleichgewichtsbestimmte Trennverfahren, wie die Destillation, Extraktion oder Absorbtion basieren auf der Tatsache, daß sich häufig die Zusammensetzungen der im Gleichgewicht befindlichen Phasen deutlich voneinander unterscheiden. Obwohl sich bei diesen Trennverfahren das Phasengleichgewicht nicht immer vollständig einstellt, arbeiten die Prozesse doch in der Nähe des Gleichgewichtszustandes. Die genaue Kenntnis der für ein Trennverfahren relevanten Phasengleichgewichte ist für die Prozeßauslegung, z. B. die Dimensionierung von Trennapparaten, von besonderer Bedeutung.

Phasengleichgewichte lassen sich mit Hilfe von thermodynamischen Beziehungen berechnen, wenn die Dichten bzw. die molaren Volumina der im Gleichgewicht stehenden Phasen als Funktionen der Temperatur, des Druckes und der Zusammensetzung bekannt sind. **Zustandsgleichungen** beschreiben gerade diese gesuchten Zusammenhänge. Die Verwendung von Zustandsgleichungen zur Beschreibung aller im Gleichgewicht befindlichen Phasen, stellt eine bedeutende Vereinfachung der Gleichgewichtsberechnung im Vergleich zu anderen Methoden dar. Auf einfache Weise können auch die Dichte und abgeleitete Größen, wie Enthalpie und Entropie, berechnet werden. Heute ist die Anwendung von Zustandsgleichungen zur Berechnung von Phasengleichgewichten und zur Bestimmung anderer Stoffdaten ein Standardwerkzeug für den Verfahrensingenieur.

Dieses Buch ist aus meiner Habilitationsschrift hervorgegangen und stellt meine bisherigen Arbeiten zur Phasengleichgewichtsberechnung im Zusammenhang dar, ergänzt und vervollständigt durch Literaturübersichten. Es wendet sich an Studierende der Fachrichtungen Chemieingenieurwesen, Verfahrenstechnik und Chemie sowie an Ingenieure und Naturwissenschaftler aus Industrie oder Hochschule, die sich für Mischphasenthermodynamik interessieren bzw. sich mit der Auslegung verfahrenstechnischer Prozesse befassen.

Die Thematik wird in überschaubaren Abschnitten behandelt, für die jeweils Literaturübersichten gegeben werden. Die einzelnen Themen werden durch Berechnungsbeispiele, die häufig auf neueren Forschungsergebnissen beruhen, veranschaulicht. Die meisten Beispiele wurden mit einer weit verbreiteten kubischen Zustandsgleichung (Peng und Robinson, 1976) oder mit einer neuen Zustandsgleichung mit einem Hartkugelreferenzterm (Dohrn und Prausnitz, 1990) berechnet.

Der Leser kann sich einen schnellen Überblick über den behandelten Stoff mit Hilfe der diesem Vorwort folgenden Zusammenfassung verschaffen. Hinweise über den Inhalt der einzelnen Kapitel findet man auch im Kapitel 1 *Einführung*.

Beim Schreiben des Buches erhielt ich wertvolle Anregungen. Insbesondere möchte ich mich bei den Herren Professoren G. Brunner, J. M. Prausnitz, G. Maurer, D. Lempe und J. Gmehling bedanken. Bei der Fertigstellung des Manuskriptes waren mir T. Schöb, M. Kiss und O. Pfohl eine große Hilfe. Darüber hinaus gilt mein Dank allen, die einen Anteil am Gelingen dieses Buches hatten. Dem Verlag Vieweg danke ich für die gute Zusammenarbeit.

Ich widme dieses Buch meiner Frau Anke, die es möglich gemacht hat, und meinen Eltern, die den Weg bereiteten.

Hamburg, Februar 1994   Ralf Dohrn

Zusammenfassung

In dem vorliegenden Buch wird die Berechnung von Phasengleichgewichten mit Hilfe von Zustandsgleichungen - ein wichtiges Hilfsmittel zur Auslegung von gleichgewichtsbestimmten Trennverfahren - im Zusammenhang dargestellt. Die Thematik wird in überschaubaren Abschnitten behandelt, für die jeweils Literaturübersichten gegeben werden. Die einzelnen Themen werden durch Berechnungsbeispiele, die häufig auf neueren Forschungsergebnissen beruhen, veranschaulicht.

Nach einer Zusammenstellung von wichtigen thermodynamischen Beziehungen zur Phasengleichgewichtsberechnung wird ein Überblick über bedeutende Zustandsgleichungen gegeben. Dabei wird der Schwerpunkt auf die heute gebräuchlichen Gleichungen gelegt. Im historischen Zusammenhang wird auch auf Gleichungen eingegangen, die für die Entwicklung der heutigen Zustandsgleichungen von Bedeutung waren.

Beispielhaft wird die Entwicklung einer zweiparametrigen Zustandsgleichung vorgestellt. Sie besteht aus dem Carnahan-Starling-Referenzterm und einem einfachen Störungsterm, der durch Anpassung an kritische Isothermen entwickelt wurde. Die Bestimmung der temperaturabhängigen Parameter a(T) und b(T) erfolgt mit Hilfe von generalisierten Funktionen, die als Eingangsgrößen die kritische Temperatur T_c, den kritischen Druck P_c und den azentrischen Faktor ω benötigen. Die neue Zustandsgleichung erlaubt im Vergleich zur Peng-Robinson-Gleichung eine wesentlich genauere Berechnung von Flüssigkeitsdichten; bei der Dampfdruckberechnung zeigt sie keine Vorteile. Für Mischungen wird anstelle des Carnahan-Starling-Terms die Boublik-Mansoori-Gleichung verwendet.

Die wichtigsten thermodynamischen Beziehungen zur Berechnung von Stoffeigenschaften reiner Stoffe mit Hilfe von Zustandsgleichungen werden vorgestellt. Anschließend werden Korrelationen zur Bestimmung der Reinstoffparameter von Zustandsgleichungen beschrieben. Diese Korrelationen sind insbesondere für Stoffe mit unbekannten kritischen Daten von Interesse. Es wird eine neue Methode vorgestellt, die als Eingangsgrößen das molare Volumen bei 20°C und die Siedetemperatur benötigt. Im Vergleich zu anderen Parameter-Korrelationen führt die neue Methode zu genaueren Ergebnissen, insbesondere bei der Berechnung von Dampfdrücken sowie bei der Bestimmung von T_c, P_c und des azentrischen Faktors.

Zur Berechnung der thermodynamischen Eigenschaften von Mischungen müssen aus den Reinstoffparametern die für die Mischung geltenden Zustandsgleichungsparameter bestimmt werden. Dies geschieht mit Hilfe von Mischungsregeln. Die Art der verwendeten Mischungsregel ist für die Berechnung von Phasengleichgewichten oft wichtiger als die Art der verwendeten Zustandsgleichung. Die wichtigsten Mischungsregeln werden vorgestellt und ihre Vor- und Nachteile diskutiert. Für einfache Systeme aus unpolaren oder wenig polaren Komponenten genügen i. a. Van-der-Waals-Mischungsregeln in Verbindung mit einem Wechselwirkungsparameter. Zum Korrelieren von experimentellen Gleichgewichtsdaten haben sich zusammensetzungsabhängige Mischungsregeln als besonders geeignet erwiesen, denn sie sind einfach und flexibel. Eine Alternative bilden Mischungsregeln, die auf einem g^E-Modell basieren, wobei die Verwendung einer Gruppenbeitragsmethode, wie UNIFAC, wegen der Möglichkeit zur Vorhersage von Phasengleichgewichten heute besondere Beachtung findet. Dichteabhängige Mischungsregeln sind im Gegensatz zu vielen anderen flexiblen Modellen thermodynamisch konsistent, aber auch rechentechnisch aufwendiger. Besonders vielversprechend sind Mischungsregeln vom Wong-Sandler-Typ, weil sie eine thermodyamisch konsistente Basis zur Vereinigung einer Zustandsgleichung mit einem g^E-Modell darstellen. Die rechentechnischen Nachteile der dichteabhängigen Mischungsregeln treten bei Wong-Sandler-Regeln nicht auf.

Die Berechnung von Mischungs- und Abweichungsgrößen, von Fugazitäts- und Aktivitätskoeffizienten sowie die Bestimmung der inneren Energie, der Enthalpie und der Entropie in Mischungen wird beschrieben. Es wird eine Methode zur Berechnung dieser Größen erläutert, die die residuelle Freie Energie a^r als Zwischengröße verwendet.

Verschiedene Algorithmen zur Berechnung von Dampf-Flüssig-, Flüssig-Flüssig-, Mehrphasen- und Feststoff-Fluid-Gleichgewichten werden vorgestellt. Beispielhaft wird die Entwicklung eines neuen Algorithmus zur Berechnung von Dreiphasengebieten beschrieben. Seine Leistungsfähigkeit wird an Beispielrechnungen in Systemen aus Wasserstoff, Wasser und Kohlenwasserstoffen demonstriert.

Phasengleichgewichte in Systemen mit polaren Komponenten können u. a. mit Modellen berechnet werden, die auf der Chemischen Theorie beruhen, die spezielle Mischungsregeln enthalten oder die das Dipolmoment berücksichtigen. Es wird eine Zustandsgleichung vorgestellt, bei der das Dipolmoment in Form von Koeffizienten in den Referenzterm eingeht. Der Dampfdruck und die Dichte von Wasser können gut wiedergegeben werden. Für Mischungen aus einer polaren und mehreren unpolaren Komponenten wird eine Mischungsregel für das Dipolmoment angegeben. Auf diese Weise lassen sich Phasengleichgewichte in binären Systemen aus Wasser und einer unpolaren Komponente mit guter Genauigkeit berechnen.

In Systemen aus vielen Komponenten bzw. mit undefinierten Zusammensetzungen können Phasengleichgewichte durch Einteilen der Mischung in Pseudokomponenten oder mit Hilfe der "Thermodynamik mit kontinuierlichen Verteilungen"[1] berechnet werden. Anhand einer Reihe von Beispielen werden die Möglichkeiten und Grenzen der Pseudokomponentenmethode aufgezeigt.

Kritische Kurven lassen sich mit Hilfe von Zustandsgleichungen berechnen. Zur Anpassung der Wechselwirkungsparameter reicht die Verwendung von üblichen Gleichgewichtsdaten in der Regel nicht aus, sondern es müssen experimentelle Daten der kritischen Kurven berücksichtigt werden.

Schließlich wird eine Übersicht über Untersuchungen zur Leistungsfähigkeit verschiedener Zustandsgleichungen gegeben. Es werden Schlußfolgerungen gezogen und offene Fragen diskutiert.

Der Anhang enthält ergänzendes Material zu den einzelnen Themen. Dort sind u. a. die wichtigsten Gleichungen zur Berechnung von Phasengleichgewichten mit der Peng-Robinson- und der Dohrn-Prausnitz-Zustandsgleichung zusammengestellt.

---

[1] Andere Bezeichnungen wie "Kontinuumsthermodynamik" oder "kontinuierliche Thermodynamik" (Engl.: continuous thermodynamics) sind mißverständlich, da nicht die Thermodynamik kontinuierlich ist, sondern mit kontinuierlichen Verteilungen gerechnet wird.

Inhalt

1 **Einführung** 1

2 **Thermodynamische Grundlagen** 5
   2.1 Grundbegriffe 5
   2.2 Homogene geschlossene Systeme 6
   2.3 Homogene offene Systeme 10
   2.4 Gleichgewichts- und Stabilitätsbedingungen 11
   2.5 Die Gibbs-Duhem-Gleichung und das Gibbssche Phasengesetz 13
   2.6 Chemisches Potential, Fugazität und Aktivität 15

3 **Zustandsgleichungen** 19
   3.1 Kubische Zustandsgleichungen 21
   3.2 Modifizierte Virialgleichungen 41
   3.3 PvT-Datenberechnung nach dem Korrespondenzprinzip 46
   3.4 Auf der statistischen Thermodynamik basierende Zustandsgleichungen . . . 49
   3.5 Beispiel: Die Dohrn-Prausnitz-Zustandsgleichung 60

4 **Einstoffsysteme** 69
   4.1 Berechnung von PvT-Daten mit Zustandsgleichungen 69
      4.1.1 Parameter von Zustandsgleichungen 69
      4.1.2 Das Dichtefindungsproblem 73
      4.1.3 Berechnungsbeispiele 74
   4.2 Berechnung von abgeleiteten Größen mit Zustandsgleichungen 78
      4.2.1 Residualgrößen 79
      4.2.2 Änderungen der inneren Energie, der Enthalpie und der Entropie . . 81
      4.2.3 Wärmekapazitäten 85
      4.2.4 Fugazitätskoeffizienten reiner Stoffe 86
      4.2.5 Dampfdruckberechnung 88
      4.2.6 Phasenübergänge 90
      4.2.7 Berechnungsbeispiele 91
   4.3 Korrelationen zur Bestimmung der Reinstoffparameter 94
      4.3.1 Übersicht 94
      4.3.2 Die Methode von Brunner (1978) 97
      4.3.3 Die Methode von Hederer (1981) 100
      4.3.4 Die Methode von Dohrn (1992) 103
      4.3.5 Vergleich der Methoden 117
   4.4 Vergleich von Zustandsgleichungen für Einstoffsysteme 119

5 **Eigenschaften von Mischungen** 123
   5.1 Mischungsregeln für Zustandsgleichungsparameter 123
      5.1.1 Van-der-Waals-Mischungsregeln 124
      5.1.2 Mischungsregeln für Hartkugelsysteme 127
      5.1.3 g^E-Modell-Mischungsregeln 129
      5.1.4 Dichteabhängige Mischungsregeln 133

    5.1.5 Wong-Sandler-Mischungsregeln 136
    5.1.6 Zusammensetzungsabhängige Mischungsregeln 138
    5.1.7 Mischungsregeln im Vergleich 142
  5.2 Mischungs- und Abweichungsgrößen 145
    5.2.1 Mischung idealer Gase, Residualgrößen 146
    5.2.2 Ideale Mischung, Exzeßgrößen 148
  5.3 Änderungen der inneren Energie, Enthalpie und Entropie in Mischungen . . 150
  5.4 Fugazitätskoeffizienten in Mischungen 151
  5.5 Berechnung von Aktivitätskoeffizienten 153
  5.6 Berechnungsbeispiele 155

6 Phasengleichgewichte in Mischungen 159
  6.1 Dampf-Flüssig-Gleichgewichte 160
    6.1.1 Algorithmen zur Gleichgewichtsberechnung 162
    6.1.2 Berechnungsbeispiele 170
    6.1.3 Löslichkeiten von Gasen in Flüssigkeiten 179
  6.2 Flüssig-Flüssig-Gleichgewichte 182
  6.3 Drei und mehr Phasen im Gleichgewicht 184
    6.3.1 Ein Algorithmus zur Berechnung von Dreiphasengleichgewichten . . . 186
    6.3.2 Berechnungsbeispiele 191
  6.4 Löslichkeiten von Feststoffen in Gasen 193
  6.5 Systeme mit polaren Komponenten 199
    6.5.1 Die Anwendung zusätzlicher Parameter 201
    6.5.2 Spezielle Mischungsregeln 203
    6.5.3 Chemische Theorie 205
    6.5.4 Berücksichtigung des Dipolmomentes 211
    6.5.5 Sonstige Modelle 218
  6.6 Systeme mit undefinierten Zusammensetzungen 219
    6.6.1 Aufteilung in Pseudokomponenten 221
    6.6.2 Thermodynamik mit kontinuierlichen Verteilungen 234
  6.7 Berechnung von kritischen Kurven 237
  6.8 Zustandsgleichungen im Vergleich (Phasengleichgewichte) 240

7 Diskussion und Ausblick 243

Literaturverzeichnis 250

Anhang 273
  Anhang 1: Allgemeines 273
  Anhang 2: Thermodynamische Grundlagen 275
  Anhang 3: Zustandsgleichungen 276
  Anhang 4: Einstoffsysteme 287
  Anhang 5: Stoffmischungen 293
  Anhang 6: Phasengleichgewichte in Mischungen 295

Sachwortverzeichnis 300

Symbolverzeichnis

Lateinische Symbole:

a	Parameter in Zustandsgleichungen	kJ m^3 kmol^{-2}
a	Parameter der HPW-Gleichung	kJ m^3 kmol^{-2} K$^{-\alpha}$
$a^{(0)}$	Parameter für Dispersionskräfte, in Gl. (6.5-1)	kJ m^3 kmol^{-2}
$a^{(1)}$	Parameter für polare Attraktionskräfte, in Gl. (6.5-1)	kJ m^3 kmol^{-2}
a_i	Aktivität der Komponente i	-
a^+	Parameter der HPW-Gleichung, $a^+ = aT^\alpha$	kJ m^3 kmol^{-2}
a^+_{20}	Parameter a^+ der HPW-Gleichung bei 20°C	kJ m^3 kmol^{-2}
A	Freie Energie, Helmholtzsche Energie	kJ
A_0	Parameter in modifizierten Virialgleichungen, z. B. in Gl. (3.2-7)	kJ m^3 kmol^{-2}
A_i	Assoziat aus i Monomeren, in Gl. (6.5-4)	-
A	(Grenz-) Fläche	m^2
b	Parameter in Zustandsgleichungen	m^3 kmol^{-1}
B	2. Virialkoeffizient	m^3 kmol^{-1}
B_0	Parameter in modifizierten Virialgleichungen, z. B. in Gl. (3.2-7)	m^3 kmol^{-1}
c	Konstante	-
c	Parameter in Zustandsgleichungen	unterschiedlich
c_0	Konstante in der Deiters-Gleichung (Gl. 3.4-20)	-
c_{ij}	Parameter in Gl. (5.1-30)	-
c_P	molare Wärmekapazität bei konstantem Druck	kJ kmol^{-1} K^{-1}
c_V	molare Wärmekapazität bei konstantem Volumen	kJ kmol^{-1} K^{-1}
C	3. Virialkoeffizient	cm^6 mol^{-2}
C_1	Konstante in Gl. (6.4-13)	m^3 kmol^{-1}
C_0	Parameter der BWR-Gleichung, in Gl. (3.2-8)	K^2 kJ m^3 kmol^{-2}
C	Zahl der unabhängigen reversibl. chem. Reaktionen	-
$d^{(1)}$	Dipolkoeffizient der Dohrn-Prausnitz-Gleichung	-
$d^{(11)}$	Dipolkonstante, z. B. in Gl. (3.5-7)	-
D	Konstante bei Boublik-Mansoori-Mischungsregeln	-
D_0	Parameter der BWRCSH-Gleichung, in Gl. (3.2-9)	K^3 kJ m^3 kmol^{-2}
D_{nm}	Konstante der Alder-Gleichung, z. B. in Gl. (3.4-13)	-
e	Anzahl der Energieformen, z. B. in Gl. (2.1-2)	-
E	Konstante bei Boublik-Mansoori-Mischungsregeln	-
E	Energie	kJ
E	Verstärkungs(Enhancement)-Faktor, z. B. in Gl. (6.4-11)	-
E_0	Parameter der BWRCSH-Gleichung, in Gl. (3.2-9)	K^4 kJ m^3 kmol^{-2}
E_0	mittleres Potentialfeld, in Gl. (3.4-16)	kJ
E_{ij}	Wechselwirkungsenergie, in Gl. (5.1-26)	kJ kmol^{-1}
f_i	Fugazität der Komponente i	kPa

f	Größe in g^E-Modell-Mischungsregeln, z. B. in Gl. (5.1-23)	-
f_i	Größe in g^E-Modell-Mischungsregeln, z. B. in Gl. (5.1-23)	-
F	Anzahl der Freiheitsgrade	-
F	Molmenge im Zulauf (Feed), Gesamtmolmenge	kmol
F	Konstante bei Boublik-Mansoori-Mischungsregeln	-
$F(\boldsymbol{x})$	Funktion bei Wong-Sandler-Mischungsregeln	kJ
G	Freie Enthalpie, Gibbssche Enthalpie	kJ
ΔG_i^0	Freie Bildungsenthalpie im Standardzustand	kJ kmol^{-1}
$\boldsymbol{G}$	Eff. Paarverteilungsfunktion (Song und Mason, 1992)	-
Δh^{VL}	molare Verdampfungsenthalpie	kJ kmol^{-1}
H	Enthalpie	kJ
H_{ij}	Henry-Konstante von Komponente j in Komponente i	kPa
i	Anzahl der Monomere i. einem Multimer, Gl. (6.5-4)	-
I	charakteristische Größe (Thermod. mit kontinuierl. Verteilungen)	unterschiedlich
I	Dichtefunktion in der Deiters-Gleichung, Gl. (3.4-20)	-
k	Boltzmann-Konstante; k = 1,3805 10^{-23}	J K^{-1}
k_1	Konstante	-
k_{ij}	binärer Wechselwirkungsparameter	-
K_i	K-Faktor für Komponente i ($K_i = y_i/x_i$)	-
$\boldsymbol{K}$	Vektor der K-Faktoren einer Mischung	-
K_i	Chemische Gleichgewichtskonstante	-
L	Molmenge in der flüssigen Phase	kmol
L	Wechselwirkungsparameter, in Gl. (5.1-41)	-
L_{ij}	Korrekturfunktion f. Kugeldurchmesser, in Gl. (5.1-19)	-
l_{ij}	Wechselwirkungsparameter, z. B. in Gl. (5.1-48)	-
m	Reinstoffgröße für Zustandsgleichungen, m = f(ω)	-
m	Masse	kg
m	Parameter der Christoforakis-Franck-Zustandsgleichung	-
m_{ij}	Wechselwirkungsparameter, z. B. in Gl. (5.1-48)	-
M	Molare Masse	kg kmol^{-1}
M_{Ass}	Anzahl der Assoziationsplätze pro Molekül	-
n	Gesamtmolmenge oder Anzahl der Moleküle	kmol
n	Konstante, in Gl. (5.1-43)	-
n_i	Molmenge der Komponente i	kmol
n_{ij}	Molmenge der Komponente i in Phase j	kmol
N	Anzahl der Komponenten	-
N_A	Avogadrokonstante	kmol^{-1}
N_{exp}	Anzahl der experimentellen Punkten	-
P	Gesamtdruck	kPa
P_i	Partialdruck der Komponente i	kPa

Symbolverzeichnis

Symbol	Beschreibung	Einheit
P_i^{Sat}	Sättigungsdampfdruck der Komponente i	kPa
q	Anteil an der Zustandssumme, z. B. $q_{r,v}$	-
Q	zugeführte Wärmemenge	kJ
Q	elektrische Ladung	A s
Q	Zustandssumme im kanonischen Ensemble	-
Q	Platzhalter für P^{Sat}, $v^{Sat,L}$ und $v^{Sat,V}$, Tabelle 4.4-1	unterschiedlich
Q_1	Zielfunktion $Q_1(Q^I, Q^{II})$ Flashalgorithmus, in Gl. (6.3-9)	-
r	Korrelationskoeffizient	-
R	allgemeine Gaskonstante	kJ kmol^{-1} K^{-1}
S	Entropie	kJ K^{-1}
S	Anzahl der kondensierten Komponenten, in Gl. (6.1-17)	-
S	Zielfunktion zur Gleichgewichtsberechnung, in Gl. (6.1-12)	-
S_{j1}	Steigung des Dipolmomentes bei $x_1 = 0$, in Gl. (6.5-24)	-
S_{M1}	Binärer Parameter des Dipolmomentes, in Gl. (6.5-25)	-
T	absolute Temperatur	K
T_{eff}	Parameter für Dreikörperkräfte der Deiters-Glg.	-
u	Parameter der Wechselwirkungsenergie, in Gl. (3.4-13)	kJ
u_1	attraktiver Teil des Paarpotentials, WCA-Theorie	kJ
U	innere Energie	kJ
v	molares Volumen	m^3 kmol^{-1}
v^*	scheinbares mol. Volumen pseudokubischer Gln.	m^3 kmol^{-1}
v^0	molares Hartkugelvolumen, z. B. in Gl. (3.4-12)	m^3 kmol^{-1}
v_{L20}	molares Volumen der flüssigen Phase bei 20°C	m^3 kmol^{-1}
V	Volumen	m^3
V	Molmenge in der Dampfphase	kmol
V_f	freies Volumen, z. B. in Gl. (3.4-16)	m^3
W	Arbeit	kJ
W	Determinante (kritische Kurve), in Gl. (6.7-1)	-
x_i	Molanteil der Komponente i (in der flüssigen Phase)	-
x	Vektor der Molenbrüche einer flüssigen Phase	-
X	Determinante (kritische Kurve), in Gl. (6.7-2)	-
y	Gewichtungsfaktor in der Deiters-Gleichung	-
y_i	Molanteil der Komponente i (in der Gasphase)	-
y	Vektor der Molenbrüche einer gasförmigen Phase	-
z_i	Molanteil der Kompon. i (Gesamtzusammensetzung)	-
z	Vektor der Molenbrüche einer Mischung (gesamt)	-
Z	Kompressibilitätsfaktor $Z = Pv/RT$	-

Griechische Symbole:

α	Temperaturabhängigkeit des Parameters a von Zgl.	-
α	Parameter der Hederer-Peter-Wenzel-Gleichung	-
α	Nichtsphärizitätsfaktor konvexer Körper, in Gl. (3.4-11)	-
α	Parameter, Gl (3.4-14) von Ihm et al. (1992)	$m^3\ kmol^{-1}$
α	Nonrandomness-Faktor, in Gl. (5.1-26)	-
α	Konstante, in Gl. (5.1-43)	-
α	Trennfaktor, $\alpha_{ij} = K_i/K_j$, z. B. in Gl. (6.6-2)	-
α_i	Parameter in MHV2-Mischungsregeln, in Gl. (5.1-25)	-
β	Verdampfter Anteil, $\beta = V/F$	-
β	Kovolumenparameter (Christoforakis-Franck-Zustandsgleichung)	$m^3\ kmol^{-1}$
β_j	vom Molenbruch abhängiger Zgl.-Parameter, in Gl.(5.4-4)	unterschiedlich
γ_i	Aktivitätskoeffizient der Komponente i	-
γ	Exponent, z. B. in Gl. (5.1-27)	-
δ	Parameter der allg. kubischen Zustandsgleichung, in Gl. (3.1-38)	-
Δ	Differenzwert einer thermodynamischen Größe	-
ε	Abbruchschranke	-
ε	Parameter der allg. kubischen Zustandsgleichung, in Gl. (3.1-38)	-
ε_{ij}	Energieparameter für Attraktionskräfte	$kJ\ kmol^{-1}$
η	reduzierte Dichte	-
η	Parameter der allg. kubischen Zustandsgleichung, in Gl. (3.1-38)	$m^3\ kmol^{-1}$
ϑ	Celsius-Temperatur	°C
Θ	Parameter der allg. kubischen Zustandsgleichung, in Gl. (3.1-38)	$kJ\ m^3\ kmol^{-2}$
Θ	Formfaktor, in Gl. (3.3-8)	-
Θ	Hilfsgröße, $\Theta = (Z-1)/r$, z. B. in Gl. (4.2-12)	$m^3\ kmol^{-1}$
λ	Konstante in Deiters-Gleichung, $\lambda = -0{,}06911c$	-
λ	Parameter, in Gl (3.4-14) von Ihm et al. (1992)	-
λ	rel. Breite des Square-Well-Potentials, in Gl. (3.4-22)	-
Λ	de-Broglie-Wellenlänge	m
μ_i	chemisches Potential der Komponente i	$kJ\ kmol^{-1}$
μ_{ij}	chemisches Potential der Komponente i in Phase j	$kJ\ kmol^{-1}$
μ	reduziertes Dipolmoment	-
$\hat{\mu}$	Dipolmoment	Debye
ξ	Molenbruch der kontinuierlichen Fraktion, in Gl. (6.6-3)	-
π	Anzahl der Phasen	-
π_{Att}	Funktion der reduzierten Dichte, in Gl. (6.5-8)	-
ρ	molare Dichte	$kmol\ m^{-3}$
$\hat{\rho}$	reduzierte Dichte, $\hat{\rho} = b/v$, Deiters-Gleichung, Gl. (3.4-20)	-
σ	Grenzflächenspannung	$N\ m^{-1}$
σ	Hartkugel- oder Kollisionsdurchmesser	m

Symbolverzeichnis   XV

σ^L	Standardabweichung, flüssige Phase, in Gl. (6.1-19)	-
τ	Konstante, in Gl. (5.1-43)	-
φ_i	Fugazitätskoeffizient der Komponente i	-
Φ	Formfaktor, in Gl. (3.3-8)	-
χ	Flüssigkeitsanteil, z. B. in Gl. (6.6-1)	-
Ψ	Korrekturfunktion im Störungsterm	-
Ψ^I	Phasenanteil, $\Psi^I = L^I/F$	-
ω	azentrischer Faktor, z. B. in Gl. (4.3-22)	-
Ω_a	Konstante bei der Bestimmung von a_c	-
Ω_b	Konstante bei der Bestimmung von b_c	-

Indices (tiefgestellt):

a	partielle Ableitung nach Parameter a, z. B. in Gl. (5.4-7)
alt	alter Wert (innerhalb einer Iterationsschleife)
A	eine assoziierte Komponente kennzeichnend, z. B. in Gl. (6.5-15)
Ass	den Assoziationsanteil bezeichnend, z. B. in Gl. (6.5-33)
Att	den Attraktionsterm einer Zustandsgleichung kennzeichnend
b	Größe am Normalsiedepunkt (boiling point)
b	partielle Ableitung nach Parameter b, z. B. in Gl. (5.4-7)
ber	berechneter Wert
B	eine inerte (nicht assoziierte) Komponente kennzeichnend, z. B. in Gl. (6.5-15)
c	Größe am kritischen Punkt
eff	effektiv, Dreikörperkräfte berücksichtigend, in Deiters-Gleichung
exp	experimenteller Wert
i, j	Bezeichnung der Komponente im System
mix	eine Mischungsgröße kennzeichnend
neu	neuer Wert (innerhalb einer Iterationsschleife)
R	reduzierte Größe (i.d.R. auf den kritischen Punkt bezogen)
Ref	den Referenzterm einer Zustandsgleichung kennzeichnend
Rep	den Repulsionsterm einer Zustandsgleichung kennzeichnend
r,v	Rotationen und Schwingungen (Vibrationen) kennzeichnend
Stö	den Störungsterm (Perturbationsterm) kennzeichnend
trans	durch eine Volumentranslation veränderte Größe
x	partielle Ableitung nach dem Molenbruch, z. B. in Gl. (5.4-8)
0	Wert bei einem Druck von Null, z. B. g_0^E in Gl. (5.1-23)
α	Index für zu untersuchendes Molekül, Formfaktoren, in Gl. (3.3-7)
∞	Wert bei unendlichem Druck, z. B. a_∞^E in Gl. (5.1-22)

Indices (hochgestellt):

I, II	Phasen
alt	Wert der vorangegangen Iteration
(ch)	chemischer Anteil an einer Größe (AEOS-Modell)
c	kondensierte Komponente, erscheint in nur einer Phase
CS	die Carnahan-Starling-Gleichung kennzeichnend
(ext)	externer Anteil bei $q_{r,v}$ in Gl. (3.4-17)
e	Exzeßanteil (Bezugszustand: ideale Mischung bei gleichem v und T)
E	Exzeßanteil (Bezugszustand: ideale Mischung bei gleichem P und T)
F	Feed, Gesamtmischung
(int)	interner Anteil bei $q_{r,v}$, in Gl. (3.4-17)
IG	ideales Gas
IGM	Mischung idealer Gase
IM	ideale Mischung
L	flüssige Phase
nc	noncentral, für nicht-zentral wirkende Kräfte
neu	neuer Wert in einer Iteration
0	Standardzustand
(ph)	physikalischer Anteil an einer Größe (AEOS-Modell)
(r)	das Referenzfluid kennzeichnend (Korrespondenzprinzip), in Gl. (3.3-5)
rein	reiner Stoff
r	Residualgröße (Bezugszustand: IG oder IGM bei gleichem v und T)
R	Residualgröße (Bezugszustand: IG oder IGM bei gleichem P und T)
S	feste Phase (solid)
Sat	Sättigungszustand, z. B. P^{Sat} = Dampfdruck
SRK	mit der Soave-Redlich-Kwong-Gleichung berechnet
theo	theoretisch
V	Dampfphase
vdW	die Van-der-Waals-Gleichung kennzeichnend
(0)	einfaches Fluid (Korrespondenzprinzip)
(1)	Abweichung vom einfachen Fluid (Korrespondenzprinzip)
∞	Wert bei unendlicher Verdünnung, z. B. γ^{∞}

Große Buchstaben bezeichnen Gesamtgrößen (A, G, H, U, S, V)
Kleine Buchstaben bezeichnen molare Größen (a, g, h, u, s, v)
− kennzeichnet partielle molare Größen ($\bar{a}, \bar{g}, \bar{h}, \bar{u}, \bar{s}, \bar{v}$)
Vektoren sind fett und kursiv gekennzeichnet, z. B. ***K, x, y***

1 Einführung

Die Kenntnis von Phasengleichgewichten spielt bei der Auslegung von Trennverfahren, wie Absorption, Rektifikation, Extraktion oder Gasextraktion, eine bedeutende Rolle. Bei diesen sogenannten gleichgewichtsbestimmten physikalisch-chemischen Trennverfahren wird ein aufzutrennendes Stoffgemisch durch die Zufuhr von Energie oder die Zugabe eines Hilfsstoffes in (mindestens) zwei Phasen unterschiedlicher Zusammensetzung getrennt.

Zwischen den Phasen findet ein ständiger Austausch der Bestandteile statt. Werden keine Ströme an Masse, Wärme oder Arbeit zu- oder abgeführt, so stellt sich nach einiger Zeit ein Gleichgewichtszustand ein, bei dem sich die Zusammensetzungen der Phasen und andere Variablen, wie Druck und Temperatur nicht mehr verändern. Man sagt, das Stoffsystem befindet sich im **Phasengleichgewicht**. Auf welche Werte sich die Variablen im Gleichgewichtszustand einstellen, hängt von den Eigenschaften der Stoffmischung und von den äußeren Bedingungen ab, z. B. ob die Temperatur konstant gehalten wird.

Obwohl sich bei gleichgewichtsbestimmten Trennverfahren das Phasengleichgewicht nicht immer vollständig einstellt, arbeiten die Prozesse doch in der Nähe des Gleichgewichtszustandes. Die genaue Kenntnis der für ein Trennverfahren relevanten Phasengleichgewichte ist für die Prozeßauslegung, z. B. die Dimensionierung von Trennapparaten, von besonderer Bedeutung. Ungenaue Berechnungsmethoden führen häufig zu einer Verwendung von hohen Sicherheitsfaktoren, d. h. zu einer Überdimensionierung von Trennapparaten, was dann mit unnötigen Kosten verbunden ist. Die Auswirkungen können noch gravierender sein, wenn aufgrund einer Unterdimensionierung eine Trennaufgabe nicht erfüllt werden kann, z. B. eine geforderte Mindestreinheit eines Produktes nicht erreicht wird. Beispiele zu dieser Thematik findet man bei Palmer (1987). Der ökonomische Anreiz für eine genaue Kenntnis von Phasengleichgewichten ist auch deshalb so groß, weil häufig die Kosten für Trennverfahren, z. B. zur Auftrennung der in Stoffgemischen anfallenden Reaktionsprodukte, maßgeblich an den Gesamtkosten chemischer Produktionsprozesse beteiligt sind. Ihr Anteil beträgt oft 60 bis 80 % der Investitions- und Betriebskosten.

Der Aufwand für die experimentelle Bestimmung von Phasengleichgewichten ist relativ groß, so daß es unmöglich ist, alle technisch interessanten Stoffsysteme in den relevanten Temperatur- und Druckbereichen zu vermessen. Deshalb gab es schon früh Bemühungen, Phasengleichgewichte zu berechnen. An dieser Stelle sollen nur die Arbeiten von van Laar (1929) erwähnt werden.

Phasengleichgewichte lassen sich mit Hilfe von thermodynamischen Beziehungen berechnen, wenn die Dichten bzw. die molaren Volumina der im Gleichgewicht stehenden Phasen als Funktionen der Temperatur, des Druckes und der Zusammensetzung bekannt sind. Thermische **Zustandsgleichungen**[1] beschreiben gerade diese gesuchten Zusammenhänge. Leider gibt es keine Zustandsgleichung, die für alle Stoffe im gesamten Dichtebereich anwendbar ist, vielmehr existiert eine Vielzahl von mehr oder weniger empirischen Gleichungen, die nur für bestimmte Anwendungen geeignet sind.

Sowohl die notwendigen thermodynamischen Beziehungen als auch einfache Zustandsgleichungen sind seit mehr als hundert Jahren bekannt. Aber erst die moderne Computertechnik hat die Entwicklung und Verwendung leistungsfähiger Zustandsgleichungen ermöglicht. Solange die zu berechnenden Prozesse bei Drücken und Temperaturen ablaufen, die sich deutlich von den kritischen Drücken und Temperaturen der beteiligten Stoffe unterscheiden, lassen sich einfachere Modelle zur Berechnung von Phasengleichgewichten anwenden. Zustandsgleichungen wurden deshalb bis in die sechziger Jahre hauptsächlich zur Berechnung von Eigenschaften reiner Stoffe eingesetzt. Eine Ausnahme bildet die Auslegung von Hochdruckprozessen. Da bei hohen Drücken die Nichtidealitäten in der Gasphase nicht vernachlässigt werden können, verwendet man Zustandsgleichungen zur Beschreibung der Gasphase. Die Eigenschaften der flüssigen Phase können mit einem anderen Modell (heterogene Methode) oder auch mit derselben Zustandsgleichung bestimmt werden (homogene Methode).

---

[1] Im folgenden wird der Begriff "Zustandsgleichung" synonym mit "thermischer Zustandsgleichung" P=P(V, T) verwendet. Davon zu unterscheiden sind kalorische Zustandsgleichungen U=U(V, T) und Entropiezustandsgleichungen S=S(V, T).

1 Einführung

Die Verwendung von Zustandsgleichungen zur Beschreibung aller im Gleichgewicht befindlichen Phasen, stellt eine bedeutende Vereinfachung der Berechnung dar. Auf einfache Weise können auch die Dichte und abgeleitete Größen, wie Enthalpie und Entropie, berechnet werden. Man benötigt allerdings eine Zustandsgleichung, die auf alle beteiligten Phasen und auf die Entmischungsgebiete anwendbar ist. Die Gleichgewichtsberechnung mit Zustandsgleichungen wurde zunächst auf Systeme angewendet, die aus unpolaren bzw. wenig polaren Stoffen bestehen, z. B. auf Kohlenwasserstoffgemische, wie sie in der erdöl- und erdgasverarbeitenden Industrie vorkommen. In den vergangenen Jahren wurden weitere Verbesserungen erzielt, so daß sich immer mehr Stoffsysteme für die Gleichgewichtsberechnung mit Zustandsgleichungen eignen. Heute ist die Anwendung von Zustandsgleichungen zur Berechnung von Phasengleichgewichten und zur Bestimmung anderer Stoffdaten ein Standardwerkzeug für den Verfahrensingenieur.

Trotz der vielen Fortschritte, die in den vergangenen Jahren erzielt wurden, gibt es noch eine Reihe von Bereichen, in denen Probleme auftreten. In dieser Arbeit soll die Berechnung von Phasengleichgewichten mit Hilfe von Zustandsgleichungen im Zusammenhang dargestellt werden. Die nahezu unübersehbare Menge an Literatur wurde zu einzelnen Themen zusammengefaßt, über die Übersichten gegeben werden. Die dabei vorgenommene Auswahl ist natürlich subjektiv und erhebt keinen Anspruch auf Vollständigkeit. Die einzelnen Themen werden durch Berechnungsbeispiele veranschaulicht, die häufig auf eigenen Forschungsergebnissen beruhen. Die meisten Beispiele wurden mit einer weit verbreiteten kubischen Zustandsgleichung (Peng und Robinson, 1976) oder mit einer neuen Zustandsgleichung mit einem Hartkugelreferenzterm (Dohrn und Prausnitz, 1990) berechnet.

Wichtige thermodynamische Beziehungen und Grundlagen zur Phasengleichgewichtsberechnung sind im Kapitel 2 zusammengestellt.

Ein Überblick über bedeutende Zustandsgleichungen wird im Kapitel 3 gegeben. Dabei wird der Schwerpunkt auf die heute gebräuchlichen Gleichungen gelegt. Im historischen Zusammenhang wird auch auf Gleichungen eingegangen, die für die Entwicklung der heutigen Zustandsgleichungen von Bedeutung waren. Am Ende des Kapitels wird die Entwicklung einer Zustandsgleichung am Beispiel der Dohrn-Prausnitz-Gleichung vorgestellt.

Die Berechnung der Stoffeigenschaften reiner Stoffe mit Hilfe von Zustandsgleichungen wird im Kapitel 4 behandelt. Dabei wird eine Methode beschrieben, bei der die residuelle Freie Energie a^r eine zentrale Rolle einnimmt. Anschließend werden Korrelationen zur Bestimmung der Reinstoffparameter von Zustandsgleichungen vorgestellt. Diese Korrelationen sind insbesondere für Stoffe mit unbekannten kritischen Daten von Interesse.

Die Berechnung von Stoffeigenschaften in Mischungen wird im Kapitel 5 behandelt. Zunächst werden die wichtigsten Mischungsregeln vorgestellt, mit denen aus Reinstoffparametern die Zustandsgleichungsparameter von Stoffmischungen bestimmt werden. Anschließend werden Methoden zur Berechnung von Mischungs- und Abweichungsgrößen, von Fugazitäts- und Aktivitätskoeffizienten sowie zur Bestimmung der Energie, der Enthalpie und der Entropie in Mischungen beschrieben.

Im Kapitel 6 wird die Berechnung von Phasengleichgewichten mit Zustandsgleichungen beschrieben und anhand von Beispielen verdeutlicht. Zunächst werden Dampf-Flüssig-, Flüssig-Flüssig-, Mehrphasen- und Feststoff-Fluid-Gleichgewichte behandelt. Dabei werden verschiedene Berechnungsalgorithmen diskutiert und zahlreiche Beispiele gegeben. Es folgt die Erörterung zweier Problembereiche, die heute nur unvollständig gelöst sind und in denen intensiv geforscht wird, nämlich die Gleichgewichtsberechnung in Systemen mit polaren Komponenten und in Systemen mit undefinierten Zusammensetzungen. Das Kapitel 6 wird durch einen Einstieg zur Berechnung von kritischen Kurven und durch eine Übersicht über Untersuchungen zur Leistungsfähigkeit verschiedener Zustandsgleichungen zur Gleichgewichtsberechnung abgeschlossen.

Im Kapitel 7 werden Schlußfolgerungen gezogen sowie offene Fragen und Problembereiche diskutiert.

Der Anhang enthält ergänzendes Material zu den einzelnen Kapiteln, u. a. eine Zusammenstellung der wichtigsten Gleichungen zur Berechnung von Phasengleichgewichten mit der Peng-Robinson- und der Dohrn-Prausnitz-Gleichung.

Um den Umfang dieser Arbeit zu begrenzen, mußten einige Gebiete unbehandelt bleiben. Dazu zählen u. a. die Beschreibungen von Elektrolyt- und Polymersystemen sowie die Gleichgewichtsberechnung mit Hilfe von Gas-Gitter-Modellen.

2 Thermodynamische Grundlagen

Die meisten Beziehungen der Thermodynamik sind bereits mehr als 100 Jahre alt. Die klassische Thermodynamik, die unter anderem von Rudolf Clausius, William Thomson, dem späteren Lord Kelvin, James Prescott Joule und Hermann von Helmholtz entwickelt wurde, diente ursprünglich fast ausschließlich der Beschreibung von Wärmekraftprozessen. Man beschränkte sich auf Systeme, die nur aus einem einzigen Stoff bestanden. Josiah Willard Gibbs systematisierte die thermodynamischen Beziehungen zur Beschreibung von Mehrkomponentensystemen und weitete damit die Anwendungsmöglichkeiten der Thermodynamik in großem Maße aus.

Heute kann die Thermodynamik von der Beschreibung des Verhaltens von Stoffen in elektromagnetischen Feldern bis zur Berechnung von chemischen Reaktionen in lebenden Organismen angewendet werden. Für den Verfahrensingenieur ist natürlich die thermodynamische Beschreibung von Stoffen und Stoffgemischen sowie die Korrelation und Vorhersage von Phasengleichgewichten von besonderer Bedeutung.

In diesem Kapitel sollen grundlegende Beziehungen und Begriffe der Thermodynamik im Zusammenhang dargestellt werden.

2.1 Grundbegriffe

Ein **System** ist der Teil des Universums, auf den sich eine bestimmte thermodynamische Untersuchung bezieht. Alles, was nicht zum System gehört, wird mit **Umgebung** bezeichnet. Die **Systemgrenzen** sind materielle oder gedachte Begrenzungsflächen, die das System von der Umgebung trennen. Die Eigenschaften der Systemgrenzen, insbesondere ihre Durchlässigkeit für Materie und Energie, bestimmen wesentlich die Eigenschaften des Systems.

Zwischen einem **abgeschlossenen System** und seiner Umgebung findet keine Übertragung von Energie oder Materie statt. Bei nicht-abgeschlossenen Systemen sind die Systemgrenzen für Energie oder Materie oder für beides durchlässig. Über die Systemgrenzen eines **offenen**

Systems ist ein Austausch von Materie möglich. Wenn nur Energie übertragen werden kann und die Masse konstant bleibt, spricht man von einem **geschlossenen System**.

Die Eigenschaften eines Systems hängen von den Variablen des Systems (z. B. Druck, Volumen) und ihren möglichen Änderungen ab. Ein **Zustand** ist dadurch gekennzeichnet, daß die Variablen des Systems feste Werte angenommen haben. Die Variablen werden deshalb auch **Zustandsgrößen** des Systems genannt. Die äußeren Zustandsgrößen kennzeichnen den "äußeren" Zustand des Systems (z. B. die Koordinaten im Raum und die Geschwindigkeit relativ zu einem Beobachter). Die inneren oder im eigentlichen Sinne thermodynamischen Zustandsgrößen (z. B. Druck, Dichte, Temperatur) beschreiben die Eigenschaften der Materie innerhalb der Systemgrenzen. Ein **Prozeß** ist eine Folge von Zuständen.

Ein System ist **homogen**, wenn seine makroskopischen physikalischen und chemischen Eigenschaften überall gleich sind.[1] Ein homogenes System muß nicht aus einem einzigen Stoff bestehen, auch Mischungen aus verschiedenen Stoffen sind zulässig, wenn das Mischungsverhältnis überall gleich ist. Nach der Bezeichnungsweise von J. W. Gibbs ist jeder homogene Bereich eines Systems eine Phase. Ein **heterogenes** System besteht aus mehreren Phasen (homogenen Bereichen). An den Grenzen der Phasen ändern sich einige Zustandsgrößen sprunghaft.

Arbeit und Wärme sind die wichtigsten Größen zur Beschreibung der Energieübertragung zwischen System und Umgebung. Unter **Arbeit** versteht man in der Thermodynamik den Energietransport durch jeden Mechanismus, der eine mechanische Bewegung der oder durch die Systemgrenzen bewirken kann. **Wärme** ist der Energietransport, der nur aufgrund einer Temperaturdifferenz zwischen System und Umgebung zustande kommt.

2.2 Homogene geschlossene Systeme

Der erste Hauptsatz der Thermodynamik lautet für ein homogenes geschlossenes System:

$$\Delta E = Q + W . \qquad (2.2\text{-}1)$$

---

[1] Der Einfluß äußerer Felder (z. B. des Erdschwerefeldes) wird in der Regel vernachlässigt.

2.2 Homogene geschlossene Systeme

Die Energieänderung ΔE des Systems ist gleich der Summe aus zugeführter Wärme Q und Arbeit W. Für thermodynamische Betrachtungen ist es üblich, die Energie eines Systems in Energieanteile aufzuteilen, die entweder vom äußeren oder vom inneren Zustand des Systems abhängen. Der Energieanteil, der nicht von den äußeren Zustandsgrößen abhängt, wird mit **innerer Energie U** bezeichnet. Die Differenz aus Energie und innerer Energie wird üblicherweise in potentielle und in kinetische Energie unterteilt.

In sehr vielen Fällen ändert sich die Summe aus kinetischer und potentieller Energie des Systems für einen betrachteten Prozeß nicht oder nur in einem zu vernachlässigenden Umfang. Gleichung (2.2-1) wird dann zu

$$\Delta U = Q + W ,\qquad(2.2\text{-}2)$$

bzw. in differentieller Form

$$dU = \delta Q + \delta W .\qquad(2.2\text{-}3)$$

Die Differentiale der Wärme und der Arbeit sind mit δ gekennzeichnet, da sie i. a. keine exakten Differentiale sind und U daher nicht als Funktion von Q und W geschrieben werden kann.

Ist nur reversible[1] Volumenarbeit, d. h. eine reversible Veränderung des Volumens V bei einem Druck P, zu berücksichtigen, gilt

$$dU = \delta Q + PdV .\qquad(2.2\text{-}4)$$

R. Clausius definierte die Zustandsgröße Entropie S wie folgt:

$$dS = \frac{\delta Q_{rev}}{T} .\qquad(2.2\text{-}5)$$

Bei einer reversiblen Wärmeübertragung kann man in Gleichung (2.2-4) δQ durch δQ_{rev} aus Gleichung (2.2-5) ersetzen:

$$dU = TdS + PdV .\qquad(2.2\text{-}6)$$

---

[1] Eine Prozeßrealisierung wird als reversibel bezeichnet, wenn sie durch infinitesimal kleine Schritte (d. h. quasistatisch) erfolgt und in der gleichen Weise umgekehrt werden kann, ohne Veränderungen am System oder in der Umgebung zu hinterlassen.

Gleichung (2.2-6) ist die Gibbssche Fundamentalgleichung für ein homogenes geschlossenes System. Obwohl die Herleitung für einen reversiblen Prozeß erfolgte, führt eine Integration der Gibbsschen Fundamentalgleichung zwischen zwei Gleichgewichtszuständen auch bei einem irreversiblen Prozeß zu einer korrekten Änderung der inneren Energie.[1] In einem solchen Fall können die Terme TdS und PdV nicht mehr mit Wärme und Arbeit identifiziert werden.

Wird in Gleichung (2.2-6) der Entropie und dem Volumen ein fester Wert zugeordnet, so sind alle Differentiale gleich Null und damit dU = 0. Wenn S und V einen festen Wert haben, so hat auch U einen festen Wert. Die innere Energie ist also eine Funktion von S und V.

$$\boxed{U = U(S, V)} \qquad (2.2\text{-}7)$$

Diese Funktion ist von fundamentaler Bedeutung, denn sie charakterisiert das System vollständig. Man nennt jede Funktion, die ein System vollständig charakterisiert, eine **Gibbs-Funktion** des Systems[2]. In der Thermodynamik werden die Gibbs-Funktionen üblicherweise **Thermodynamische Potentiale** genannt.

Ein bestimmtes System kann in Abhängigkeit von den unabhängigen Variablen, durch verschiedene Gibbs-Funktionen beschrieben werden. Das Volumen V kann als unabhängige Variable gegen den Druck P ausgetauscht werden, indem die Identität d(P V) = PdV + VdP zu Gleichung (2.2-6) hinzuaddiert wird. Es folgt dann

$$d(U + PV) = TdS + VdP . \qquad (2.2\text{-}8)$$

Auf der rechten Seite erscheinen nun S und P als unabhängige Variablen in den Differentialen dS und dP. Die auf der linken Seite auftretende Größe

$$H = U + PV \qquad (2.2\text{-}9)$$

---

[1] Bedingung ist dabei, daß das System während des Prozesses nur Gleichgewichtszustände durchläuft, d. h. jeweils homogen ist und deshalb nur durch zwei Variablen beschrieben werden kann.

[2] Siehe z. B. im Lehrbuch von Falk und Ruppel (1976). Zur Zitierweise in dieser Arbeit: Werden Autoren neuerer Lehrbücher im Zusammenhang mit einer Herleitung oder Gleichung genannt, so sollen diese nicht als Urheber der jeweiligen Herleitung oder Gleichung verstanden werden. Die Nennung der Autoren dient als Hinweis auf eine zusätzliche Informationsquelle für den Leser.

2.2 Homogene geschlossene Systeme

heißt die Enthalpie des Systems. Eine solche Transformation der Gibbs-Funktion durch den Austausch von Variablen wird "Legendre-Transformation" genannt.[1]

Ersetzt man auch noch die Entropie S durch die Temperatur T als unabhängige Variable (durch Subtrahieren der Identität d(TS) = TdS + SdT) lautet die Gibbssche Fundamentalgleichung:

$$dG = d(H - TS) = -SdT + VdP \ . \tag{2.2-10}$$

Nun ist die Freie Enthalpie[2]

$$G = H - TS = U + PV - TS \tag{2.2-11}$$

die Gibbs-Funktion des Systems.

Wählt man die Temperatur T und das Volumen V als unabhängige Variablen, so ist die Freie Energie[3] A die Gibbs-Funktion des Systems. Die Gibbssche Fundamentalgleichung lautet dann:

$$dA = d(U - TS) = -SdT - PdV \tag{2.2-12}$$

$$A = U - TS \ . \tag{2.2-13}$$

Aus den obigen Formen der Gibbsschen Fundamentalgleichung ergeben sich durch partielles Ableiten wichtige Beziehungen, z. B.

$$\left(\frac{\partial U}{\partial V}\right)_S = -P = \left(\frac{\partial A}{\partial V}\right)_T \ , \tag{2.2-14}$$

$$\left(\frac{\partial U}{\partial S}\right)_V = T = \left(\frac{\partial H}{\partial S}\right)_P \ , \tag{2.2-15}$$

$$\left(\frac{\partial H}{\partial P}\right)_S = V = \left(\frac{\partial G}{\partial P}\right)_T \ , \tag{2.2-16}$$

$$\left(\frac{\partial A}{\partial T}\right)_V = -S = \left(\frac{\partial G}{\partial T}\right)_P \ . \tag{2.2-17}$$

---

[1] Siehe z. B. im Lehrbuch von Callen (1960), S. 90 - 100

[2] Die Freie Enthalpie G wird auch Gibbssche Enthalpie, Gibbssche Energie oder Gibbssche Funktion (nicht zu verwechseln mit der Gibbs-Funktion eines Systems) genannt.

[3] Die Freie Energie A wird auch Helmholtzsche Energie oder Helmholtzsche Funktion genannt.

Weitere partielle Ableitungen, einschließlich der sogenannten Maxwell-Beziehungen sind im Anhang A2 aufgeführt.

Die (molaren) Wärmekapazitäten bei konstantem Volumen bzw. bei konstantem Druck sind wie folgt definiert:

$$\left(\frac{\partial u}{\partial T}\right)_V = c_V \quad \text{bzw.} \quad \left(\frac{\partial U}{\partial T}\right)_V = C_V = nc_V \tag{2.2-18}$$

$$\left(\frac{\partial h}{\partial T}\right)_P = c_P \quad \text{bzw.} \quad \left(\frac{\partial H}{\partial T}\right)_P = C_P = nc_P \tag{2.2-19}$$

2.3 Homogene offene Systeme

Offene Systeme können neben Wärme und Arbeit auch Materie aufnehmen oder abgeben. Als zusätzliche unabhängige Variablen können die Molmengen der einzelnen Komponenten verwendet werden. Die innere Energie ist dann eine Funktion

$$U = U(S, V, n_1, n_2, \ldots n_N) \,, \tag{2.3-1}$$

wobei N die Anzahl der Komponenten ist. Das totale Differential lautet:

$$dU = \left(\frac{\partial U}{\partial S}\right)_{V,n_i} dS + \left(\frac{\partial U}{\partial V}\right)_{S,n_i} dV + \sum \left(\frac{\partial U}{\partial n_i}\right)_{S,V,n_j} dn_i \,. \tag{2.3-2}$$

Der Index n_i bezieht sich auf alle Molmengen, der Index n_j auf alle Molmengen mit Ausnahme der Molmenge der Komponente i. Da sich die beiden ersten partiellen Ableitungen auf ein geschlossenes System beziehen, können die Gleichungen (2.2-14) und (2.2-15) angewendet werden. Außerdem ist das chemische Potential µ definiert als

$$\mu_i \equiv \left(\frac{\partial U}{\partial n_i}\right)_{S,V,n_j} \,. \tag{2.3-3}$$

Eingesetzt in Gleichung (2.3-2) ergibt sich

$$\boxed{dU = TdS - PdV + \sum \mu_i dn_i} \tag{2.3-4}$$

2.4 Gleichgewichts- und Stabilitätsbedingungen

Dies ist die der Gleichung (2.2-6) entsprechende Gibbssche Fundamentalgleichung für ein homogenes offenes System. Durch Variablentransformationen ergeben sich weitere Gibbssche Fundamentalgleichungen:

$$dH = TdS + VdP + \sum \mu_i dn_i \qquad (2.3-5)$$

$$dA = -SdT - PdV + \sum \mu_i dn_i \qquad (2.3-6)$$

$$dG = -SdT + VdP + \sum \mu_i dn_i \qquad (2.3-7)$$

Aus Gleichung (2.3-3) und den Gleichungen (2.3-5) bis (2.3-7) folgt

$$\mu_i \equiv \left(\frac{\partial U}{\partial n_i}\right)_{S,V,n_j} = \left(\frac{\partial H}{\partial n_i}\right)_{S,P,n_j} = \left(\frac{\partial A}{\partial n_i}\right)_{T,V,n_j} = \left(\frac{\partial G}{\partial n_i}\right)_{T,P,n_j}. \qquad (2.3-8)$$

Für die partielle molare Freie Enthalpie $\overline{g}_i$ gilt:

$$\overline{g}_i = \left(\frac{\partial G}{\partial n_i}\right)_{T,P,n_j}. \qquad (2.3-9)$$

Durch Vergleich mit Gleichung (2.3-8) erkennt man, daß das chemische Potential μ_i einer Komponente i in einer Mischung gleich ihrer partiellen molaren Freien Enthalpie $\overline{g}_i$ ist. Das entsprechende gilt nicht für die innere Energie, Enthalpie oder Freie Energie, da bei der Definition von partiellen molaren Größen festgelegt wurde, daß diese bei konstanter Temperatur und bei konstantem Druck bestimmt werden. Für einen reinen Stoff i ist das chemische Potential[1] μ_i^{rein} gleich der molaren Freien Enthalpie g_i^{rein}.

2.4 Gleichgewichts- und Stabilitätsbedingungen

Ausgangspunkt für die Herleitung von Gleichgewichtsbedingungen in mehrphasigen Stoffsystemen ist der 2. Hauptsatz der Thermodynamik:
Prozesse können nur dann ablaufen, wenn die Gesamtentropie (System und Umgebung) zunimmt oder im Grenzfall reversibler Prozeßrealisierung konstant bleibt.

---

[1] Der hochgestellte Index "rein" kennzeichnet eine Reinstoffeigenschaft, wenn es zu Verwechslungen mit Größen einer Komponente in einer Mischung kommen kann, z. B. beim chemischen Potential, bei der Fugazität oder beim Fugazitätskoeffizienten.

Der Zustand des Phasengleichgewichtes ist demnach als Endpunkt aller freiwillig ablaufenden Prozesse durch ein Maximum der (übertragenen plus erzeugten) Entropie gekennzeichnet. Ein abgeschlossenes System kann Energie in keiner Form aufnehmen oder abgeben, das heißt, die Menge der übertragenen Entropie ist gleich Null. Während der Gleichgewichtseinstellung wird Entropie erzeugt, d. h.

$$dS_{U,V,n_i} \geq 0 \ . \tag{2.4-1}$$

Im Zustand des Phasengleichgewichtes hat dann die Entropie ein Maximum angenommen.

Dies ist ein allgemeines Kriterium für einen Gleichgewichtszustand. Es ist aber nicht die einzig mögliche Formulierung des Kriteriums. Gibbs konnte als erster zeigen, daß diese Bedingung gleichwertig ist mit der folgenden Aussage:

In einem geschlossenen System führt jeder freiwillig und bei konstanter Entropie und konstantem Volumen ablaufende Prozeß zu einer Verringerung der Energie.

Aus diesem Gleichgewichtskriterium lassen sich durch Extremwertbildung mit Nebenbedingungen (z. B. Methode der Lagrangeschen Multiplikatoren) einfachere, leichter zu verwertende Gleichgewichtsbedingungen für ein System aus N Komponenten und π Phasen herleiten[1]:

$T^I = T^{II} = ... = T^\pi$	Thermisches Gleichgewicht	(2.4-2)
$P^I = P^{II} = ... = P^\pi$	Mechanisches Gleichgewicht	(2.4-3)
$\mu_i^I = \mu_i^{II} = ... = \mu_i^\pi \quad i = 1,...,N$	Stoffliches Gleichgewicht	(2.4-4)

Um eine Aussage über die Stabilität einer Phase treffen zu können, verwendet man neben der Bedingung $dS_{U,V,n_i} = 0$ eine weitere notwendige Bedingung für das Auftreten eines Maximums der Entropie, nämlich daß die erste nicht verschwindende höhere Ableitung von $S(U, V, n_1, ..., n_N)$ kleiner als Null sein muß.

Dies ist ein allgemeines Kriterium für die Stabilität einer Phase. Ist es nicht erfüllt, könnte eine instabile Phase (Minimum der Entropie) oder eine metastabile Phase (Sattelpunkt) vorliegen. Aus dem

---
[1] Siehe z. B. im Lehrbuch von Sandler (1989)

2.5 Die Gibbs-Duhem-Gleichung und das Gibbssche Phasengesetz

Stabilitätskriterium lassen sich folgende einfache Bedingungen für die thermodynamische Stabilität eines Gleichgewichtszustandes ableiten[1]:

$$\left(\frac{\partial U}{\partial T}\right)_V > 0 \quad \text{bzw.} \quad c_V > 0 \qquad \text{Thermische Stabilität,} \qquad (2.4-5)$$

das heißt, eine isochore Erhöhung der inneren Energie führt zu einem Anstieg der Temperatur.

$$\left(\frac{\partial P}{\partial V}\right)_T < 0 \quad \text{bzw.} \quad \left(\frac{\partial P}{\partial \varrho}\right)_T > 0 \qquad \text{Mechanische Stabilität,} \qquad (2.4-6)$$

das heißt, eine isotherme Erhöhung des Druckes führt zu einer Volumenverringerung bzw. zu einer Dichteerhöhung.

Die Stabilitätsbedingungen sind wichtige Restriktionen, die auch von Zustandsgleichungen erfüllt werden müssen, wenn diese zur Berechnung von Phasengleichgewichten verwendet werden sollen.

2.5 Die Gibbs-Duhem-Gleichung und das Gibbssche Phasengesetz

Integriert man folgende Gibbssche Fundamentalgleichung

$$dU = TdS - PdV + \Sigma \mu_i dn_i \qquad (2.5-1)$$

von einem Zustand ($U = V = S = n_i = 0$) zu einem Zustand (U, S, V, $n_1,...,n_N$) entlang eines Weges, bei dem alle Koeffizienten konstant sind (um eine Phase zu erhalten, addiert man kleine Phasenstückchen, die alle gleiche T, P und $x_i = n_i/n$ haben), erhält man

$$U = TS - PV + \Sigma \mu_i n_i \ . \qquad (2.5-2)$$

U ist eine Zustandsfunktion (oder ein Potential), d. h. unabhängig vom Integrationsweg. Durch Ableiten ergibt sich

$$dU = TdS + SdT - PdV - VdP + \Sigma \mu_i dn_i + \Sigma n_i d\mu_i \ . \qquad (2.5-3)$$

---

[1] Siehe z. B. im Lehrbuch von Sandler (1989)

Durch Vergleich mit Gleichung (2.5-1) erhält man dann die sogenannte *Gibbs-Duhem-Gleichung*:

$$\boxed{SdT - VdP + \Sigma n_i d\mu_i = 0} \qquad (2.5\text{-}4)$$

Die Gibbs-Duhem-Gleichung beschränkt die simultane Variation von T, P und der μ_i für eine einzelne Phase. Zur Beschreibung einer Phase benötigt man N + 2 intensive Variablen, z. B. T, P, μ_1,..., μ_N; davon sind nur N + 1 Variablen unabhängig voneinander, eine ist durch die Gibbs-Duhem-Gleichung festgelegt. Eine Phase hat also N + 1 Freiheitsgrade.

Die Zahl der Freiheitsgrade F in einem mehrphasigen Stoffsystem ergibt sich analog zum Einstoffsystem aus der Zahl der intensiven Variablen, die zur Beschreibung eines Zustandes notwendig sind, vermindert um die Zahl der Restriktionen, die simultane Veränderungen der Variablen einschränken. Zur Charakterisierung benötigt man für jede Phase N + 1 intensive Variablen, denn für jede einzelne Phase gilt die Gibbs-Duhem-Gleichung. Besteht das System aus π Phasen, so werden $\pi(N+1)$ Variablen benötigt. Stehen die Phasen nicht miteinander im Gleichgewicht, so gibt es keine Restriktionen durch Gleichgewichtsbedingungen, und die Zahl der Freiheitsgrade F ist gleich $\pi(N+1)$.

Im Fall eines Phasengleichgewichtszustandes gelten $(\pi-1)(N+2)$ Gleichgewichtsbedingungen (siehe Gleichungen 2.4-2 bis 2.4-4). Dadurch verringert sich die Zahl der Freiheitsgrade auf:

$$\boxed{F = N - \pi + 2} \qquad (2.5\text{-}5)$$

Diese Gleichung wird als Gibbssches Phasengesetz bezeichnet.

Treten in dem System C unabhängige reversible chemische Reaktionen auf, so lautet das Gibbssche Phasengesetz:

$$\boxed{F = N - \pi - C + 2} \qquad (2.5\text{-}6)$$

Bei der Anzahl der Komponenten N sind auch die durch chemische Reaktionen entstandenen Verbindungen zu berücksichtigen. Die Zahl

2.6 Chemisches Potential, Fugazität und Aktivität

Ausgehend von Gleichung (2.2-16) soll eine Beziehung für die Druckabhängigkeit des chemischen Potentials hergeleitet werden;

$$\left(\frac{\partial G}{\partial P}\right)_T = V \quad \text{bzw.} \quad \left(\frac{\partial g}{\partial P}\right)_T = v \; . \tag{2.2-16}$$

Für einen reinen Stoff ist das chemische Potential gleich der molaren Freien Enthalpie, d. h.

$$\left(\frac{\partial \mu_i^{rein}}{\partial P}\right)_T = v \; . \tag{2.6-1}$$

Für ein ideales Gas ist

$$v = \frac{RT}{P} \; . \tag{2.6-2}$$

Integriert man bei konstanter Temperatur, so erhält man für die Druckabhängigkeit des chemischen Potentials eines reinen idealen Gases:

$$\mu_i^{rein} - \mu_i^0 = RT \ln \frac{P}{P^0} \; . \tag{2.6-3}$$

Um diese Gleichung auf reale Stoffe zu erweitern, führte Lewis die **Fugazität** (von lat. *fuga* = Flucht) ein.

$$\boxed{\mu_i^{rein} - \mu_i^0 = RT \ln \frac{f_i^{rein}}{f_i^0}} \tag{2.6-4}$$

Diese Gleichung gilt für isotherme Zustandsänderungen jeder beliebigen festen, flüssigen oder gasförmigen Komponente, egal ob sie sich ideal oder real verhält. Die Bezugsgrößen μ_i^0 und f_i^0 sind frei wählbar, aber nicht unabhängig voneinander. Wenn beispielsweise f_i^0 für einen Standardzustand auf einen bestimmten Wert gesetzt wurde, so ist auch die Größe von μ_i^0 festgelegt.

Gleichung (2.6-4) behält ihre Form auch bei der Anwendung auf Mischungen bei. Man ersetzt dann die Fugazität f_i^{rein} der reinen Komponente durch die Fugazität f_i des Stoffes i in der Mischung.

$$\boxed{\mu_i - \mu_i^0 = RT\ln\frac{f_i}{f_i^0}} \qquad (2.6\text{-}5)$$

Für ein reines ideales Gas ist die Fugazität gleich dem Druck; für eine Komponente in einer Mischung idealer Gase ist die Fugazität gleich dem Partialdruck der Komponente. Da sich alle Stoffe und Stoffmischungen bei sehr kleinen Drücken dem Verhalten idealer Gase nähern, gilt allgemein:

$$\lim_{P\to 0} f_i^{rein} = P \qquad \text{für reine Stoffe} \qquad (2.6\text{-}6)$$

$$\lim_{P\to 0} f_i = y_i P = P_i \qquad \text{für Komponenten einer Mischung}, \qquad (2.6\text{-}7)$$

wobei y_i der Molenbruch der Komponente i ist.

Die Fugazität kann als ein "korrigierter Druck" angesehen werden, wobei die Korrekturen auf Nichtidealitäten zurückzuführen sind. Der dimensionslose Ausdruck f_i^{rein}/P hat einen eigenen Namen erhalten und wird als **Fugazitätskoeffizient** bezeichnet.

$$\boxed{\varphi_i^{rein} = \frac{f_i^{rein}}{P}} \qquad (2.6\text{-}8)$$

$$\boxed{\lim_{P\to 0}\varphi_i^{rein} = \lim_{P\to 0}\frac{f_i^{rein}}{P} = 1} \qquad (2.6\text{-}9)$$

Bei sehr kleinen Drücken, d. h. bei Annäherung an das Verhalten idealer Gase, geht der Fugazitätskoeffizient gegen 1.

Für Mischungen ist der Fugazitätskoeffizient φ_i als Verhältnis aus Fugazität f_i und Partialdruck P_i definiert:

2.6 Chemisches Potential, Fugazität und Aktivität

$$\boxed{\varphi_i = \frac{f_i}{P_i} = \frac{f_i}{y_i P}} \qquad (2.6\text{-}10)$$

$$\boxed{\lim_{P \to 0} \varphi_i = \lim_{P \to 0} \frac{f_i}{y_i P} = 1} \qquad (2.6\text{-}11)$$

Die Gleichgewichtsbedingung für das stoffliche Gleichgewicht kann auch mit Hilfe von Fugazitäten ausgedrückt werden[1]. Für ein zweiphasiges System gilt (vgl. Gl. 2.4-4):

$$\mu_i^I = \mu_i^{II} . \qquad (2.6\text{-}12)$$

Ersetzt man das chemische Potential in beiden Phasen durch Gleichung (2.6-4), so erhält man

$$\mu_i^{0I} + RT\ln\frac{f_i^I}{f_i^{0I}} = \mu_i^{0II} + RT\ln\frac{f_i^{II}}{f_i^{0II}} . \qquad (2.6\text{-}13)$$

Es sollen nun zwei Fälle untersucht werden. Im ersten Fall werde der gleiche Standardzustand in beiden Phasen verwendet, d. h.

$$\mu_i^{0I} = \mu_i^{0II} \quad \text{und} \quad f_i^{0I} = f_i^{0II} . \qquad (2.6\text{-}14)$$

Durch Einsetzen in Gleichung (2.6-12) erhält man eine Formulierung der fundamentalen Beziehung für das stoffliche Gleichgewicht:

$$\boxed{f_i^I = f_i^{II} \quad \text{für } i = 1,\ldots,N} \qquad (2.6\text{-}15)$$

Im zweiten Fall werden für die Standardzustände in beiden Phasen die gleichen Temperaturen aber unterschiedliche Drücke und Zusammensetzungen verwendet. Die beiden Standardzustände sind dann durch folgende Beziehung miteinander verknüpft:

$$\mu_i^{0I} - \mu_i^{0II} = RT\ln\frac{f_i^{0I}}{f_i^{0II}} . \qquad (2.6\text{-}16)$$

Durch Einsetzen in Gleichung (2.6-12) erhält man Gleichung (2.6-15) als Beziehung für das stoffliche Gleichgewicht.

---

[1] Siehe z. B. im Lehrbuch von Van Ness und Abbott (1982) oder von Prausnitz et al. (1986)

Lewis führte noch eine weitere Größe im Zusammenhang mit der Fugazität ein. Das Verhältnis aus Fugazität und Standardfugazität hat Lewis **Aktivität** a genannt:

$$\boxed{a = \frac{f_i}{f_i^0}} \qquad (2.6\text{-}17)$$

Die Aktivität eines Stoffes gibt an, wie "aktiv" der Stoff im Vergleich zum Standardzustand ist. Sie ist ein Maß für die Differenz des chemischen Potentials in einem bestimmten Zustand vom Wert im Standardzustand.

Der **Aktivitätskoeffizient** γ_i eines Stoffes ist das Verhältnis aus der Aktivität und einem beliebigen Konzentrationsmaß, wobei üblicherweise der Molenbruch verwendet wird[1].

$$\boxed{\gamma_i = \frac{a_i}{x_i}} \qquad (2.6\text{-}18)$$

Im stofflichen Gleichgewicht ist die Fugazität f_i einer Komponente i in allen Phasen gleich groß (Gl. 2.6-15). Die Berechnung der Fugazitäten kann dabei über Aktivitätskoeffizienten und entsprechende Modelle, z. B. Wilson, NRTL, UNIQUAC, UNIFAC[2], oder über Fugazitätskoeffizienten erfolgen;

über Aktivitätskoeffizienten: $\qquad f_i = x_i \gamma_i f_i^0$, $\qquad (2.6\text{-}19)$

über Fugazitätskoeffizienten: $\qquad f_i = x_i \varphi_i P$. $\qquad (2.6\text{-}20)$

Die für Gleichung (2.6-20) erforderlichen Fugazitätskoeffizienten werden heute in der Regel mit Zustandsgleichungen berechnet.

---

[1] Bei Elektrolytlösungen wird statt des Molenbruchs üblicherweise die Molalität verwendet. Bei Polymerlösungen ist aufgrund der großen Unterschiede der Moleküle die Benutzung des Gewichts- bzw. Volumenanteils ratsam.

[2] Diese Aktivitätskoeffizientenmodelle (auch g^E-Modelle genannt) werden u. a. in den Lehrbüchern von Prausnitz et al. (1986), Gmehling und Kolbe (1988) sowie Sandler (1989) beschrieben.

3 Zustandsgleichungen

Die mathematische Beschreibung des Zusammenhanges zwischen Druck, Temperatur und Dichte eines Fluides mit Hilfe einer Zustandsgleichung übt seit mehr als 300 Jahren auf viele Forscher eine große Faszination aus. 1662 schloß Robert Boyle nach der Durchführung von Experimenten mit Luft, daß bei einer konstanten Temperatur das Gasvolumen V umgekehrt proportional zum Druck P ist, d. h.,

$$PV = \text{const.} \quad \text{bei } T = \text{const.} \tag{3-1}$$

140 Jahre später quantifizierte Joseph L. Gay-Lussac den Einfluß der Temperatur ϑ (in °C) durch die Beziehung

$$V = V_0(1 + c\vartheta) \text{ bei } P = \text{const.} \tag{3-2}$$

Benoit-Pierre-Emile Clapeyron verband 1834 diese Beziehungen zu einer ersten Formulierung des idealen Gasgesetzes:

$$Pv = R(\vartheta + 267), \tag{3-3}$$

wobei später der Wert auf 273,15 korrigiert wurde[1]. Die übliche Formulierung des idealen Gasgesetzes mit der absoluten Temperatur T (in Kelvin) lautet:

$$Pv = RT. \tag{3-4}$$

Das Konzept des idealen Gases hat einen wichtigen Beitrag zum Verständnis des Verhaltens von Gasen und Gasmischungen geleistet. Dies liegt unter anderem daran, daß sich jeder Stoff bei genügend niedriger Dichte, d. h. in einem Zustand, in dem Wechselwirkungen mit anderen Molekülen vernachlässigt werden können, wie ein ideales Gas verhält. Die PvT- und die abgeleiteten Eigenschaften eines idealen Gases lassen sich heute mit großer Genauigkeit und auf einfache Weise mit Hilfe der statistischen Thermodynamik berechnen.

---

[1] Zur Geschichte des idealen Gasgesetzes siehe Partington (1950, S. 552)

Seit der Mitte des 19. Jahrhunderts wurden mehrere hundert Zustandsgleichungen vorgeschlagen[1], und jedes Jahr kommen einige hinzu. Für das Bestreben, immer wieder neue Zustandsgleichungen zu entwickeln nennt Martin (1967) zwei Gründe:

1. Das Problem der Entwicklung einer Zustandsgleichung ist mathematisch faszinierend. Dies liegt insbesondere daran, daß das Problem so leicht erscheint, zumindest zu Beginn der Arbeit.
2. Eine genaue und universell einsetzbare Zustandsgleichung wäre wegen ihrer vielen Anwendungsmöglichkeiten überaus wertvoll. Zustandsgleichungen eignen sich nicht nur zur Wiedergabe des Zusammenhanges zwischen dem Druck P, dem molaren Volumen v und der Temperatur T (und der Zusammensetzung x bei Stoffmischungen), sondern u. a. auch zur Berechnung von Enthalpien, Entropien, Fugazitäten, Dampfdrücken und Phasengleichgewichten in Vielkomponentensystemen sowie zur Bereitstellung von wichtigen Zusatzinformationen bei der Berechnung von Transportgrößen.

Trotz der vielen Versuche und der Verwendung von vielen Mannjahrhunderten an Arbeitskraft und CPU-Jahren an Rechnerzeit ist bisher keine für alle fluiden Stoffe im gesamten Dichtebereich einsetzbare Zustandsgleichung gefunden worden. Es wurden aber spezielle Zustandsgleichungen zur Lösung wichtiger Teilaufgaben entwickelt, z. B. für

- die genaue Beschreibung des PvT-Verhaltens einzelner Stoffe im gasförmigen und flüssigen Zustand durch spezielle Gleichungen mit vielen Konstanten,
- die Berechnung von Gasphaseneigenschaften reiner Fluide und deren Mischungen mit wenigen experimentellen Daten
- sowie für die Berechnung von Phasengleichgewichten mit einfachen Zustandsgleichungen unter Zuhilfenahme von Wechselwirkungsparametern, die an experimentelle Gleichgewichtsdaten angepaßt wurden.

In diesem Kapitel sollen einige wichtige Zustandsgleichungen vorgestellt werden. Der Schwerpunkt soll dabei auf die heute gebräuchlichen Gleichungen gelegt werden und auf die Gleichungen, die im

---

[1] Eine Übersicht über frühe Versuche zur Beschreibung des PvT-Verhaltens findet man u. a. bei Otto (1929) und bei Walas (1985).

historischen Sinne für die Entwicklung dieser Zustandsgleichungen von Bedeutung gewesen sind. Dabei soll eine Einteilung in folgende Klassen von Zustandsgleichungen vorgenommen werden:

1. kubische Zustandsgleichungen,
2. auf der statistischen Thermodynamik basierende Zustandsgleichungen,
3. modifizierte Virialgleichungen,
4. PvT-Berechnungen nach dem Korrespondenzprinzip.

Anschließend soll beispielhaft eine neuere, einfache Zustandsgleichung (Dohrn und Prausnitz, 1990a), die auf einem Hartkugelterm und einem empirischen Störungsterm basiert, ausführlicher vorgestellt werden.

Einige Vergleichsuntersuchungen zu den Leistungsfähigkeiten verschiedener Zustandsgleichungen werden in den Kapiteln 4 (für Einstoffsysteme) und 6 (zur Phasengleichgewichtsberechnung) diskutiert.

3.1 Kubische Zustandsgleichungen

Da das ideale Gasgesetz keine Wechselwirkungen zwischen den Molekülen kennt, lassen sich kondensierte Phasen mit dem idealen Gasgesetz nicht beschreiben. Bereits seit den Untersuchungen von Johannes B. van Helmont im 17. Jahrhundert ist aber bekannt, daß sich einige Gase durch Verringern der Temperatur in den flüssigen Zustand kondensieren lassen. Bei bestimmten, für eine Substanz charakteristischen Bedingungen von Druck und Temperatur werden die Eigenschaften des flüssigen und gasförmigen Zustandes ununterscheidbar. Dieser sogenannte **kritische Zustand** wurde 1822 von Charles Cagniard de la Tour entdeckt und in den 60er Jahren des 19. Jahrhunderts intensiv von Thomas Andrews untersucht.

Kurze Zeit später beschäftigte sich Johannes D. van der Waals theoretisch mit dem Übergang vom gasförmigen zum flüssigen Zustand. Die Ergebnisse wurden in seiner berühmten Dissertation *"Over de continuiteit van den gas- en vloestoftoestand"* an der Universität

Leiden[1] zusammengefaßt und mündeten in der Van-der-Waals-Zustandsgleichung (1873):

$$P = \frac{RT}{v-b} - \frac{a}{v^2} \quad \text{Van-der-Waals-Gleichung} \tag{3.1-1}$$

wobei a und b stoffspezifische Parameter sind.

Nach vielen Versuchen anderer Forscher, u. a. von Rankine, Recknagel, Joule und Thomson (siehe bei Otto, 1929; Partington, 1950), konnte die Van-der-Waals-Zustandsgleichung als erste das Verhalten von Fluiden qualitativ richtig wiedergeben.[2]

Basierend auf Anschauungen der kinetischen Gastheorie versuchte van der Waals bei der Entwicklung der Gleichung die Abweichungen vom idealen Verhalten durch zwei Ursachen zu erklären.

1. Bei idealen Gasen wird das einzelne Gasteilchen als ein punktförmiges Gebilde angesehen, dessen Volumen vernachlässigt wird. Bei geringen Dichten trifft diese Näherung am ehesten zu, weil das insgesamt zur Verfügung stehende Volumen groß gegenüber der Summe der Molekülvolumina ist. Da diese Vereinfachung bei mittleren und größeren Dichten unrealistisch ist, ersetzte van der Waals im idealen Gasgesetz (Gl. 3-4) das molare Volumen v durch den Ausdruck v - b, der das für Molekülbewegungen zur Verfügung stehende Volumen repräsentieren soll. Van der Waals setzte den stoffspezifischen Parameter b gleich dem vierfachen Eigenvolumen der Moleküle (Otto, 1929).

2. Versuche von Joule und Thomson ergaben, daß bei komprimierten Gasen anziehende Kräfte wirken. Der Einfluß dieser Attraktionskräfte (oder Kohäsionskräfte) äußert sich in der Verminderung des Druckes, den ein eingeschlossenes Gas auf seine Wandung ausübt. Van der Waals berücksichtigte die Attraktionskräfte durch den Term a/v^2, d. h. er nahm an, daß der Kohäsionsdruck proportional zum Quadrat der Dichte ist.

---

[1] Man sagt, daß die Dissertation von van der Waals eine der am häufigsten zitierten ist, gleichzeitig aber eine der am wenigsten gelesenen. Letzteres mag für die niederländische Originalfassung gelten, nicht aber für die vielen Übersetzungen in andere Sprachen.

[2] Ein mit der Van-der-Waals-Gleichung berechnetes PvT-Diagramm von Ethen findet man bei Jolls (1984), das eindrucksvoll die qualitativ richtige Wiedergabe des PvT-Verhaltens demonstriert.

3.1 Kubische Zustandsgleichungen

Ausführliche Begründungen und Herleitungen der Van-der-Waals-Gleichung findet man außer in der Originalarbeit von van der Waals (1873) u.a auch bei Boltzmann (1898) und Partington (1950). Die Ideen von van der Waals und die in ihr steckenden physikalischen Annahmen werden von Kac et al. (1963) aus der Sicht der statistischen Thermodynamik diskutiert.

Multipliziert man die Van-der-Waals-Gleichung aus, erhält man einen kubischen Ausdruck bezüglich des Volumens:

$$v^3 - \left(b + \frac{RT}{P}\right)v^2 + \frac{a}{P}v - \frac{ab}{P} = 0 \ . \qquad (3.1-2)$$

Die Bestimmung von Volumina bei kubischen Zustandsgleichungen kann analytisch mit den Cardani-Gleichungen (z. B. Bronstein und Semendjajew, 1969) erfolgen, eine iterative Lösung ist nicht notwendig[1].

Abbildung 3.1-1 zeigt drei mit der Van-der-Waals-Gleichung berechnete Isothermen. Die Temperatur der Isothermen I liegt oberhalb der kritischen Temperatur T_c, Gleichung (3.1-2) liefert dann genau eine reelle Lösung für das Volumen. Bei $T = T_c$ (Isotherme II) hat die Isotherme am kritischen Punkt c einen Sattelpunkt. Bei der Isothermen III mit einer Temperatur unterhalb der kritischen gibt es für einen gegebenen Druck P_{III} drei reelle Lösungen der Zustandsgleichung (Punkte A, C und E). Zwischen den Punkten B und D hat die Isotherme eine positive Steigung, und die Bedingung für die mechanische Stabilität (Gl. 2.4-6) ist nicht erfüllt:

$$\left(\frac{\partial P}{\partial V}\right)_T < 0 \qquad \text{Mechanische Stabilität .} \qquad (2.4-17)$$

Die punktierte Linie in Abbildung 3.1-1 (= Spinodalkurve) begrenzt den Bereich, für den die mechanische Stabilitätsbedingung nicht erfüllt ist. Von den drei Lösungen der Zustandsgleichung liegt der Punkt C innerhalb des Instabilitätsgebietes, das heißt, das Volumen v_C tritt in der Realität nicht auf. Die beiden verbleibenden Lösungen entsprechen dem Volumen der flüssigen Phase (v_A) und der Gasphase (v_E).

---

[1] Allerdings ist eine iterative Lösung häufig effizienter als die Verwendung der Cardani-Gleichungen; siehe auch Gliederungspunkt *4.1.2 Das Dichtefindungsproblem*.

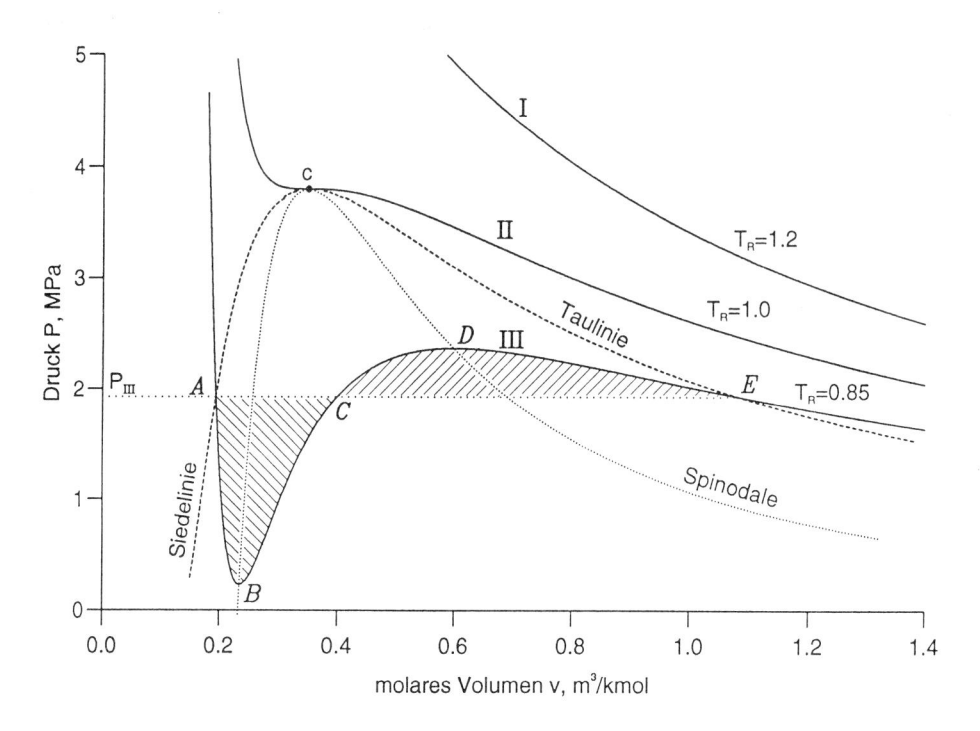

Abb. 3.1-1: Mit der Van-der-Waals-Gleichung berechnete Isothermen von n-Butan
- - - Grenze des Zweiphasengebietes;
······· Grenze der mechanischen Stabilität (Spinodale)

Maxwell (1875) formulierte eine Methode zur Bestimmung des Dampfdruckes: bei einer gegebenen Isotherme muß die schraffierte Fläche ABC gleich der Fläche CDE sei (Maxwellsche Flächenbedingung). Dies entspricht der Bedingung für das stoffliche Gleichgewicht (Gl. 2.6-15 bzw. 2.4-4), daß nämlich die Fugazitäten (oder die Chemischen Potentiale) in den Phasen im Gleichgewichtszustand gleich groß sind. Die Fugazität der flüssigen Phase wird durch Integration entlang der Isothermen durch das Zweiphasengebiet (und durch den instabilen Bereich zwischen den Spinodalpunkten) hindurch berechnet (vgl. Sandler, 1989, S. 212). In der Abbildung 3.1-1 stellt die gestrichelte Kurve den Ort aller Volumina im Gleichgewichts- oder Sättigungszustand

3.1 Kubische Zustandsgleichungen

dar[1]; sie begrenzt das Dampf-Flüssig-Zweiphasengebiet. Eine Dampfdruckberechnung mit kubischen Zustandsgleichungen wurde aber erst knapp 100 Jahre nach der Formulierung der Maxwellschen Flächenbedingung mit ausreichender Genauigkeit realisiert (z. B. Soave, 1972). Dabei wird i. d. R. die Temperaturabhängigkeit des Parameters a(T) durch Anpassung an experimentelle Dampfdruckdaten ermittelt. Gleichzeitig verschlechtert sich allerdings die Fähigkeit der jeweiligen Zustandsgleichung zur Beschreibung von PvT-Daten.

Exkurs: Entgegen der allgemein akzeptierten Auffassung zweifeln Kahl (1967) und Nitsche (1992) die Dampfdruckberechnung unter Zuhilfenahme der Maxwellschen Flächenbedingung an, weil der Verlauf der Zustandsgleichung im instabilen Bereich des Zweiphasengebietes nicht durch experimentelle Informationen untermauert ist. Sie argumentieren, daß sich die Fugazität der flüssigen Phase auch über einen Umweg um den kritischen Punkt herum berechnen läßt; man benötigt dann Informationen über Wärmekapazitäten bei hohen Drükken, um die Veränderung der Fugazität bei einer Temperaturerhöhung bzw. -erniedrigung berechnen zu können.

Die stoffspezifischen Parameter a und b lassen sich aus den Bedingungen am kritischen Punkt bestimmen. Wie aus Abbildung 3.1-1 ersichtlich ist, hat die kritische Isotherme am kritischen Punkt einen Sattelpunkt, d. h. eine waagerechte Tangente

$$\left(\frac{\partial P}{\partial v}\right)_{T=T_c} = 0 \qquad (3.1\text{-}3)$$

und einen Wendepunkt

$$\left(\frac{\partial^2 P}{\partial v^2}\right)_{T=T_c} = 0 \ . \qquad (3.1\text{-}4)$$

Angewendet auf die Van-der-Waals-Gleichung gilt:

$$\left(\frac{\partial P}{\partial v}\right)_{T_c} = \frac{-RT_c}{(v_c - b_c)^2} + \frac{2\,a_c}{v_c^3} = 0 \qquad (3.1\text{-}5)$$

---

[1] Berechnet mit Hilfe der Maxwellschen Flächenbedingung

und $\left(\frac{\partial^2 P}{\partial v^2}\right)_{T_c} = \frac{2 R T_c}{(v_c - b_c)^3} - \frac{6 a_c}{v_c^4} = 0$ \hfill (3.1-6)

sowie $P_c = \frac{R T_c}{v_c - b_c} - \frac{a_c}{v_c^2}$. \hfill (3.1-7)

Es stehen drei Gleichungen zur Verfügung, um a_c und b_c zu ermitteln, wobei je nach Wahl der zwei bestimmenden Gleichungen, die Anpassung an experimentelle Daten von T_c und P_c, T_c und v_c oder P_c und v_c erfolgt. Die Konsequenzen der unterschiedlichen Anpassungen werden von Martin (1967) diskutiert. Üblicherweise werden T_c und P_c zur Berechnung der Zustandsgleichungsparameter verwendet. Dies hat zwei Gründe:

1. Das kritische Volumen v_c läßt sich nicht mit der gleichen experimentellen Genauigkeit ermitteln wie T_c und P_c.
2. Wenn der berechnete kritische Punkt in den Koordinaten T und P mit dem experimentellen kritischen Punkt übereinstimmt, liegt er auch auf der experimentellen Dampfdruckkurve $P^{sat} = f(T)$.

Damit ergeben sich als Bestimmungsgleichungen für a_c und b_c [1]

$$a_c = \Omega_a R^2 T_c^2 / P_c \hfill (3.1-8)$$

und $b_c = \Omega_b R T_c / P_c$, \hfill (3.1-9)

wobei für die Van-der-Waals-Gleichung $\Omega_a = 0{,}421875$, $\Omega_b = 0{,}125$ und die kritische Kompressibilität $Z_c = 0{,}375$ ist.

Gleichung (3.1-1) läßt sich in (mit den kritischen Größen) reduzierten Variablen schreiben:

$$\left(P_R + \frac{3}{v_R^2}\right)(3 v_R - 1) = 8 T_R \hfill (3.1\text{-}10)$$

Mit $P_R = P/P_c$, $T_R = T/T_c$ und $v_R = v/v_c$. Wenn die Van-der-Waals-Gleichung exakt wäre, würde das PvT-Verhalten aller Fluide mit Gleichung (3.1-10) beschrieben werden können, denn in ihr sind keine stoffspezifischen Konstanten mehr enthalten. Van der Waals legte damit die Grundlagen für das Zwei-Parameter-Korrespondenzprinzip,

---

[1] Da bei der Van-der-Waals-Gleichung die Parameter a und b temperaturunabhängig sind, gilt $a = a_c$ und $b = b_c$.

3.1 Kubische Zustandsgleichungen

das besagt, daß sich alle Stoffe, die sich durch eine zweiparametrige Zustandsgleichung beschreiben lassen und die sich bezüglich Druck und Temperatur in einem gleichen reduzierten Zustand befinden, gleich verhalten.

Die Van-der-Waals-Gleichung hat in vielerlei Hinsicht die Grundlagen für spätere Entwicklungen gelegt:

1. Die Aufteilung des Druckes (bzw. des Kompressibilitätsfaktors) in einen Repulsionsterm P_{Rep} und einen Attraktionsterm P_{Att} wurde von vielen Zustandsgleichungen übernommen:

$$P = \frac{RT}{v-b} - \frac{a}{v^2} = P_{Rep} + P_{Att} , \qquad (3.1\text{-}11)$$

bzw. $$Z = \frac{Pv}{RT} = \frac{v}{v-b} - \frac{a}{RT}\frac{1}{v} = Z_{Rep}^{vdw} + Z_{Att}^{vdw} . \qquad (3.1\text{-}12)$$

Man nennt Gleichungen, bei denen eine solche Unterteilung vorgenommen wird, **Van-der-Waals-Typ-Zustandsgleichungen**.

2. Der Repulsionsterm der Van-der-Waals-Gleichung Z_{rep}^{vdw} wurde für viele spätere Zustandsgleichungen übernommen, z. B. auch für die heute am häufigsten zur Phasengleichgewichtsberechnung eingesetzten Gleichungen, die **S**oave-**R**edlich-**K**wong(**SRK**)- und die Peng-Robinson-Gleichung. Obwohl seit längerem bekannt ist, daß der van der Waalssche Repulsionsterm nicht mit theoretischen Ergebnissen und Computersimulationen übereinstimmt, ist er wegen seiner Einfachheit und wegen der guten Ergebnisse für einfache Stoffsysteme immer noch Bestandteil von vielen neuen Zustandsgleichungen.[1]

3. Es wurde bei der Entwicklung vieler Zustandsgleichungen versucht, die kubische Natur der Van-der-Waals-Gleichung zu erhalten.

4. Die Bestimmung der Parameter aus den kritischen Größen hat sich zur am häufigsten angewendeten Methode zur Bestimmung der Reinstoffparameter von Zustandsgleichungen entwickelt. Viele Zustandsgleichungen unterstellen dabei die Gültigkeit des Drei-Parameter-Korrespondenzprinzips, wobei als dritter Parameter

---

[1] Eine der (ironischen) Weisheiten der modernen Thermodynamik nach Prausnitz lautet: "Jeder weiß, daß v-b falsch ist, aber alle verwenden es."

in der Regel der von Pitzer et al. (1955) eingeführte azentrische Faktor ω verwendet wird.

Die Eigenschaften und verschiedene Anwendungsmöglichkeiten der Van-der-Waals-Gleichung werden ausführlich von Partington (1950) behandelt.

Wie alle anderen Zustandsgleichungen, so wurde auch die Van-der-Waals-Gleichung von der Fachwelt mit Kritik und Skepsis bedacht. Ihre beiden großen Vorteile, die Einfachheit und die gute qualitative Wiedergabe vieler Phänomene, haben sie über Jahrzehnte hinweg zu den wichtigsten Zustandsgleichungen gehören lassen. 100 Jahre nach ihrer Veröffentlichung wurde mit der Van-der-Waals-Gleichung das Phasenverhalten binärer Systeme qualitativ richtig vorausberechnet, einschließlich verschiedener kritischer Phänomene, die erst später experimentell nachgewiesen wurden (Scott und van Konynenburg, 1970; Scott, 1972). Für quantitative Berechnungen reicht allerdings die Genauigkeit der Van-der-Waals-Gleichung nicht aus.

Um diesen Mangel zu beseitigen, wurden viele Versuche unternommen, die Van-der-Waals-Gleichung zu verbessern. Schon bald wurde vorgeschlagen, den Parameter a durch eine Temperaturfunktion a(T) zu ersetzen. Den bisher besten Vorschlag für a(T) entwickelte Soave (1984) mit Hilfe moderner Computertechnik und einer Vielzahl experimenteller Daten zur Anpassung. Durch Soaves Modifikation der Van-der-Waals-Gleichung läßt sich die Genauigkeit zur Berechnung von Dampfdrücken erheblich erhöhen. Viele Zustandsgleichungen bestehen aus dem Van-der-Waals-Repulsionsterm und einem modifizierten Attraktionsterm.

In einem vor mehr als 60 Jahren erschienenen Übersichtsartikel nennt Otto (1929) allein 56 "wichtige" Zustandsgleichungen[1], von denen hier nur die Gleichungen von Clausius, Berthelot und Dieterici behandelt werden sollen (Partington, 1950; Otto, 1970).

Clausius (1880) ging davon aus, daß sich bei niedrigen Temperaturen Cluster aus zwei oder mehr Molekülen bilden können. Da die Attraktionskräfte in solchen Clustern größer als bei getrennten Molekülen sind, ist der Van-der-Waals-Term a/v^2 bei niedrigen Temperaturen zu klein. Clausius schlug folgende dreiparametrige Zustandsgleichung vor:

---

[1] Walas (1985) hat die Tabelle von Otto mit 56 Zustandsgleichungen in sein Buch übernommen.

3.1 Kubische Zustandsgleichungen

$$\boxed{P = \frac{RT}{v-b} - \frac{a}{T(v+c)^2} \quad \text{Clausius-Gleichung}} \qquad (3.1\text{-}13)$$

Die Konstanten a, b und c werden mit Hilfe der Bedingungen am kritischen Punkt (Gln. 3.1-3 und 3.1-4) aus T_c, P_c und v_c bestimmt:

$$a = v_c - \frac{RT_c}{4P_c}\,;\ b = \frac{RT_c}{8P_c} - v_c \ \text{und}\ c = \frac{27 R^2 T_c^2}{64 P_c}\,. \qquad (3.1\text{-}14)$$

Obwohl die Clausius-Gleichung wegen ihrer zu ungenauen Wiedergabe von PvT-Daten heute keine Rolle mehr spielt, ist sie die Ausgangsbasis zu verschiedenen Modifikationen gewesen, z. B. den Zustandsgleichungen von Berthelot (1899), Keyes (1917), Redlich und Kwong (1949), Martin (1979), Joffe (1981), Kubic (1982) und Joffe et al. (1983). Das Anfang der 80er Jahre neu entfachte Interesse an der Clausius-Gleichung geht auf Martin (1979) zurück, der sie für die beste kubische Zustandsgleichung zur Beschreibung von Gasphaseneigenschaften hält.

Eine am Anfang des 20. Jahrhunderts populäre Modifikation der Clausius-Gleichung wurde von Berthelot (1899) vorgeschlagen:

$$\boxed{P = \frac{RT}{v-b} - \frac{a}{Tv^2} \quad \text{Berthelot-Gleichung}} \qquad (3.1\text{-}15)$$

Berthelot verzichtet auf den Parameter c. Er bestimmt die Konstanten nicht mit Hilfe der Gleichungen 3.1-3 und 3.1-4, sondern verwendet empirische Gleichungen, die bei mittleren Drücken und in der Nähe der Raumtemperatur für viele Stoffe zu besseren Ergebnissen führen:

$$a = \frac{16}{3} P_c v_c^2 T_c\,,\ b = \frac{v_c}{4} \ \text{und}\ R = \frac{32}{9} \frac{P_c v_c}{T_c}\,. \qquad (3.1\text{-}16)$$

Da die Bedingungen am kritischen Punkt nicht erfüllt werden, eignet sich die Berthelot-Gleichung nur für niedrige und mittlere Drücke. Eigenschaften und Anwendungsmöglichkeiten der Berthelot-Gleichung werden u. a. von Partington (1950) diskutiert.

Gleichzeitig mit Berthelot schlug Dieterici (1899) zwei neue Zustandsgleichungen vor. Die erste ist eine Modifikation der Van-der-Waals-Gleichung bei der Dieterici den Attraktionsterm a/v^2 durch $a/v^{5/3}$

ersetzte. Er begründete dies mit Überlegungen bezüglich der Anzahl von Nachbarteilchen, mit denen ein Molekül in Wechselwirkungen tritt. Die Dieterici-Gleichung(I) ist nicht mehr kubisch, hat aber höchstens drei reelle Lösungen für das Volumen:

$$P = \frac{RT}{v-b} - \frac{a}{v^{5/3}} \quad \text{Dieterici-Gleichung(I)} \tag{3.1-17}$$

Die zweite von Dieterici vorgeschlagene Gleichung besteht nicht aus einem Repulsions- und einem Attraktionsterm, sondern hat eine exponentielle Form:

$$P = \frac{RT}{v-b} e^{-a/RTv} \quad \text{Dieterici-Gleichung(II)} \tag{3.1-18}$$

Die Konstanten lassen sich mit den Gleichungen (3.1-8) und (3.1-9) mit $\Omega_a = 4/e^2$ und $\Omega_b = 1/e^2$ bestimmen. Die Dieterici-Gleichung(II) sollte nicht auf eine flüssige Phase angewendet werden. Auch für die Gasphase stellt sie insgesamt gesehen keine Verbesserung der Van-der-Waals-Gleichung dar. Die Leistungsfähigkeiten der Zustandsgleichungen von Dieterici, Berthelot und van der Waals wurden von Pickering (1925) durch einen Vergleich mit einer Vielzahl von experimentellen Daten von neun Gasen ermittelt.

Die meisten "Verbesserungen" der Van-der-Waals-Gleichung zeigen nur Vorteile bei einigen wenigen Gasen und sind für alle anderen Stoffe schlechter als das Original. Alle frühen Zustandsgleichungen reichen nicht zu einer quantitativen Beschreibung von PvT-Daten bzw. zur genauen Phasengleichgewichtsbeschreibung aus. Dies ist sicherlich ein Grund dafür, daß die Arbeiten von van der Waals, die im späten 19. Jahrhundert und frühen 20. Jahrhundert hoch geschätzt wurden, schon 10 Jahre nachdem er 1906 den Nobel-Preis erhielt, halb in Vergessenheit geraten waren. Während der nächsten Jahrzehnte lenkte die Wissenschaftswelt ihre Aufmerksamkeit auf die Virialgleichung und ihre Modifikationen[1]. Die wohl größte wissenschaftliche Leistung von Otto Redlich war die Wiederbelebung der Van-der-Waalsschen Idee. Entgegen dem Zeitgeist der vierziger Jahre, der zu immer komplizierteren

---

[1] Siehe Gliederungspunkt *3.2. Modifizierte Virialgleichungen*

3.1 Kubische Zustandsgleichungen

Modifikationen der Virialgleichung strebte, schlugen Redlich und Kwong (1949) eine einfache zweiparametrige Zustandsgleichung vor:

$$\boxed{P = \frac{RT}{v-b} - \frac{a}{\sqrt{T}\,v(v+b)} \quad \text{Redlich-Kwong-Gleichung}} \quad (3.1\text{-}19)$$

Sie stellt eine Modifikation der Clausius-Gleichung dar, bei der T durch $\sqrt{T}$ und $(v+c)^2$ durch $v(v+b)$ ersetzt wurde. Redlich wollte eine Zustandsgleichung entwickeln, die Grenzbedingungen bei niedrigen und bei hohen Dichten erfüllt. Bei niedrigen Dichten mußte sich die Gleichung zum idealen Gasgesetz reduzieren; darüber hinaus sollte der zweite Virialkoeffizient gut wiedergegeben werden, was Redlich durch die Einführung des $\sqrt{T}$-Terms erreichte. Für den mit der Redlich-Kwong-Gleichung berechneten zweiten Virialkoeffizienten B gilt damit folgende Temperaturabhängigkeit:

$$B = b - \frac{\text{Konstante}}{T^{3/2}} \quad . \quad (3.1\text{-}20)$$

Redlich war bei der Auswertung experimenteller Daten aufgefallen, daß unabhängig von der Temperatur bei sehr hohen Drücken das molare Volumen der meisten Stoffe nicht kleiner als ca. 26 % des kritischen Volumens wird. Unter der Annahme, daß sich bei diesen Bedingungen das molaren Volumen auf das Kovolumen reduziert, folgerte Redlich für den Kovolumenparameter: $b = 0{,}26\,v_c$. Redlich berücksichtigte zusätzlich die Bedingungen am kritischen Punkt und kam schließlich auf den Ausdruck $v(v+b)$ im Attraktionsterm (Prausnitz, 1985).

Die Parameter der Redlich-Kwong-Gleichung lassen sich mit Hilfe der Bedingungen am kritischen Punkt ermitteln. Während als Bestimmungsgleichung für den Parameter b die Gleichung (3.1-9) unverändert übernommen werden kann, ändert sich die Gleichung für a (Gl. 3.1-8) durch den $\sqrt{T}$-Term zu:

$$a_c = \Omega_a \frac{R^2 T_c^{2{,}5}}{P_c} \quad (3.1\text{-}21)$$

$\Omega_a = 0{,}4275$ und $\Omega_b = 0{,}08664$ (Gl. 3.1-9). Die kritische Kompressibilität $Z_c = 1/3$ ist zwar niedriger als der entsprechende Wert der

Van-der-Waals-Gleichung (0,375), liegt aber höher als die experimentellen kritischen Kompressibilitäten der meisten Fluide[1].

Redlich entwickelte seine Zustandsgleichung zur Berechnung von PvT-Eigenschaften von Gasen, insbesondere von Gasmischungen. So wird die Redlich-Kwong-Gleichung zur Berechnung der Fugazitäten in der Gasphase bei der Chao-Seader-Methode (1961) verwendet. Redlich hatte nie die Absicht, seine Gleichung zur Berechnung der Fugazität beider Phasen zu verwenden. (Prausnitz, 1985). Erst 15 Jahre später rückte durch die Arbeit von Wilson (1964) die Möglichkeit der Phasengleichgewichtsberechnung mit der Redlich-Kwong-Gleichung ins allgemeine Bewußtsein der Fachwelt.

Auch die gute Eignung der Redlich-Kwong-Gleichung zur Berechnung von Reinstoffeigenschaften wurde erst spät erkannt. Horvath (1974) wies darauf hin, daß bis Anfang der siebziger Jahre die Redlich-Kwong-Gleichung in vielen berühmten Lehrbüchern, in denen Zustandsgleichungen behandelt werden, nicht genannt wird. Auch Bjerre (1969) vergißt ihre Erwähnung in einem Übersichtsartikel über zweiparametrige Zustandsgleichungen. In einem Vergleich zur Ermittlung der Leistungsfähigkeit von Zustandsgleichungen zur PvT-Berechnung untersuchten Ott et al. (1971) nur die Gleichungen von van der Waals, Berthelot und Dieterici. In einer früheren Untersuchung hatten Shah und Thodos (1965) eindrucksvoll die Überlegenheit der Redlich-Kwong-Gleichung gegenüber den oben genannten Zustandsgleichungen demonstriert.

Auch im Vergleich zu den wesentlich komplizierteren Gleichungen von Beattie und Bridgeman (1928) und von Benedict, Webb und Rubin (1940) hat sich die Redlich-Kwong-Gleichung bei der Berechnung von Eigenschaften von Gasen und Gasmischungen als vorteilhaft erwiesen (Edmister und Yarborough, 1963; Shah und Thodos, 1965). Anfang der siebziger Jahre galt die Redlich-Kwong-Gleichung als die beste zweiparametrige Zustandsgleichung (Coward et al., 1978).

Zwei Vorschläge von Wilson (1964) waren für die weitere Entwicklung der Redlich-Kwong-Gleichung von entscheidender Bedeutung:

1. Die Einführung einer Temperaturabhängigkeit für den Parameter a der Komponente i:

---

[1] Die experimentellen Werte für Z_c liegen zwischen 0,27 und 0,3 für die meisten organischen Verbindungen.

3.1 Kubische Zustandsgleichungen

$$\frac{a_i}{RT_{ci}^{1,5}} = 4{,}934\left(1+k_i\left(\frac{1}{T_{Ri}}-1\right)\right)T_{Ri}^{1,5}b_i \,, \qquad (3.1\text{-}22)$$

k_i ist eine stoffspezifische Konstante, für die Wilson (1966) später folgende einfache Generalisierung mit dem azentrischen Faktor ω vorschlug:

$$k_i = 1{,}57 + 1{,}62\,\omega_i \,. \qquad (3.1\text{-}23)$$

Die Temperaturabhängigkeit von a wurde so gewählt, daß die Steigung der Dampfdruckkurve in der Nähe des kritischen Punktes richtig wiedergegeben wird (Soave, 1993).

2. Die Anwendung der Redlich-Kwong-Gleichung auf beide Phasen zur Berechnung von Phasengleichgewichten und Enthalpien in Stoffmischungen. Die Bestimmung des Parameters a_{ij} für Wechselwirkungen ungleicher Moleküle erfolgt durch Anpassung an experimentelle Daten des entsprechenden binären Systems.

Der Erfolg der Redlich-Kwong-Gleichung, der nicht unwesentlich auf die Vorschläge von Wilson zurückzuführen ist, ermutigte viele Forschergruppen zu Modifikationen der Gleichung. In einem 1974 erschienen Übersichtsartikel nennt Horvath 34 Modifikationsvorschläge. Die korrekte Wiedergabe des Dampfdruckes reiner Stoffe nimmt bei vielen Vorschlägen eine zentrale Rolle ein. Dahinter steckt der Gedanke, daß zur richtigen Berechnung von Phasengleichgewichten in Stoffmischungen (d. h. zur Berechnung von Fugazitätskoeffizienten in Mischungen) die korrekte Wiedergabe der Dampf-Flüssig-Gleichgewichte der reinen Stoffe (d. h. die Berechnung des Fugazitätskoeffizienten für den gasförmigen und den flüssigen Zustand des reinen Stoffes) eine Voraussetzung ist. Paßt man die Temperaturabhängigkeit des Parameters a an die Reinstoffdampfdrücke an, so verschlechtert sich zwar in der Regel die Wiedergabe der PvT-Eigenschaften, aber die Berechnung von K-Faktoren in Mischungen verbessert sich (Leland, 1980).

Übersichten über Arbeiten zur Anpassung von Zustandsgleichungsparametern wurden u. a. von Tsonopoulos und Prausnitz (1969), Wichterle (1978), Abbott (1979) und Walas (1985) gegeben.

Chueh und Prausnitz (1967a, b) schlugen vor, für Gasphasenberechnungen Ω_a und Ω_b an die Eigenschaften des gesättigten Dampfes anzupassen; bei Flüssigkeitsberechnungen erfolgt die Anpassung an

Flüssigkeitsdichten. Dabei werden Ω_a und Ω_b als von der Temperatur unabhängig angesehen.

Zudkevitch und Joffe (1970) nahmen beide Parameter der Redlich-Kwong-Gleichung als temperaturabhängig an. Sie bestimmten die Temperaturfunktionen $\Omega_a(T_R)$ und $\Omega_b(T_R)$, indem sie die beim experimentellen Dampfdruck eines reinen Stoffes berechnete Sättigungsdichte der flüssigen Phase und den Fugazitätskoeffizienten des gesättigten Dampfes an die entsprechenden Werte einer generalisierten Korrelation von Lyckman et al. (1965) anpaßten[1]. In einem folgenden Artikel (Joffe et al., 1970) wurden die Isofugazitätsbedingung und die richtige Berechnung der Sättigungsdichten der flüssigen Phase als Kriterium zur Bestimmung der Temperaturabhängigkeiten $\Omega_a(T_R)$ und $\Omega_b(T_R)$ vorgeschlagen. Beide Methoden versagen bei der kritischen Temperatur (Soave, 1993).

Wenzel und Peter (1971) argumentierten, daß eine Parameterbestimmung mit Hilfe der Bedingungen am kritischen Punkt zu größeren Abweichungen bei der Dampfdruckberechnung[2] führt und deshalb die Parameter a und b der reinen Stoffe an experimentelle Daten (u. a. an Dampfdrücke) angepaßt werden sollten. Dagegen ist natürlich einzuwenden, daß eine gute Temperaturfunktion a(T) sowohl gute Dampfdrücke liefert als auch die Bedingungen am kritischen Punkt erfüllt.

Die wichtigste Modifikation der Redlich-Kwong-Gleichung ist die von Soave (1972). Die **S**oave-**R**edlich-**K**wong(**SRK**)-Gleichung[3] hat folgende Form:

$$\boxed{P = \frac{RT}{v-b} - \frac{a(T)}{v(v+b)} \quad \text{Soave-Redlich-Kwong-Gleichung}} \qquad (3.1\text{-}24)$$

Die Temperaturabhängigkeit des Parameters a(T) wird durch eine Korrekturfunktion $\alpha(T)$ ausgedrückt:

$$a(T) = a_c \, \alpha(T) \, , \qquad (3.1\text{-}25)$$

---

[1] Siehe Gliederungspunkt *3.3 PvT-Datenberechnung nach dem Korrespondenzprinzip*

[2] Wenzel und Peter sprechen von der "Nichterfüllung der Maxwellschen Flächenbedingung", wenn eine ungenaue Dampfdruck- bzw. Fugazitätsberechnung gemeint ist.

[3] Ebenfalls verbreitet ist die Bezeichnung "Redlich-Kwong-Soave(RKS)-Gleichung".

3.1 Kubische Zustandsgleichungen

wobei a_c mit Gleichung (3.1-8) und Ω_a = 0,42748 bestimmt wird; der Parameter b wird von der Redlich-Kwong-Gleichung übernommen, d. h. die Berechnung erfolgt mit Gleichung (3.1-9) und Ω_b = 0,08664; auch die kritische Kompressibilität Z_c hat mit 1/3 den gleichen Wert wie bei der Originalgleichung. Soave fand $\alpha(T)$ durch Anpassung an experimentelle Dampfdruckdaten unpolarer Stoffe. Er stellte bei der Betrachtung der Kurvenform von $\alpha(T_R)$ für verschiedene Werte des azentrischen Faktors ω fest, daß die Quadratwurzel aus $\alpha(T_R)$ in guter Näherung eine lineare Funktion von $\sqrt{T_R}$ ist:

$$\sqrt{\alpha(T)} = 1 + m\left(1 - \sqrt{T_R}\right), \qquad (3.1-26)$$

d. h. $\qquad a(T) = a_c \alpha(T) = a_c \left(1 + m\left(1 - \sqrt{T_R}\right)\right)^2 . \qquad (3.1-27)$

Für die Steigung m schlug Soave folgende allgemeine Abhängigkeit vom azentrischen Faktor ω vor:

$$m = 0,480 + 1,574\,\omega - 0,176\,\omega^2 . \qquad (3.1-28)$$

Ausgehend von anderen experimentellen Daten und zur Vermeidung von unerwünschten Maxima in Gleichung (3.1-28) entwickelten andere Autoren ähnliche Zusammenhänge zwischen m und ω, z. B. Graboski und Daubert (1978 und 1979) sowie Soave (1979)[1].

Die SRK-Gleichung war die erste Zustandsgleichung, die eine weite Verbreitung zur Berechnung von Phasengleichgewichten in der Industrie und in der Forschung gefunden hat. Dies wurde durch die allgemeine Verfügbarkeit von Computern Anfang der siebziger Jahre stark begünstigt.

Einen anderen Weg zur Beschreibung der Temperaturabhängigkeit des Parameters a der Redlich-Kwong-Gleichung gingen Hederer, Peter und Wenzel (1976); sie schlugen eine exponentielle Funktion vor:

$$a^+(T) = a\,T^\alpha . \qquad (3.1-29)$$

Während bei der Redlich-Kwong-Gleichung der Parameter α den festen Wert -0,5 hat, wird bei der **H**ederer-**P**eter-**W**enzel(**HPW**)-

---
[1] Siehe Gliederungspunkt *4.1.1 Parameter von Zustandsgleichungen*

Gleichung α als anpaßbarer Parameter angesehen (Peter, 1977; Hederer, 1981). Die Bestimmung der drei Parameter a, b und α für einen bestimmten Stoff geschieht in der Regel durch Anpassung an das molare Flüssigkeitsvolumen bei 20°C v_{L20} und an zwei Punkte der Dampfdruckkurve.[1] Die HPW-Gleichung zeigt größere Abweichungen bei der Dampfdruckberechnung als die SRK-Gleichung; sie führt aber zu einer wesentlich geringeren Abweichung zwischen experimentellen und berechneten Flüssigkeitsdichten. Da bei der üblichen Parameterbestimmung die Bedingungen am kritischen Punkt nicht berücksichtigt werden, ist die HPW-Gleichung für Berechnungen im kritischen Bereich nicht geeignet.

Sind zur Beurteilung von Prozessen Verdampfungsenthalpien von Interesse, so kann die Anpassung der HPW-Parameter auch an v_{L20}, an einen Punkt auf der Dampfdruckkurve (z. B. der Siedepunkt) und an einen experimentellen Wert für die Verdampfungsenthalpie erfolgen. Die HPW-Parameter wurden nicht generalisiert, sie liegen aber für viele Stoffe in Tabellenform vor (Hederer, 1981).

Das Finden einer geeigneten Temperaturfunktion für den Parameter a(T) verbessert die Berechnung von Dampfdrücken; soll darüber hinaus das volumetrische Verhalten besser wiedergegeben werden, so muß die Volumenabhängigkeit der Redlich-Kwong-Gleichung verändert werden. Peng et al. (1975) untersuchten die Eignung der SRK-Gleichung zur Beschreibung von Erdgas-Kondensat-Systemen. Es zeigte sich, daß die K-Faktoren mit hoher Genauigkeit berechnet werden konnten; bei der Bestimmung der kondensierten Flüssigkeitsvolumina ("Liquid Drop-out curves") im retrograden Gebiet ergaben sich jedoch größere Abweichungen, was auf die ungenaue Wiedergabe von Flüssigkeitsdichten mit der SRK-Gleichung zurückzuführen ist[2]. Um diesen Mangel zu beseitigen, entwickelten Peng und Robinson (1976) eine Zustandsgleichung mit einem modifizierten Attraktionsterm. Sie gingen zunächst von der folgenden dreiparametrigen Grundgleichung aus (Robinson et al., 1985):

---

[1] Alternativ schlug Hederer (1981) vor, die Parameter a und b aus den Bedingungen am kritischen Punkt und den Parameter α durch Anpassung an experimentelle Daten zu ermitteln. Er selbst bevorzugt aber die Anpassung aller drei Parameter.

[2] Siehe auch Gliederungspunkt *6.6.1 Aufteilung in Pseudokomponenten*

3.1 Kubische Zustandsgleichungen

$$P = \frac{RT}{v-b} - \frac{a(T)}{(v+b)^2 - cb^2} \quad . \tag{3.1-30}$$

Der Wert des Parameters c beeinflußt die berechnete kritische Kompressibilität Z_c und das Verhältnis b/v_c, wobei Z_c nahe bei 0,28 und b/v_c nahe bei 0,26 liegen sollte. Peng und Robinson (1976) schlugen c = 2 vor, was zu Z_c = 0,307 und b/v_c = 0,253 sowie zur folgenden zweiparametrigen Zustandsgleichung führt:

$$\boxed{P = \frac{RT}{v-b} - \frac{a(T)}{v^2 + 2bv - b^2} \quad \text{Peng-Robinson-Gleichung}} \tag{3.1-31}$$

Die Temperaturabhängigkeit des Parameters a(T) wird mit Gleichung (3.1-27) berechnet, wobei

$$m = 0{,}37464 + 1{,}54226\,\omega - 0{,}26992\,\omega^2 \quad . \tag{3.1-32}$$

a_c wird mit Gleichung (3.1-8) und Ω_a = 0,45724 bestimmt; der Parameter b entsprechend mit Gleichung (3.1-9) und Ω_b = 0,07780; die relativ niedrige kritische Kompressibilität trägt wesentlich zu einer besseren Beschreibung der Flüssigkeitsdichten bei[1]. Die wichtigsten Formeln im Zusammenhang mit der Peng-Robinson-Gleichung sind im Anhang A3 aufgeführt. Für schwerflüchtige Stoffe schlugen Robinson und Peng (1978) eine modifizierte Form für m(ω) vor.

Die Peng-Robinson-Gleichung unterscheidet sich in ihrer Leistungsfähigkeit kaum von der SRK-Gleichung. Beide haben viele von anderen Autoren erarbeitete Verbesserungsvorschläge und Neuentwicklungen überdauert und sind heute die am weitesten verbreiteten einfachen Zustandsgleichungen.

Eine modifizierte Form der Temperaturabhängigkeit a(T) für die Peng-Robinson-Gleichung schlugen Stryjek und Vera (1986a, b) vor ("PRSV-Gleichung"). Zwar wird a(T) noch herkömmlich mit Gl. (3.1-27) bestimmt, aber die Konstante m wird als Funktion des azentrischen Faktors ω, der reduzierten Temperatur T_R und einer stoffspezifischen Konstanten m_0 angesehen. Eine noch genauere Beschreibung von Reinstoffdampfdrücken kann mit der der PRSV2-Gleichung erzielt werden (Stryjek und Vera, 1986c). Der Ausdruck für m lautet dann:

---

[1] Für Anwendungsbeispiele der Peng-Robinson-Gleichung siehe Robinson et al. (1977)

$$m = m_0 + \left(m_1 + m_2(m_3 - T_R)(1 - T_R^{1/2})\right)\left(1 + T_R^{1/2}\right)\left(0{,}7 - T_R\right) \ , \quad (3.1\text{-}33)$$

wobei m_0 wie bei der PRSV-Gleichung wie folgt bestimmt wird:

$$m_0 = 0{,}378893 + 1{,}4897153 \ \omega - 0{,}17131848 \ \omega^2 + 0{,}0196544 \ \omega^3 \ ; \quad (3.1\text{-}34)$$

m_1, m_2 und m_3 sind anpaßbare Reinstoffparameter, die für mehr als 90 Stoffe in Tabellenform vorliegen (Stryjek und Vera, 1986c). Wenn m_2 gleich Null gesetzt wird, ergibt sich die PRSV-Gleichung.

Es wurden viele weitere zweiparametrige Zustandsgleichungen vorgeschlagen, von denen hier nur einige genannt werden sollen, z. B. Martin (1979), Joffe et al. (1983), Leiva und Sanchez (1983).

Erfüllen zweiparametrige Zustandsgleichungen die Bedingungen am kritischen Punkt, so berechnen sie für alle Stoffe dieselbe kritische Kompressibilität. Verschiedene Autoren haben deshalb die Einführung eines dritten Parameters zur Erhöhung der Flexibilität der Zustandsgleichung vorgeschlagen. Obwohl die korrekte Wiedergabe des kritischen Kompressibilitätsfaktors Z_c mit einer dreiparametrigen Gleichung erreicht werden kann, führt dies oft zu Verzerrungen der Isothermen bei niedrigen und hohen Drücken (Anderko, 1990). Die Gesamtdarstellung des PvT-Verhaltens ist oft besser, wenn der für einen Stoff berechnete Wert für Z_c etwas größer als der experimentelle ist. Dreiparametrige Zustandsgleichungen wurden u. a. von Fuller (1976), Heyen (1980 und 1983), Schmidt und Wenzel (1980), Harmens und Knapp (1980), Patel und Teja (1982), Valderrama und Cisternas (1986), Yu und Lu (1987)[1] und Twu et al. (1992b) vorgeschlagen[2].

Die Zustandsgleichung von Fuller (1976) eignet sich vergleichsweise gut zur Darstellung von Reinstoffgrößen. Alle drei Parameter sind temperaturabhängig:

$$\boxed{P = \frac{RT}{v - b(T)} - \frac{a(T)}{v(v + c(T)b(T))} \quad \text{Fuller-Gleichung}} \quad (3.1\text{-}35)$$

Eine Verbesserung der Dichteberechnung von zweiparametrigen Zustandsgleichungen kann auch mit Hilfe des auf Martin (1967)

---

[1] Für Anwendungsbeispiele siehe Yu et al. (1987)

[2] Siehe auch Tabelle A3-1 *Kubische Zustandsgleichungen* im Anhang

3.1 Kubische Zustandsgleichungen

zurückgehenden Konzeptes der sogenannten **Volumentranslation** erfolgen. Peneloux et al. (1982) griffen Martins Idee auf und korrigierten mit der SRK-Gleichung berechnete Flüssigkeitsvolumina v^{SRK} mit einer translatorischen Konstante c:

$$v_{trans} = v^{SRK} + c \ . \qquad (3.1\text{-}36)$$

Chou und Prausnitz (1989) schlugen die Verwendung einer variablen Translation vor, deren Größe von der Entfernung vom kritischen Punkt abhängt und die zum kritischen Punkt hin gegen Null geht.

Verschiedene Autoren schlugen zu einer weiteren Erhöhung der Flexibilität von kubischen Zustandsgleichungen die Verwendung von vier Parametern vor (z. B. Adachi, Lu und Sugie, 1983; Mößner und Oellrich, 1992). Trebble und Bishnoi (1987) benutzen die vier Parameter ihrer Zustandsgleichung zur Optimierung der berechneten kritischen Kompressibilität Z_c und des kritischen Kovolumens b_c. Letzteres beeinflußt die "Härte" der Zustandsgleichung (die Steigung von $(\partial P/\partial v)_T$) bei höheren Drücken. Zur verbesserten Wiedergabe von Flüssigkeitsdichten schlugen Sugie et al. (1989) vor, die Parameter so anzupassen, daß zwei Flüssigkeitsdichten exakt wiedergegeben werden.

Die Zustandsgleichung von Schreiner (1986) besteht aus drei Termen. Alle vier Parameter der Gleichung sind temperaturabhängig:

$$\boxed{P = \frac{RT}{v-b(T)} - \frac{a(T)}{v-c(T)} - \frac{a(T)}{v+d(T)} \quad \textbf{Schreiner-Gleichung}} \qquad (3.1\text{-}37)$$

Eine ungewöhnliche vierparametrige Zustandsgleichung wurde von Nitsche (1992) vorgeschlagen. Drei Parameter (a, b und c(T)) werden zur möglichst genauen Wiedergabe von PvT-Daten verwendet. Die Dampfdruckberechnung erfolgt nicht unter Zuhilfenahme der Maxwellschen Flächenbedingung[1], sondern über einen Umweg um den kritischen Punkt herum. Die bei dieser Methode notwendigen, aber weitgehend unbekannten Daten für Wärmekapazitäten bei hohen Drücken werden durch einen vierten Zustandsgleichungsparameter $\Delta(T)$

---
[1] Nitsche zweifelt die Gültigkeit der Maxwellschen Flächenbedingung an, weil der Verlauf der Zustandsgleichung im instabilen Bereich des Zweiphasengebietes, d. h. zwischen den Spinodalpunkten, nicht durch experimentelle Informationen untermauert ist.

angenähert. Die Temperaturabhängigkeit von $\Delta(T)$ wird durch Anpassung an experimentelle Dampfdruckdaten bestimmt.

Die höchste Anzahl von Parametern in einer kubischen Zustandsgleichung ist fünf. Eine fünfparametrige Gleichung wurde u. a. von Kumar und Starling (1982) entwickelt. Sie erfüllt nicht die Bedingungen am kritischen Punkt; die Kumar-Starling-Gleichung gibt, mit Ausnahme des kritischen Bereiches, das PvT-Verhalten von reinen Stoffen mit ähnlich großer Genauigkeit wieder wie die Benedict-Webb-Rubin-Gleichung mit elf Parametern. Eine Erweiterung der Kumar-Starling-Gleichung auf polare Stoffe sowie auf Mischungen wurde von Chu et al. (1992) vorgeschlagen. Von den fünf Parametern der von Adachi, Sugie und Lu (1986) entwickelte Zustandsgleichung sind vier temperaturabhängig. Die Autoren geben an, daß dies zur korrekten Wiedergabe der Isothermen notwendig sei. Die ebenfalls fünfparametrige Cubic-Chain-of-Rotators (CCOR)-Gleichung von H. Kim et al. (1986) enthält einen Repulsionsterm

$$P_{Rep} = \frac{RT(1+0{,}77\,b/v)}{v-0{,}42\,b} \quad , \tag{3.1-38}$$

der das Verhalten von Hartkugelfluiden in ähnlicher Weise wie die Carnahan-Starling-Gleichung beschreibt. Alle fünf Parameter wurden als Funktionen von T_c, P_c, ω und T_R generalisiert.

Abbott (1973) schlug eine allgemeine vierparametrige Form vor, in die man die meisten kubischen Zustandsgleichungen überführen kann. Später erweiterte er die allgemeine Formel auf fünf Parameter (Abbott, 1979) :

$$P = \frac{RT}{v-b} - \frac{\Theta(v-\eta)}{(v-b)(v^2+\delta v + \varepsilon)} \quad . \tag{3.1-39}$$

Die Parameter b, Θ, η, δ und ε sind häufig temperaturabhängig; bei der Anwendung der Zustandsgleichung auf Stoffmischungen sind sie zusammensetzungsabhängig. Gleichung (3.1-39) kann als Verallgemeinerung der Van-der-Waals-Gleichung angesehen werden, zu der sie sich im einfachsten nichttrivialen Fall reduziert (Θ = a und $\eta = \delta = \varepsilon =$ 0). Die Werte bzw. Funktionen der fünf Parameter sind für 27 kubische Zustandsgleichungen in der Tabelle A3-1 (im Anhang) zusammengestellt. Der Parameter Θ ist bei fast allen Zustandsgleichungen temperaturabhängig. Außerdem ist häufig der Parameter η gleich b, so daß der Ausdruck (v - b) im Zähler und im Nenner des zweiten Gleichungsterms erscheint und sich herauskürzen läßt.

Viele Autoren haben die Leistungsfähigkeiten verschiedener kubischer Zustandsgleichungen untersucht und miteinander verglichen. Einige Ergebnisse dieser Untersuchungen sowie Vergleiche mit Zustandsgleichungen anderer Typen werden in den Gliederungspunkten 4.4 und 6.8 vorgestellt.

Allgemein gesehen sind kubische Zustandsgleichungen wegen ihrer Einfachheit und Zuverlässigkeit wichtige Werkzeuge für die Prozeßberechnung. Die Anwendung generalisierter Parameter ermöglicht die Vorhersage von thermodynamischen Eigenschaften reiner Stoffe mit in vielen Fällen ausreichender Genauigkeit. Durch heute zur Verfügung stehende effiziente Dichtefindungsalgorithmen[1] muß eine Gleichung jedoch nicht unbedingt kubischer Natur sein, um rechentechnisch einfach zu sein.

3.2 Modifizierte Virialgleichungen

Die Virialgleichung stellt eine Reihenentwicklung des Kompressibilitätsfaktors Z nach der Dichte (sog. Leiden-Form)

$$Z = 1 + B(T)\varrho + C(T)\varrho^2 + ... \qquad (3.2\text{-}1)$$

oder nach dem Druck (sog. Berlin-Form)

$$Z = 1 + B'(T)P + C'(T)P^2 + ... \qquad (3.2\text{-}2)$$

dar. Sie geht auf einen empirischen Vorschlag von Thiesen (1885) zurück und wurde von H. Kammerlingh-Onnes (1901, Universität Leiden) sowie von Holborm, Schultze und Otto (Physikalische Reichsanstalt Berlin) voll entwickelt. Später hat sich gezeigt, daß sich die Virialgleichung mit Hilfe der statistischen Thermodynamik theoretisch ableiten läßt. Werden über die mathematische Form des zwischenmolekularen Potentials bestimmte Annahmen getroffen, so kann der zweite Virialkoeffizient B mit Wechselwirkungen zwischen Molekülpaaren in Verbindung gebracht werden, der dritte Virialkoeffizient C mit

---
[1] Siehe Gliederungspunkt *4.1.2 Das Dichtefindungsproblem*

Wechselwirkungen zwischen Tripeln, usw. Alle Virialkoeffizienten sind unabhängig vom Druck und von der Dichte, und für reine Stoffe sind sie nur Funktionen der Temperatur (Prausnitz et al., 1986). Sie sind durch ihren molekular-theoretischen Hintergrund nicht nur für die PvT-Datenberechnung von Bedeutung, sondern sie sind auch an der Berechnung anderer Größen, wie Viskosität, Schallgeschwindigkeit oder Wärmekapazitäten, beteiligt.

Ein weiterer Vorteil der Virialgleichung ist die Tatsache, daß ihre Ausweitung auf Mischungen theoretisch fundiert ist. Der zweite Virialkoeffizient B einer Mischung läßt sich aus den Reinstoffkoeffizienten als eine quadratische Funktion des Molenbruchs berechnen:

$$B = \sum_{i=1}^{N} \sum_{j=1}^{N} x_i x_j B_{ij} \; . \qquad (3.2\text{-}3)$$

Die Kreuzkoeffizienten B_{ij} können z. B. mit der Methode von Tsonopoulos (1979) bestimmt werden.

Entsprechend gilt für den dritten Virialkoeffizienten einer Mischung:

$$C = \sum_{i=1}^{N} \sum_{j=1}^{N} \sum_{k=1}^{N} x_i x_j x_k C_{ijk} \; . \qquad (3.2\text{-}4)$$

Wenn genügend Koeffizienten bekannt sind, eignet sich die Virialgleichung sehr gut zur Berechnung von Eigenschaften der Gasphase. Für Flüssigkeiten kann sie nicht angewendet werden. Bricht man die Virialgleichung nach dem zweiten Koeffizienten ab, eignet sie sich nur noch für mäßige Dichten. Als Faustregel gilt:

$$\text{nur B ist bekannt:} \qquad \rho < 0{,}5 \, \rho_c \; , \qquad (3.2\text{-}5)$$

$$\text{nur B und C sind bekannt:} \qquad \rho < 0{,}75 \, \rho_c \; . \qquad (3.2\text{-}6)$$

Für die meisten Stoffe sind vierte und höhere Virialkoeffizienten nicht bekannt. Der theoretische Hintergrund der Virialgleichung und ihre Anwendungsmöglichkeiten werden u. a. von Mason und Spurling (1969) behandelt.

Verschiedene später entwickelte Zustandsgleichungen lassen sich auf die Virialform zurückführen und sind als modifizierte Virialgleichungen anzusehen. Bei diesen Gleichungen werden mehrere Virialkoeffizienten durch temperaturabhängige Funktionen ersetzt. Dadurch wird

3.2 Modifizierte Virialgleichungen

die Anzahl der Koeffizienten und - bei Anwendung auf Mischungen - die Anzahl der Mischungsregeln erhöht (Oellrich et al., 1977). Die erste modifizierte Virialgleichung war die fünfparametrige Gleichung von Beattie und Bridgeman (1928):

$$Z = 1 + \left(B_0 - \frac{A_0}{RT} - \frac{c}{T^3}\right)\rho + \left(-B_0 b + \frac{aA_0}{RT} - \frac{B_0 c}{T^3}\right)\rho^2 + \frac{B_0 bc}{T^3}\rho^3 \quad . \quad (3.2\text{-}7)$$

Die Beattie-Bridgeman-Gleichung gibt das PvT-Verhalten von Gasen bis zu einer Dichte von ungefähr 30% der kritischen Dichte gut wieder. Die fünf Parameter A_0, B_0, a, b und c werden durch Anpassung an PvT-Daten bestimmt.

Eine wichtige Weiterentwicklung der Beattie-Bridgeman-Gleichung wurde von **B**enedict, **W**ebb und **R**ubin (1940) vorgeschlagen. Die BWR-Gleichung lautet:

$$\boxed{Z = 1 + \left(B_0 - \frac{A_0}{RT} - \frac{C_0}{RT^3}\right)\rho + \left(b + \frac{a}{RT} - \frac{B_0 c}{T^3}\right)\rho^2 + \frac{a\alpha}{RT}\rho^5 + \frac{c(1+\gamma\rho^2)}{RT^3}\rho^2 e^{-\gamma\rho^2}} \quad (3.2\text{-}8)$$

Der letzte Summand soll alle fehlenden Glieder der abgebrochenen Virialreihe berücksichtigen. Die 8 stoffspezifischen Koeffizienten wurden für viele leichtflüchtige Stoffe durch die Anpassung an PvT-Daten der Gasphase und an Dampfdrücke ermittelt.

Die BWR-Gleichung eignet sich zur Beschreibung der Gasphase bis zur kritischen Dichte mit guter Genauigkeit. Sie war die erste technisch wichtige Zustandsgleichung, mit der Dampfdrücke und Sättigungsdichten gleichzeitig berechnet werden konnten. Bei Drücken zwischen 200 kPa und dem kritischen Druck sind die maximalen Fehler bei der Dampfdruckberechnung kleiner als 5 %. Die BWR-Gleichung war außerdem die erste Gleichung vom Virialtyp, die sich zur Berechnung von Dampf-Flüssig-Gleichgewichten in industriell wichtigen Stoffsystemen eignete (Stotler und Benedict, 1953). Zur einfacheren Ermittlung der stoffspezifischen Koeffizienten wurden verschiedene Generalisierungen vorgeschlagen (u. a. von Opfell et al., 1956), die als Eingangsgrößen die kritische Temperatur, den kritischen Druck und den azentrischen Faktor benötigen.

Um eine bessere Darstellung des PvT-Verhaltens bei hohen Dichten zu erreichen, haben verschiedene Autoren Zustandsgleichungen mit einer großen Anzahl von Koeffizienten vorgeschlagen. Beispiele hierzu sind die Gleichungen von Strobridge (1962) mit 16 Konstanten, von Bender (1971) mit 20 Konstanten und von Schmidt und Wagner (1985) mit 32 Konstanten. Die neueren Gleichungen dieses Typs sind in der Lage, das PvT-Verhalten im gesamten Dichtebereich mit experimenteller Genauigkeit wiederzugeben. Sie eignen sich deshalb zur Wiedergabe von extensivem Datenmaterial einzelner Stoffe (IUPAC Thermodynamic Tables of the Fluid State, z. B. Angus et al., 1980). Die Konstanten sind allerdings oft nur für wenige Stoffe bekannt. Parameter der Bender-Gleichung für 14 reine Stoffe findet man z. B. bei Polt et al. (1992). Mit vielparametrigen Zustandsgleichungen lassen sich auch Eigenschaften von Stoffmischungen berechnen; dies geschieht häufig im Rahmen des Korrespondenzprinzips wobei die Zustandsgleichung zur genauen Bestimmung der Eigenschaften des Referenzfluides verwendet wird[1].

Cox et al. (1971) und Starling und Han (1972) erweiterten die BWR-Gleichung, indem sie drei Konstanten zur Verbesserung der Temperaturabhängigkeit der Parameter bei niedrigen Temperaturen einführten. Die BWRCSH-Gleichung lautet :

$$P = RT\rho + \left(B_0 RT - A_0 - \frac{C_0}{T^2} + \frac{D_0}{T^3} - \frac{E_0}{T^4}\right)\rho^2 + \left(bRT + a - \frac{d}{T}\right)\rho^3 +$$
$$+ \alpha\left(a + \frac{d}{T}\right)\rho^6 + \frac{c(1+\gamma\rho^2)}{T^2}\rho^3 e^{-\gamma\rho^2} \, . \qquad (3.2\text{-}9)$$

Die 11 Parameter wurden generalisiert und können für normale Fluide aus T_c, P_c und ω ermittelt werden.[2]

Eine Generalisierung der Bender-Gleichung wurde von Platzer (1990) entwickelt. Anwendungsbeispiele zur Berechnung von Dampf-Flüssig-Gleichgewichten mit der generalisierten Bender-Gleichung findet man z. B. in der Dissertation von Walther (1992).

Ähnliche, modifizierte Virialgleichungen wurden u. a. von Nishiumi und Saito (1975), Nishiumi (1980) und von Anderko und Pitzer (1991) vorgeschlagen. Bei einigen neueren Zustandsgleichungen bleibt die

---

[1] Siehe Gliederungspunkt *3.3 PvT-Datenberechnung nach dem Korrespondenzprinzip*

[2] Für einen Leistungsvergleich siehe Gliederungspunkt *6.8 Zustandsgleichungen im Vergleich (Phasengleichgewichte)*

ursprüngliche, einfache Form der Virialgleichung erhalten, z. B. Vetere (1982 und 1983).

Saito und Arai (1986) untersuchten die Leistungsfähigkeit von verschiedenen modifizierten Virialgleichungen zur Berechnung von Dampfdrücken und Sättigungsdichten. Vielparametrige Zustandsgleichungen eignen sich in der Regel sehr gut zur Wiedergabe von experimentellen PvT-Daten reiner Stoffe (Wichterle, 1978; Anderko, 1990). Eine Generalisierung der Konstanten vereinfacht zwar die Ermittlung der Reinstoffparameter, aber dieser Vorteil muß mit teilweise erheblichen Genauigkeitsverlusten erkauft werden, insbesondere bei polaren Stoffen (Leland, 1980). Die große Zahl der Parameter kann nicht auf eindeutige Weise mit den kritischen Konstanten und anderen charakteristischen Größen wie dem azentrischen Faktor in Verbindung gebracht werden. Das Problem ist dabei, daß sehr verschiedene Parametersätze einer modifizierten Virialgleichung die Eigenschaften eines Stoffes mit ähnlicher Genauigkeit wiedergeben können.

Ein weiterer Nachteil von vielparametrigen Zustandsgleichungen ist ihre größere Unsicherheit bei Extrapolationen. Berechnungen außerhalb des Zustandsbereiches, für den die Parameteranpassung erfolgte, können zu relativ großen Abweichungen und physikalisch unsinnigen Ergebnissen führen.

Bei der Anwendung auf Stoffmischungen haben vielparametrige Zustandsgleichungen den Nachteil, daß sie eine große Anzahl von Mischungsregeln benötigen. Da die Koeffizienten oft empirischer Natur sind, d. h. keine physikalische Bedeutung besitzen, lassen sich die Formen der Mischungs- und Kombinationsregeln nicht aus physikalischen Überlegungen ableiten. In der Regel sind vielparametrige modifizierte Virialgleichungen zur Berechnung von Mischungseigenschaften nicht besser geeignet als einfache zwei- oder dreiparametrige Zustandsgleichungen.

3.3 PvT-Datenberechnung nach dem Korrespondenzprinzip

In seiner ursprünglichen Form sagt das Korrespondenzprinzip aus, daß sich Stoffe thermodynamisch gleich verhalten, wenn sie sich in übereinstimmenden Zuständen befinden. Der Zustand wird dabei durch die relative Lage zum kritischen Punkt gekennzeichnet. Es wird angenommen, daß der Zusammenhang zwischen dem Kompressibilitätsfaktor Z und der reduzierten Temperatur T_R und dem reduzierten Volumen v_R

$$Z = Z(T_R, v_R) \tag{3.3-1}$$

eine für alle Stoffe geltende Funktion ist. Dieses sogenannte Zwei-Parameter-Korrespondenzprinzip wurde zuerst von van der Waals (1873) formuliert. Es basiert auf Überlegungen zur physikalischen Ähnlichkeit von Phasendiagrammen und geht von der Annahme aus, daß die Phasengleichgewichtseigenschaften, die von zwischenmolekularen Potentialen abhängen, auf universelle Weise von den kritischen Größen abhängen. Das Korrespondenzprinzip stellt eine wichtige Grundlage bei der Entwicklung vieler Korrelationen und Schätzmethoden für Stoffeigenschaften dar (Reid et al., 1987).

Van der Waals (1873) zeigte, daß das Zwei-Parameter-Korrespondenzprinzip für alle Stoffe, die sich mit einer zweiparametrigen Zustandsgleichung beschreiben lassen, theoretisch gültig ist. Es ist aber nur auf einfache unpolare Moleküle mit ausreichender Genauigkeit anwendbar. Wesentliche Verbesserungen können unter Hinzunahme eines oder mehrerer zusätzlicher Parameter erzielt werden. Die weiteste Verbreitung hat das von Pitzer et al. (1955) entwickelte Drei-Parameter-Korrespondenzprinzip gefunden. Dabei wird der Kompressibilitätsfaktor in einen Referenzterm $Z^{(0)}$ für sphärische Moleküle (Argon) und einen Korrekturterm $Z^{(1)}$ für Abweichungen vom Zwei-Parameter-Korrespondenzprinzip aufgeteilt:

$$Z = Z^{(0)}(T_R, v_R) + \omega Z^{(1)}(T_R, v_R) \tag{3.3-2}$$

oder $\quad Z = Z^{(0)}(T_R, P_R) + \omega Z^{(1)}(T_R, P_R) \; . \tag{3.3-3}$

3.3 PvT-Datenberechnung nach dem Korrespondenzprinzip

Als Maß für die Abweichung führte Pitzer den azentrischen Faktor ω ein, der ein Maß für die Form der Dampfdruckkurve ist.[1] Die Werte für $Z^{(0)}$ und $Z^{(1)}$ wurden ursprünglich in graphischer und tabellarischer Form veröffentlicht. Die Tabellen wurden mehrfach ergänzt, um den Gültigkeitsbereich zu erweitern. Auch für andere thermodynamische Größen, z. B. für die residuelle Enthalpie, die Entropie, die freie Enthalpie (Curl und Pitzer, 1958) und den Fugazitätskoeffizienten (Lyckman et al., 1965), wurden Tabellen erstellt. Die molare residuelle Enthalpie h^r berechnet sich dann mit:

$$\frac{h^r}{RT_c} = \left(\frac{h^r}{RT_c}\right)^{(0)} + \omega \left(\frac{h^r}{RT_c}\right)^{(1)} . \tag{3.3-4}$$

Motiviert durch die verbesserte Computertechnik gab es seit 1956 Bemühungen, die Tabellen in analytischer, für den Rechnereinsatz geeigneter Form darzustellen. Häufig werden dazu vielparametrige modifizierte Virialgleichungen verwendet, z. B. benutzten Opfell, Sage und Pitzer (1956) die BWR-Gleichung mit reduzierten Variablen.

Eine weite Verbreitung hat die Methode von Lee und Kesler (1975) gefunden. Dabei wird der Kompressibilitätsfaktor Z durch die Terme $Z^{(0)}$ für einfache Fluide und $Z^{(r)}$ für ein Referenzfluid in folgender Weise ausgedrückt:

$$Z = Z^{(0)} + \frac{\omega}{\omega^{(r)}} \left(Z^{(r)} - Z^{(0)}\right) . \tag{3.3-5}$$

$Z^{(0)}$ und $Z^{(r)}$ werden mit einer zwölfparametrigen modifizierten Virialgleichung berechnet:

$$Z = 1 + (b_1 - b_2/T_R - b_3 T_R^2 - b_4 T_R^3)\rho_R + (c_1 - c_2/T_R + c_3 T_R^3)\rho_R^2 +$$
$$+ (d_1 + d_2/T_R)\rho_R^5 + \frac{c_4}{T_R^3}\rho_R^2 (\beta + \gamma \rho_R^2) e^{-\gamma \rho_R^2} . \tag{3.3-6}$$

In ihrer Form ähnelt die Gleichung von Lee und Kesler der BWR-Gleichung. Die stoffspezifischen Parameter zur Berechnung von $Z^{(0)}$ wurden durch Anpassung an experimentelle Daten von Methan und Argon ermittelt. Durch den Term $Z^{(0)}$ werden somit die Eigenschaften eines kugelförmigen, unpolaren Moleküls wiedergegeben. Als Referenzfluid wählten Lee und Kesler n-Octan; die Parameter zur Berechnung

---

[1] Zur Entstehungsgeschichte des azentrischen Faktors siehe Pitzer (1977)

von $Z^{(r)}$ wurden durch Anpassung an PvT- und Enthalpie-Daten sowie an zweite Virialkoeffizienten von n-Octan bestimmt.

Um das Korrespondenzprinzip auch auf Stoffe mit unbekannten kritischen Daten (z. B. Schwerölfraktionen) anwenden zu können, schlugen Kesler und Lee (1977) die Verwendung von Korrelationen vor, die auf der Siedetemperatur und der Flüssigkeitsdichte basieren.

Die Methode von Lee und Kesler wurde von Plöcker, Knapp und Prausnitz (1978) (LKP) weiter verbessert. Oellrich et al. (1977) verglichen die Leistungsfähigkeit zur Berechnung von Dampf-Flüssig-Gleichgewichten der LKP-Methode mit denen einfacher Zustandsgleichungen (u. a. Soave, 1972; Peng und Robinson, 1976). Die Ergebnisse sind bezüglich der Genauigkeit und des Rechenaufwandes ähnlich.

Das Drei-Parameter-Korrespondenzprinzip bildet die Grundlage der Generalisierung der meisten Zustandsgleichungen. Die Reinstoffparameter werden nur aus der Kenntnis von T_c, P_c und ω bestimmt. Damit wird unterstellt, daß sich alle Stoffe, die durch den gleichen Wert für den azentrischen Faktor gekennzeichnet sind, gleich verhalten, wenn die reduzierte Temperatur und der reduzierte Druck übereinstimmen. Diese überaus wichtige Vereinfachung hat zu der weiten Verbreitung von generalisierten Zustandsgleichungen wesentlich beigetragen.

Eine andere Version des Korrespondenzprinzips wurde von Leach et al. (1968) entwickelt. Sie gehen von der Annahme aus, daß Moleküle mit ähnlich geformten Potentialen in Wechselwirkung miteinander treten. Der Unterschied zwischen dem Potential eines Moleküls (Index α) und dem des Referenzmoleküls (Index 0) wird durch sogenannte **Formfaktoren** berücksichtigt (Gibbons et al., 1978). Danach gilt für den Kompressibilitätsfaktor Z:

$$Z_\alpha = Z_0 \left(\frac{T}{\frac{T_{c\alpha}}{T_{c0}} \Theta}, \frac{v}{\frac{v_{c\alpha}}{v_{c0}} \Phi} \right). \qquad (3.3\text{-}7)$$

Die temperatur- und volumenabhängigen Formfaktoren Θ und Φ definieren den Zustand des Referenzfluids, der mit dem Zustand des interessierenden Fluids korrespondiert (Anderko, 1990). Θ und Φ lassen sich aus den azentrischen Faktoren ω_α und ω_0 und speziellen Funktionen f_Θ und f_Φ berechnen.

$$\Theta = 1 + (\omega_\alpha - \omega_0) f_\Theta(T_R, V_R) \qquad (3.3\text{-}8)$$

$$\Phi = 1 + (\omega_\alpha - \omega_0) f_\Phi(T_R, V_R) \qquad (3.3\text{-}9)$$

Durch die Anpassung an Reinstoffdaten mehrerer Fluide, insbesondere Kohlenwasserstoffe, wurden analytische Formeln für f_Θ und f_Φ entwickelt (Leach et al., 1968; Rowlinson, 1977). Als Referenzfluid wird üblicherweise Methan verwendet.

Verschiedene Forschergruppen haben verbesserte Korrespondenzprinzipmethoden entwickelt, z. B. Teja (1980), Wong et al. (1983, 1984), Wong und Sandler (1984), Chung et al. (1984), Larsen und Prausnitz (1984), Wu und Stiel (1985), Johnson und Rowley (1989) sowie Platzer und Maurer (1989), die zum Teil die Polarität der Stoffe berücksichtigen.

3.4 Auf der statistischen Thermodynamik basierende Zustandsgleichungen

Die sehr schnelle Entwicklung der Computertechnik in den fünfziger Jahren führte zu einer sehr optimistischen Einschätzung der Anwendungsmöglichkeiten dieser neuen Technik. Die damals geäußerte Hoffnung, daß innerhalb der nachfolgenden 10 bis 15 Jahre so große Fortschritte bei Molekular-Simulationen (Computersimulationen) gemacht würden, daß danach Phasengleichgewichte hauptsächlich mit Hilfe von Simulationstechniken berechnet werden[1], hat sich leider nicht bewahrheitet. Der Erwartungshorizont von 10 bis 15 Jahren ist in den vergangenen 40 Jahren konstant geblieben und wird es sicherlich noch eine Weile bleiben. Trotzdem haben die Fortschritte in der statistischen Thermodynamik, insbesondere durch Molekular-Simulationen, wichtige Hilfen bei der Entwicklung neuer Modelle bzw. Zustandsgleichungen zur Berechnung von Phasengleichgewichten gegeben (Nezbeda und Aim, 1989). Im folgenden sollen einige dieser Zustandsgleichungen vorgestellt werden[2]. Übersichten zu diesem Thema findet man u. a. bei Boublik (1977), Wichterle (1978), Henderson (1979), Leland (1980),

---

[1] Noch optimistischere Prognosen lauteten, daß in näherer Zukunft ganze Chemieanlagen mit Hilfe quantenmechanischer Modelle berechnet werden können.

[2] Die Virialgleichung und ihre Modifikationen basieren zwar auch auf der statistischen Thermodynamik, aber sie wurden hauptsächlich auf empirische Weise entwickelt. Die modifizierten Virialgleichungen werden im Zusammenhang in einem gesonderten Gliederungspunkt (3.2) behandelt.

Mollerup (1980), Gubbins (1983), Anderko (1990), Sadus (1992) sowie bei Smirnova und Victorov (1993).

Die statistische Thermodynamik stellt eine Verbindung zwischen mikroskopischen und makroskopischen Eigenschaften her: kennt man die physikalischen Beziehungen zwischen den Molekülen innerhalb einer kleinen Gruppe von Teilchen, so liefert die statistische Thermodynamik eine Methode zur Übertragung dieser Beziehungen auf eine sehr große Zahl von Molekülen[1].

Leider ist unser physikalisches Verständnis von dichten Fluiden unzureichend, so daß es noch keine vollständig befriedigende Theorie dichter Fluide gibt (Prausnitz et al, 1986). Dies liegt aber nicht an der Unzulänglichkeit der statistischen Thermodynamik, sondern an der mangelnden Kenntnis der Fluidstruktur und der zwischenmolekularen Wechselwirkungen. Eine Lösung dieses Problems liefert die **Störungstheorie**[2]: in einem ersten Schritt gibt man die Eigenschaften des dichten Fluids durch ein idealisiertes Referenzfluid wieder; im zweiten Schritt beschreibt man die Abweichungen (= die Störung) zwischen dem realen und dem idealisierten Fluid. Viele Grundlagen der modernen Störungstheorie wurden von Zwanzig (1954) gelegt.

Ein bekanntes Beispiel für die Anwendung der Störungstheorie ist die Virialgleichung realer Gase bei mäßigen Dichten. Das Referenzsystem bildet das ideale Gas, für das der Kompressibilitätsfaktor gleich 1 ist. Der erste Störungsterm führt zum zweiten Virialkoeffizienten, der zweite Term zum dritten Virialkoeffizienten usw.

Das Referenzfluid sollte zwei Anforderungen erfüllen:
1. Seine Eigenschaften sollten gut beschreibbar sein.
2. Es sollte dem realen System so ähnlich wie möglich sein.

Für ein dichtes Fluid eignet sich das ideale Gas nur schlecht als Referenzsystem. Weit verbreitet ist die Verwendung des Modells harter Kugeln als idealisiertes Bezugssystem. Die zwischenmolekulare Potentialfunktion harter Kugeln zeichnet sich durch eine unendlich große Abstoßung[3] aus, wenn der Abstand r zweier Moleküle kleiner als der

---

[1] Die Grundlagen der Statistischen Thermodynamik werden u. a. von Hala und Boublik (1970), Jelitto (1988) und McQuarrie (1990) anschaulich dargestellt.

[2] Engl.: perturbation theory

[3] Der Wert des intermolekularen Potentials Γ hat den Wert ∞ für $r < \sigma$.

3.4 Zustandsgleichungen (Statistische Thermodynamik)

Hartkugeldurchmesser σ ist, d. h. wenn die Moleküle aufeinander stoßen. Ist r größer als σ, so treten weder Abstoßungs- noch Anziehungskräfte auf.

Die Verbindung der Eigenschaften des realen Stoffsystems mit denen des Systems harter Kugeln geschieht durch eine Reihenentwicklung nach u_1/kT, wobei u_1 der attraktive Teil des zwischenmolekularen Paarpotentials ist. Die bekanntesten Modelle gehen auf Barker und Henderson (1967) (BH-Theorie) sowie auf Weeks, Chandler und Anderson (1971) (WCA-Theorie) zurück.

Zur Beschreibung des Verhaltens harter Kugeln wurden verschiedene analytische Ausdrücke vorgeschlagen, von denen die wichtigsten in Tabelle 3.4-1 zusammengestellt sind. Der Kompressibilitätsfaktor Z wird jeweils als Funktion der reduzierten Dichte η dargestellt, mit

$$\eta = \frac{b}{4v} = \frac{b}{4}\rho \ . \qquad (3.4\text{-}10)$$

Carnahan und Starling (1969) entwickelten auf heuristischem Wege einen Hartkugelterm, der eine Interpolation der Percus-Yevick-Ausdrücke (Gl. 3.4-3 und -4) darstellt. Carnahan und Starling betrachteten die durch Computersimulationen berechnete Virialgleichung für ein Hartkugelsystem und stellten Regelmäßigkeiten in den Virialkoeffizienten fest. Sie nahmen an, daß sich die Virialgleichung durch eine Reihe wiedergeben läßt. Die Summe dieser Reihe ergibt die Carnahan-Starling-Gleichung (Gl. 3.4-6), deren Ergebnisse für $\eta < 0{,}5$ mit den Computersimulationsergebnissen praktisch identisch sind (Christoforakos, 1985). Der Ausdruck von Carnahan und Starling (1969) hat von den in der Tabelle 3.4-1 aufgeführten Hartkugeltermen bisher die größte Verbreitung gefunden.

Für viele reale Stoffe ist ein kugelförmiges Referenzmolekül eine sehr starke Idealisierung. Deshalb hat es verschiedene Versuche gegeben, Abweichungen von der Kugelform bereits im Referenzsystem zu berücksichtigen (z. B. Boublik, 1975; Boublik und Nezbeda, 1977; Naumann et al., 1981; Svejda und Kohler, 1983).

Tabelle 3.4-1 Terme zur Beschreibung des Verhaltens harter Kugeln

Autor(en)	Kompressibilitätsfaktor Z	
van der Waals (1873)	$\dfrac{1}{1-4\eta}$	(3.4-1)
Guggenheim (1965)	$\dfrac{1}{(1-\eta)^4}$	(3.4-2)
Percus-Yevick, Druck (1958[1])	$\dfrac{1+2\eta+3\eta^2}{(1-\eta)^2}$	(3.4-3)
Percus-Yevick, Dichte (1958[1])	$\dfrac{1+\eta+\eta^2}{(1-\eta)^3}$	(3.4-4)
Flory (1965)	$\dfrac{1}{1-\eta^{1/3}}$	(3.4-5)
Carnahan und Starling (1969)	$\dfrac{1+\eta+\eta^2-\eta^3}{(1-\eta)^3}$	(3.4-6)
Scott (1971)	$\dfrac{1+4\eta}{1-4\eta}$	(3.4-7)
Ishikawa et al. (1980)	$\dfrac{1+2\eta}{1-2\eta}$	(3.4-8)
CCOR (Kim et al., 1986)	$\dfrac{1+3{,}08\,\eta}{1-1{,}68\,\eta}$	(3.4-9)

Für nichtsphärische konvexe harte Körper entwickelte Boublik (1975) folgenden Ausdruck:

$$Z_{Ref} = \frac{1+(3\alpha-2)\eta + (3\alpha^2-3\alpha+1)\eta^2 - \alpha^2\eta^3}{(1-\eta)^3}, \qquad (3.4\text{-}11)$$

wobei die reduzierte Dichte η abweichend von Gleichung (3.4-10) definiert wird als

---

[1] Siehe auch Thiele (1963) und Wertheim (1963)

3.4 Zustandsgleichungen (Statistische Thermodynamik)

$$\eta = 0{,}74048\,\frac{v^0}{v}\,; \qquad (3.4\text{-}12)$$

v^0 ist das Volumen bei größter Packungsdichte, und α ist ein Nichtsphärizitätsfaktor für konvexe harte Körper. Wenn α gleich eins ist, reduziert sich die Boublik-Gleichung (Gl. 3.4-11) zur Carnahan-Starling-Gleichung (Gl. 3.4-6).

Um eine Zustandsgleichung für reale Fluide zu erhalten, benötigt man neben dem Referenzterm einen die Abweichungen vom idealisierten System beschreibenden Störungsterm. Bereits 1972 schlugen Carnahan und Starling zwei Störungsterme für ihre Hartkugelgleichung vor: die Attraktionsterme von van der Waals (1873) und von Redlich und Kwong (1949). Die Wahl dieser Terme war wohl durch die Tatsache begründet, daß sie schnell zur Verfügung standen.

Viele verfahrenstechnisch orientierte Forschergruppen folgten dem Beispiel von Carnahan und Starling und schlugen andere Störungsterme für Hartkugelgleichungen vor. Einfache, den kubischen Gleichungen nachempfundene Ausdrücke (u. a. Oellrich et al, 1978; Wong und Prausnitz, 1985; Wogatzki, 1989; Mulia und Yesavage, 1989) haben den Nachteil, daß sie in Verbindung mit einer Hartkugelgleichung in vielen Anwendungsfällen den kubischen Zustandsgleichungen unterlegen sind.

Die Verwendung eines Hartkugelterms innerhalb einer Zustandsgleichung führt in der Regel dazu, daß die Zustandsgleichung nicht mehr kubisch bezüglich des Volumens ist. Kato et al. (1989, 1991) haben deshalb eine vierparametrige, pseudokubische Gleichung vorgeschlagen, die in ihrer Grundform der Zustandsgleichung von Adachi et al. (1983)[1] entspricht. Statt des molaren Volumens v wird in der kubischen Form der Gleichung ein scheinbares Volumen v^* verwendet, welches dann mit der Carnahan-Starling-Gleichung berechnet wird. Die Rechenzeit kann um ca. 30% reduziert werden, wenn v^* über die einfachere Percus-Yevick-Gleichung (1958) bestimmt wird (Kato et al., 1991).

Als Störungsterm $Z_{Stö}$ verwenden verschiedene Autoren eine aus vielen Summanden bestehende Potenzreihe. Die Konstanten können durch Anpassung an Daten aus Computersimulationen für eine bestimmte zwischenmolekulare Potentialfunktion gewonnen werden. Alder (1972)

---
[1] Siehe Tabelle A3-1 *Kubische Zustandsgleichungen* im Anhang

bekommt auf diese Weise folgenden Ausdruck für ein Fluid mit einer Square-Well-Potentialfunktion[1]:

$$Z_{Stö} = \sum_{n=1}^{4}\sum_{m=1}^{9} m D_{nm} \left(\frac{u}{kT}\right)^n \left(\frac{v_0}{v}\right)^m \qquad (3.4-13)$$

u ist ein Parameter für die Wechselwirkungsenergie.

Bei der von Chen und Kreglewski (1977) vorgeschlagenen **BACK**-Zustandsgleichung (**B**oublik-**A**lder-**C**hen-**K**reglewski) wird Gleichung (3.4-13) in Verbindung mit dem Referenzterm von Boublik (Gl. 3.4-11) verwendet. Die Konstanten D_{nm} wurden durch Anpassung an Residualenergie- und Dichtedaten von Argon ermittelt; sie werden als universelle Konstanten angesehen. Die Parameter v^0 und u sind temperaturabhängig; die Koeffizienten werden durch Anpassung an experimentelle Daten ermittelt. Machat und Boublik (1985) haben eine Generalisierung der Parameter vorgeschlagen, wobei T_c, P_c und ω als Eingangsgrößen benötigt werden. Es wurden verschiedene Modifikationen der BACK-Zustandsgleichung vorgeschlagen, u. a. von Lee und Chao (1988), Simnick et al. (1989) und von Saager et al. (1992).

Song und Mason (1992) verwendeten Ergebnisse der Störungstheorie zur Entwicklung einer Zustandsgleichung für reale Fluide. Die effektive Paarverteilungsfunktion harter konvexer Körper bei Berührung $G(b\rho)$ ist dabei eine zentrale Größe. G ist von der molekularen Dichte ρ, vom effektiven van-der-Waalsschen Kovolumen b und von einem molekularen Formfaktor abhängig. Die Kenntnis der Funktion $G(b\rho)$ ermöglicht die Konstruktion der gesamten PvT-Oberfläche eines Stoffes. Ihm et al. (1992) fanden empirisch heraus, daß zwischen G^{-1} und $b\rho$ ein linearer Zusammenhang besteht. Sie formulieren folgende kubische Zustandsgleichung:

$$\frac{P}{\rho kT} = 1 - \frac{(\alpha - B)\rho}{1 + 0{,}22 \lambda b\rho} + \frac{\alpha\rho}{1 - \lambda b\rho} \qquad (3.4-14)$$

λ ist eine stoffspezifische Eigenschaft und kann aus experimentellen Flüssigkeitsdaten und dem zweiten Virialkoeffizienten B ermittelt werden. λ stellt die Steigung von $G^{-1}(b\rho)$ dar. $\alpha(T)$ ist ein Korrekturfaktor

---

[1] Bei einem Square-Well-Potential (Kastenpotential) gilt für die Potentialfunktion Γ in Abhängigkeit vom Molekülabstand r: $\Gamma = \infty$ für $r < \sigma$, $\Gamma = \varepsilon$ für $\sigma < r < \lambda\sigma$ und $\Gamma = 0$ für $r > \lambda\sigma$. Dabei ist ε die Potentialtiefe und λ die relative Potentialbreite.

3.4 Zustandsgleichungen (Statistische Thermodynamik)

für die "Weichheit" der Abstoßungskräfte, der aus Daten für den zweiten Virialkoeffizienten bestimmt werden kann.

Die Zustandsgleichung von Ihm et al. (1992) ermöglicht die Berechnung von Flüssigkeitsdichten mit einer Genauigkeit von 1 %. Die kritische Temperatur wird ca. 6 % zu hoch und der kritische Druck 12 % zu hoch berechnet. Der kritische Kompressibilitätsfaktor liegt in der Nähe von 0,35.

Viele Zustandsgleichungen lassen sich aus der verallgemeinerten Van-der-Waals-Theorie[1] ableiten, die sich am einfachsten über die Zustandssumme[2] beschreiben läßt (Prausnitz et al., 1986, S. 474ff). Die Zustandsgleichung ergibt sich aus der Zustandssumme Q eines kanonischen Ensembles[3] durch

$$P = kT\left(\frac{\partial \ln Q}{\partial V}\right)_{T,n} . \qquad (3.4\text{-}15)$$

Nach der verallgemeinerten Van-der-Waals-Theorie gilt für die kanonische Zustandssumme eines reinen Stoffes aus n Molekülen (Vera und Prausnitz, 1972):

$$Q = \frac{1}{n!}\left(\frac{V}{\Lambda^3}\right)^n \left(\frac{V_f}{V}\right)^n \left(\exp(-\frac{E_0}{2kT})\right)^n \left(q_{r,v}\right)^n ; \qquad (3.4\text{-}16)$$

Λ ist die De-Broglie-Wellenlänge, die nur von der Temperatur und der Molmasse abhängt; V ist das gesamte Volumen; V_f ist das gesamte freie Volumen; E_0 ist das Potentialfeld, das auf ein Molekül aufgrund der Anziehungskräfte aller anderen Moleküle wirkt; $q_{r,v}$ ist der Anteil der Zustandssumme pro Molekül, der auf Rotations- und Schwingungsfreiheitsgrade zurückgeht.

Je nach der Wahl der Dichte- und der Temperaturabhängigkeit für das freie Volumen und für das Potential führt Gleichung (3.4-16) zu einer bestimmten Zustandsgleichung. Vera und Prausnitz (1972) stellen

---

[1] Engl.: generalized van der Waals theory

[2] Zustandssumme = Anzahl aller mikroskopischen Zustände unter bestimmten makroskopischen Nebenbedingungen, z. B. kanonische Zustandssumme Q(n, V, T)

[3] Ensemble = Gesamtheit von imaginären Systemen, die sich in ihren Quantenzuständen unterscheiden können, aber die alle durch bestimmte makroskopische Nebenbedingungen charakterisiert werden, z. B. kanonisches Ensemble: n, V, T = konstant.

diesen Zusammenhang zwischen den molekularen Annahmen und den sich ergebenden Zustandsgleichungen dar, u. a. für die Gleichungen von van der Waals (1873), Berthelot (1899), Dieterici (1899) sowie Redlich und Kwong (1949).

Da die Rotationsbewegungen und Schwingungen kettenförmiger Moleküle durch die Gegenwart benachbarter Moleküle behindert werden können, hängt $q_{r,v}$ nicht nur von der Temperatur, sondern auch von der Dichte ab. Prigogine (1957) unterteilte $q_{r,v}$ in Anteile für externe und interne Freiheitsgrade:

$$q_{r,v} = q_{r,v}^{(ext)} q_{r,v}^{(int)} \ ; \qquad (3.4\text{-}17)$$

$q_{r,v}^{(int)}$ ist nur temperaturabhängig, $q_{r,v}^{(ext)}$ kann von der Temperatur abhängen, ist aber in erster Linie dichteabhängig. Prigogine geht von der Annahme aus, daß die Gesamtzahl der externen Freiheitsgrade gleich der Summe aus den drei translatorischen Freiheitsgraden (für alle Moleküle) und äquivalenten translatorischen Freiheitsgraden ist. Letztere nehmen mit der Molekülgröße zu. Die Gesamtzahl der externen Freiheitsgrade beträgt 3c, wobei c für kleine kugelförmige Moleküle gleich 1 ist und für komplexere Moleküle größer als 1 ist.

Prigogines Näherung, die sich ursprünglich nur auf Flüssigkeiten bezog, wurde im Rahmen der **Perturbed-Hard-Chain-Theorie** (PHCT) (u. a. Beret und Prausnitz, 1975; Donohue und Prausnitz, 1978; Prausnitz et al., 1986) verallgemeinert. Nimmt man an, daß $q_{r,v}^{(ext)}$ proportional zu $(V_f/V)^{c-1}$ ist, so ergibt sich für die Zustandssumme:

$$Q = \frac{1}{n!} \left(\frac{V}{\Lambda^3}\right)^n \left(\frac{V_f}{V} \exp\left(-\frac{E_0}{2kT}\right)\right)^{nc} f(T) \ . \qquad (3.4\text{-}18)$$

Der letzte Term hängt nur noch von der Temperatur ab und hat keinen Einfluß auf die Zustandsgleichung.[1]

Donohue und Prausnitz (1978) beschreiben V_f/V mit der Carnahan-Starling-Gleichung (1972) und verwenden für die Attraktionskräfte eine auf dem Square-Well-Potential basierende Reihenentwicklung, ähnlich der Gleichung (3.4-13). Das Modell enthält drei stoffspezifische Parameter: eine charakteristische Temperatur, die von der Potentialtiefe abhängt, ein charakteristisches Volumen, das mit der Segmentgröße

---

[1] siehe Gleichung 3.4-15

3.4 Zustandsgleichungen (Statistische Thermodynamik)

(bei Kettenmolekülen) in Verbindung steht und schließlich die Zahl der externen Freiheitsgrade c.

Die PHC-Theorie interpoliert zwischen verschiedenen Modellen, die nur für bestimmte physikalische Zustandsbereiche gelten (Donohue und Prausnitz, 1978). Bei niedrigen Dichten ergibt das PHCT-Modell gute Werte für den zweiten Virialkoeffizienten, bei sehr niedrigen Dichten reduziert sie sich zum Gesetz idealer Gase; bei geringer Komplexität der Moleküle (c = 1) vereinfacht sie sich zu einer Hartkugelgleichung mit Störungsterm; bei hohen Dichten stimmt die PHC-Theorie weitgehend mit den Theorien für flüssige Polymere von Prigogine (1957) und Flory (1970) überein. Auf der PHC-Theorie basierende Zustandsgleichungen eignen sich auch zur Berechnung von Hochdruckphasengleichgewichten. Sie sind besonders vorteilhaft, wenn in der Mischung sowohl kleine als auch große Moleküle (z. B. Ethylen und Polyethylen) auftreten (Prausnitz et al., 1986). Bei einfacheren Systemen sind die Ergebnisse von PHCT-Zustandsgleichungen denen einfacher Modelle in der Regel nicht überlegen. Nachteilig ist der erhöhte Aufwand an Rechenzeit.

Das PHCT-Modell wurde von verschiedenen Autoren[1] modifiziert und erweitert. Morris et al. (1987) verwenden in ihrem **PSCT**-Modell (**P**erturbed-**S**oft-**C**hain **T**heory) das Lennard-Jones-Potential als Basis für den Störungsterm. Zur Bestimmung der Parameter des PSCT-Modells entwickelten Jin et al. (1986) eine Gruppenbeitragsmethode. Der Beitrag anisotroper Kräfte wird bei der **PACT**-Zustandsgleichung (**P**erturbed-**A**nisotropic-**C**hain **T**heory) durch einen zusätzlichen Term für den Kompressibilitätsfaktor Z berücksichtigt (Vimalchand und Donohue, 1985; Vimalchand et al., 1986). Ein vereinfachtes PHCT-Modell (**SPHCT** = **S**implified-**P**erturbed-**H**ard-**C**hain **T**heory) wurde von C.-H. Kim et al. (1986) vorgeschlagen. Dabei wird der komplizierte Attraktionsterm durch einen einfacheren Ausdruck ersetzt. Die Parameter des SPHCT-Modells lassen sich innerhalb homologer Reihen unpolarer Stoffe korrelieren. Georgeton und Teja (1988) schlugen eine Gruppenbeitragszustandsgleichung vor, die auf dem SPHCT-Modell basiert.

Sako et al. (1989) entwickelten eine kubische Form der PHCT-Gleichung:

---

[1] in erster Linie von Donohue und Mitarbeitern

$$P = \frac{RT(v-b+bc)}{v(v-b)} - \frac{a(T)}{v(v+b)} \qquad (3.4\text{-}19)$$

Der Parameter c soll dichteabhängige Rotationen und Vibrationen der Moleküle berücksichtigen. Für kugelförmige Moleküle ist c gleich 1, und Gleichung (3.4-19) reduziert sich zur SRK-Gleichung. Allerdings verwenden Sako et al. nicht die von Soave (1972) vorgeschlagene Temperaturabhängigkeit a(T) sondern eine eigene.

Die Perturbed-Hard-Chain-Theorie hat auch die Entwicklung der Deiters-Gleichung (1981, 1982, 1983) beeinflußt. Sie besteht aus einem modifizierten Carnahan-Starling-Referenzterm und einem auf dem Square-Well-Potential basierenden Störungsterm.

$$\boxed{P = \frac{RT}{b}\hat{\rho}\left(1 + cc_0\frac{4\eta - 2\eta^2}{(1-\eta)^3}\right) - \frac{Ra}{b}\hat{\rho}^2 T_{eff}\, I \exp\left(\frac{1}{T_{eff}}\right) \quad \textbf{Deiters-Gleichung}} \qquad (3.4\text{-}20)$$

mit
$$T_{eff} = \frac{cT/a + \lambda\hat{\rho}}{y} \qquad (3.4\text{-}21)$$

und $\hat{\rho} = b/v$; $\eta = 0{,}7404\hat{\rho}$; $c_0 = 0{,}6887$; $\lambda = -0{,}06911c$; I ist eine Funktion von c und ρ; y ist ein Gewichtungsfaktor, der berücksichtigt, daß die Struktur eines Fluids mit zunehmender Dichte immer mehr von Abstoßungskräften bestimmt wird. y ist eine Funktion von η und c; es variiert zwischen 1 für ein Gas geringer Dichte und 0,34 für dichte Fluide. Der erste Term in Gleichung (3.4-20) ist die Carnahan-Starling-Gleichung für harte Kugeln, die mit Hilfe der Konstanten c_0 an experimentelle Daten von reinem Argon angepaßt wurde. Für nichtsphärische Moleküle ist der Parameter c größer als 1. Die reduzierte Temperatur cT/a korrespondiert mit der Tiefe des intermolekularen Potentials. T_{eff} soll den Einfluß von Dreikörpereffekten berücksichtigen. Die drei stoffspezifischen Parameter a, b und c der Deiters-Gleichung lassen sich aus T_c, P_c und v_c bestimmen.

Die Deiters-Gleichung ist in der Lage, das PvT-Verhalten reiner Stoffe in einem weiten Dichtebereich mit guter Genauigkeit wiederzugeben. Durch eine Quantenkorrektur (Deiters, 1983) eignet sie sich insbesondere zur Phasengleichgewichtsberechnung bei tiefen Temperaturen.

Ähnlich der Deiters-Gleichung, basiert die Zustandsgleichung von Christoforakis und Franck (1986; Christoforakis, 1985) auf der

3.4 Zustandsgleichungen (Statistische Thermodynamik)

Carnahan-Starling-Gleichung für den Repulsionsterm und auf dem Square-Well-Potential für den Attraktionsterm.

$$\boxed{Z = \frac{1 + \eta + \eta^2 - \eta^3}{(1-\eta)^3} - 4\eta(\lambda^3 - 1)\left(\exp\left(\frac{\varepsilon}{kT}\right) - 1\right)} \quad \textbf{Christoforakis-Franck-Gl.} \quad (3.4\text{-}22)$$

mit $\quad\quad\quad\quad \eta = \frac{\beta}{v} \quad\quad\quad\quad\quad\quad (3.4\text{-}23)$

Für den Reinstoffparameter β wurde folgende Temperaturabhängigkeit gewählt:

$$\beta(T_1) = \beta(T_2) \cdot (T_1/T_2)^{3/m} \ . \quad\quad\quad\quad (3.4\text{-}24)$$

Insgesamt werden vier Reinstoffparameter (ε, β, λ und m) benötigt. Die Parameter λ für die relative Breite des Square-Well-Potentials und der Parameter m können durch Anpassung an experimentelle Daten bestimmt werden. λ hat für polare Stoffe niedrigere Werte (z. B. λ(Wasser) = 1,199) als für unpolare Stoffe (z. B. λ(Argon) = 1,85). Wenn nicht genügend experimentelle Informationen vorliegen, empfehlen Christoforakis und Franck die Verwendung fester Werte für λ (= 2,5) und m (= 10). Der Parameter ε für die Tiefe des Square-Well-Potentials und der Kovolumenparameter β können aus den kritischen Daten bestimmt werden. Der berechnete Wert des kritischen Kompressibilitätsfaktors Z_c beträgt 0,35894.

Die Christoforakis-Franck-Gleichung wurde u. a. zur Berechnung von Phasengleichgewichten und kritischen Phänomenen in binären wasserenthaltenden Systemen eingesetzt. Heilig und Franck (1990) schlugen ein erweitertes Modell vor, welches sie erfolgreich zu entsprechenden Berechnungen in ternären und quaternären Systemen verwendeten. Ein Vergleich von Deiters et al. (1993) ergab, daß die erweiterte Christoforakis-Franck-Gleichung und die Deiters-Gleichung zu ähnlichen Ergebnissen bei der Vorhersage der thermodynamischen Eigenschaften des Systems Wasserstoff-Sauerstoff führen.

Die verallgemeinerte van der Waalssche Zustandssumme (Gl. 3.4-16) ist der Ausgangspunkt bei der Entwicklung einer Reihe weiterer Zustandsgleichungen gewesen. Beispielhaft sollen hier nur die Modelle von Anderson und Prausnitz (1979), El-Twaty und Prausnitz (1980), Brandani und Prausnitz (1981), Lee et al. (1985), Kohler und Svejda

(1984), Grenzheuser und Gmehling (1986), Sandler et al. (1986), Pfennig (1989), Dodd und Sandler (1991) sowie Sowers und Sandler (1991) genannt werden.[1]

Zusammenfassend kann festgestellt werden, daß in den vergangenen Jahren eine Vielzahl von Zustandsgleichungen unter Zuhilfenahme von Erkenntnissen der statistischen Thermodynamik entwickelt worden ist. Einfachere Gleichungen bieten oft nur geringe oder keine Vorteile gegenüber den weit verbreiteten kubischen Zustandsgleichungen. Die komplizierteren Modelle (z. B. PHCT) können häufig in Fällen eingesetzt werden, wo herkömmliche Zustandsgleichungen nur zu unbefriedigenden Ergebnissen führen, z. B. bei stark asymmetrischen Mischungen.

3.5 Beispiel: Die Dohrn-Prausnitz-Zustandsgleichung

In diesem Gliederungspunkt soll die Entwicklung einer Zustandsgleichung beispielhaft dargestellt werden. Als Beispiel dient die Gleichung von Dohrn und Prausnitz (1990a, b).

Für reine Stoffe besteht die Zustandsgleichung aus dem Carnahan-Starling-Hartkugelterm und einem einfachen Störungsterm, für den nur die üblichen Zustandsgleichungsparameter a und b benötigt werden (Dohrn und Prausnitz, 1990a). Motiviert wurde die Entwicklung des neuen Störungsterms durch die Überzeugung, daß die Carnahan-Starling-Referenzgleichung, trotz des bisher begrenzten empirischen Erfolges, eine bessere Basis für die Entwicklung einer in weiten Bereichen anwendbaren Zustandsgleichung ist als der beliebte Abstoßungsterm der Van-der-Waals-, Redlich-Kwong- oder Peng-Robinson-Gleichung. Diese verbreiteten Zustandsgleichungen sind für Berechnungen von Dampf-Flüssig-Gleichgewichten in vielen, hauptsächlich aus Kohlenwasserstoffen bestehenden Systemen, wie sie für die erdöl- und erdgasverarbeitende Industrie benötigt werden, erfolgreich eingesetzt worden. Bei ihrer Erweiterung auf komplexere Systeme tauchen aber häufig gravierende Probleme auf.

Ziel bei der Entwicklung des neuen Störungstermes war es, eine Zustandsgleichung zu schaffen, die

---

[1] Spezielle Modelle für polare Stoffe werden im Gliederungspunkt 6.5 behandelt.

3.5 Beispiel: Die Dohrn-Prausnitz-Zustandsgleichung

1. genauer ist als bestehende Gleichungen aus einem Hartkugelreferenzterm und einem einfachen Störungsterm (z. B. Carnahan-Starling-Redlich-Kwong, Mulia und Yesavage, 1989) und
2. einfacher ist als die relativ komplizierten Ausdrücke mit vielen Parametern und Konstanten anderer Forschergruppen (u. a. Vera und Prausnitz, 1972; Beret und Prausnitz, 1975; Chen und Kreglewski, 1977; Donohue und Prausnitz, 1978; Grenzheuser und Gmehling, 1986; Pfennig, 1989).

Auf die Einfachheit des Störungsterms wurde besonderen Wert gelegt, weil bei der Verwendung von komplizierten, vielparametrigen Ausdrücken folgende Probleme auftreten können:

1. die Bestimmung der Reinstoffparameter,
2. die Ausweitung der Gleichung auf Stoffmischungen (Mischungsregeln),
3. mangelnde Akzeptanz bei der Industrie bzw. bei anderen Forschungsinstituten, es sei denn, das Modell bietet deutliche Vorteile gegenüber einfachen Modellen (z. B. für stark asymmetrische Systeme).

Keine einfache Zustandsgleichung mit wenigen Parametern ist in der Lage, alle thermodynamischen Eigenschaften eines Stoffes über einen weiten Temperatur- und Druckbereich mit guter Genauigkeit zu beschreiben. Während bei der Entwicklung vieler Zustandsgleichungen der Schwerpunkt auf eine gute Beschreibung von Dampfdrücken gelegt wurde (z. B. Soave, 1972; Peng und Robinson, 1976) und dafür die Genauigkeit bei der Beschreibung anderer Eigenschaften geopfert wurde, erfolgte die Entwicklung der Dohrn-Prausnitz-Gleichung nach einer anderen Vorgehensweise:

1. Ein einfacher Störungsterm mit den Parametern a und b wurde durch Anpassung an experimentelle Daten kritischer Isothermen verschiedener Fluide (Methan, Ethan, Propen, Propan, n-Butan, Kohlendioxid, Argon und Stickstoff) im Druckbereich bis 35 MPa entwickelt.
2. Die Temperaturabhängigkeit der Parameter a(T) und b(T) wird durch die Anpassung an PvT- und Dampfdruckdaten bestimmt.

Allgemein kann man den Störungsterm wie folgt formulieren:

$$Z_{Stö} = -\frac{a}{RT}\rho\,\Psi = -\frac{4a}{RTb}\eta\,\Psi\,; \qquad (3.5\text{-}1)$$

Ψ ist eine Korrekturfunktion, die so von der reduzierten Dichte η (Gl. 3.4-10) abhängt, daß gilt:

$$\lim_{\eta \to 0} \Psi = 1 \,. \qquad (3.5\text{-}2)$$

Für Ψ = 1 entspricht der Störungsterm dem Attraktionsterm von van der Waals. Mit folgendem Ansatz lassen sich die kritischen Isothermen der o. a. Stoffe gut wiedergeben:

$$\Psi = 1 - 1{,}41\,\eta + 5{,}07\,\eta^2 \,. \qquad (3.5\text{-}3)$$

Die Vorgehensweise, die Korrekturfunktion Ψ(η) durch Anpassen an experimentelle Daten kritischer Isothermen zu ermitteln, wurde von folgender Überlegung motiviert. Bei der kritischen Temperatur ergeben sich die Parameter a und b nur aus den Bedingungen am kritischen Punkt. Dadurch kann ohne die Kenntnis der Temperaturabhängigkeit der Parameter a und b die Dichteabhängigkeit von Ψ bestimmt werden.

Im Gegensatz zu dem von Wogatzki (1988) vorgeschlagenen Ausdruck für Ψ, fällt der Wert von Ψ nach Gleichung (3.5-3) zunächst mit steigender reduzierte Dichte η, um dann monoton anzusteigen.

Zusammen mit dem Carnahan-Starling-Referenzterm erhält man folgende Zustandsgleichung für unpolare Fluide:

$$\boxed{Z = \frac{1 + \eta + \eta^2 - \eta^3}{(1-\eta)^3} - \frac{4\,a}{RTb}\eta\left(1 - 1{,}41\,\eta + 5{,}07\,\eta^2\right)} \qquad (3.5\text{-}4)$$

Aus den Bedingungen am kritischen Punkt erhält man die Werte a_c und b_c der Parameter a und b am kritischen Punkt:

$$a_c = \Omega_a R^2 T_c^2 / P_c \qquad (3.1\text{-}8)$$

und

$$b_c = \Omega_b R T_c / P_c \,, \qquad (3.1\text{-}9)$$

wobei die Konstanten Ω_a und Ω_b spezifisch für jede Zustandsgleichung sind (siehe Tabelle 3.5-1).

3.5 Beispiel: Die Dohrn-Prausnitz-Zustandsgleichung

Tabelle 3.5-1 zeigt die vorgeschlagene Zustandsgleichung im Vergleich zu verschiedenen anderen zweiparametrigen Gleichungen. Als Referenzterme werden entweder der Ausdruck von Carnahan und Starling Z^{CS} oder der von van der Waals Z^{vdW} verwendet. Die Störungsterme werden durch die Korrekturfunktion Ψ ausgedrückt.

Die Anzahl der gültigen Stellen, mit denen Ω_a und Ω_b angegeben werden, hat einen signifikanten Einfluß auf die berechnete kritische Kompressibilität Z_c. Um diesen Sachverhalt zu veranschaulichen, sind in der Tabelle 3.5-1 jeweils zwei Werte für die kritische Kompressibilität angegeben: die Werte für Z_c ergeben sich, wenn die in der Tabelle aufgeführten Werten für Ω_a und Ω_b verwendet werden; Z_c^{theo} ist der Wert, der sich theoretisch ergibt, wenn man Ω_a und Ω_b mit unendlicher Genauigkeit benutzt.

Die Dohrn-Prausnitz-Gleichung und die CS-Peng-Robinson-Gleichung führen zu den kleinsten berechneten kritischen Kompressibilitäten Z_c. Bei vielen Zustandsgleichungen mit einem Carnahan-Starling-Referenzterm liegt Z_c zwischen 0,34 und 0,36. Für die meisten Fluide sind die kritischen Kompressibilitäten jedoch kleiner als 0,3.

Die Leistungsfähigkeit der in der Tabelle 3.5-1 aufgeführten Zustandsgleichungen zur Berechnung von kritischen Isothermen ist in Abbildung 3.5-1 anhand des Beispiels n-Butan verdeutlicht. Die experimentellen Daten stammen von Haynes und Goodwin (1982). Keine der Zustandsgleichungen kann den Verlauf der kritischen Isothermen im gesamten Druckbereich gut wiedergeben, aber die Dohrn-Prausnitz-Gleichung zeigt die geringsten Abweichungen. Bei hohen Drücken sind die von der CS-van-der-Waals-Gleichung berechneten Dichten viel zu gering, während die CS-Peng-Robinson-Gleichung viel zu hohe Dichten vorhersagt.

In der Tabelle A3-2 (im Anhang) sind die mittleren relativen Abweichungen zwischen experimentellen und mit verschiedenen Zustandsgleichungen berechneten Dichten von kritischen Isothermen aufgeführt. Bei allen acht untersuchten Stoffen sind die Abweichungen bei der Dohrn-Prausnitz-Gleichung am geringsten; es ergibt sich eine mittlere Abweichung von 3,92 %[1]. Die Peng-Robinson-Gleichung ist am

---

[1] Die gute Wiedergabe der kritischen Isothermen durch die Dohrn-Prausnitz-Gleichung ist nicht überraschend, weil die Korrekturfunktion Ψ durch Anpassung an kritische Isothermen entwickelt wurde.

zweitbesten (4,59 %). Die CS-Peng-Robinson-Gleichung (13,79 %) ist durch große Abweichungen bei hohen Dichten die schlechteste der untersuchten Zustandsgleichungen.

Tabelle 3.5-1 Eigenschaften zweiparametriger Zustandsgleichungen

Zustandsgleichung	Z_{Ref}	Ψ	Z_c^{theo}	Z_c	Ω_a	Ω_b
Dohrn-Prausnitz	Z^{CS}	$1-1,41\eta+5,07\eta^2$	0,309	0,298	0,550408	0,187276
CS-van-der-Waals	Z^{CS}	1	0,359	0,366	0,496388	0,187295
CS-Redlich-Kwong	Z^{CS}	$\dfrac{1}{1+4\eta}$	0,316	0,324	0,461883	0,105000
Wong-Prausnitz	Z^{CS}	$\dfrac{1}{1+0,8\eta}$	0,346	0,336	0,480554	0,157866
CS-Peng-Robinson	Z^{CS}	$\dfrac{1}{1+8\eta-16\eta^2}$	0,276	0,273	0,511598	0,097750
Mulia-Yesavage	Z^{CS}	$\dfrac{1}{1+0,8\eta-1,6\eta^2}$	0,344	0,350	0,498966	0,170911
Redlich-Kwong	Z^{vdW}	$\dfrac{1}{1+4\eta}$	0,333	0,327	0,42748	0,08664
Peng-Robinson	Z^{vdW}	$\dfrac{1}{1+8\eta-16\eta^2}$	0,307	0,321	0,45724	0,07780

Überraschend ist die Tatsache, daß einige neuere Gleichungen, wie die Mulia-Yesavage-Gleichung (8,79 %), nicht leistungsfähiger als die CS-Redlich-Kwong-Gleichung (6,12 %) sind. Die experimentellen Daten für diesen Vergleich stammen von Angus und Armstrong (1971), Angus et al. (1976, 1978, 1980), Angus und de Reuck (1979), Goodwin et al. (1976), Goodwin und Haynes (1982), Haynes und Goodwin (1982), McCarty (1975) und von Reid et al. (1987). Die verwendeten kritischen Daten sind im Anhang in der Tabelle A1-1 zusammengestellt.

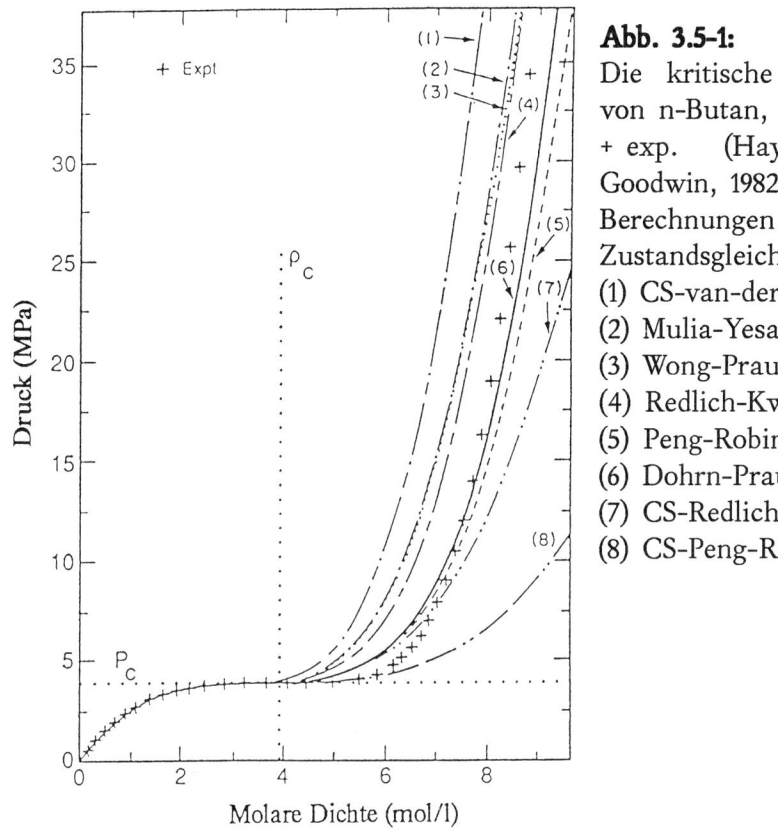

3.5 Beispiel: Die Dohrn-Prausnitz-Zustandsgleichung

Abb. 3.5-1:
Die kritische Isotherme von n-Butan, T_c=425,16K
+ exp. (Haynes und Goodwin, 1982);
Berechnungen mit Zustandsgleichungen:
(1) CS-van-der-Waals
(2) Mulia-Yesavage
(3) Wong-Prausnitz
(4) Redlich-Kwong
(5) Peng-Robinson
(6) Dohrn-Prausnitz
(7) CS-Redlich-Kwong
(8) CS-Peng-Robinson

Die Dohrn-Prausnitz-Gleichung ist in Bezug auf das Volumen ein Polynom siebenter Ordnung. Bisherige Erfahrungen haben gezeigt, daß Gleichgewichtsberechnungen mit einer Gleichung siebenter Ordnung nicht komplexer oder aufwendiger sind als bei der Verwendung von Gleichungen fünfter Ordnung, wie man sie für viele Störungsterme der Carnahan-Starling-Gleichung findet (z. B. CS-Peng-Robinson).

Unter Verwendung von experimentellen Dampfdruck- und Dichtedaten (mehr als 2500 Datenpunkte) wurden Temperaturabhängigkeiten für die Parameter a(T) und b(T) gefunden, die wie Tangenshyperbolicus-Funktionen verlaufen. Sie weisen keine Diskontinuitäten bei T_R = 1 auf, was bei der Berechnung von abgeleiteten Größen, wie der Enthalpie oder der Entropie von Bedeutung ist. Die Gleichungen[1] wurden mit Hilfe einer Optimierungsroutine (Pfennig, 1989) generalisiert,

---

[1] Die Gleichungen sind im Anhang A3 aufgeführt.

d. h. die Parameter a(T) und b(T) können mit Hilfe von T_c, P_c und ω berechnet werden.

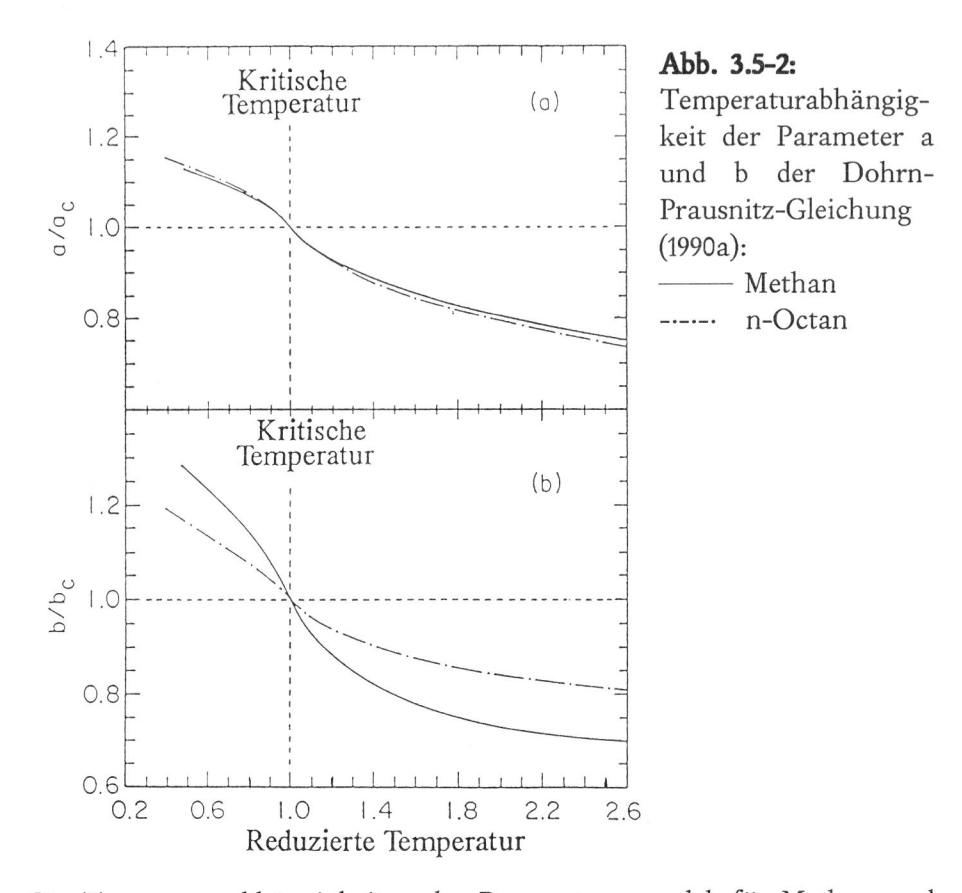

Abb. 3.5-2: Temperaturabhängigkeit der Parameter a und b der Dohrn-Prausnitz-Gleichung (1990a):
——— Methan
—·—·— n-Octan

Die Temperaturabhängigkeiten der Parameter a und b für Methan und n-Octan werden in Abbildung 3.5-2 dargestellt. Bei niedrigen und hohen Temperaturen ändert sich der Parameter a nur geringfügig mit steigender oder fallender Temperatur. Der steilste Anstieg der a(T)-Kurve befindet sich am kritischen Punkt (T_R = 1). Beim Parameter a liegen die Kurven für Methan und n-Octan relativ dicht zusammen, während sich beim Parameter b die Kurven deutlich voneinander unterscheiden. Der große Einfluß des azentrischen Faktors auf die Temperaturabhängigkeit des Parameters b liegt an der Wahl der Zielfunktion bei der Optimierung der Koeffizienten. In der Zielfunktion sind Flüssigkeitsdichten enthalten, und diese werden stark von der Größe des Parameters b beeinflußt.

3.5 Beispiel: Die Dohrn-Prausnitz-Zustandsgleichung

Für polare Stoffe erweiterten Dohrn und Prausnitz (1990b) ihre Zustandsgleichung durch die Einführung von Dipolkoeffizienten im Referenzterm. Ähnliche Ansätze gibt es von Bryan und Prausnitz (1987) und von Brandani et al. (1989). Die erweiterte Dohrn-Prausnitz-Gleichung hat folgende Form:

$$Z = \frac{1 + d^{(1)}\eta + d^{(2)}\eta^2 - d^{(3)}\eta^3}{(1-\eta)^3} - \frac{4a}{RTb}\eta(1 - 1,41\eta + 5,07\eta^2) \qquad (3.5\text{-}5)$$

Die Dipolkoeffizienten $d^{(1)}$, $d^{(2)}$ und $d^{(3)}$ sind eine Funktion eines reduzierten Dipolmomentes μ:

$$\mu = 3,02292 \frac{\hat{\mu}}{\sqrt{b_c T}} \qquad (3.5\text{-}6)$$

mit $\hat{\mu}$ in Debye, b_c in m^3/kmol und T in K.

$$d^{(1)} = 1 + d^{(11)}\mu^2 + d^{(12)}\mu^4 \qquad (3.5\text{-}7)$$

$$d^{(2)} = 1 + d^{(21)}\mu^2 + d^{(22)}\mu^4 \qquad (3.5\text{-}8)$$

$$d^{(3)} = 1 + d^{(31)}\mu^2 \qquad (3.5\text{-}9)$$

Ist das reduzierte Dipolmoment gleich Null, so sind alle Dipolkoeffizienten gleich 1, und die erweiterte Dohrn-Prausnitz-Gleichung (Gl. 3.5-5) reduziert sich zur unpolaren Form der Zustandsgleichung (Gl. 3.5-4). Die durch Anpassung an PvT-Daten und Dampfdrücke für Wasser ermittelten Konstanten sind im Anhang A3 aufgeführt.

Das große Dipolmoment des Wassermoleküls beeinflußt die physikalischen Eigenschaften des Wassers sehr stark. Gemessen an der relativ kleinen Molekülgröße hat Wasser eine hohe kritische Temperatur und einen hohen kritischen Druck. Im Modell von Dohrn und Prausnitz wird der unpolare, durch Dispersionskräfte verursachte Anteil am Verhalten des Wassers durch die Parameter a und b ausgedrückt. Das polare Verhalten, das durch das Dipolmoment aber auch durch Wasserstoffbrückenbindungen hervorgerufen wird, soll nur durch die Dipolkoeffizienten wiedergegeben werden und nicht durch die Parameter a und b. Dazu müssen Annahmen darüber getroffen werden, welche Werte a, b und ω haben würden, wenn Wasser ein unpolares Molekül gleicher Größe wäre.

Durch vergleichende Überlegungen mit ähnlichen Molekülen wurde der "unpolare" azentrische Faktor auf 0,08 gesetzt. Die kritischen Daten T_c und P_c unpolarer Stoffe wurden mit ihren Molekülgrößen und Polarisierbarkeiten korreliert. Nimmt man für Wasser einen Moleküldurchmesser von 0,33 nm und eine Tiefe des Dispersionsenergiepotentials von ε/k = 118,8 K an, so erhält man mit Hilfe der Korrelation die in der Tabelle 3.5-2 aufgeführten Reinstoffgrößen für "unpolares" Wasser.

Tabelle 3.5-2: Quasi-unpolare und herkömmliche Reinstoffgrößen für Wasser

		quasi-unpolar	herkömmlich
T_c	K	163,4	647,2
P_c	MPa	6,256	22,078
a_c	kJm^3/kmol^2	162,4	721,7
b_c	dm^3/kmol	40,67	45,63
ω	-	0,08	0,334

Die Verringerung des Parameters a auf weniger als ein Viertel des herkömmlichen Wertes verringert die Bedeutung des Störungsterms, weil in diesen der Wert von a proportional eingeht. Gleichzeitig vergrößert sich die Bedeutung des Referenzterms.

Die Abhängigkeit der Dipolkoeffizienten $d^{(1)}$, $d^{(2)}$ und $d^{(3)}$ von dem reduzierten Dipolmoment μ, d. h. die Form der Gleichungen (3.5-7) bis (3.5-9), ist nicht theoretisch begründet und somit nur eine von mehreren Möglichkeiten. Ein modifizierter Ansatz, der zu einer etwas besseren Beschreibung der PvT- und Dampfdruckdaten von Wasser führt, wurde von Stoldt (1992) entwickelt.[1]

---

[1] Die Gleichungen und Koeffizienten sind im Anhang A3 aufgeführt.

4 Einstoffsysteme

Die Berechnung der Eigenschaften von reinen Stoffen war über Jahrzehnte das Hauptanwendungsgebiet von Zustandsgleichungen. In diesem Kapitel werden wichtige Beziehungen und Hintergründe zur Berechnung von PvT-Daten und von abgeleiteten Größen mit Hilfe von Zustandsgleichungen angegeben und erläutert. Viele dieser Gleichungen sind auch für die Berechnung der Eigenschaften von Stoffmischungen von Bedeutung.[1]

Anschließend werden verschiedene Korrelationen zur Bestimmung der Reinstoffparameter von Zustandsgleichungen vorgestellt. Am Ende des Kapitels werden einige Ergebnisse von Vergleichsuntersuchungen über die Leistungsfähigkeiten verschiedener Zustandsgleichungen diskutiert.

4.1 Berechnung von PvT-Daten mit Zustandsgleichungen

Die Herstellung eines Zusammenhanges zwischen den Variablen Druck P, molarem Volumen v und Temperatur T ist die ursprüngliche Aufgabe von Zustandsgleichungen. Erst im Laufe der Zeit hat sich gezeigt, wie wertvoll Zustandsgleichungen für die Berechnung von abgeleiteten Größen, wie z. B. Fugazitäten, Enthalpien und Entropien, sind.

4.1.1 Parameter von Zustandsgleichungen

Die Reinstoffparameter von komplizierten Zustandsgleichungen, wie z. B. der Bender-Gleichung (1971), werden in der Regel durch Anpassung an experimentelle PvT-Daten des Stoffes bestimmt. Die Werte der Parameter sind von der Art der zur Anpassung verwendeten

---

[1] Der Hauptunterschied zwischen der Berechnung in Einstoff- und Mehrstoffsystemen besteht in der Bedeutung der Zustandsgleichungsparameter. Bei der Beschreibung von Stoffmischungen repräsentieren die Zustandsgleichungsparameter nicht charakteristische Eigenschaften eines reinen Stoffes sondern die einer Stoffmischung. Die dazu notwendigen Mischungsregeln werden im Kapitel 5 beschrieben.

experimentellen Daten abhängig. Soll eine Zustandsgleichung beispielsweise nur die Dichten in einem bestimmten Druckbereich wiedergeben, so werden bei der Anpassung vorzugsweise Dichtedaten aus dem gewünschten Druckbereich verwendet; soll eine Zustandsgleichung zur Beschreibung von Prozessen eingesetzt werden, bei denen Verdampfung auftritt, so sollten Verdampfungsenthalpien bei der Parameterbestimmung berücksichtigt werden (Peter, 1977).

In Form von Listen und Tabellen werden die Reinstoffparameter verschiedener Stoffe anderen Anwendern zugänglich gemacht. Problematisch ist dabei, daß die Verfasser oft nicht angeben, an welche experimentellen Daten die Parameter angepaßt wurden, d. h. für welche Bereiche die Zustandsgleichung mit geringen Abweichungen arbeitet und für welche Bereiche größere Abweichungen zu erwarten sind. Dies ist insbesondere für einfache Zustandsgleichungen von Bedeutung, die nicht in der Lage sind, den gesamten PvT-Bereich mit gleicher Genauigkeit zu beschreiben.

Je größer die Zahl der anzupassenden Parameter ist, desto genauer können experimentelle Daten in einem bestimmten Bereich wiedergegeben werden, bzw. desto größer kann der Anpassungsbereich für die Parameter sein. Allerdings erfordert eine große Zahl von Parametern auch eine größere Anzahl an zuverlässigen experimentelle Daten, was bei vielen Stoffen auf Schwierigkeiten stößt.

Für viele Zustandsgleichungen wurden die Parameter generalisiert, d. h. sie können mit Hilfe einfacher Beziehungen aus charakteristischen Größen, wie den kritischen Daten und dem azentrischen Faktor, bestimmt werden. Bei der Generalisierung wird die Gültigkeit des Korrespondenzprinzips unterstellt. Da die beiden Parameter der Van-der-Waals-Gleichung temperaturunabhängig sind, genügen zur Festlegung der Parameter zwei charakteristische Größen, wobei üblicherweise die kritische Temperatur T_c und der kritische Druck P_c verwendet werden und das experimentell ungenauer zu bestimmende kritische Volumen v_c unberücksichtigt bleibt. Dadurch führen Berechnungen mit der Van-der-Waals-Gleichung bei allen Stoffen zu einer kritischen Kompressibilität Z_c von 0,375, was natürlich nur näherungsweise mit experimentellen Daten übereinstimmt. Martin (1967) diskutiert ausführlich die Bestimmung der Parameter aus verschiedenen Kombinationen der kritischen Daten.

4.1 Berechnung von PvT-Daten mit Zustandsgleichungen

Hat eine Zustandsgleichung mehr als zwei Parameter oder ist mindestens einer der Parameter temperaturabhängig, so wird eine zusätzliche charakteristische Größe benötigt. Dabei hat sich der von Pitzer vorgeschlagene azentrische Faktor ω als nützlich erwiesen, da ω über eine Dampfdruckmessung in der Nähe der Siedetemperatur leicht zugänglich ist. Wird die Temperaturabhängigkeit des Parameters a durch Anpassung an Dampfdruckdaten ermittelt, wie z. B. bei der Soave-Redlich-Kwong(SRK)- und der Peng-Robinson-Gleichung, so ist es naheliegend, eine aus dem Dampfdruck abgeleitete charakteristische Größe zur Generalisierung auf andere Stoffe zu verwenden.

Durch die Einführung einer dritten charakteristischen Größe erweitert man das Zwei-Parameterkorrespondenzprinzip zum Drei-Parameterkorrespondenzprinzip. Dadurch erhöht sich die Genauigkeit bei der Berechnung, so daß die Eigenschaften vieler unpolarer bzw. wenig polarer Stoffe mit nur geringen Abweichungen zu experimentellen Daten wiedergegeben werden können. Trotzdem sind Zustandsgleichungen mit generalisierten Parametern im Vergleich zu Zustandsgleichungen mit speziell angepaßten Parametern prinzipiell im Nachteil. Die Generalisierungsfunktion, z. B. $m = m(\omega)$, wird zwar aus den angepaßten Werten einzelner Stoffe ermittelt, sie stellt aber nur eine Näherungslösung dar. Nur in seltenen Fällen sind der mit der generalisierten Funktion ermittelte Parameterwert und der für einen bestimmten Stoff optimale Wert identisch. Bei der Generalisierung wird von der Gültigkeit des Korrespondenzprinzips ausgegangen, d. h. allen Stoffen mit gleichen Werten für ω wird der gleiche Werte für den Parameter m zugeordnet.

Darüber hinaus werden bei der Ermittlung der generalisierten Funktion nur einige wenige Stoffe berücksichtigt, von denen experimentelle Daten in ausreichender Menge und Genauigkeit vorhanden sind. Für diese Stoffe ergeben die generalisierten Funktionen nur geringe Abweichungen. Wird nachträglich die Datenbasis durch die Hinzunahme der Daten weiterer Stoffe vergrößert, so ist die neue generalisierte Funktion zwar für mehr Stoffe anwendbar, sie zeigt aber häufig für einzelne Stoffe größere Abweichungen als die ursprüngliche Funktion. Dieser Effekt kann z. B. bei der SRK-Gleichung beobachtet werden. In der Originalarbeit von Soave (1972) lautet die Temperaturabhängigkeit für den Parameter a:

$$a(T) = a_c \alpha(T) = a_c \left(1 + m\left(1 - T_R^{1/2}\right)\right)^2 \qquad (3.1\text{-}27)$$

mit $\qquad m = 0{,}480 + 1{,}574\omega - 0{,}176\omega^2$. $\qquad\qquad\qquad$ (3.1-28)

Graboski und Daubert (1978) erweiterten die Datenbasis um viele Kohlenwasserstoffe und berücksichtigen Dampfdruckdaten bis zum n-Eicosan ($\omega = 0{,}91$). Sie entwickelten folgende Gleichung für den Zusammenhang zwischen dem Temperaturkoeffizienten m und dem azentrischen Faktor ω:

$$m = 0{,}48508 + 1{,}55171\omega - 0{,}15613\omega^2 \ . \qquad (4.1\text{-}1)$$

Da die beiden vorangegangenen Gleichungen durch ein physikalisch nicht zu begründendes Maximum bei $4 < \omega < 5$ gehen, schlug Soave (1979a) folgende monotone Abhängigkeit zwischen m und ω vor:

$$m = 0{,}47979 + 1{,}576\omega - 0{,}1925\omega^2 + 0{,}025\omega^3 \ . \qquad (4.1\text{-}2)$$

Tsonopoulos und Heidman (1986) stellten fest, daß die mit der erweiterten Datenbasis entwickelten generalisierten Funktionen (Gl. 4.1-1 und 4.1-2) bei der Dampfdruckberechnung von schwerflüchtigen Stoffen geringere und von leichtflüchtigen Stoffen teilweise größere Abweichungen als die Originalfunktion von Soave (1972) verursachen. Verschiedene Möglichkeiten der Reinstoffparameterbestimmung für Wasserstoff werden von Lin (1980) diskutiert.

Auch für die Peng-Robinson-Gleichung wurde nachträglich eine verbesserte, monotone Funktion für $m(\omega)$ vorgeschlagen (Robinson und Peng, 1978):

mit $\qquad m = 0{,}379642 + 1{,}48503\omega - 0{,}164423\omega^2 + 0{,}016666\omega^3$. $\qquad$ (4.1-3)

Robinson und Peng (1978) empfehlen, diese Beziehung nur für Stoffe mit einem azentrischen Faktor größer als 0,5 anzuwenden. Tsonopoulos und Heidman (1986) verglichen die Originalfunktion von Peng und Robinson (1976) mit Gleichung (4.1-3) zur Dampfdruckberechnung von Argon ($\omega = 0$), n-Octan ($\omega = 0{,}398$) und n-Heptadecan ($\omega = 0{,}773$). Gleichung (4.1-3) führt bei Argon und bei n-Heptadecan zu geringeren Abweichungen und bei n-Octan zu etwas größeren Abweichungen.

4.1 Berechnung von PvT-Daten mit Zustandsgleichungen

Die Verwendung von generalisierten Funktionen für Zustandsgleichungsparameter kann zu erhöhten Abweichungen führen, wenn andere als die bei der Entwicklung der Funktionen benutzten Werte für T_c, P_c und ω eingesetzt werden. Dies ist sehr leicht der Fall, wenn die Funktionen einige Jahrzehnte alt sind und sich in der Zwischenzeit die allgemein anerkannten Werte für T_c, P_c und ω geändert haben. Durch Abspeichern der speziell für eine Zustandsgleichung zu verwendenden Stoffdaten läßt sich diese Fehlerquelle beseitigen. Viele Firmen ziehen es allerdings vor, die generalisierten Funktionen an die veränderten Reinstoffdaten erneut anzupassen.

4.1.2 Das Dichtefindungsproblem

Die meisten Zustandsgleichungen sind druckexplizit; nach der Vorgabe der Temperatur T und des molaren Volumens v (und der Zustandsgleichungsparameter) kann der Druck direkt bestimmt werden.

$$P = P(v, T) \,. \qquad (4.1\text{-}4)$$

Bei vielen verfahrenstechnischen Fragestellungen sind aber Druck und Temperatur vorgegeben und die dazugehörige Dichte, bzw. das Volumen, ist zu berechnen:

$$v = v(P, T) \,. \qquad (4.1\text{-}5)$$

Ein Beispiel hierzu ist die Berechnung von Fugazitäten und den damit im Zusammenhang stehenden Dampfdrücken und Dampf-Flüssig-Gleichgewichten.

Kubische Zustandsgleichungen können analytisch mit den Cardani-Gleichungen (z. B. Bronstein und Semendjajew, 1969) gelöst werden. Möglichkeiten zur Vermeidung trivialer Lösungen werden von Poling et al. (1981) diskutiert. Da für eine analytische Lösung rechenzeitintensive trigonometrische Funktionen benötigt werden, ist häufig eine iterative Bestimmung der Dichte mit einem Nullstellen-Algorithmus schneller und nicht weniger genau (Gosset et al., 1986).

Bei nicht-kubischen Zustandsgleichungen ist man in der Regel auf eine iterative Dichtebestimmung angewiesen. Ein dreistufiger Algorithmus, der auch für Stoffmischungen verwendet werden kann, wurde von Topliss (1985) vorgeschlagen. In den ersten beiden Stufen wird der grundsätzliche Verlauf der P,ρ-Kurve ermittelt. Dazu gehört die Bestimmung von Extrema und Wendepunkten. Je nachdem ob die Dichte einer flüssigen oder einer gasförmigen Phase gesucht wird, kann aus der Kenntnis des Kurvenverlaufs die zu suchende Nullstelle weiter eingegrenzt werden, um dann in der dritten Berechnungsstufe mit einem Newton-Verfahren bestimmt zu werden. Eine detaillierte Beschreibung des Verfahrens findet man bei Topliss et al. (1988).[1]

4.1.3 Berechnungsbeispiele

Im folgenden werden einige Beispiele zur Berechnung von PvT-Daten mit Zustandsgleichungen, insbesondere mit der Dohrn-Prausnitz- und der Peng-Robinson-Gleichung, gegeben.

Einen guten Überblick über das PvT-Verhalten eines Stoffes erhält man mit Hilfe eines P,v- oder P,ρ-Diagrammes. Experimentelle und mit der Peng-Robinson-Gleichung berechnete Isothermen von n-Butan sind in der Abbildung 4.1-1 gegenübergestellt. Die experimentellen Daten stammen von Haynes und Goodwin (1982). Die Zuordnung der Datenpunkte bzw. der Kurven zu einzelnen Temperaturen ist der Bildunterschrift zu entnehmen. Die kritische Isotherme ist deutlich an der waagerechten Tangente mit einem Wendepunkt zu erkennen. Gasdichten und Dichten im überkritischen Gebiet werden gut bis sehr gut wiedergegeben. Bei Dichten oberhalb der kritischen Dichte nehmen die Abweichungen deutlich zu. Der Anstieg der berechneten Isothermen ist im Flüssigkeitsbereich nicht steil genug, so daß die Flüssigkeitsdichten mit einer mittleren Abweichung von 5,27 % wiedergegeben werden.

Berechnet man das PvT-Verhalten von n-Butan mit der Dohrn-Prausnitz-Gleichung, so ergibt sich die Darstellung in Abbildung 4.1-2. Die kritische Isotherme und der Bereich hoher Dichten werden deutlich besser als mit der Peng-Robinson-Gleichung wiedergegeben. Der mittlere Fehler bei den Flüssigkeitsdichten beträgt 1,20 %.

---

[1] Der Quelltext eines Unterprogrammes zur Dichtefindung ist in der Dissertation von Topliss (1985) aufgeführt.

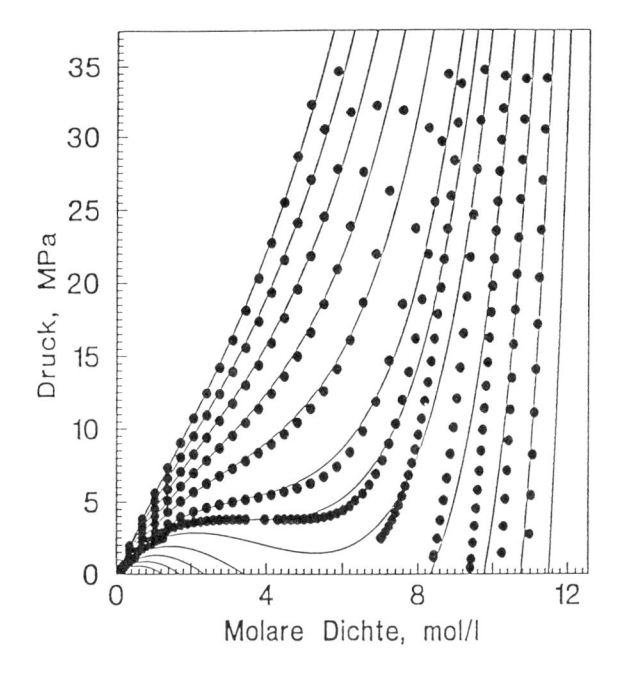

4.1 Berechnung von PvT-Daten mit Zustandsgleichungen

Abb. 4.1-1:
Das P,ρ-Diagramm für n-Butan;
• experimentelle Daten von Haynes und Goodwin (1982);
— berechnet mit der Peng-Robinson-Gleichung (1976);
Isothermen: jeweils von rechts nach links: 200 K, 240 K, 280 K, 320 K, 360 K, 400 K, 425,16 K (T_c), 450 K, 500 K, 550 K, 600 K und 650 K.

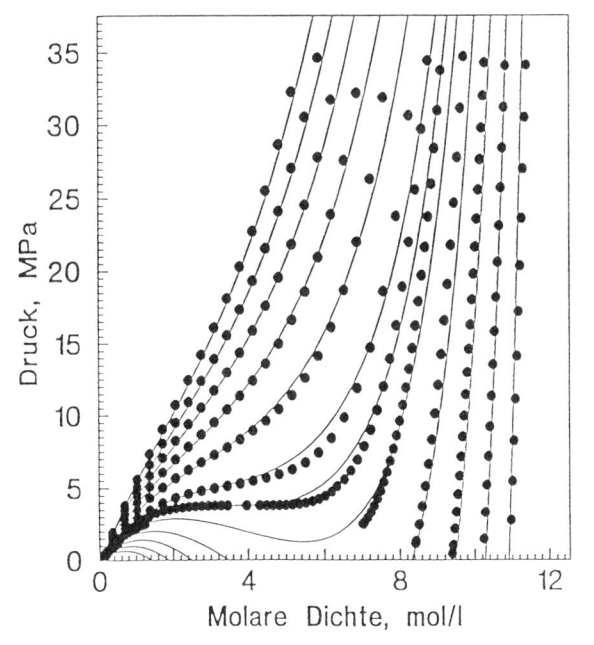

Abb. 4.1-2:
Das P,ρ-Diagramm für n-Butan;
• experimentelle Daten von Haynes und Goodwin (1982);
— berechnet mit der Dohrn-Prausnitz-Gleichung (1990a);
Isothermen: siehe vorangehende Abbildung.

Abb. 4.1-3:
Das P,ρ-Diagramm für Wasser;
• experimentelle Daten von Keenan et al. (1978);
— berechnet mit der Peng-Robinson-Gleichung (1976);
Isothermen: jeweils von rechts nach links: 373,15 K, 413,15 K, 473,15 K, 513,15 K, 573,15 K, 647,23 K (T_c), 663,15 K, 673,15 K, 713,15 K, 773,15 K, 873,15 K, 1173,15 K und 1573,15 K.

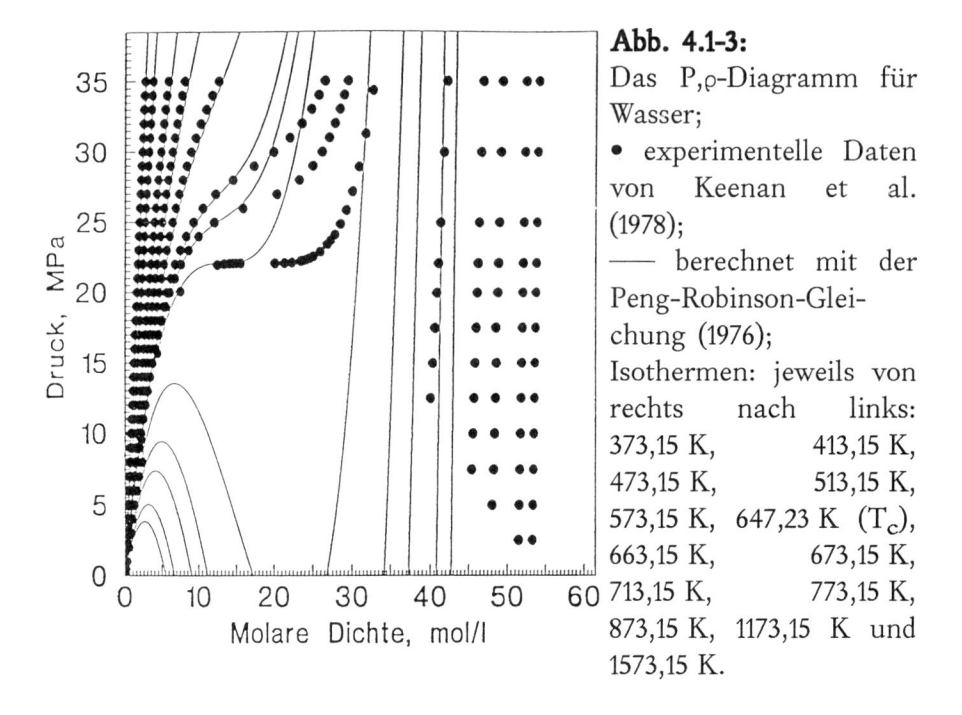

Die Abbildungen 4.1-1 und 4.1-2 sind typisch für viele unpolare Stoffe. Dohrn und Prausnitz (1990a) haben experimentelle Flüssigkeitsdichten von elf unpolaren Fluiden mit Ergebnissen der Peng-Robinson- und der Dohrn-Prausnitz-Gleichung verglichen (T_R = 0,5 - 1; P = 0 - 35 MPa). Es ergeben sich mittlere relative Abweichungen von 6,23 % (PR-EOS) und 1,28 % (DP-EOS). Während bei der Peng-Robinson-Gleichung die Abweichungen in der Flüssigphase mit steigender Molmasse des Stoffes zunehmen, ergibt sich bei der Verwendung der Dohrn-Prausnitz-Gleichung keine Verschlechterung der Darstellung für größere Moleküle. Die Ergebnisse der Vergleichsberechnungen sind im einzelnen in Tabelle A4-1 im Anhang aufgeführt.

Als Beispiel für das Verhalten polarer Stoffe ist das mit verschiedenen Zustandsgleichungen berechnete PvT-Verhalten von Wasser in den folgenden drei Abbildungen dargestellt. Sowohl bei der Berechnung mit der Peng-Robinson-Gleichung (Abb. 4.1-3) als auch bei der Verwendung der Dohrn-Prausnitz-Gleichung (Abb. 4.1-4) ergeben sich sehr große Abweichungen für die flüssige Phase. Bei niedrigen Dichten, d. h. im Gas- und im überkritischen Bereich, sind die Fehler jeweils

4.1 Berechnung von PvT-Daten mit Zustandsgleichungen 77

klein. Der Verlauf der kritischen Isothermen wird von beiden Zustandsgleichungen formal richtig wiedergegeben, weil die Parameter a und b jeweils aus den Bedingungen am kritischen Punkt bestimmt werden. Der an das Flüssigkeitsgebiet angrenzende Teil der kritischen Isothermen weist allerdings große Abweichungen auf, weil die berechnete kritische Kompressibilität (Z_c = 0,308 für die Peng-Robinson und Z_c = 0,298 für die Dohrn-Prausnitz EOS) viel größer als der experimentelle Wert für Wasser (Z_c = 0,230) ist.

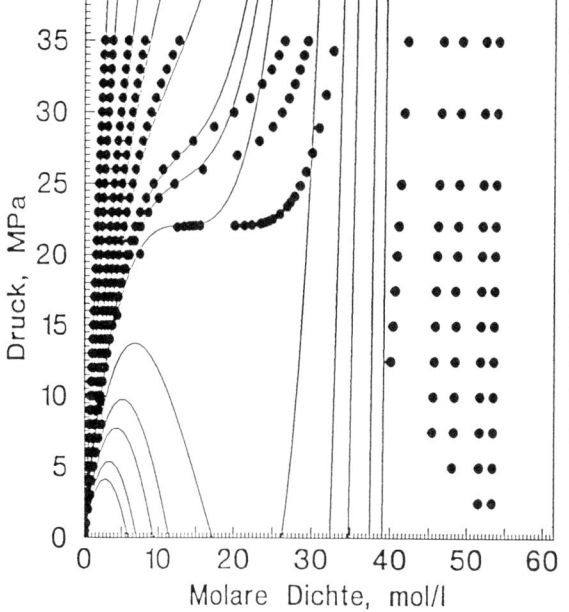

Abb. 4.1-4:
Das P,ρ-Diagramm für Wasser;
• experimentelle Daten von Keenan et al. (1978);
—— berechnet mit der Dohrn-Prausnitz-Gleichung (1990a);
Isothermen: siehe vorangegangene Abbildung.

Die Darstellung des PvT-Verhaltens von Wasser läßt sich deutlich verbessern, wenn die erweiterte Dohrn-Prausnitz-Gleichung (1990b) verwendet wird (Abb. 4.1-5). Die mittlere Abweichung zwischen experimentellen und berechneten Dichten sinkt durch die Einführung der Dipolkoeffizienten (Gl. 3.4-20 bis 3.4-25) von 17,47 % auf 4,41 %. Da bei der Parameterbestimmung die Bedingungen am kritischen Punkt nicht verwendet werden, hat die berechnete kritische Isotherme keine waagerechte Tangente am Wendepunkt. In der Nähe des kritischen Punktes von Wasser ist deshalb die Verwendung der erweiterten Dohrn-Prausnitz-Gleichung nicht zu empfehlen.

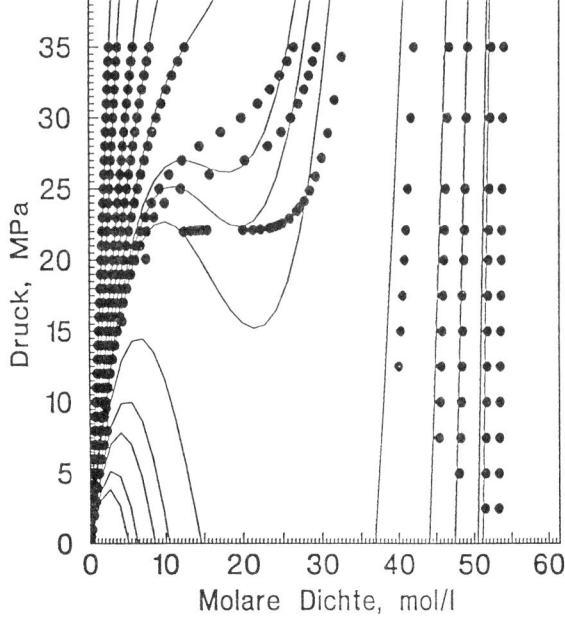

Abb. 4.1-5:
Das P,ρ-Diagramm für Wasser;
• experimentelle Daten von Keenan et al. (1978);
—— berechnet mit der erweiterten Dohrn-Prausnitz-Gleichung (1990b und Stoldt, 1992); Isothermen: siehe vorangegangene Abbildungen.

4.2 Berechnung von abgeleiteten Größen mit Zustandsgleichungen

Aus dem Zusammenhang zwischen Druck, Temperatur und Dichte, d. h. aus PvT-Daten oder mit Hilfe einer Zustandsgleichung, lassen sich verschiedene andere thermodynamische Größen ableiten. Von diesen abgeleiteten Größen sollen an dieser Stelle nur die betrachtet werden, die bei der verfahrenstechnischen Prozeßauslegung von Bedeutung sind.

Thermodynamische Größen wie die innere Energie, Enthalpie, Freie Enthalpie, Freie Energie oder Fugazität werden zur Lösung von Energie- und Entropiebilanzen sowie zur Gleichgewichtsberechnung in realen Stoffsystemen benötigt. Bei der Auslegung und Bewertung von verfahrenstechnischen Anlagen ist die Kenntnis des Zusammenhanges zwischen thermodynamischen Größen und wichtigen Steuervariablen, wie Druck und Temperatur, besonders wichtig.

Zur Lösung des Phasengleichgewichtsproblems ist die Kenntnis der Fugazitäten bzw. der chemischen Potentiale der Komponenten in den

4.2 Berechnung von abgeleiteten Größen

Phasen notwendig. Das chemische Potential hängt über Gleichung (2.3-8) von der Freien Enthalpie ab, die sich per Definition (Gl. 2.2-11) aus der Enthalpie und der Entropie bestimmen läßt. Grundlage für die Berechnung der Fugazität oder des Chemischen Potentials mit Hilfe von Zustandsgleichungen bildet deshalb die Kenntnis der Druckabhängigkeit der Enthalpie und der Entropie bei konstanter Temperatur und Zusammensetzung.

Die Fugazität läßt sich auch über die Freie Energie berechnen, so daß die Frage der Abhängigkeit der inneren Energie und der Entropie von Volumen, Temperatur und Zusammensetzung von Bedeutung ist. Dieser Berechnungsweg ist besonders vorteilhaft, wenn druckexplizite Zustandsgleichungen, mit v, T und dem Molenbruch x als unabhängigen Variablen, zur Berechnung der thermodynamischen Größen verwendet werden.

4.2.1 Residualgrößen

Bei der Berechnung von thermodynamischen Größen mit Hilfe von Zustandsgleichungen spielen Residualgrößen eine besondere Rolle. Ihre Bedeutung und die Wege zu ihrer Berechnung sollen deshalb im folgenden kurz vorgestellt werden.

Eine Residualgröße stellt die Abweichung zwischen dem realen Wert der Größe, z. B. einer gemessenen Dichte, und dem mit dem idealen Gasgesetz berechneten Wert der Größe dar:

Residualgröße = reale Größe - Größe des idealen Gases . (4.2-1)

Eine andere Bezeichnungsweise für "Residualgröße" ist "Realanteil". Man spricht z. B. von der Residualenthalpie oder der residuellen Enthalpie.

Wichtig bei der Angabe einer Residualgröße ist die Information, ob der Vergleichszustand des idealen Gases sich auf den gleichen Druck und die gleiche Temperatur oder auf die gleiche Dichte und die gleiche Temperatur bezieht. Man kennzeichnet Residualgrößen bei gleichem P und T mit einem hochgestellten großen R. Residualgrößen bei gleichem v und T werden mit einem hochgestellten kleinen r gekennzeichnet (Abbott und Nass, 1986):

$$s^R = (s - s^{IG})_{T,P} \ , \qquad (4.2\text{-}2)$$

$$s^r = (s - s^{IG})_{T,v} \ . \tag{4.2-3}$$

Die innere Energie, die Enthalpie und die Wärmekapazitäten eines idealen Gases sind nur von der Temperatur abhängig. Für diese Größen ergeben sich für die Bezugszustände P,T oder v,T die gleichen Werte z. B.:

$$h^R = h^r \tag{4.2-4}$$

und
$$u^R = u^r \ . \tag{4.2-5}$$

Dies gilt nicht für mit der Entropie zusammenhängende Größen, wie z. B. die Freie Enthalpie und die Freie Energie, da die Entropie eines idealen Gases druckabhängig ist:

$$\left(\frac{\partial s}{\partial P}\right)_T^{IG} = -\frac{R}{P} \quad \text{und} \quad \left(\frac{\partial a}{\partial P}\right)_T^{IG} = \left(\frac{\partial g}{\partial P}\right)_T^{IG} = \frac{RT}{P} \ , \tag{4.2-6}$$

$$s^R = s^r + R\ln Z \ , \tag{4.2-7}$$

$$a^R = a^r - RT\ln Z \ , \tag{4.2-8}$$

$$g^R = g^r - RT\ln Z \ . \tag{4.2-9}$$

Die Freie Energie läßt sich explizit als Funktion der Temperatur T und des molaren Volumens v darstellen. Da auch bei vielen Zustandsgleichungen T und v die unabhängigen Variablen sind, nimmt die residuelle Helmholtzenergie a^r eine besondere Rolle bei der Berechnung thermodynamischer Größen ein. Aus den Gleichungen (2.2-14) und (4.2-1) erhält man nach einigen Umformungen und Integration des idealen Anteils für a^R (vgl. Pfohl, 1992):

$$a^R = -RT\ln Z + RT \int_0^\rho \frac{Z-1}{\rho} d\rho \ . \tag{4.2-10}$$

Topliss (1985) führte zur Vereinfachung die Hilfsgröße $\Theta \equiv (Z-1)/\rho$ ein, so daß gilt:

$$\boxed{a^R = -RT\ln Z + RT \int_0^\rho \Theta \, d\rho} \tag{4.2-11}$$

bzw.
$$\boxed{a^r = RT \int_0^\rho \Theta \, d\rho} \tag{4.2-12}$$

4.2 Berechnung von abgeleiteten Größen

Ausgehend von Gleichung (2.2-17) läßt sich die residuelle Entropie s^r durch Ableiten von a^r nach der Temperatur bei konstantem Volumen bestimmen (Pfohl, 1992):

$$\boxed{s^r = -\left(\frac{\partial a^r}{\partial T}\right)_v} \qquad (4.2\text{-}13)$$

Um einen Ausdruck für die residuelle Enthalpie h^r herzuleiten, beginnt man bei den Gibbsschen Fundamentalgleichungen (2.2-8 und 2.2-12) und erhält durch Subtraktion:

$$dh = da + sdT + Tds + vdP + Pdv \qquad (4.2\text{-}14)$$

$$dh = da + d(sT) + d(RTZ) . \qquad (4.2\text{-}15)$$

Bei konstanter Temperatur:

$$dh = da + Tds + RTdZ \qquad (4.2\text{-}16)$$

und

$$h^r = a^r + Ts^r + RT(Z - Z^{IG}) \qquad (4.2\text{-}17)$$

oder

$$\boxed{\begin{aligned} h^r &= a^r + Ts^r + RT(Z - 1) & (4.2\text{-}18) \\ h^r &= a^r - T\left(\frac{\partial a^r}{\partial T}\right)_v + RT(Z - 1) & (4.2\text{-}19) \end{aligned}}$$

Auf ähnliche Weise lassen sich einfache Ausdrücke für die residuelle innere Energie u^r und die residuelle Freie Enthalpie g^r herleiten:

$$\boxed{\begin{aligned} u^r &= a^r + Ts^r = a^r - T\left(\frac{\partial a^r}{\partial T}\right)_v & (4.2\text{-}20) \\ g^r &= h^r - Ts^r = a^r + RT(Z - 1) & (4.2\text{-}21) \end{aligned}}$$

Die entsprechenden Ausdrücke für die Peng-Robinson- und die Dohrn-Prausnitz-Zustandsgleichung sind im Anhang A3 aufgeführt.

4.2.2 Änderungen der inneren Energie, der Enthalpie und der Entropie

Schon Wilson (1966) konnte zeigen, daß einfache Zustandsgleichungen gleichzeitig zur Berechnung von Phasengleichgewichten und der Enthalpie erfolgreich eingesetzt werden können. Die thermodynamischen Gleichungen zur Berechnung von Enthalpie-, innere Energie- und Entropieänderungen sollen im folgenden dargestellt werden.

Mit Hilfe der grundlegenden Beziehungen aus Kapitel 2 lassen sich Beziehungen für infinitesimal kleine Änderungen der Entropie herleiten[1]:

$$ds = \frac{c_v}{T} dT + \left(\frac{\partial P}{\partial T}\right)_v dv , \qquad (4.2\text{-}22)$$

$$ds = \frac{c_P}{T} dT - \left(\frac{\partial v}{\partial T}\right)_P dP . \qquad (4.2\text{-}23)$$

Durch Einsetzen in die Gibbssche Fundamentalgleichung (Gl. 2.2-6) erhält man für die Änderungen der inneren Energie bzw. der Enthalpie:

$$du = c_v dT + \left(T \left(\frac{\partial P}{\partial T}\right)_v - P\right) dv , \qquad (4.2\text{-}24)$$

$$dh = c_P dT + \left(v - T \left(\frac{\partial v}{\partial T}\right)_P\right) dP . \qquad (4.2\text{-}25)$$

Entropie, innere Energie und Enthalpie sind Zustandsfunktionen; bei ihrer Berechnung kommt es nicht auf den Integrationsweg an. Ein bei der Berechnung vorteilhafter Weg, um von einem Zustand (P_1, T_1) zum Zustand (P_2, T_2) zu gelangen, besteht aus einer isothermen Expansion von P_1 zum Druck Null (Zustand des ideales Gases), einer isobaren Temperaturänderung von T_1 auf T_2 und einer anschließenden isothermen Kompression zum Druck P_2. Für die mit der Zustandsänderung verbundene Änderung der Enthalpie ergibt sich aus Gleichung (4.2-22):

$$\boxed{\begin{aligned}\Delta h = h(T_2, P_2) - h(T_1, P_1) &= \int_{T_1, P_1}^{T_2, P_2} dh = \int_{T_1, P_1}^{T_1, P=0} \left(v - T\left(\frac{\partial v}{\partial T}\right)_P\right) dP \\ &+ \int_{T_1, P=0}^{T_2, P=0} c_P^{IG}(T) dT + \int_{T_2, P=0}^{T_2, P_2} \left(v - T\left(\frac{\partial v}{\partial T}\right)_P\right) dP\end{aligned}} \qquad (4.2\text{-}26)$$

wobei c_P^{IG} die molare Wärmekapazität eines idealen Gases bei konstantem Druck ist. Die Temperaturabhängigkeit von c_P^{IG} ist für viele Stoffe bekannt (siehe z. B. im Appendix A von Reid et al, 1987), so

---

[1] siehe z. B. im Lehrbuch von Sandler (1989)

4.2 Berechnung von abgeleiteten Größen

daß das mittlere Integral analytisch gelöst werden kann. Die beiden die Druckänderung betreffenden Integrale können mit Hilfe einer Zustandsgleichung berechnet werden.

Entsprechend gilt für Entropieänderungen:

$$\Delta s = - \int_{T_1,P_1}^{T_1,P=0} \left(\frac{\partial v}{\partial T}\right)_P dP + \int_{T_1,P=0}^{T_2,P=0} \frac{c_P^{IG}(T)}{T} dT - \int_{T_2,P=0}^{T_2,P_2} \left(\frac{\partial v}{\partial T}\right)_P dP \quad (4.2\text{-}27)$$

Bei der Verwendung der Variablen T und v, d. h. bei Zustandsänderungen von einem Punkt (v_1, T_1) zum Punkt (v_2, T_2), kann man analog vorgehen, wobei die Expansion zum Volumen $v = \infty$ geht:

$$\Delta s = \int_{T_1,v_1}^{T_1,v=\infty} \left(\frac{\partial P}{\partial T}\right)_v dv + \int_{T_1,v=\infty}^{T_2,v=\infty} \frac{c_v^{IG}}{T} dT + \int_{T_2,v=\infty}^{T_2,v_2} \left(\frac{\partial P}{\partial T}\right)_v dv \quad (4.2\text{-}28)$$

$$\Delta u = \int_{T_1,v_1}^{T_1,v=\infty} \left(T\left(\frac{\partial P}{\partial T}\right)_v - P\right) dv + \int_{T_1,v=\infty}^{T_2,v=\infty} c_v^{IG} dT + \int_{T_2,v=\infty}^{T_2,v_2} \left(T\left(\frac{\partial P}{\partial T}\right)_v - P\right) dv \quad (4.2\text{-}29)$$

Ein alternativer, rechentechnisch besonders einfacher Weg zur Berechnung von inneren Energie-, Enthalpie- und Entropiedifferenzen mit Zustandsgleichungen, führt über die Residualgrößen, die sich aus der residuellen Freien Energie a^r und deren Temperaturabhängigkeit bei konstanter Dichte bestimmen lassen (Gl. 4.2-12). Man benötigt neben den Residualgrößen noch Angaben über die entsprechenden Änderungen bei einem idealen Gas.

Innere Energie und Enthalpie eines idealen Gases sind unabhängig vom Druck und von der Dichte; sie können aus der Temperaturabhängigkeit der Wärmekapazität berechnet werden:

$$\Delta u^{IG} = u^{IG}(T_2,P_2,v_2) - u^{IG}(T_1,P_1,v_1) = \int_{T_1}^{T_2} c_v^{IG}(T) dT \;, \quad (4.2\text{-}30)$$

$$\Delta h^{IG} = h^{IG}(T_2,P_2,v_2) - h^{IG}(T_1,P_1,v_1) = \int_{T_1}^{T_2} c_P^{IG}(T) dT \;. \quad (4.2\text{-}31)$$

Für Entropieänderungen eines idealen Gases gilt:

$$\Delta s^{IG} = \int_{T_1}^{T_2} \frac{c_P^{IG}(T)}{T} dT - R\ln\frac{P_2}{P_1} , \qquad (4.2\text{-}32)$$

$$\Delta s^{IG} = \int_{T_1}^{T_2} \frac{c_v^{IG}(T)}{T} dT + R\ln\frac{v_2}{v_1} . \qquad (4.2\text{-}33)$$

Schließlich erhält man für Änderungen thermodynamischer Größen folgende Beziehungen:

$$\Delta u = \int_{T_1}^{T_2} c_v^{IG}(T) dT + u^r(T_2, v_2) - u^r(T_1, v_1) \qquad (4.2\text{-}34)$$

$$\Delta h = \int_{T_1}^{T_2} c_P^{IG}(T) dT + h^R(T_2, P_2) - h^R(T_1, P_1) \qquad (4.2\text{-}35)$$

$$\Delta s = \int_{T_1}^{T_2} \frac{c_v^{IG}(T)}{T} dT + R\ln\frac{v_2}{v_1} + s^r(T_2, v_2) - s^r(T_1, v_1) \qquad (4.2\text{-}36)$$

$$\Delta s = \int_{T_1}^{T_2} \frac{c_P^{IG}(T)}{T} dT - R\ln\frac{P_2}{P_1} + s^R(T_2, P_2) - s^R(T_1, P_1) \qquad (4.2\text{-}37)$$

$$\Delta g = \Delta h^{IG} - T\Delta s^{IG} + g^R(T_2, P_2) - g^R(T_1, P_1) \qquad (4.2\text{-}38)$$

$$\Delta a = \Delta u^{IG} - T\Delta s^{IG} + a^r(T_2, v_2) - a^r(T_1, v_1) \qquad (4.2\text{-}39)$$

Es ist möglich, mit Hilfe einer Zustandsgleichung und Daten für die Temperaturabhängigkeit der Wärmekapazität im Zustand des idealen Gases ($c_P^{IG}(T)$ bzw. $c_v^{IG}(T)$) auf einfache Weise Änderungen der Entropie, der inneren Energie und der Enthalpie zwischen zwei beliebigen Zuständen zu berechnen. Mit einer zusätzlichen Angabe für die Entropie in einem beliebigen Zustand lassen sich auch Änderungen der Freien Enthalpie und der Freien Energie berechnen.

Es ist rechentechnisch besonders einfach, die residuelle Freie Energie a^r und deren Temperaturabhängigkeit als Hilfsgröße zu verwenden, wie sie z. B. für die Peng-Robinson-Gleichung und die Dohrn-Prausnitz-Gleichung im Anhang A3 angegeben werden.

4.2.3 Wärmekapazitäten

Obwohl zur Berechnung von inneren Energien und Enthalpien nur Wärmekapazitäten idealer Gase benötigt werden, ist zur Beurteilung von Zustandsänderungen in verfahrenstechnischen Prozessen die Kenntnis von Wärmekapazitäten bei beliebigen Drücken, Dichten und Temperaturen von Interesse.

Beginnend mit Gleichung (4.2-32) läßt sich ein Ausdruck für die Volumenabhängigkeit der inneren Energie und daraus die Volumenabhängigkeit von c_V herleiten[1]:

$$\left(\frac{\partial c_V}{\partial v}\right)_T = T\left(\frac{\partial^2 P}{\partial T^2}\right)_v . \qquad (4.2\text{-}40)$$

Auf gleiche Weise erhält man

$$\left(\frac{\partial c_P}{\partial P}\right)_T = -T\left(\frac{\partial^2 v}{\partial T^2}\right)_P . \qquad (4.2\text{-}41)$$

Kennt man die Temperaturabhängigkeit von c_P bei einem bestimmten Druck P_1 und sucht c_P als Funktion der Temperatur beim Druck P_2, so kann man den folgenden, durch Integration von Gleichung (4.2-49) gewonnenen Ausdruck, verwenden:

$$c_P(P_2, T) = c_P(P_1, T) - T \int_{P_1, T}^{P_2, T} \left(\frac{\partial^2 v}{\partial T^2}\right)_P dP . \qquad (4.2\text{-}42)$$

T wurde in die Integrationsgrenzen mit einbezogen, um zu betonen, daß über den Druck bei einer festen Temperatur integriert wurde.

Ähnlich gilt:

$$c_v(v_2, T) = c_v(v_1, T) + T \int_{v_1, T}^{v_2, T} \left(\frac{\partial^2 P}{\partial T^2}\right)_v dv . \qquad (4.2\text{-}43)$$

Das heißt, mit einer Zustandsgleichung können Wärmekapazitäten bei beliebigen Zuständen berechnet werden, falls die

---
[1] siehe z. B. im Lehrbuch von Sandler (1989)

Temperaturabhängigkeit der Wärmekapazität bei irgendeinem Druck oder irgendeiner Dichte bekannt ist. Letzteres ist häufig nur für sehr kleine Drücke oder Dichten der Fall, wo sich alle Fluide wie ideale Gase verhalten: $P_1 = 0$ bzw. $v_1 = \infty$.

$$c_P(P, T) = c_P^{IG}(T) - T \int_{P=0,T}^{P,T} \left(\frac{\partial^2 v}{\partial T^2}\right)_P dP \qquad (4.2\text{-}44)$$

$$c_v(v, T) = c_v^{IG}(T) + T \int_{v=\infty,T}^{v,T} \left(\frac{\partial^2 P}{\partial T^2}\right)_v dv \qquad (4.2\text{-}45)$$

Ein alternativer Berechnungsweg führt wiederum über die residuelle Freie Energie a^r. Ausgehend von der Definition der molaren Wärmekapazität bei konstantem Volumen c_V (Gl. 2.2-18) und durch Einsetzen der Gleichungen (4.2-1) und (4.2-20) erhält man:

$$c_v = \left(\frac{\partial u}{\partial T}\right)_v = \left(\frac{\partial (u^{IG} + u^r)}{\partial T}\right)_v = c_v^{IG} + \left(\frac{\partial \left(a^r - T\left(\frac{\partial a^r}{\partial T}\right)_v\right)}{\partial T}\right)_v. \quad (4.2\text{-}46)$$

$$c_v(v, T) = c_v^{IG}(T) - T\left(\frac{\partial^2 a^r}{\partial T^2}\right)_v \qquad (4.2\text{-}47)$$

Zur Berechnung von Wärmekapazitäten mit Zustandsgleichungen werden zweite Ableitungen benötigt, wodurch sich Fehler der Zustandsgleichungen bei der Beschreibung der Temperaturabhängigkeit der Freien Energie verstärkt auswirken.

4.2.4 Fugazitätskoeffizienten reiner Stoffe

Im Phasengleichgewicht ist die Fugazität einer beliebigen Komponente in allen Phasen gleich groß. Diese Bedingung des stofflichen Gleichgewichts gilt natürlich auch für Einstoffsysteme und wird dort zur Bestimmung von Dampfdrücken reiner Komponenten verwendet. Bei Phasengleichgewichtsberechnungen mit Zustandsgleichungen wird die Fugazität einer reinen Komponente i gemäß Gleichung (2.6-8) in das Produkt aus Fugazitätskoeffizient φ_i^{rein} und Druck P aufgeteilt

$$f_i^{rein} = \varphi_i^{rein} \, P \, . \qquad (2.6\text{-}12)$$

4.2 Berechnung von abgeleiteten Größen

Die Bestimmung von Fugazitätskoeffizienten mit Zustandsgleichungen ist deshalb eine zentrale Aufgabe bei der Phasengleichgewichtsberechnung.

Fugazitätskoeffizienten lassen sich wie andere thermodynamische Größen relativ leicht aus der residuellen Freien Energie a^r berechnen. Startpunkt zur Herleitung eines entsprechenden Ausdruckes ist die Definition der Fugazität nach G.N. Lewis:

$$\mu_i^{rein} - \mu_i^0 = RT \ln \frac{f_i^{rein}}{f_i^0} \quad . \qquad (2.6\text{-}8)$$

Wählt man als Standardzustand ein ideales Gas beim Druck P und der Temperatur T und berücksichtigt man, daß für reine Stoffe das chemische Potential μ gleich der molaren Freien Enthalpie g ist, so gilt:

$$g(T, P) - g^{IG}(T, P) = g^R = RT \ln \frac{f_i^{rein}}{P} \quad ; \qquad (4.2\text{-}48)$$

f_i^{rein}/P ist gleich dem Fugazitätskoeffizienten φ_i^{rein} (Gl. 2.6-8); Auflösen nach $\ln \varphi_i^{rein}$ und Ersetzen von g^R durch g^r mit Gleichung (4.2-9) führt zu:

$$\ln \varphi_i^{rein} = \frac{g^R}{RT} = \frac{g^r}{RT} - \ln Z \quad . \qquad (4.2\text{-}49)$$

Ersetzt man noch g^r durch Gleichung (4.2-21), so erhält man die gewünschte Abhängigkeit zwischen φ_i^{rein} und a^r:

$$\boxed{\ln \varphi_i^{rein} = \frac{a^r}{RT} + Z - 1 - \ln Z} \qquad (4.2\text{-}50)$$

Das Konvergenzverhalten von Algorithmen zur Phasengleichgewichtsberechnung kann häufig verbessert werden, wenn in den Algorithmen die Druck- und Temperaturabhängigkeit des Fugazitätskoeffizienten berücksichtigt wird:

Druckabhängigkeit:
$$\left(\frac{\partial \ln \varphi_i^{rein}}{\partial P}\right)_T = \frac{v^r}{RT} \quad (4.2\text{-}51)$$

$$\left(\frac{\partial \ln f_i^{rein}}{\partial P}\right)_T = \frac{v}{RT} \quad (4.2\text{-}52)$$

Temperaturabhängigkeit
$$\left(\frac{\partial \ln \varphi_i^{rein}}{\partial T}\right)_P = \left(\frac{\partial \ln f_i^{rein}}{\partial T}\right)_P = \frac{-h^r}{RT^2} \quad (4.2\text{-}53)$$

4.2.5 Dampfdruckberechnung

Befindet sich eine Flüssigkeit mit ihrem Dampf im Phasengleichgewicht, so sind die Temperaturen in den Phasen gleich groß (Gl. 2.4-2). Als Druck stellt sich der Dampfdruck P^{Sat} ein (Gl. 2.4-3), und die Fugazität in der flüssigen Phase f_i^{reinL} ist gleich der Fugazität in der Gasphase f_i^{reinV}:

$$f_i^{reinL}(T,P^{Sat},v^L) = f_i^{reinV}(T,P^{Sat},v^V) \quad (2.6\text{-}15)$$

oder $\quad \varphi_i^{reinL}(T,P^{Sat},v^L) \, P^{Sat} = \varphi_i^{reinV}(T,P^{Sat},v^V) \, P^{Sat} \, , \quad (4.2\text{-}54)$

bzw. $\quad \varphi_i^{reinL}(T,P^{Sat},v^L) = \varphi_i^{reinV}(T,P^{Sat},v^V) \, . \quad (4.2\text{-}55)$

Im Gleichgewichtszustand sind Fugazitäten und Fugazitätskoeffizienten Funktionen der Temperatur, des Dampfdruckes und der Sättigungsdichten, d. h. der Dichten der koexistierenden Phasen. Die Berechnung des Dampfdruckes P^{Sat} für eine bestimmte Temperatur T mit Hilfe von Zustandsgleichungen kann nach dem in Abbildung 4.2-1 dargestellten Fließschema erfolgen (siehe auch Sandler, 1989).

Aus den Reinstoffdaten T_c, P_c und ω werden die Parameter der Zustandsgleichung berechnet. Für die gegebene Temperatur und einen geschätzten Druck werden eine Dampf- und eine Flüssigkeitsdichte durch Lösen der Zustandsgleichung bestimmt[1] und jeweils die Fugazitätskoeffizienten des Stoffes in den Phasen berechnet. Sind die Abweichungen der Fugazitäten unterhalb einer Toleranzgrenze, so ist die Bedingung für das stoffliche Gleichgewicht (Gl. 2.6-15) erfüllt, d. h. der geschätzte Druck P ist gleich dem Dampfdruck P^{Sat}, und die Dichten der Phasen sind gleich den Sättigungsdichten. Unterscheiden

---
[1] siehe Kapitel 4.1.2 *Das Dichtefindungsproblem*

4.2 Berechnung von abgeleiteten Größen

sich die Fugazitäten deutlich voneinander, so wird ein neuer Druck geschätzt, wobei sich folgende Schätzvorschrift als nützlich erwiesen hat:

$$P_{neu} = P_{alt} \frac{f^L}{f^V} \quad . \tag{4.2-56}$$

Konvergenz wird bei einer typischen Toleranzgrenze von $\varepsilon = 10^{-6}$ in zwei bis fünf Iterationen erreicht.

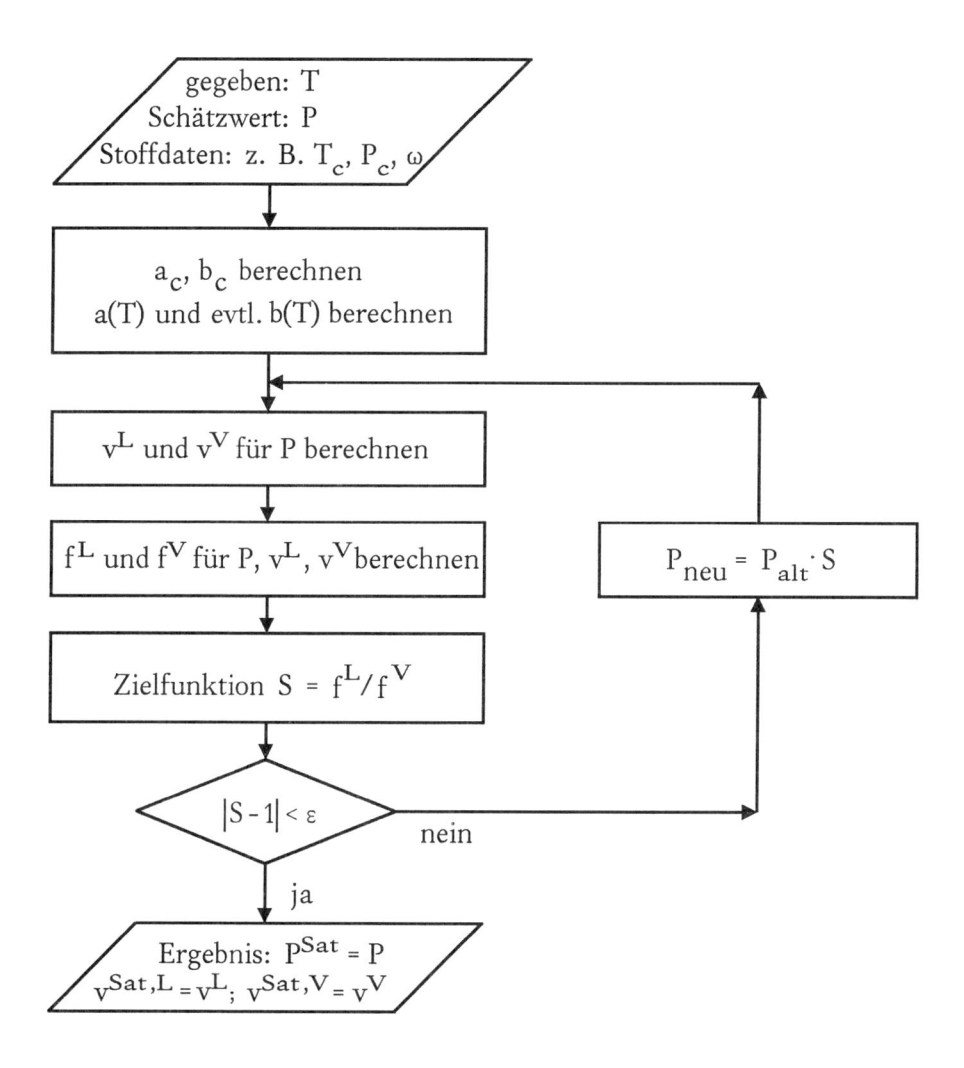

```
gegeben: T
Schätzwert: P
Stoffdaten: z. B. T_c, P_c, ω
         ↓
a_c, b_c berechnen
a(T) und evtl. b(T) berechnen
         ↓
v^L und v^V für P berechnen
         ↓
f^L und f^V für P, v^L, v^V berechnen          P_neu = P_alt · S
         ↓                                              ↑
Zielfunktion S = f^L/f^V                                │
         ↓                                              │
      |S-1| < ε  ──── nein ────────────────────────────┘
         │
         ja
         ↓
Ergebnis: P^Sat = P
v^{Sat,L} = v^L;  v^{Sat,V} = v^V
```

Abb. 4.2-1: Fließschema zur Dampfdruckberechnung mit einer Zustandsgleichung

Die Dampfdruckberechnung mit Zustandsgleichungen liefert zusätzlich die Sättigungsdichten als Ergebnis, wobei die Flüssigkeitsdichten für weitergehende Berechnungen (z. B. Verdampfungsenthalpien) oft zu ungenau beschrieben werden, z. B. sind die relativen Abweichungen zwischen berechneten und experimentellen Sättigungsdichten der flüssigen Phase bei der Verwendung der Peng-Robinson-Gleichung oft im Bereich von 5 bis 10 %.

Obwohl der prinzipielle Rechenweg bereits Ende des 19. Jahrhunderts von Maxwell (1875) und Clausius (1881) entwickelt wurde, hat sich die Anwendung von Zustandsgleichungen zur Dampfdruckberechnung erst in den siebziger Jahren des 20. Jahrhunderts durchgesetzt. Zwei wesentliche Entwicklungen haben ihre Verbreitung gefördert:

1. Die Bestimmung der Temperaturabhängigkeit von Zustandsgleichungsparametern durch Anpassung an experimentelle Dampfdruckdaten hat die Genauigkeit der Dampfdruckberechnung erheblich verbessert. Oft liegen die relativen Fehler zwischen berechneten und experimentellen Daten unter einem Prozent. Allerdings steigt der relative Fehler mit fallender Temperatur, so daß sehr niedrige Dampfdrücke (bei $T_R < 0{,}4$) oft nur unzureichend beschrieben werden können.

2. Durch den Fortschritt der Computertechnik stellt die iterative Dampfdruckberechnung mit Zustandsgleichungen kein Problem mehr dar. Sie ist heute mit programmierbaren Taschenrechnern durchführbar.

4.2.6 Phasenübergänge

Die mit Phasenübergängen verbundenen Änderungen der thermodynamischen Größen sind zur Auslegung und Beurteilung vieler verfahrenstechnischer Prozesse, bei denen Stoffe von einer Phase in eine andere überwechseln, von Bedeutung. Sie können ebenfalls mit Zustandsgleichungen berechnet werden. Von besonderem Interesse ist dabei die Bestimmung von Verdampfungsenthalpien und von Volumenänderungen. Letztere ergeben sich direkt aus den Sättigungsdichten, deren Berechnung bereits im vorangegangen Abschnitt behandelt wurde. Die Verdampfungsenthalpie Δh^{VL} kann aus der Steigung der Dampfdruckkurve (dP^{Sat}/dT) und der Volumenänderung beim Phasenübergang Δv^{VL} mit Hilfe der **Clapeyron-Gleichung** berechnet werden:

4.2 Berechnung von abgeleiteten Größen　　　　　　　　　　　　　　91

$$\left(\frac{dP^{Sat}}{dT}\right) = \frac{\Delta h^{VL}}{T \, \Delta v^{VL}} \; . \qquad (4.2\text{-}57)$$

Die Berechnung der Steigung der Dampfdruckkurve mit einer Zustandsgleichung kann numerisch durch Bestimmung zweier nahe beianderliegender Dampfdrücke oder analytisch aus der Temperatur- und Druckabhängigkeit des Fugazitätskoeffizienten erfolgen.

4.2.7 Berechnungsbeispiele

Die Genauigkeit der Enthalpieberechnung soll am Beispiel von Kohlendioxid verdeutlicht werden. Abbildung 4.2-2 zeigt die Abweichungen zwischen berechneten und experimentellen Werten der Enthalpie bei verschiedenen Drücken und Temperaturen.

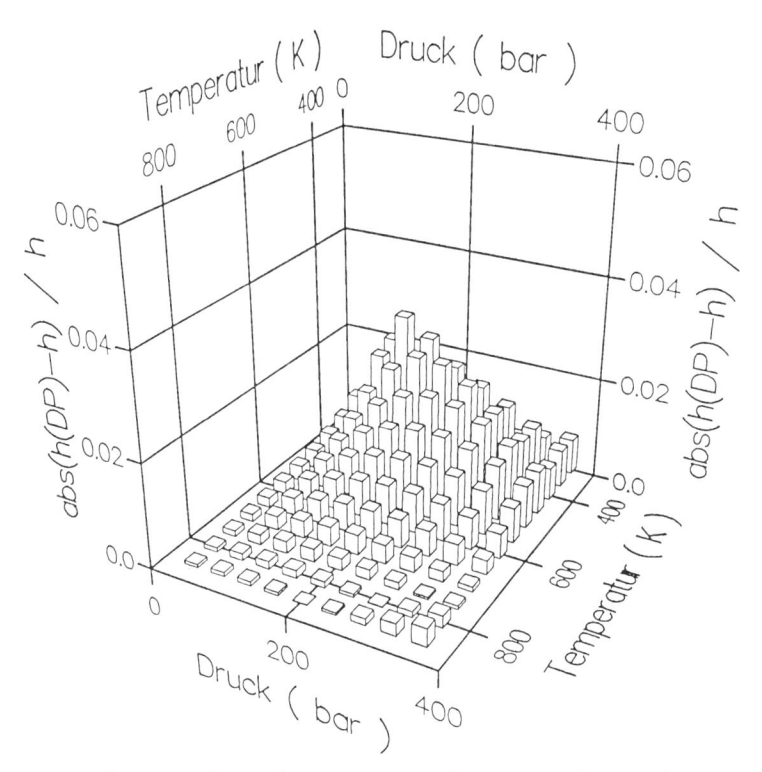

Abb. 4.2-2: Relative Abweichungen zwischen exp. Daten (Angus et al., 1976) und mit der Dohrn-Prausnitz-Gleichung berechneten Werten für die Enthalpie von CO_2. Nullpunkt der Enthalpie: Zustand des idealen Kristalls bei T = 0 K

Die residuelle Enthalpie h^R wurde mit Hilfe der Dohrn-Prausnitz Gleichung berechnet. Bei den experimentellen Daten handelt es sich um Werte, die mit der von der IUPAC empfohlenen 50-Koeffizienten-Zustandsgleichung für CO_2 (Angus et al., 1976) ermittelt wurden. Die Übereinstimmung ist gut bis sehr gut. Der Fehler liegt in weiten Bereichen unter 1 %. In der Nähe des kritischen Punktes von Kohlendioxid sind die Abweichungen am größten.

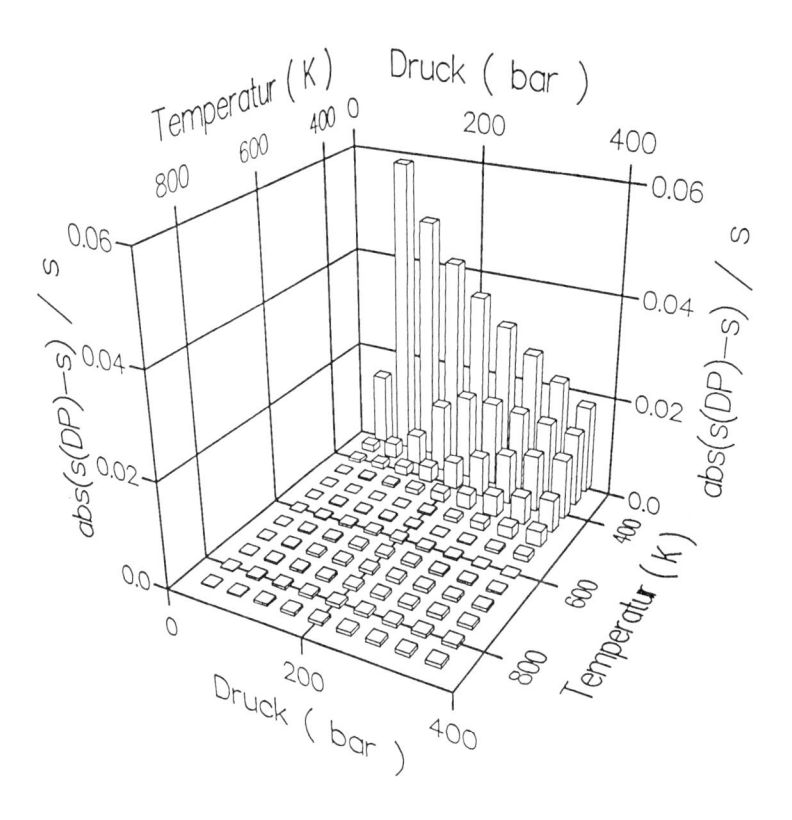

Abb. 4.2-3: Relative Abweichungen zwischen experimentellen Daten (Angus et al., 1976) und mit der Dohrn-Prausnitz-Gleichung berechneten Werten für die Entropie von CO_2. Als Nullpunkt der Entropie wurde der Zustand des idealen Kristalls bei T = 0 K verwendet.

4.2 Berechnung von abgeleiteten Größen

Die entsprechenden Werte für die Abweichungen bei der Entropie von Kohlendioxid sind in Abbildung 4.2-3 dargestellt. Bei Temperaturen oberhalb von 500 K liegt der Fehler unter 0,2 %. Die Abweichungen nehmen mit fallender Temperatur deutlich zu; sie sind in der Nähe des kritischen Punktes vergleichsweise groß.

Während in den Abbildungen 4.2-2 und 4.2-3 relative Abweichungen dargestellt werden, sind in der Tabelle 4.2-1 einige absolute Werte für die Enthalpie und die Entropie zusammengestellt. Die experimentellen Daten (Angus et al., 1976) und die mit der Dohrn-Prausnitz-Gleichung berechneten Werte werden mit Werten verglichen, die nur aus der Wärmekapazität des idealen Gaszustandes $c_p^{IG}(T)$ bestimmt wurden. Bei niedrigen Drücken werden die berechneten Enthalpie- und Entropiewerte weitgehend durch $c_p^{IG}(T)$ bestimmt. Mit steigendem Druck hat die Art der verwendeten Zustandsgleichung einen zunehmenden Einfluß auf die Ergebnisse.

Tabelle 4.2-1: Experimentelle (Angus et al., 1976) und berechnete Werte für die Enthalpie und Entropie von CO_2. Berechnungen: a) mit der Dohrn-Prausnitz-Gleichung und b) nur unter Verwendung von $c_p^{IG}(T)$; Nullpunkt der Enthalpie bzw. der Entropie: Zustand des idealen Kristalls bei T = 0 K

T	P	Enthalpie h / (J mol⁻¹)			Entropie s / (J mol⁻¹ K⁻¹)		
K	MPa	exper.	a) DP	b) c_p^{IG}	exper.	a) DP	b) c_p^{IG}
300	4	34265	34423	35684	178,51	181,04	183,39
850	4	60839	60805	61016	229,69	229,65	229,90
300	36	24936	24765	35684	138,82	141,24	165,14
850	36	59464	59667	61016	209,96	209,81	211,65

Trebble und Bishnoi (1988) haben die Leistungsfähigkeit der Peng-Robinson- und der Trebble-Bishnoi-Gleichung[1] (1987) zur Berechnung

---
[1] Siehe Tabelle A3-1 *Kubische Zustandsgleichungen* im Anhang

der Enthalpie miteinander verglichen. Für CO_2 führt die zweiparametrige Peng-Robinson-Gleichung zu einer deutlich niedrigeren mittleren Abweichung (119 J/mol) als die vierparametrige Trebble-Bishnoi-Gleichung (233 J/mol). Für Methan, Ammoniak und Wasser ergeben sich keine großen Unterschiede. Die Abweichung für Wasser ist für beide Zustandsgleichungen um den Faktor zehn größer als die Abweichung für Methan. Bei der isobaren Wärmekapazität c_p von Methan ergeben sich für beide Zustandsgleichungen mittlere Fehler von 3,7 %.

Garispis und Stamatoudis (1992) führten eine Studie zur c_p-Berechnung für 50 Stoffe mit acht Zustandsgleichungen durch, u. a. mit der Peng-Robinson-, der SRK- und zwei modifizierten BWR-Gleichungen. Die mittleren Fehler der meisten Stoffe liegt zwischen 3 und 60 %. Bei der SRK-Gleichung sind die mit Abstand größten Abweichungen aufgetreten. Die modifizierten BWR-Gleichungen mit acht bzw. 16 Parametern zeigen i. a. keine Vorteile gegenüber der Peng-Robinson-Gleichung.

4.3 Korrelationen zur Bestimmung der Reinstoffparameter
4.3.1 Übersicht

Zur Berechnung der Reinstoffparameter von Zustandsgleichungen werden als Eingangsgrößen in der Regel die kritische Temperatur T_c, der kritische Druck P_c und der azentrische Faktor ω des Stoffes benötigt. Viele schwerflüchtige Stoffe zersetzen sich jedoch bei einer Erwärmung, bevor die kritische Temperatur erreicht wird. Für diese Substanzen können die kritischen Daten experimentell nicht oder nur näherungsweise bestimmt werden. Je nach relativer Lage der Zersetzungstemperatur zur kritischen Temperatur können Methoden eingesetzt werden, bei denen die Substanzen nur sehr kurz erhitzt werden. Unter Berücksichtigung der Zersetzungsrate kann dann auf die Lage von T_c geschlossen werden (Smith et al., 1987; Anselme et al., 1990). Für viele Stoffe sind auch diese Verfahren nicht mehr anwendbar, weil z. B. explosionsartige Zersetzungsreaktionen auftreten oder weil die notwendige Extrapolation hin zur kritischen Temperatur zu ungenau wird.

Zur Abschätzung der kritischen Temperatur und des kritischen Druckes sind verschiedene Methoden vorgeschlagen worden. Viele

4.3 Korrelationen zur Bestimmung der Reinstoffparameter

Verfahren basieren auf dem Gruppenbeitragsprinzip, z. B. die Methoden von Lydersen et al. (1955), Ambrose (1978 und 1979), Joback (1984), Twu (1984) sowie Jalowka und Daubert (1986). Zur Bestimmung von T_c wird die Strukturformel des betreffenden Stoffes in Gruppen unterteilt, wobei jede Gruppe einen additiven Anteil an der kritischen Temperatur hat. Grundvoraussetzung bei diesen Verfahren ist natürlich, daß die Strukturformel bekannt ist. Oft werden noch eine oder mehrere zusätzliche Angaben, wie die Siedetemperatur, benötigt. Gruppenbeitragsmethoden können i.a. nicht zwischen Isomeren unterscheiden.

Für andere Methoden ist die Kenntnis der Strukturformel nicht notwendig. Sie verwenden nur experimentelle Stoffwerte als Eingangsdaten, z. B. die Siedetemperatur, Dampfdrücke, Dichten oder die Anzahl der Kohlenstoffatome bzw. bestimmter anderer spezifischer Molekülanteile. Ein Überblick über die wichtigsten Methoden und ihre Leistungsfähigkeit ist in dem Buch von Reid, Prausnitz und Poling (1987) enthalten.

Wenn abgeschätzte kritische Daten zur Berechnung der Reinstoffparameter von Zustandsgleichungen verwendet werden, treten bei berechneten Reinstoffeigenschaften und Phasengleichgewichten oft größere und teilweise folgenschwere Fehler auf. Zum Beispiel hat Zudkevitch (1975) gezeigt, wie ein Fehler von 5 % bei der Abschätzung der kritischen Temperatur und 10 % beim kritischen Druck[1] zu einem Fehler von 25 % bei der Wärmekapazität führen kann, was wiederum einen Fehler von über 2 Mio. US$ bei der Kostenschätzung einer Benzinanlage zur Folge hatte. Es besteht also ein ständiger Anreiz zur Entwicklung besserer Abschätzmethoden zur Bestimmung der Reinstoffparameter von Zustandsgleichungen. Einige neuere Verfahren sollen im folgenden kurz vorgestellt werden. Anschließend soll auf die Methoden von Brunner (1978), Hederer (1981) und Dohrn (1992) näher eingegangen werden.

Ein Verfahren zur Berechnung der drei Parameter einer modifizierten Benedict-Webb-Rubin-Zustandsgleichung wurde von Twu (1983) vorgeschlagen. Als Eingangsgröße wird die Siedetemperatur benötigt. Die Methode eignet sich allerdings nur für die Anwendung auf n-Alkane.

---

[1] Ein Vergleich der Genauigkeiten verschiedener Vorhersagemethoden für T_c und P_c von Voulgaris et al. (1991) zeigt, daß die von Zudkevitch angenommenen Abweichungen durchaus typisch sind.

Vidal und Jacq (1983) entwickelten zur Bestimmung der Reinstoffparameter der SRK-Gleichung eine Gruppenbeitragsmethode für chlorierte und fluorierte Kohlenwasserstoffe (Derivate von Methan, Ethan und Propan). Sie zeigten außerdem, daß sich der kritische Druck P_c näherungsweise aus dem Wert des Parameters $a/(bT_b)$ bei der Siedetemperatur T_b bestimmen läßt.

Zwei einfache Beziehungen zur Bestimmung der kritischen Temperatur aus der Siedetemperatur werden von Fisher (1989) angegeben. Die Koeffizienten der Gleichungen sind stoffgruppenabhängig. Fisher nennt die Koeffizienten für 44 Stoffgruppen (z. B. n-Alkane, Iso-Alkane, Alkene, Alkohole). Die Beziehungen sind auf Moleküle mit Kohlenstoffzahlen kleiner als 18 begrenzt.

Jensen und Fredenslund (1987) entwickelten eine Methode zur Bestimmung der vier Parameter der Adachi-Lu-Sugie-Zustandsgleichung (Adachi et al., 1983), die aus einem Van-der-Waals-Repulsionsterm und einem dreiparametrigen Attraktionsterm besteht. Die Methode eignet sich für Erdölfraktionen aus Molekülen mit mindestens 7 Kohlenstoffatomen, sogenannte C_{7+}-Fraktionen. Als Eingangsgrößen werden die Flüssigkeitsdichte der Fraktion und eine mittlere Molmasse benötigt.

Eine Forschungsgruppe der TH Merseburg veröffentlichte Korrelationen zur Bestimmung der kritischen Temperatur, des kritischen Druckes und des Siedepunktes für verschiedene Stoffgruppen (Laux et al., 1990; Laux und Haenisch, 1990; Haenisch und Laux, 1990). Die Gleichungen basieren auf der Zahl der Kohlenstoffatome und auf der Zahl der Ringe in den Molekülen.

Die Methode von Bae et al. (1991) benötigt verschiedene Hilfsmittel: 1) die Peng-Robinson-Gleichung zur Fugazitätsberechnung, 2) eine Gruppenbeitragsmethode zur Bestimmung des Van-der-Waals-Volumens, 3) die Siedetemperatur oder einen Dampfdruckpunkt und 4) den azentrischen Faktor.

Eine von Rogalski et al. (1992) vorgeschlagene Methode eignet sich zur Bestimmung der kritischen Daten von Kohlenwasserstoffen. Als Eingangsgrößen werden Flüssigkeitsdichten und Dampfdruckdaten benötigt. Es gibt stoffgruppenspezifische Korrelationen für Alkane, Naphthene und Aromaten.

4.3.2 Die Methode von Brunner (1978)

Die drei Parameter a, b und α der Hederer-Peter-Wenzel(HPW)-Zustandsgleichung (Hederer et al., 1976) werden nicht mit Hilfe generalisierter Funktionen ermittelt, sondern durch Anpassung an experimentelle Daten. Heute liegen für über 500 Stoffe die HPW-Parameter in Tabellenform vor. Bei den meisten Stoffen wurden zur Parameteranpassung das molare Flüssigkeitsvolumen bei 20°C v_{L20} und zwei Punkte der Dampfdruckkurve verwendet (Hederer, 1981).

Um die HPW-Parameter schwerflüchtiger Stoffe aus einem Minimum an Informationen über den betreffenden Stoff bestimmen zu können, schlug Brunner in seiner Habilitationsschrift empirische Korrelationen vor, die als Eingangsgröße lediglich das molare Flüssigkeitsvolumen bei 20°C v_{L20} benötigen. Die Korrelationen wurden durch eine Regressionsanalyse der HPW-Parameter von 214 Substanzen ermittelt. Brunner gibt allgemeine, stoffgruppenunabhängige Gleichungen, die sog. Gesamtkorrelationen, und 9 spezielle, stoffgruppenspezifische Gleichungen an, z. B. für Alkane, Ringverbindungen, Alkohole und Stickstoffverbindungen.

Die Berechnung der drei HPW-Parameter erfolgt in vier Schritten.

Im **ersten Schritt** wird der Parameter b aus dem molaren Volumen v_{L20} nach folgender Gleichung bestimmt:

$$b = b^{(1)} v_{L20} + b^{(2)} \qquad (4.3-1)$$

mit $\qquad b^{(1)} = 0{,}992042 \text{ und } b^{(2)} = -0{,}01361 \qquad (4.3-2)$

für die Gesamtkorrelation, wobei b und v_{L20} in der Einheit m³/kmol einzusetzen sind. Der zwischen dem Parameter b und v_{L20} angenommene lineare Zusammenhang wird durch einen hohen Korrelationskoeffizienten von 0,99933 bestätigt. Abbildung 4.3-1 zeigt Werte des Parameters b als Funktion von v_{L20} für 214 Stoffe. Die Abweichungen von der Regressionsgeraden sind nur gering, insbesondere für große Moleküle. Der deutliche statistische Zusammenhang zwischen dem Parameter b und v_{L20} erklärt sich auch aus der Tatsache, daß bei der Anpassung von b das molare Flüssigkeitsvolumen v_{L20} als Eingangsgröße verwendet wurde.

Die Konstanten b$^{(1)}$ und b$^{(2)}$ sowie die Korrelationskoeffizienten für die stoffgruppenabhängigen Korrelationen sind in der Tabelle A4-2 im Anhang zusammengestellt.

Im **zweiten Schritt** wird der Parameter a^+_{20} aus dem Parameter b ermittelt. Dabei ist a^+_{20} der Wert des Parameters $a^+ = aT^\alpha$ bei einer Bezugstemperatur von 20°C.

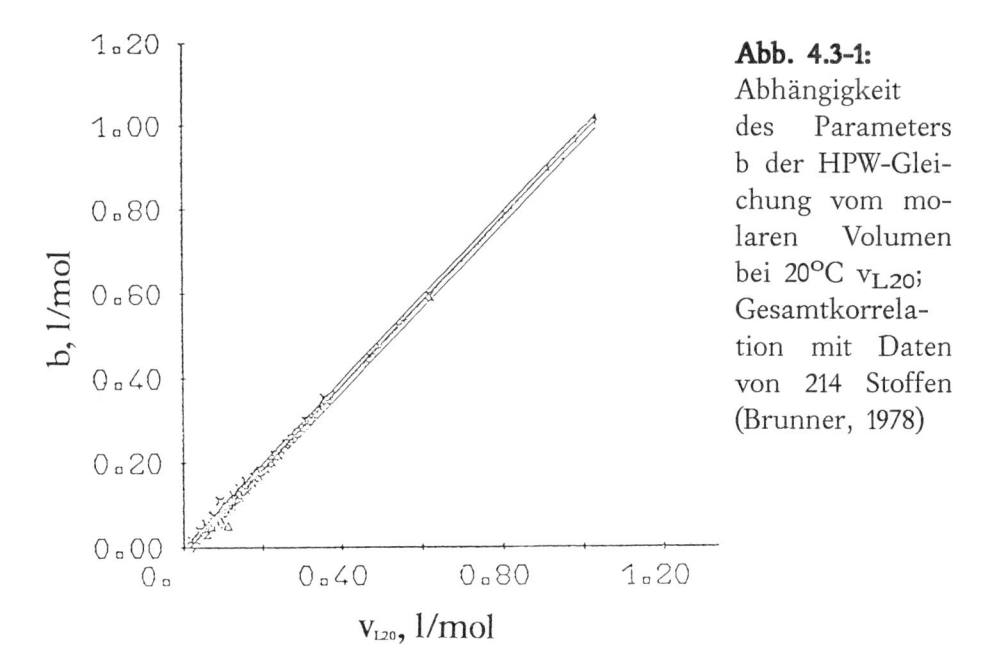

Abb. 4.3-1: Abhängigkeit des Parameters b der HPW-Gleichung vom molaren Volumen bei 20°C v_{L20}; Gesamtkorrelation mit Daten von 214 Stoffen (Brunner, 1978)

$$\ln(a^+_{20}) = \alpha^{(1)}\ln(b) + \alpha^{(2)} \qquad (4.3\text{-}3)$$

mit $\qquad \alpha^{(1)} = 1{,}735895$ und $\alpha^{(2)} = 5{,}39532 \qquad (4.3\text{-}4)$

für die Gesamtkorrelation (Einheiten: b in m³/kmol, a^+_{20} in MJm³kmol^{-2}).[1] Der Korrelationskoeffizient liegt mit 0,97192 deutlich niedriger als bei dem Zusammenhang zwischen dem Parameter b und v_{L20}. Dies wird an der größeren Streuung in der graphischen Darstellung von $\ln(a^+_{20})$ gegen $\ln(b)$ deutlich (Abbildung 4.3-2).

---

[1] Brunner (1978) gibt die Korrelationen mit der Einheit atl²mol^{-2} für a^+_{20} an. Die auf SI-Einheiten umgerechneten Konstanten a$^{(1)}$ und a$^{(2)}$ sind ebenfalls in der Tabelle A4-2 enthalten.

4.3 Korrelationen zur Bestimmung der Reinstoffparameter

Im **dritten Schritt** wird der Parameter a mit folgender Gleichung aus a_{20}^+ bestimmt:

$$\ln(a) = a^{(1)} \ln(a_{20}^+) + a^{(2)} \qquad (4.3\text{-}5)$$

mit $\qquad a^{(1)} = 1{,}863155 \text{ und } a^{(2)} = 2{,}306615 \qquad (4.3\text{-}6)$

für die Gesamtkorrelation (Einheiten: a_{20}^+ in MJm³kmol⁻², a in MJm³kmol⁻²K⁻ᵅ). Der Korrelationskoeffizient r beträgt 0,97110.

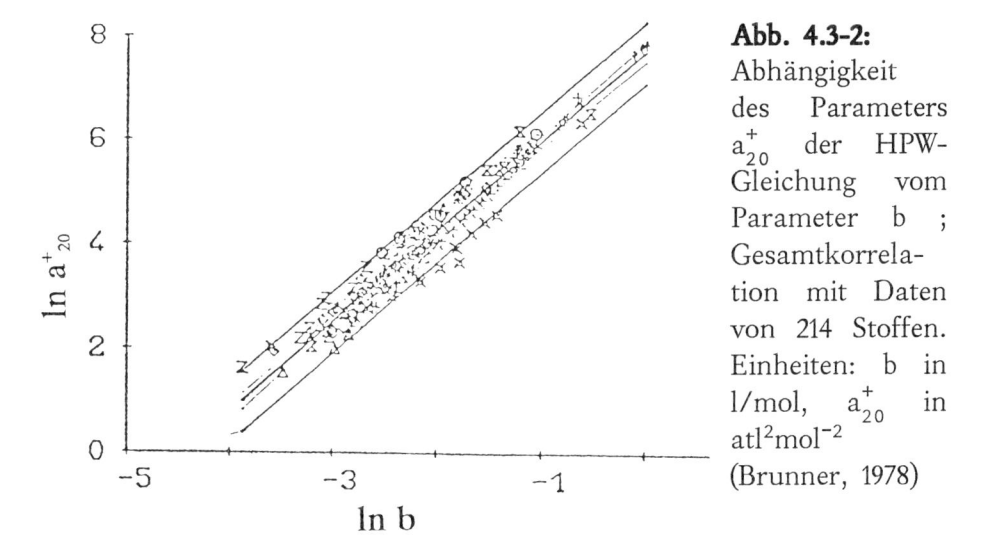

Abb. 4.3-2: Abhängigkeit des Parameters a_{20}^+ der HPW-Gleichung vom Parameter b ; Gesamtkorrelation mit Daten von 214 Stoffen. Einheiten: b in l/mol, a_{20}^+ in atl²mol⁻² (Brunner, 1978)

Im **vierten Schritt** bestimmt man den Parameter α aus

$$\alpha = \frac{1}{\ln 293{,}15} \ln \frac{a_{20}^+}{a} \qquad (4.3\text{-}7)$$

Brunner empfiehlt, diese Korrelationen nicht für Stoffe mit kritischen Temperaturen unterhalb 323 K zu verwenden. Die Leistungsfähigkeit der Brunner-Methode im Vergleich zu anderen Korrelationen wird im Gliederungspunkt 4.3.5 untersucht.

4.3.3 Die Methode von Hederer (1981)

Die Methoden von Brunner (1978) und von Hederer (1981) haben ihren Ursprung im gleichen Institut der Universität Erlangen-Nürnberg und sind sich in vielen Punkte ähnlich. Hederer erweiterte die Stoffdatenbasis auf 377 Stoffe. Als einzige Eingangsgröße zur Bestimmung der drei Parameter der HPW-Gleichung wird wie bei Brunner das molare Flüssigkeitsvolumen bei 20°C $v_{L.20}$ verwendet. Hederer gibt neben den für alle (mittel- bis schwerflüchtigen) Stoffe geltenden Gesamtkorrelationen auch 10 spezielle, stoffgruppenspezifische Gleichungen an. Zusätzlich zu den von Brunner vorgeschlagenen Stoffgruppen wird die Gruppe der "Phenole" eingeführt.

Die Bestimmung der drei Parameter erfolgt in drei Schritten, wobei, wie bei Brunner, im ersten Schritt der Parameter b gemäß Gleichung (4.3-1) aus dem molaren Volumen v_{L20} bestimmt wird. Für die Gesamtkorrelation haben die Konstanten $b^{(1)}$ und $b^{(2)}$ folgende Werte:

$$b^{(1)} = 0{,}991032 \text{ und } b^{(2)} = -0{,}01367 \ . \tag{4.3-8}$$

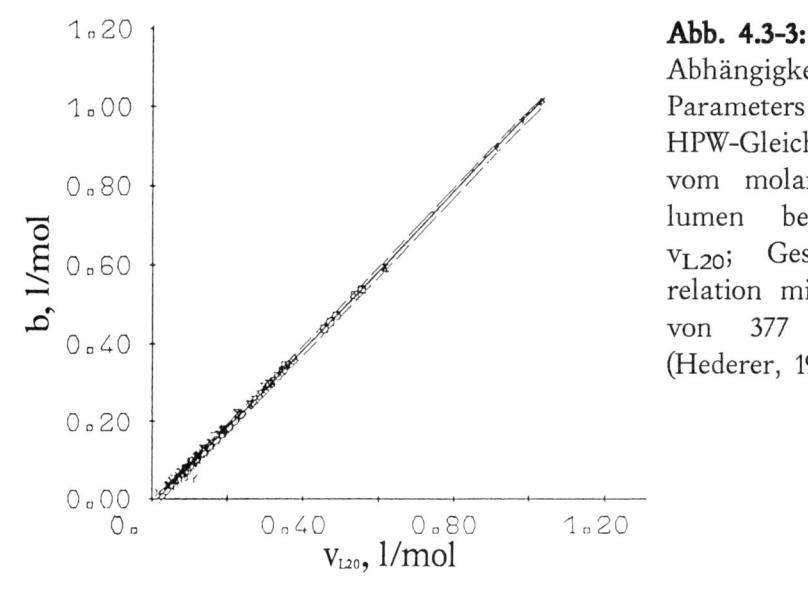

Abb. 4.3-3: Abhängigkeit des Parameters b der HPW-Gleichung vom molaren Volumen bei 20°C v_{L20}; Gesamtkorrelation mit Daten von 377 Stoffen (Hederer, 1981)

Die Zahlenwertgleichungen (4.3-1) und (4.3-8) gelten, wenn b und v_{L20} in der Einheit m³/kmol eingesetzt werden. Der Korrelationskoeffizient r ist gleich 0,99933 und damit geringfügig höher als bei der

4.3 Korrelationen zur Bestimmung der Reinstoffparameter

Gesamtkorrelation für b nach der Methode von Brunner. Die lineare Abhängigkeit zwischen Parameter b und v_{L20} wird durch die Abbildung 4.3-3 veranschaulicht. Die Konstanten zur Ermittlung der HPW-Parameter und die Korrelationskoeffizienten für die stoffgruppenabhängigen Korrelationen sind in der Tabelle A4-3 im Anhang zusammengestellt.

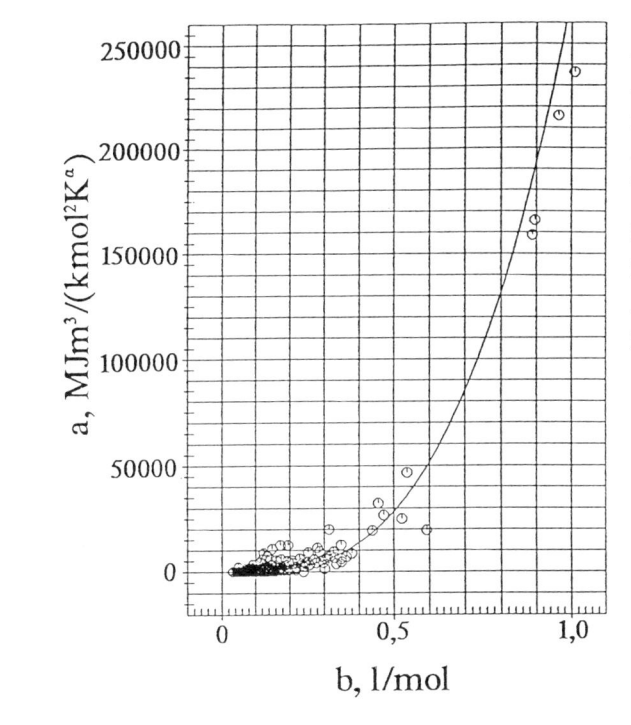

Abb. 4.3-4: Abhängigkeit des Parameters a der HPW-Gleichung vom Parameter b; Gesamtkorrelation mit Daten von 475 Stoffen. (gezeichnet nach Angaben von Hederer, 1981)

Der Parameter a wird aus dem Parameter b mit folgender Gleichung bestimmt:

$$a = a^{(1)} b^{a^{(2)}} \qquad (4.3\text{-}9)$$

mit $\qquad a^{(1)} = 273022{,}59$ und $a^{(2)} = 3{,}2652526 \qquad (4.3\text{-}10)$

für die Gesamtkorrelation (Einheiten: b in $m^3/kmol$, a in $MJm^3kmol^{-2}K^{-\alpha}$)[1]. Der relativ niedrige Korrelationskoeffizient von 0,92300 läßt eine hohe Streuung erwarten. Der Zusammenhang zwischen den Parametern a und b wird bei Hederer nicht graphisch

---
[1] Hederer (1981, S. A1-1) gibt als Einheit für a irrtümlicherweise $barl^2mol^{-2}$ an; es muß $barl^2mol^{-2}K^{-\alpha}$ sein (vgl. Brunner, 1978). In der Tabelle A4-3 wird a in $MJm^3kmol^{-2}K^{-\alpha}$ angegeben, so daß die Konstante $a^{(1)}$ im Vergleich zu Hederer um eine Dezimalstelle verschoben ist.

dargestellt. Er zeigt vielmehr den mit einer geringeren Streuung behafteten Zusammenhang zwischen a_{20}^+ und b, allerdings ohne Informationen über die Konstanten und den Korrelationskoeffizienten.

Aus den Angaben von Hederer (Glgn. 4.3-9 und 4.3-10) und mit 98 zusätzlichen Datenpunkten wurde die Abbildung 4.3-4 erstellt. Die Datenpunkte für den Parameter a (Abb. 4.3-4) streuen relativ stark; die mittlere Abweichung zwischen den Punkten und der mit der Korrelationsgleichung (Konstanten nach Hederer) berechneten Kurve beträgt 39,3 %.

Den dritten HPW-Parameter erhält man aus folgender Beziehung:

$$\alpha = \alpha^{(1)}\ln(b) + \alpha^{(2)} \qquad (4.3\text{-}11)$$

mit $\qquad \alpha^{(1)} = 273022,59$ und $\alpha^{(2)} = 3,2652526 \qquad (4.3\text{-}12)$

für die Gesamtkorrelation (Einheiten: b in m³/kmol, α dimensionslos).

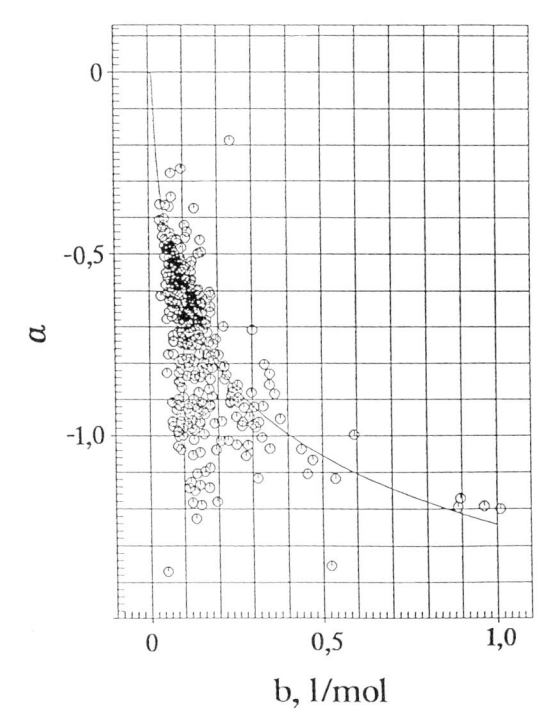

Abb. 4.3-5: Abhängigkeit des Parameters α der HPW-Gleichung vom Parameter b; Gesamtkorrelation mit Daten von 475 Stoffen (gezeichnet nach Angaben von Hederer, 1981)

Hederer verzichtet auf eine Angabe des Korrelationskoeffizienten und auf eine graphische Darstellung. Deshalb wurde der Zusammenhang

4.3 Korrelationen zur Bestimmung der Reinstoffparameter

zwischen den Parametern α und b statistisch untersucht (Basis: 475 Stoffe). Es ergibt sich ein Korrelationskoeffizient von -0,5382[1]. Die mittlere Abweichung der Datenpunkte zur mit den Gleichungen 4.3-11 und 4.3-12 berechneten Kurve beträgt 21,7 % (siehe Abbildung 4.3-5).

Die Methode von Hederer ist wie die Brunner-Methode in seiner Anwendbarkeit auf die HPW-Gleichung beschränkt. Parameterkorrelationen für die Peng-Robinson wurden von Dohrn und Brunner (1988b und 1991) vorgeschlagen.

4.3.4 Die Methode von Dohrn (1992)

Mit Hilfe der Korrelationen von Dohrn können Reinstoffparameter von zweiparametrigen Zustandsgleichungen aus dem molaren Flüssigkeitsvolumen v_{L20} und der Siedetemperatur bestimmt werden. Die Methode kann für alle zweiparametrigen Zustandsgleichungen benutzt werden, deren Parameter a_c und b_c sich aus den Bedingungen am kritischen Punkt bestimmen lassen.[2]

Die Annahme, daß sich alle Eigenschaften auf die Molekülgröße zurückführen lassen, gilt nur in erster Näherung. Deshalb sind Parameterkorrelationen, die nur die molare Flüssigkeitsdichte als Eingangsgröße verwenden, in ihrer Aussagekraft begrenzt. Eine Verbesserung von Parameterkorrelationen kann erzielt werden, wenn zusätzliche Informationen über die Wechselwirkungen zwischen den Molekülen einbezogen werden. Geht man davon aus, daß die Flüssigkeitsdichte weitgehend den für die Molekülgröße spezifischen Parameter b von Zustandsgleichungen bestimmt, benötigt man eine experimentelle Größe, die mit dem Parameter a in Verbindung gebracht werden kann. Da die Temperaturabhängigkeit des Parameters a bei vielen Zustandsgleichungen durch Anpassung an Dampfdruckdaten bestimmt wird, liegt es nahe, auch eine Dampfdruckinformation als Eingangsgröße bei den Parameterkorrelationen zu verwenden. Bei der Methode von Dohrn (1992) benötigt man an stoffspezifischen Informationen neben dem molaren Flüssigkeitsvolumen v_{L20} den normalen Siedepunkt, der ja ein Punkt der Dampfdruckkurve ist.

---

[1] Der geringe absolute Wert weist auf eine große Streuung hin.

[2] Die Methode stellt eine Verallgemeinerung des Verfahrens von Dohrn und Brunner (1991) dar, das auf die Peng-Robinson-Gleichung beschränkt ist.

Bei der Entwicklung der Korrelationen waren die allgemeinen Bestimmungsgleichungen für die Zustandsgleichungsparameter a_c und b_c aus den kritischen Daten der Ausgangspunkt (Gln. 3.1-8 und 3.1-9). Für 380 Stoffe wurden jeweils die Ausdrücke a_c/Ω_a und b_c/Ω_b gemäß

$$a_c/\Omega_a = R^2 T_c^2/P_c \qquad (4.3\text{-}13)$$

$$b_c/\Omega_b = RT_c/P_c \qquad (4.3\text{-}14)$$

berechnet. Experimentelle Daten für die kritische Temperatur und den kritischen Druck wurden dem Buch von Reid et al. (1987, Appendix A) entnommen. Für einige n-Alkane wurden Daten aus neueren Veröffentlichungen von Smith et al. (1987) sowie Anselme et al. (1990) verwendet.

Untersucht man die Abhängigkeit zwischen b_c/Ω_b und dem molaren Flüssigkeitsvolumen bei 20°C v_{L20}, so ergibt sich ein Korrelationskoeffizient von 0,9598 und eine mittlere Abweichung der Datenpunkte von einer nichtlinearen Regressionskurve von 9,42 %. Eine deutliche Verbesserung läßt sich durch die Einführung der Siedetemperatur bei atmosphärischem Druck T_b erzielen. Zwischen b_c/Ω_b[1] und dem Produkt aus v_{L20} und T_b besteht näherungsweise ein linearer Zusammenhang (siehe Abb. 4.3-6). Der Korrelationskoeffizient beträgt 0,9866 und die mittlere Abweichung 6,09%.

Die Regressionsgerade wird durch folgende Gleichung wiedergegeben:

$$b_c = \Omega_b \left(b^{(1)} v_{L20} T_b + b^{(2)} \right) . \qquad (4.3\text{-}15)$$

Der Wert von Ω_b ist spezifisch für die zu verwendende Zustandsgleichung, z. B. Ω_b = 0,0778 für die Peng-Robinson-Gleichung.

Bei der Gesamtkorrelation gelten für die Konstanten $b^{(1)}$ und $b^{(2)}$ folgende Werte:

$$b^{(1)} = 0{,}02556188 \text{ und } b^{(2)} = 0{,}168721 , \qquad (4.3\text{-}16)$$

wobei v_{L20} in der Einheit $m^3 kmol^{-1}$ (= l/mol) und T_b in Kelvin einzusetzen ist; für b_c ist die Einheit $m^3 kmol^{-1}$.

---

[1] Bei vielen Zustandsgleichungen ist b unabhängig von der Temperatur, so daß b_c = b. In solchen Fällen ist der Index c zur Kennzeichnung eines Wertes am kritischen Punkt überflüssig.

4.3 Korrelationen zur Bestimmung der Reinstoffparameter

Es mag zunächst überraschend erscheinen, daß die Einführung der Siedetemperatur die Korrelation des Parameters b so deutlich verbessert. Dies hängt damit zusammen, daß die molare Flüssigkeitsdichte verschiedener Stoffe nicht bei gleichen reduzierten Bedingungen verwendet wird; die Eingangsgröße "Dichte" (v_{L20}) der Parameterkorrelationen wurde nicht in übereinstimmenden Zuständen ermittelt. Die Siedetemperatur tritt als korrigierende Größe auf. Wird der Reinstoffparameter b nicht aus den kritischen Daten berechnet, sondern durch Anpassung an experimentelle Daten (insbesondere an v_{L20}) ermittelt (wie bei den Parameterkorrelationen von Brunner (1978) und Hederer (1981)), ist der Einfluß der Siedetemperatur auf den Parameter b wesentlich geringer. Bei dieser Vorgehensweise werden aber die Dampfdrücke mit einer geringeren Genauigkeit wiedergegeben.

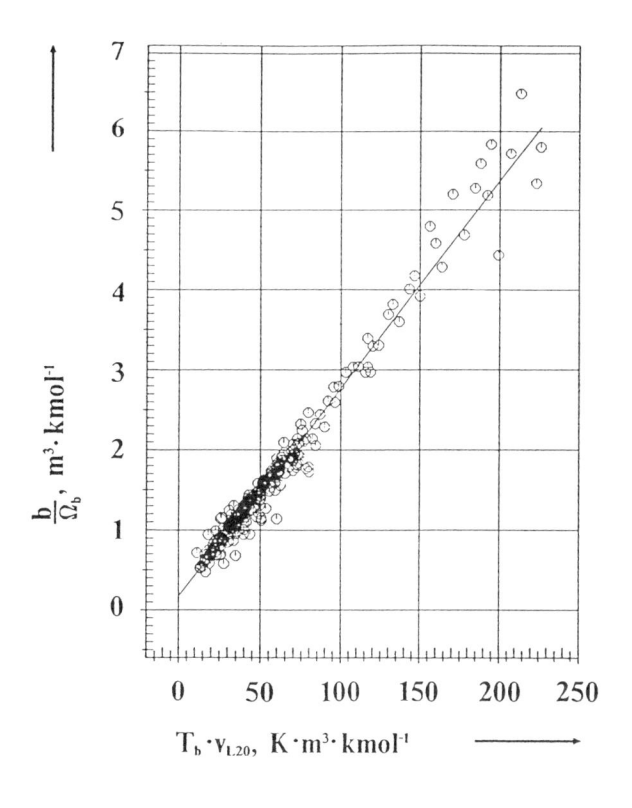

Abb. 4.3-6:
Abhängigkeit des allgemeinen Parameters b_c/Ω_b zweiparametriger Zustandsgleichungen von dem Produkt aus v_{L20} und T_b; Gesamtkorrelation mit 380 Datenpunkten (Dohrn, 1992)

Die Konstanten für andere Stoffgruppen, Korrelationskoeffizienten und mittlere Abweichungen zwischen der Regressionsgeraden und den Datenpunkten sind in der Tabelle A4-4 im Anhang aufgeführt.

Zur Entwicklung einer Korrelation für den Parameter a wurde die Abhängigkeit der mit Gleichung (4.3-13) berechneten Werte für a_c/Ω_a von verschiedenen Größen untersucht. Trägt man a_c/Ω_a als Funktion von b_c/Ω_b auf, so ergibt sich ein näherungsweise linearer Zusammenhang mit einem Korrelationskoeffizienten von 0,9904 und einer mittleren Abweichung von 8,53 %. Nimmt man an, daß a_c/Ω_a eine exponentielle Funktion der Siedetemperatur T_b ist, beträgt der Korrelationskoeffizient nur 0,869 und die mittlere Abweichung steigt auf 23,26 %.

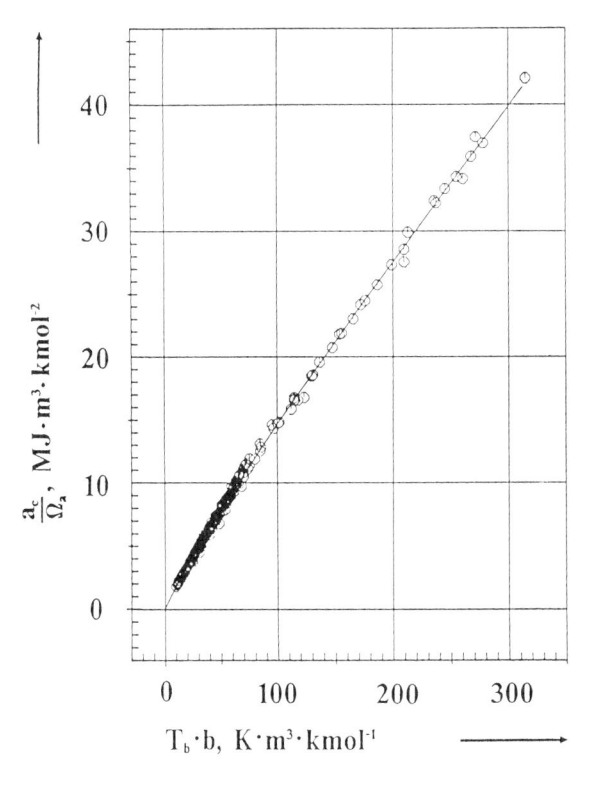

Abb. 4.3-7:
Abhängigkeit des allgemeinen Parameters a_c/Ω_a zweiparametriger Zustandsgleichungen von dem Produkt aus b und T_b; Gesamtkorrelation mit 380 Datenpunkten
(Dohrn, 1992)

Wählt man als unabhängige Variable das Produkt aus b_c/Ω_b und T_b, so sinkt die mittlere Abweichung der experimentellen Punkte von der exponentiellen Korrelationskurve auf 2 % bei einem Korrelationskoeffizienten von 0,9987. Der Zusammenhang läßt sich in Form von Gleichung (4.3-17) allgemein für zweiparametrige Zustandsgleichungen formulieren:

4.3 Korrelationen zur Bestimmung der Reinstoffparameter

$$a_c = \Omega_a \, a^{(1)} \left(\frac{b_c}{\Omega_b} T_b\right)^{a^{(2)}} . \tag{4.3-17}$$

In Abbildung 4.3-7 ist der allgemeine Parameter a_c/Ω_a für 380 Stoffe über dem Produkt aus b_c/Ω_b und T_b aufgetragen. Die durchgezogene Linie entspricht der Gesamtkorrelation mit den Konstanten

$$a^{(1)} = 21{,}26924 \text{ und } a^{(2)} = 0{,}913049 . \tag{4.3-18}$$

Die Übereinstimmung mit den experimentellen Werten ist sehr gut.

Die Verbesserung der Korrelation des Parameters a_c durch die Einführung der Siedetemperatur als zusätzliche Eingangsgröße kann durch eine Einheitenbetrachtung plausibel gemacht werden. Die Bestimmungsgleichungen für a_c und b_c (Glgn. 3.1-8 und 3.1-9) unterscheiden sich, abgesehen von unterschiedlichen Werten für die Konstanten Ω_a und Ω_b, nur durch den Faktor $R \cdot T_c$. a_c läßt sich aus dem Produkt von b_c und T_c und einer Konstanten k_1 bestimmen:

$$a_c = k_1 b_c T_c . \tag{4.3-19}$$

Das Verhältnis von kritischer Temperatur zu Siedetemperatur beträgt z. B. für Ethan 1,65, für n-Octan 1,42 und für n-Hexadecan 1,29. Nimmt man dieses Verhältnis in erster Näherung als konstant an, d. h.

$$T_c = k_2 T_b , \tag{4.3-20}$$

so erhält man einen linearen Zusammenhang zwischen a_c und dem Produkt aus b_c und T_b:

$$a_c = k_1 k_2 b_c T_b . \tag{4.3-21}$$

Da aber k_2 nicht konstant ist, sondern mit steigender Siedetemperatur fällt, ist ein Abfallen des Anstiegs von a_c in der Darstellung gemäß Abbildung 4.3-7 zu erwarten. Dies entspricht genau dem beobachteten Zusammenhang zwischen a_c und dem Produkt aus b_c und T_b.

Zur Herleitung einer Beziehung für den azentrischen Faktors ω aus T_b und v_{L20} soll bei Pitzers Definition von ω begonnen werden (u. a. Reid et al., 1987):

$$\omega = -\lg(P_R^{Sat})_{T_R=0,7} - 1 , \qquad (4.3\text{-}22)$$

wobei P_R^{Sat} der mit der kritischen Temperatur reduzierte Sättigungsdampfdruck ist. Der Verlauf der Dampfdruckkurve kann näherungsweise wiedergegeben werden durch:

$$\lg P_R^{Sat} = c\,(1 - 1/T_R) ; \qquad (4.3\text{-}23)$$

c ist eine stoffabhängige Konstante, die aus der Kenntnis der Siedetemperatur bestimmt werden kann, da diese einen Punkt der Dampfdruckkurve darstellt.

$$P_R^{Sat} = \frac{101,3 \text{ kPa}}{P_c} \qquad (4.3\text{-}24)$$

und $\qquad T_R = T_b/T_c \qquad (4.3\text{-}25)$

Einsetzen der Gleichungen (4.3-24) und (4.3-25) in Gl. (4.3-23) und Auflösen nach c ergibt:

$$c = \frac{\lg\dfrac{101,3 \text{ kPa}}{P_c}}{1 - T_c/T_b} . \qquad (4.3\text{-}26)$$

Ersetzt man in der Definitionsgleichung von ω (Gl. 4.3-22) den Ausdruck für $\lg P_R^{Sat}$ durch die obenstehenden Beziehungen, so erhält man schließlich:

$$\boxed{\omega = -\frac{3}{7}\frac{\lg\dfrac{101,3 \text{ kPa}}{P_c}}{(T_c/T_b - 1)} - 1} \qquad (4.3\text{-}27)$$

T_c und P_c werden durch simultanes Lösen der Gleichungen (3.1-8) und (3.1-9) bestimmt. Die notwendigen Angaben über a_c und b_c erhält man mit Hilfe der Parameterkorrelationen.

Abbildung 4.3-8 zeigt den Zehnerlogarithmus des reduzierten Dampfdrucks aufgetragen gegen den Kehrwert der reduzierten Temperatur (siehe auch Gmehling und Kolbe, 1988). Dampfdruckkurven, die der Gleichung (4.3-23) genügen, ergeben in dieser Darstellung Geraden. Nach Pitzers Definition des azentrischen Faktors ist bei einer reduzierten Temperatur von $T_R = 0,7$ der dekadische Logarithmus von P_R^{Sat} gleich -1, falls der azentrische Faktor gleich Null ist.

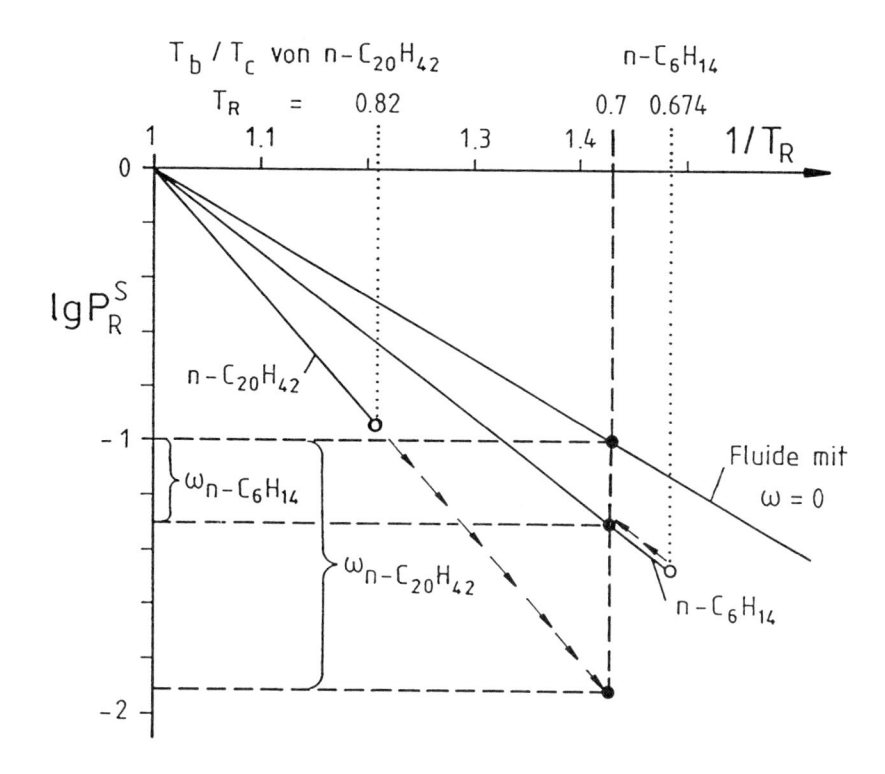

4.3 Korrelationen zur Bestimmung der Reinstoffparameter

Abb. 4.3-8: Die Beziehung zwischen der Siedetemperatur T_b und dem azentrischen Faktor ω

Die Beziehung zwischen der Siedetemperatur T_b und dem azentrischen Faktor ω wird anhand der Beispiele n-Hexan und n-Eicosan verdeutlicht. Die Dampfdruckkurven der beiden Stoffe gehen jeweils durch ihren Siedepunkt (offene Kreise in Abb. 4.3-8), dessen Koordinaten durch die Gleichungen (4.3-24) und (4.3-25) gegeben sind. Zur Bestimmung von ω muß der Wert von lg P_R^{Sat} bei $T_R = 0{,}7$ ermittelt werden. Für viele Stoffe liegt der Schnittpunkt der Dampfdruckkurve mit der Linie für $T_R = 0{,}7$ in der Nähe des Siedepunktes; so beträgt z. B. die reduzierte Temperatur des Siedepunktes von n-Hexan 0,674. Die Interpolation der Dampfdruckkurve zu $T_R = 0{,}7$ ist klein (angedeutet durch zwei kleine Pfeile). Aus diesem Grund wurde von Pitzer die Bezugstemperatur $T_R = 0{,}7$ bei der Festlegung von ω gewählt (Pitzer, 1977). Für n-Eicosan und andere schwerflüchtige Stoffe muß die Dampfdruckkurve wesentlich weiter extrapoliert werden (7 Pfeile), weil die reduzierte Temperatur des Siedepunktes höher als 0,7 ist (z. B. 0,82 für n-Eicosan).

Je höher die Siedetemperatur eines Stoffes ist, umso ungenauer wird die Vorhersage von ω aus T_b mit Gleichung (4.3-27). Ein Ausweg wäre die Verwendung eines Dampfdruckes P^{Sat} bei einer Temperatur $T(P^{Sat})$, die unterhalb der Siedetemperatur liegt. Gleichung (4.3-27) verändert sich dann zu

$$\omega = -\frac{\frac{3}{7}\lg\frac{P^{Sat}}{P_c}}{T_c/T(P^{Sat})-1} - 1 \qquad (4.3\text{-}28)$$

Dampfdruckdaten unterhalb des atmosphärischen Druckes sind für schwerflüchtige Stoffe ohnehin leichter erhältlich als Angaben über die bereits hohe Siedetemperatur.

Verwendet man nur v_{L20} zur Bestimmung des azentrischen Faktors ω, so beträgt der Korrelationskoeffizient nur 0,5507 und die mittlere Abweichung ist 26,44 % (Dohrn, 1992). Die Information über die Dichte des Fluids reicht nicht aus, um ω mit angemessener Genauigkeit vorherzusagen. Diese Schwierigkeit wurde bereits bei den Korrelationen von Brunner (1978) und Hederer (1981) beobachtet: Während sich die Zustandsgleichungsparameter a und b mit guter bis zufriedenstellender Genauigkeit nur aus v_{L20} bestimmen lassen, treten bei dem dritten Parameter, der die Temperaturabhängigkeit des Attraktionsparameters a beeinflußt (α bei der HPW-Gleichung, m bzw. ω bei der Peng-Robinson-Gleichung) große bis sehr große Abweichungen auf.

Eine wesentliche Verringerung der Abweichungen läßt sich durch die Einführung der Siedetemperatur als zusätzliche Information erzielen. In Abbildung 4.3-9 werden die mit Gleichung (4.3-27) ermittelten Werte des azentrischen Faktors experimentellen Werten von ω (aus Reid et al., 1987) gegenübergestellt. Ist der azentrische Faktor kleiner als 0,6, so ist die Übereinstimmung sehr gut.

Bei größeren Werten von ω steigen die Ungenauigkeiten von Gleichung (4.3-27). Dies hat drei Gründe:

1. Die reduzierte Temperatur von T_b steigt mit der Molekülgröße an und entfernt sich zunehmend von der Bezugstemperatur für ω (T_R = 0,7) (siehe oben).

4.3 Korrelationen zur Bestimmung der Reinstoffparameter 111

2. T_c und P_c als Eingangsgrößen in Gleichung (4.3-27) werden mit zunehmender kritischer Temperatur unsicherer.

3. Auch die experimentellen Daten für ω (aus Reid et al., 1987) werden mit zunehmender Molekülgröße unsicherer.

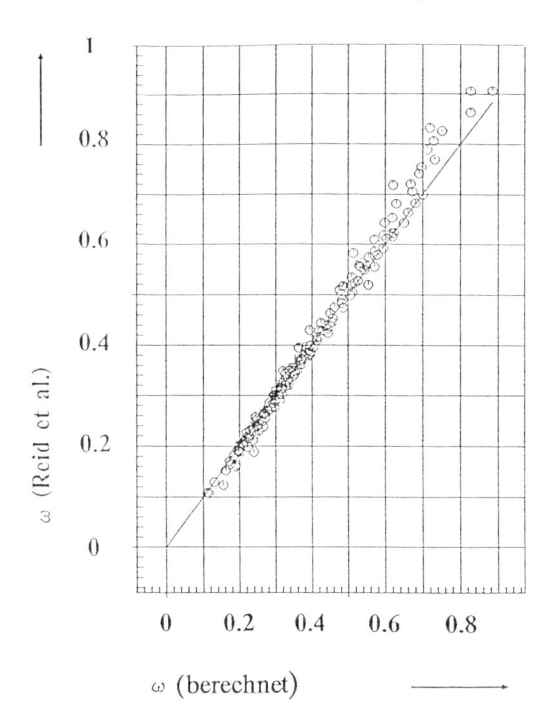

Abb. 4.3-9: Ermittlung des azentrischen Faktors ω; Vergleich zwischen experimentellen Daten für ω (Reid et al., 1987) und mit Gleichung (4.3-27) berechneten Daten für 308 Stoffe (Dohrn, 1992)

Beim ersten Erstellen von Abbildung 4.3-9 sind bei einigen Stoffen größere Abweichungen aufgetreten. Daraufhin wurden die im Anhang A des Buches von Reid, Prausnitz und Poling (1987) angegebenen Werte für ω auf ihre Konsistenz mit Dampfdruckdaten hin überprüft; dazu wurden die ebenfalls bei Reid et al. veröffentlichten Koeffizienten von Dampfdruckgleichungen (z. B. die Wagner-Gleichung) verwendet. Die Überprüfung ergab, daß bei 18 Stoffen die ω-Werte von Reid et al. Inkonsistenzen von größer als 10 % aufweisen. Eine Liste dieser Stoffe, die wegen ihrer Unzuverlässigkeit nicht in Abbildung 4.3-9 enthalten sind, wurde an anderer Stelle veröffentlicht (Dohrn, 1992). Dies ist ein Beispiel für den seltenen Fall, daß korrelierte Daten zuverlässiger sind als (veraltete) experimentelle Daten.

Zur Überprüfung der Methode von Dohrn wurden die Korrelationen für die allgemeinen Parameter a_c/Ω_a und b_c/Ω_b und für den azentrischen Faktor ω verwendet, um Flüssigkeitsdichten und Dampfdrücke von 297 Stoffen[1] mit verschiedenen Zustandsgleichungen zu berechnen. Mit der Peng-Robinson-Gleichung (1976) und der SRK-Gleichung (Soave, 1972) wurden die beiden am weitesten verbreiteten zweiparametrigen Zustandsgleichungen für die Überprüfung der Korrelationen benutzt. Neben diesen wohlbekannten Gleichungen, deren Repulsionsterm noch der von van der Waals vorgeschlagene Ausdruck ist, wurden zwei neuere Zustandsgleichungen (Mulia und Yesavage, 1989 sowie Dohrn und Prausnitz, 1990a) mit einem Carnahan-Starling-Repulsionsterm in den Vergleich einbezogen. Die wichtigsten Ergebnisse sind im Anhang in der Tabellen A4-5 zusammengefaßt.

Abbildung 4.3-10 zeigt die mittleren Abweichungen zwischen experimentellen und berechneten Flüssigkeitsdichten bei 20°C (linke Hälfte) und Dampfdrücken (rechte Hälfte). Die vorderen, weißen Balken gelten für die Berechnung mit Parametern aus der Gesamtkorrelation; die hinteren, schraffierten Balken gelten für die Berechnung mit den Original-Parametern. Für die Flüssigkeitsdichte bei 20°C bestätigt sich die Tatsache, daß die SRK-Gleichung die größten Abweichungen zwischen berechneten und experimentellen Werten verursacht. Die Dohrn-Prausnitz-Gleichung, die zwei temperaturabhängige Parameter enthält, zeigt die besten Resultate.

Verwendet man statt der Gesamtkorrelation die Original-Parameter (berechnet aus experimentellen Daten für T_c, P_c und ω), so verringert sich bei der Peng-Robinson-Gleichung die mittlere Abweichung um 0,19 Prozentpunkte. Bei den anderen Gleichungen verschlechtern sich die Ergebnisse sogar.

Die Dampfdrücke der 297 Stoffe wurden bei sieben verschiedenen Temperaturen (0,85, 0,9, 0,95, 1,0, 1,05, 1,10 und 1,15·T_b) mit den vier Zustandsgleichungen berechnet. Zum Vergleich wurden Dampfdrücke mit den im Buch von Reid, Prausnitz und Poling (1987) empfohlenen Gleichungen (z. B. der Wagner-Gleichung) und Koeffizienten bestimmt. Diese Daten wurden als "experimentelle Werte" angesehen.

Die Peng-Robinson- und die SRK-Gleichung zeigen mit jeweils 3,0 % die geringsten Abweichungen zwischen berechneten und

---

[1] Nur 297 der insgesamt 380 zur Entwicklung der Korrelationen verwendeten Stoffe wurden in die Berechnungen einbezogen, weil es für 83 Stoffe keine oder nur unzuverlässige (s.o.) Angaben für den azentrischen Faktor gab, bzw. andere notwendige Daten fehlten.

4.3 Korrelationen zur Bestimmung der Reinstoffparameter

"experimentellen" Dampfdrücken (vgl. Abb. 4.3-10). Werden statt der Original-Parameter die mit den Gesamtkorrelationen ermittelten Parameter verwendet, steigt die mittlere Abweichung um ca. 2 Prozentpunkte. Bei der Mulia-Yesavage-Gleichung treten die größten Abweichungen auf, obwohl die Temperaturabhängigkeit des Parameters a speziell an unterkritische Daten angepaßt wurde und nur für Temperaturen unterhalb von T_c gilt.

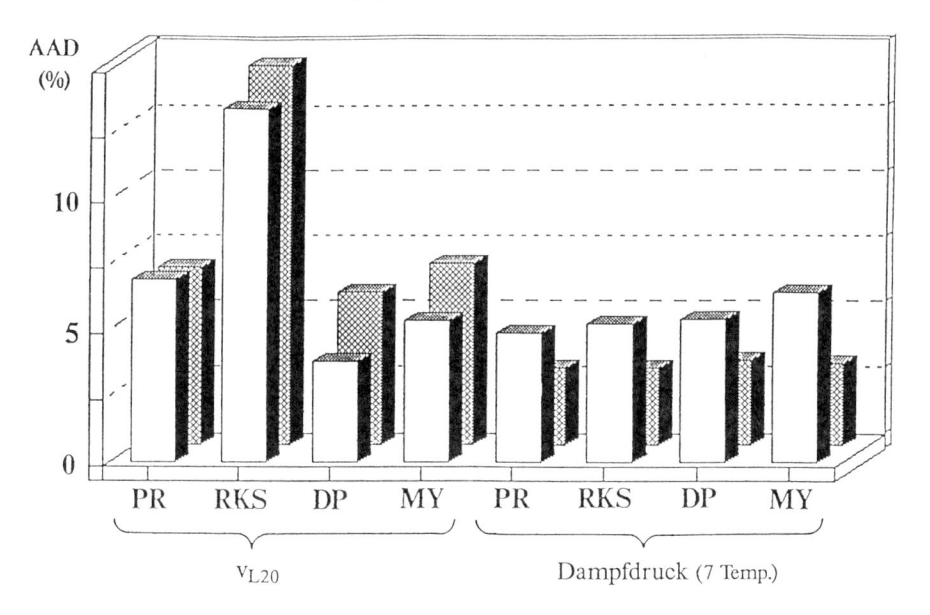

■ Originalparameter (exp. T_c, P_c und ω)
□ Gesamtkorrelationen

Abb 4.3-10: Mittlere Abweichungen (AAD) zwischen experimentellen und berechneten Flüssigkeitsdichten bei 20°C und Dampfdrücken von 297 Stoffen. PR = Peng-Robinson-Gleichung, RKS = SRK-Gleichung, DP = Dohrn-Prausnitz-Gleichung, MY = Mulia-Yesavage-Gleichung

Hat man die Zustandsparameter a_c/Ω_a und b_c/Ω_b mit den Korrelationen bestimmt, so ist es möglich, die kritische Temperatur und den kritischen Druck über die Bestimmungsgleichungen für a_c und b_c (Glgn. (3.1-8) und (3.1-9)) zu berechnen. Die Genauigkeit dieser Methode wurde durch Vergleiche mit experimentellen Daten und mit Ergebnissen anderer Abschätzmethoden für T_c und P_c überprüft

(Ambrose, 1978 und 1979; API, 1984, Prozeduren 4D3.1 und 4D4.1; Joback, 1984; Alkan-Korrelationen von Laux et al., 1990). Da die Korrelationen für Stoffe mit unbekannten kritischen Daten gedacht sind, wurde der Vergleich für 5 hochsiedende Stoffe (n-Hexadecan bis n-Eicosan) mit (noch) bekannten kritischen Daten durchgeführt. Die Abweichungen zwischen den experimentellen Daten von Smith et al. (1987) und den mit den untersuchten Methoden abgeschätzten kritischen Größen sind im Anhang in den Tabellen A4-6 und A4-7 zusammengestellt.

Die kritische Temperatur wird mit Abstand am besten durch die Gruppenkorrelation der Alkane wiedergegeben. Die Abweichungen liegen im Durchschnitt bei 0,15 K, während sich bei den anderen Methoden durchschnittliche Abweichungen zwischen 2,04 und 3,19 K ergeben. Auffallend ist, daß die speziell für n-Alkane entwickelte Methode von Laux et al. die größten Abweichungen aufweist. Die Gesamtkorrelation ist deutlich schlechter als die Gruppenkorrelation für Alkane, aber ähnlich gut wie die anderen Methoden. Über die Genauigkeit der Methoden bei größeren Molekülen lassen sich aus dem Verlauf der Abweichungen mit zunehmender kritischer Temperatur Vermutungen anstellen. Bei allen Methoden steigen die Abweichungen mit zunehmender Molekülgröße an, wobei die Gesamtkorrelation mit ca. 0,04 K/C-Atom den geringsten Anstieg aufweist. Die Ungenauigkeit der Methode von Ambrose steigt von n-Nonadecan nach n-Eicosan mit 0,86 K am stärksten an.

Die Abweichungen zwischen experimentellen und mit verschiedenen Methoden abgeschätzten kritischen Drücken sind in der Tabelle A4-7 (im Anhang) dargestellt. Die Korrelationen von Dohrn (1992) führen zu den geringsten Fehlern, wobei die Gesamtkorrelationen sogar etwas besser als die Alkan-Korrelationen sind. Für n-Eicosan und größere Moleküle hat die Methode von Joback Vorteile, weil die Zunahme der Abweichungen mit ca. 25 kPa/C-Atom nur ungefähr halb so groß ist, wie bei den anderen Methoden.

Die Korrelationen von Dohrn (1992) wurden auch an Stoffen mit unbekannten kritischen Daten überprüft. Beispielhaft sollen die Berechnungsergebnisse mit der Dohrn-Prausnitz-Gleichung für Ölsäuremethylester diskutiert werden. Experimentelle Daten wurden der DIPPR-Datensammlung entnommen (Daubert und Danner, 1989). Werden T_c und P_c mit der Methode von Lydersen et al. (1955)

4.3 Korrelationen zur Bestimmung der Reinstoffparameter

geschätzt, so ergeben sich für den Dampfdruck (Mittelwert aus sieben Temperaturen) Abweichungen von 16,8 % und für die Flüssigkeitsdichte (Mittelwert aus sieben Temperaturen) Abweichungen von 6,0 %. Die Ermittlung von T_c und P_c mit den Gesamtkorrelationen führt zu Abweichungen beim Dampfdruck von 10,5 % und bei der Dichte von 4,3 %. Die besten Ergebnisse werden bei der Verwendung der Korrelationen für die Gruppe der Ester, Aldehyde und Ketone erzielt: 7,2 % für den Dampfdruck und 2,7 % bei der Flüssigkeitsdichte. Für andere Stoffe mit unbekannten kritischen Daten bzw. bei der Verwendung anderer Zustandsgleichungen ergeben sich ähnliche Ergebnisse, obwohl im Einzelfall die Gesamt- oder Gruppenkorrelationen auch zu schlechteren Ergebnissen führen können.

Da die Reinstoffparameter in die Berechnung der Fugazität eines Stoffes in einer Phase eingehen, beeinflußt die Qualität der Korrelationen die Ergebnisse von Phasengleichgewichtsberechnungen. Einige Beispiele zu dieser Thematik werden im Kapitel 6.6 behandelt.

Beispiel: Bestimmung von T_c, P_c und ω für α-Tocopherol

α-Tocopherol gehört zu den E-Vitaminen. Es zersetzt sich bei einer Erwärmung bereits vor Erreichen des Siedepunktes, so daß T_b nicht direkt als Eingangsgröße für die Korrelationen verwendet werden kann. Im folgenden Beispiel[1] soll gezeigt werden, auf welche Weise Werte für die kritischen Daten T_c und P_c mit Hilfe der Korrelationen ermittelt werden können.

Für α-Tocopherol ergibt sich aus der Flüssigkeitsdichte (ρ_{L20} = 950 kg/m³) und der Molmasse (M = 430,69 kg/kmol) ein v_{L20} von 0,45336 m³/kmol.

Kennt man einen beliebigen Punkt $P^{Sat}(T)$ auf der Dampfdruckkurve und setzt diesen in Gleichung (4.3-26), so erhält man

$$c = \frac{\lg(P^{Sat}(T)/P_c)}{1 - T_c/T(P^{Sat})} \qquad (4.3\text{-}29)$$

Die Siedetemperatur bei Normaldruck T_b kann berechnet werden, indem man Gleichung (4.3-26) nach T_b auflöst

---

[1] In Anlehnung an Lehmann (1992)

$$T_b = T_c / \left(1 - \frac{\lg(101{,}3\,\text{kPa}/P_c)}{c}\right) \qquad (4.3\text{-}30)$$

und anschließend den mit Gleichung (4.3-29) erhaltenen Wert für c einsetzt.

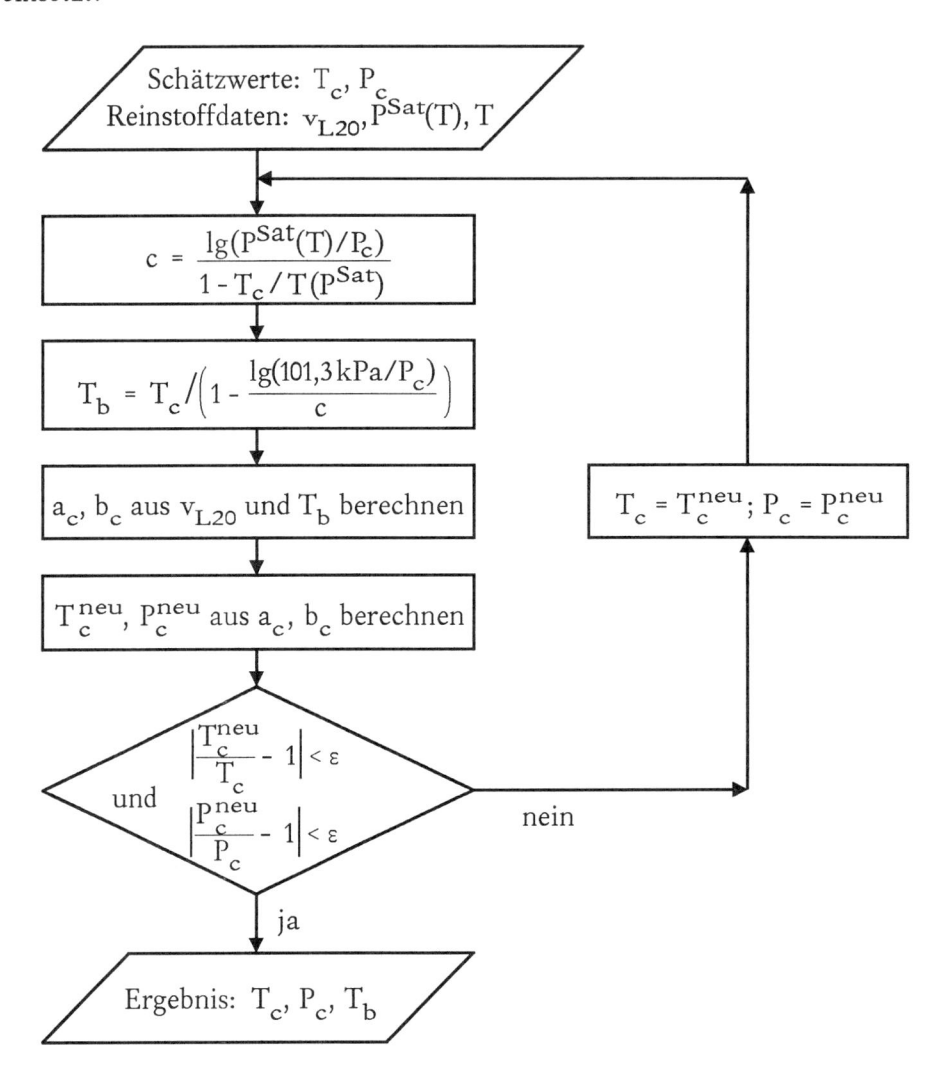

```
┌─────────────────────────────────────────┐
│ Schätzwerte: T_c, P_c                   │
│ Reinstoffdaten: v_{L20}, P^{Sat}(T), T  │
└─────────────────────────────────────────┘
                 │
                 ▼
   c = lg(P^Sat(T)/P_c) / (1 - T_c/T(P^Sat))
                 │
                 ▼
   T_b = T_c / (1 - lg(101,3 kPa/P_c)/c)
                 │
                 ▼
   a_c, b_c aus v_{L20} und T_b berechnen         T_c = T_c^neu; P_c = P_c^neu
                 │
                 ▼
   T_c^neu, P_c^neu aus a_c, b_c berechnen
                 │
                 ▼
   |T_c^neu/T_c - 1| < ε  und
   |P_c^neu/P_c - 1| < ε       ── nein ──▶
                 │ ja
                 ▼
   Ergebnis: T_c, P_c, T_b
```

Abb. 4.3-11: Programmablaufplan zur Berechnung von T_c, P_c und T_b mit Hilfe der Korrelationen von Dohrn (1992) bei Kenntnis eines Punktes $P^{Sat}(T)$ auf der Dampfdruckkurve

4.3 Korrelationen zur Bestimmung der Reinstoffparameter

Abbildung 4.3-11 zeigt einen Programmablaufplan zur näherungsweisen Berechnung von T_c, P_c und T_b mit Hilfe der Korrelationen von Dohrn (1992) bei Kenntnis eines Punktes $P^{Sat}(T)$ auf der Dampfdruckkurve. Nach der Eingabe von v_{L20}, $P^{Sat}(T)$ und Schätzwerten für T_c und P_c (z. B. nach Lydersen et al. (1955)) werden mit den Gleichungen (4.3-29) und (4.3-30) c und T_b berechnet. Aus T_b und v_{L20} lassen sich mit Hilfe der Korrelationen (Gln. 4.3-15 und 17) a_c und b_c bestimmen, woraus schließlich neue Werte für T_c und P_c ermittelt werden. Falls die Abbruchbedingung noch nicht erfüllt ist, wiederholt man die Berechnung mit T_c^{neu} und P_c^{neu}.

Wendet man dieses Berechnungsschema in Verbindung mit den Gesamtkorrelationen auf α-Tocopherol an, so erhält man nach wenigen Iterationen:

$$T_c = 936{,}25 \text{ K}; \quad T_b = 794{,}59 \text{ K} \quad \text{und} \quad P_c = 830{,}12 \text{ kPa} . \qquad (4.3\text{-}31)$$

Als experimenteller Dampfdruck wurde $P^{Sat} = 0{,}013$ kPa (bei T = 483,15 K) verwendet. Bestimmt man T_c und P_c mit der Methode von Lydersen so erhält man $T_c = 1005{,}68$ K bzw. $P_c = 893{,}73$ kPa.

Der azentrische Faktor ω kann mit Gleichung (4.3-28) berechnet werden. Mit dem experimentellen Dampfdruckpunkt erhält man für α-Tocopherol:

$$\omega = 1{,}196 . \qquad (4.3\text{-}32)$$

4.3.5 Vergleich der Methoden

In diesem Gliederungspunkt sollen die Leistungsfähigkeiten der vorgestellten Korrelationen miteinander verglichen werden. Der Vergleich ist nicht umfassend; er dient lediglich als Basis für allgemeine Hinweise zur Benutzung der Korrelationen.

Die Möglichkeit, mit der Methode von Dohrn (1992) kritische Größen mit guter Genauigkeit berechnen zu können, provoziert die Frage, inwieweit dies auch mit den Methoden von Brunner (1978) oder Hederer (1981) möglich sei.

Für die HPW-Gleichung läßt sich mit Hilfe der Bedingungen am kritischen Punkt folgende Beziehung zur Berechnung der kritischen Temperatur ableiten[1]:

$$T_c = \left(\frac{\Omega_b}{\Omega_a R}\frac{a}{b}\right)^{\frac{1}{1-\alpha}} \quad . \tag{4.3-33}$$

Für den kritischen Druck gilt entsprechend:

$$P_c = \frac{\Omega_b}{b} R T_c \quad . \tag{4.3-34}$$

Um festzustellen, mit welchen Fehlern zu rechnen ist, wenn man die drei Methoden zur Vorhersage von kritischen Größen verwendet, wurden T_c und P_c unter Verwendung der jeweiligen Alkan-Korrelation für 5 hochsiedende Stoffe (n-Hexadecan bis n-Eicosan) berechnet. Die Parameterermittlung erfolgte mit den entsprechenden Stoffgruppen-Korrelationen für Alkane.

Im Vergleich zu den experimentellen Daten von Smith et al. (1987) liefern alle Korrelationen viel zu hohe Werte für T_c (bzw. P_c). Der mittlere Fehler beträgt bei der Brunner-Methode 68,1 K (705 kPa) und bei der Hederer-Methode 85,0 K (742 kPa)[2]. Keine der beiden Korrelationen kann zur Vorhersage von kritischen Daten empfohlen werden.

Im folgenden soll untersucht werden, inwieweit die Verwendung von Parameter-Korrelationen die Berechnung von Dampfdrücken und Flüssigkeitsdichten beeinflußt. Die Dampfdrücke von 51 Normal- und Iso-Alkanen wurden bei 7 verschiedenen Temperaturen (0,85, 0,9, 0,95, 1,0, 1,05, 1,10 und 1,15·T_b) mit der HPW- und der Peng-Robinson-Gleichung berechnet. Als Vergleichswerte dienen Daten, die mit empfohlenen Dampfdruck-Gleichungen und Koeffizienten (Reid et al., 1987) bestimmt wurden.

Die Ergebnisse sind in der Tabelle 4.3-1 zusammengestellt. Die sehr gute Wiedergabe der Flüssigkeitsdichte bei 20°C durch die HPW-Glei-

---

[1] Gl. (4.3-44) entspricht in ihrer grundlegenden Form der Gl. (4.3-16). Der Unterschied entsteht durch den anderen formalen Ansatz für a(T) bei der HPW-Gleichung im Vergleich zur SRK- oder Peng-Robinson-Gleichung.

[2] Die Vergleichswerte für die Methode von Dohrn (1992) lauten: 0,15 K für T_c und 42 kPa für P_c (siehe Tabellen 4.3-1 und 4.3-2).

chung verschlechtert sich nur geringfügig, wenn man statt der Original-Parameter die mit Hilfe der Korrelationen von Brunner oder Hederer berechneten Parameter verwendet. Allerdings vergrößert sich der mittlere Fehler bei der Dampfdruckberechnung auf etwa 20 %. Es wird deshalb die Benutzung der Methode von Dohrn empfohlen, bei der sowohl die Flüssigkeitsdichte als auch der Dampfdruck zufriedenstellend wiedergegeben wird. Selbst wenn die Siedetemperatur als notwendige Eingangsinformation nur abgeschätzt werden kann oder ein anderer Dampfdruckwert verwendet wird, sind bessere Ergebnisse als mit den anderen Korrelationen zu erwarten.

Tabelle 4.3-1: Mittlere Abweichungen (%) zwischen berechneten und experimentellen Dampfdrücken und Flüssigkeitsdichten von 51 Alkanen (exp. Daten von Reid et al., 1987)

	Flüssigkeitsdichte bei 20°C	Dampfdruck gesamt
HPW-Gleichung:		
Original-Parameter (Hederer, 1981)	0,16	1,89
Methode von Brunner (1978)	0,78	22,1
Methode von Hederer (1981)	0,66	21,2
Peng-Robinson-Gleichung:		
Original-Parameter	5,23	1,28
Methode von Dohrn (1992)	5,98	2,72

4.4 Vergleich von Zustandsgleichungen für Einstoffsysteme

Die Kenntnis der Leistungsfähigkeit einer Zustandsgleichung ist für Anwender und Entwickler von großem Interesse. Der Tatsache, daß heute viele verschiedene Zustandsgleichungen im Gebrauch sind, kann man entnehmen, daß es keine universell einsetzbare Gleichung gibt. Je nach Anwendungsgebiet ist die eine oder andere Zustandsgleichung vorteilhaft.

Nach einigen allgemeinen Bemerkungen über Vergleichsuntersuchungen werden in diesem Gliederungspunkt einige neuere Arbeiten über die Leistungsfähigkeit von Zustandsgleichungen behandelt. Das Augenmerk wird dabei auf die Eignung zur Berechnung von PvT-Daten und Dampfdrücken in Einstoffsystemen gerichtet. Die Leistungsfähigkeit von Zustandsgleichungen zur Berechnung von Phasengleichgewichten wird am Ende des Kapitels 6 diskutiert.

Vergleichsuntersuchungen sind grundsätzlich kritisch zu betrachten. Oft vergleicht ein Autor einer neuen Zustandsgleichung ihre Leistungsfähigkeit mit denen konkurrierender Gleichungen, um zu zeigen, daß die eigene Gleichung vorteilhaft ist. Häufig sind einer oder mehrere der folgenden Punkte zu kritisieren:

1. **Die Datenbasis ist zu klein.** In den Vergleich werden in erster Linie die experimentellen Daten einbezogen, für die die eigene Gleichung vorteilhaft ist. Dies sind oft Daten, die auch für die Entwicklung der Zustandsgleichung herangezogen wurden, d. h. an die die Anpassung der Parameter und Koeffizienten erfolgte.

2. **Leistungsfähige konkurrierende Zustandsgleichungen werden nicht im Vergleich berücksichtigt.** Die eigene Gleichung wird nicht dem direkten Vergleich mit den stärksten Konkurrenten ausgesetzt, sondern nur mit älteren und weniger starken Gleichungen verglichen.

3. **Zustandsgleichungen unterschiedlicher Komplexität werden direkt miteinander verglichen.** z.B. wird die Leistungsfähigkeit einer neuen vierparametrigen Gleichung der einer einfachen zweiparametrigen Gleichung ohne Kommentar gegenübergestellt. Modelle, die mehr Eingangsinformationen in Form von Parametern und Koeffizienten benötigen, bzw. die mehr anpaßbare Größen enthalten, sind natürlich bei der Wiedergabe von experimentellen Daten einfachen Modellen überlegen.

4. **Die Berechnung mit konkurrierenden Modellen erfolgt nicht mit der gleichen Sorgfalt wie beim eigenen Modell.** Dieser Kritikpunkt wirkt sich insbesondere bei komplizierteren Berechnungen aus, bei denen oft die Qualität der Ergebnisse von der investierten Zeit des Modellanwenders abhängt, z. B. bei der sorgfältigen Anpassung von Parametern.

4.4 Vergleich von Zustandsgleichungen für Einstoffsysteme

Den meisten Autoren kann man sicherlich kein vorsätzliches, sondern höchstens fahrlässiges Handeln vorwerfen, wenn ihre Vergleichsuntersuchungen in dem einen oder anderen Punkt zu kritisieren sind.

Martin (1979) verglich in einem Übersichtsartikel die Leistungsfähigkeit verschiedener kubischer Zustandsgleichungen, u. a. die Chueh-Prausnitz-Methode, die Redlich-Kwong-, die SRK- und die Peng-Robinson-Gleichung. Er kam zu dem Ergebnis, daß eine vierparametrige Form der Clausius-Gleichung[1] die beste aus zwei Termen bestehende kubische Zustandsgleichung sei. Seine eigene Gleichung (Martin, 1979), die auf der vierparametrigen Clausius-Gleichung basiert, hat aber keine große Verbreitung gefunden.[2]

Tarakad et al. (1979) untersuchten acht Zustandsgleichungen auf ihre Eignung zur Berechnung von Gasphasen-Dichten und -Fugazitäten. Umfangreiche experimentelle Daten von Einstoff-, Mehrstoff- und Erdgassystemen wurden verwendet. Für verschiedene Bereiche des PvT-Raumes (unterkritisch, kritische Region, überkritisch) und für unterschiedliche Anwendungsfälle (u. a. reine Stoffe, Mischungen mit unpolaren und polaren Komponenten, wäßrige Systeme, Erdgasmischungen) schlagen Tarakad et al. die jeweils am besten geeigneten Gleichungen vor. Die einfache Redlich-Kwong-Gleichung wird dabei am häufigsten genannt.

Mihajlov et al. (1983) führten 14 Modifikationen der Redlich-Kwong-Gleichung auf und verglichen einige davon (Haman et al. (1977); Kato et al. (1977); SRK-Gleichung (Soave, 1972) mit der Temperaturfunktion von Graboski und Daubert (1978)) mit der Originalgleichung. Die Überprüfung erfolgte anhand von experimentellen Daten 14 reiner Stoffe[3] und 8 einfacher binärer Systeme. Zur Berechnung von Reinstoffeigenschaften eignet sich die Gleichung von Haman et al. am besten, insbesondere sind die Abweichungen bei der flüssigen Phase vergleichsweise gering. Die binären Systeme werden am besten von der Graboski-Daubert-Version der SRK-Gleichung wiedergegeben.

Die Fähigkeit verschiedener Zustandsgleichungen zur Berechnung von Sättigungsdichten und Dampfdrücken von 75 reinen Stoffen wurde von

---

[1] Der vierte Parameter ist der experimentelle Wert der kritischen Kompressibilität Z_c.

[2] In den meisten Vergleichsuntersuchungen wird die Martin-Gleichung nicht erwähnt.

[3] Unpolare oder wenig polare Stoffe sowie H_2S und NH_3

Trebble und Bishnoi (1986 und 1987) bestimmt. In der Tabelle 4.4-1 sind die wichtigsten Ergebnisse zusammengestellt. Die Daten der oberen zwölf Zustandsgleichungen stammen von Trebble und Bishnoi (1987), die restlichen von Anderko (1990). Es fällt auf, daß eine Erhöhung der Parameterzahl die Genauigkeit bei der Berechnung von Reinstoffgrößen nur geringfügig verbessert, insbesondere bei den Dampfdrücken. Die guten Ergebnisse der nur dreiparametrigen Fuller-Gleichung (1976) lassen sich zum Teil darauf zurückführen, daß alle drei Parameter temperaturabhängig sind. Zustandsgleichungen, die relativ hohe Abweichungen bei Dampfdruckberechnungen zeigen, geben in der Regel auch die Sättigungsdichte der Dampfphase nicht gut wieder, z. B. die Gleichungen von Heyen (1980) und die Kubic (1982).

Tabelle 4.4-1 Abweichungen zwischen mit generalisierten Zustandsgleichungen berechneten und exp. Dampfdrücken und Sättigungsdichten für 75 Reinstoffe (Trebble und Bishnoi, 1987; Anderko, 1990)

$$\partial Q = (100/N) \sum |Q_{i,ber} - Q_{i,exp}| / Q_{i,exp} \qquad (4.4\text{-}1)$$

Zustandsgleichung	Parameter	∂p^{Sat}	$\partial v^{Sat,L}$	$\partial v^{Sat,V}$
SRK (Soave, 1972)	2	1,5	17,2	3,1
Peng-Robinson (1976)	2	1,3	8,2	2,7
Fuller (1976)	3	1,3	2,0	2,8
Schmidt-Wenzel (1980)	3	1,0	7,9	2,6
Harmens-Knapp (1980)	3	1,5	6,6	3,0
Heyen (1980)	3	5,0	1,9	7,2
Patel-Teja (1982)	3	1,3	7,5	2,6
Kubic (1982)	3	3,5	7,4	15,9
Adachi et al. (1983)	4	1,1	7,4	2,5
CCOR (C. Kim et al., 1986)	4	1,8	4,3	8,2
Trebble-Bishnoi (1987)	4	2,0	3,0	3,1
Ishikawa et al. (1980)	2	2,5	4,3	3,4
V.-trans. PR(Yu et al.,1986)	3	1,2	3,8	1,9
Yu-Lu (1987)	3	1,3	3,3	2,2

5 Eigenschaften von Mischungen

Die thermodynamischen Eigenschaften von Stoffmischungen ergeben sich in den seltensten Fällen als arithmetischer Mittelwert der entsprechenden Reinstoffgrößen. Trotzdem können viele von Einstoffsystemen bekannte Berechnungsverfahren auch auf Mischungen übertragen werden.

Bei der Anwendung von Zustandsgleichungen zur Berechnung der Eigenschaften von Stoffmischungen müssen die Reinstoffparameter der Zustandsgleichung durch für die Mischung charakteristische Parameter ersetzt werden. Dies geschieht üblicherweise mit Hilfe von Mischungsregeln. In diesem Kapitel werden zunächst die wichtigsten Mischungsregeln vorgestellt. Anschließend werden Methoden zur Berechnung von Mischungs- und Abweichungsgrößen, der inneren Energie, Enthalpie und Entropie sowie von Fugazitäts- und Aktivitätskoeffizienten in Mischungen behandelt. Es werden damit wichtige Grundlagen für das nachfolgende Kapitel 6 gelegt, das dann die Berechnung von Phasengleichgewichten in Mischungen behandelt.

5.1 Mischungsregeln für Zustandsgleichungsparameter

Die Literatur zum Thema "Mischungsregeln" ist sehr umfangreich, was ein Indiz dafür ist, daß es keine allgemein anwendbare Mischungsregel gibt. Einen Überblick erhält man durch die Artikel von Copeman und Mathias (1986) und Anderko (1990). Im folgenden werden die wichtigsten Typen von Mischungsregeln vorgestellt und ihre Vor- und Nachteile diskutiert. Dabei wird der Schwerpunkt auf Modelle gelegt, die auf der Ein-Fluid-Annahme basieren. Für einen Überblick über Zwei-Fluid- und Drei-Fluid-Theorien wird auf die Literatur (z. B. Prausnitz et al., 1986) verwiesen.

5.1.1 Van-der-Waals-Mischungsregeln

Bei der Erweiterung von Zustandsgleichungen von reinen Stoffen auf Mischungen wird in der Regel von der Gültigkeit der **Ein-Fluid-Annahme** ausgegangen, die bereits vor mehr als hundert Jahren von van der Waals (1890) vorgeschlagen wurde: Die Eigenschaften einer fluiden Mischung, mit Ausnahme der Entropie einer Mischung idealer Gase, werden durch die Eigenschaften eines hypothetischen reinen Fluids wiedergegeben (bei gleicher Temperatur und gleichem Druck). Die charakteristischen Parameter des hypothetischen Fluids sind Funktionen von der Zusammensetzung $\mathbf{x}$. Diese Funktionen, genannt Mischungsregeln, haben eine quadratische Abhängigkeit vom Molenbruch und können wie folgt formuliert werden:

$$\varepsilon \sigma^3 = \sum_{i=1}^{N} \sum_{j=1}^{N} x_i x_j \varepsilon_{ij} \sigma_{ij}^3 \qquad (5.1\text{-}1)$$

und
$$\sigma^3 = \sum_{i=1}^{N} \sum_{j=1}^{N} x_i x_j \sigma_{ij}^3 \; . \qquad (5.1\text{-}2)$$

ε_{ij} stellt den Energieparameter zur Charakterisierung der Attraktionskräfte und σ_{ij} den Kollisionsdurchmesser für die Wechselwirkung zwischen den Molekülarten i und j.

Der Zustandsgleichungsparameter a ist proportional zu $\varepsilon \sigma^3$ und b ist proportional zu σ^3, d. h.

$$a = \sum_{i=1}^{N} \sum_{j=1}^{N} x_i x_j a_{ij} \qquad (5.1\text{-}3)$$

und
$$b = \sum_{i=1}^{N} \sum_{j=1}^{N} x_i x_j b_{ij} \; . \qquad (5.1\text{-}4)$$

Der quadratische Zusammenhang wird deutlich, wenn Gleichung (5.1-3) für ein binäres System ausgeschrieben wird:

$$a = x_1^2 a_{11} + 2 x_1 x_2 a_{12} + x_2^2 a_{22} \; . \qquad (5.1\text{-}5)$$

Die Gleichungen (5.1-1) und (5.1-2) werden als **Van-der-Waals-Mischungsregeln** bezeichnet. Sie führen bei niedrigen und mittleren Dichten zu vernünftigen Ergebnissen.

5.1 Mischungsregeln für Zustandsgleichungsparameter

Kombinationsregeln geben an, wie die für Wechselwirkungen zwischen ungleichen Molekülen charakteristischen Parameter a_{ij} (Attraktionskräfte) bzw. b_{ij} (Repulsionskräfte) aus den Parametern a_{ii} und a_{jj} bzw. b_{ii} und b_{jj} für Wechselwirkungen zwischen gleichen Molekülen berechnet werden können. Letztere werden mit den Parametern a_i und a_j bzw. b_i und b_j der reinen Stoffe i und j gleichgesetzt. Leider sind die Erkenntnisse der Molekular-Physik nicht so weit fortgeschritten, daß es theoretisch begründete und allgemein anwendbare Zusammenhänge für die zwischenmolekularen Wechselwirkungen in einer Mischung gibt.

Als Kombinationsregel für den Parameter a schlug Berthelot aus rein empirischen Beweggründen die sogenannte **Annahme-des-geometrischen-Mittelwertes** vor (Prausnitz et al., 1986):

$$a_{ij} = (a_i a_j)^{1/2} . \qquad (5.1\text{-}6)$$

Die Anhänger von van der Waals haben die allgemeine Verbreitung und Akzeptanz der Annahme-des-geometrischen-Mittelwertes gefördert. Sie wird seitdem häufig für alle Parameter verwendet, die die attraktiven Wechselwirkungen zwischen Molekülen charakterisieren. In den dreißiger Jahren des 20. Jahrhunderts, also viele Jahre nach Berthelot und van der Waals, hat London gezeigt, daß es für energieverbundene Größen[1] unpolarer Moleküle unter bestimmten vereinfachenden Bedingungen eine theoretische Rechtfertigung für die Annahme-des-geometrischen-Mittelwertes gibt (Hirschfelder et al., 1964; Prausnitz et al., 1986).

Die Berechnung von Phasengleichgewichten läßt sich wesentlich verbessern, wenn Gleichung (5.1-6) um eine empirische Konstante, den **Wechselwirkungsparameter** k_{ij}, erweitert wird:

$$a_{ij} = (a_i a_j)^{1/2} (1 - k_{ij}) . \qquad (5.1\text{-}7)$$

k_{ij} ist ein binärer Parameter, der in der Regel durch Anpassung an experimentelle Mischungsdaten gewonnen wird. Sind die Molekülgrößenunterschiede nicht zu groß, so hat k_{ij} die Größenordnung von 0,01. Über die Korrelation des Wechselwirkungsparameters k_{ij} in

---

[1] Eine energieverbundene Größe ist z. B. der Parameter ε, der die Tiefe des zwischenmolekularen Potentials charakterisiert.

Abhängigkeit von der Temperatur und den in der Mischung vorliegenden Stoffen gibt es in der Literatur viele Arbeiten (z. B. Nishiumi und Saito, 1977; Knapp et al., 1982; Valderrama und Reyes, 1983; Vidal und Jacq, 1983; Legret et al., 1984; Lin, 1984; Moysan et al., 1986; Han et al., 1988; Nishiumi et al., 1988; Valderrama et al., 1990; Bartle et al., 1992; Gao et al., 1992). Die Korrelationen gelten i. d. R. nur für bestimmte Stoffklassen, z. B. empfiehlt Lin (1984) für CO_2 - Kohlenwasserstoff-Systeme die Verwendung von k_{ij} = 0,125 als Schätzwert für die Peng-Robinson-Gleichung. Sie lassen sich nur unter erheblichen Genauigkeitsverlusten verallgemeinern. Die mit Hilfe der Vorhersagemethoden gewonnenen Wechselwirkungsparameter werden oft nur als Startwert für eine Optimierung durch Anpassung an experimentelle Daten verwendet. Eine Übertragung eines k_{ij}-Wertes für ein bestimmtes Stoffsystem bei einer bestimmten Temperatur von einer Zustandsgleichung auf eine andere ist nur qualitativ möglich. Die Problematik der k_{ij}-Vorhersage wird unter anderem von Sadus (1992) diskutiert.

Für den Parameter b wird häufig folgende einfache Kombinationsregel verwendet:

$$b_{ij} = \frac{1}{2}(b_{ii} + b_{jj}) \, . \tag{5.1-8}$$

Die quadratische Abhängigkeit vom Molenbruch (Gl. 5.1-4) vereinfacht sich in diesem speziellen Fall zu einem linearen Zusammenhang:

$$b = \sum_{i=1}^{N} x_i b_{ii} \, . \tag{5.1-9}$$

Bei sogenannten asymmetrischen Systemen, bei denen sich die Eigenschaften der an der Mischung beteiligten Stoffe deutlich voneinander unterscheiden, wird oft für die Kombinationsregel des Parameters b ein zusätzlicher Wechselwirkungsparameter l_{ij} eingeführt:

$$b_{ij} = (1 - l_{ij})\frac{1}{2}(b_{ii} + b_{jj}) \, . \tag{5.1-10}$$

l_{ij} liegt in der Größenordnung von k_{ij}. Bei einer gleichzeitigen Anpassung der beiden Wechselwirkungsparameter an experimentelle Daten kann es zu mehrdeutigen Lösungen kommen, weil k_{ij} und l_{ij} nicht voneinander unabhängig sind.

5.1 Mischungsregeln für Zustandsgleichungsparameter

Eine Alternative zu Gleichung (5.1-8) ist die **Lorentz-Kombinationsregel**, die sich theoretisch auf einer Packung harter Kugeln begründet. Geht man bei der Bestimmung des Wechselwirkungsdurchmessers σ_{ij} ungleicher kugelförmiger Moleküle von

$$\sigma_{ij} = \frac{1}{2}\left(\sigma_{ii} + \sigma_{jj}\right) \qquad (5.1\text{-}11)$$

aus, so ergibt sich (Benmekki et al., 1987) die Lorentz-Kombinationsregel für b_{ij}:

$$b_{ij} = \frac{1}{8}\left(b_{ii}^{1/3} + b_{jj}^{1/3}\right)^3 . \qquad (5.1\text{-}12)$$

Auch bei der Verwendung der Lorentz-Kombinationsregel kann durch die Einführung eines Wechselwirkungsparameters bei asymmetrischen Systemen die Abweichung zwischen experimentellen und berechneten Werten verringert werden:

$$b_{ij} = (1 - l_{ij})\frac{1}{8}\left(b_{ii}^{1/3} + b_{jj}^{1/3}\right)^3 . \qquad (5.1\text{-}13)$$

5.1.2 Mischungsregeln für Hartkugelsysteme

Wird in einer Zustandsgleichung als Referenzterm die Carnahan-Starling-Gleichung verwendet, so kann diese auf verschiedene Weisen auf Mischungen erweitert werden. Bei der einfachsten und am häufigsten benutzten Methode wird von der Ein-Fluid-Annahme ausgegangen, d. h. der Parameter b der Mischung wird mit der Lorentz-Kombinationsregel berechnet. Der Zusammenhang zwischen b und der reduzierten Dichte η lautet:

$$\eta = \frac{b\rho}{4} . \qquad (5.1\text{-}14)$$

Der Hartkugeldurchmesser σ der Mischung läßt sich aus dem Parameter b und der Avogadro-Konstanten N_A bestimmen:

$$\sigma = \left(\frac{3b}{2\pi N_A}\right)^{1/3} . \qquad (5.1\text{-}15)$$

Je mehr sich die Durchmesser der harten Kugeln voneinander unterscheiden, desto größer sind die Abweichungen zwischen auf der Ein-Fluid-Annahme basierenden Berechnungen und Computersimulationen.

Basierend auf der Scaled-Particle- und Percus-Yevick-Theorie entwikkelten Boublik (1970) und Mansoori et al. (1971) gleichzeitig und unabhängig voneinander einen Ausdruck für den Kompressibilitätsfaktor Z einer Mischung harter Kugeln. Die sogenannte **Boublik-Mansoori-Mischungsregel** lautet:

$$Z = \frac{1 + \left(3\frac{DE}{F} - 2\right)\eta + \left(3\frac{E^3}{F^2} - 3\frac{DE}{F} + 1\right)\eta^2 - \frac{E^3}{F^2}\eta^3}{(1-\eta)^3} \quad (5.1\text{-}16)$$

mit $\quad D = \sum_{i=1}^{N} x_i \sigma_i \quad E = \sum_{i=1}^{N} x_i \sigma_i^2 \quad F = \sum_{i=1}^{N} x_i \sigma_i^3 \quad (5.1\text{-}17)$

und $\quad \sigma_i = \left(\frac{3 b_i}{2 \pi N_A}\right)^{1/3} \quad$ sowie $\quad \eta = \frac{1}{6} \pi N_A F \rho \ . \quad (5.1\text{-}18)$

Für Mischungen aus gleich großen harten Kugeln reduziert sich die Boublik-Mansoori-Gleichung auf die Carnahan-Starling-Gleichung. Bei niedrigen Dichten ist der Unterschied zwischen den beiden Gleichungen klein, während bei mittleren und hohen Dichten signifikante Unterschiede zwischen der Boublik-Mansoori- und der Ein-Fluid-Carnahan-Starling-Gleichung auftreten. Dimitrelis und Prausnitz (1986) folgern, daß die Boublik-Mansoori-Gleichung zur Dampf-Flüssig-Gleichgewichtsberechnung besonders vorteilhaft ist, wenn das Molekülgrößenverhältnis $(\sigma_1/\sigma_2)^3$ den Wert 2 übersteigt.

Ausgehend von der Lebowitz-Lösung der Percus-Yevick-Theorie entwickelte Meyer (1988) eine der Boublik-Mansoori-Gleichung entsprechende Mischungsregel für harte Kugeln:

$$\sigma^3 = \sum_{i=1}^{N} \sum_{j=1}^{N} x_i x_j \left(\frac{\sigma_i + \sigma_j}{2}\right)^3 L_{ij} \quad (5.1\text{-}19)$$

mit $\quad L_{ij} = 1 + 3\eta\left(\frac{\sigma_i - \sigma_j}{\sigma_i + \sigma_j}\right) \ . \quad (5.1\text{-}20)$

L_{ij} ist eine Korrekturfunktion; sind die Hartkugeldurchmesser σ_i und σ_j gleich groß, so verschwindet die Klammer in Gleichung (5.1-20) und L_{ij} wird gleich 1. Gleichung (5.1-19) entspricht dann der Lorentzregel. Die Verwendung der Meyer-Mischungsregel führt zu einer ähnlichen Dichteabhängigkeit des Kompressibilitätsfaktors wie die Benutzung der

Boublik-Mansoori-Regel. Ein ausführlicher Vergleich der beiden Methoden ist bisher nicht durchgeführt worden.

5.1.3 g^E-Modell-Mischungsregeln

Bei Systemen mit stark polaren Substanzen, wie Ethanol, Wasser oder Propanon, führt die Verwendung der bisher beschriebenen, sogenannten konventionellen Mischungsregeln oft zu erheblichen Fehlern bei der Berechnung von Dampf-Flüssig-Gleichgewichten. Bei niedrigen Drücken können auch Gleichgewichte in Systemen mit stark polaren Komponenten mit Aktivitätskoeffizientenmodellen (sog. g^E-Modelle) erfolgreich berechnet werden. Um die Vorteile der Gleichgewichtsberechnung mit Zustandsgleichungen und mit g^E-Modellen miteinander zu verbinden, wurden sog. **g^E-Modell-Mischungsregeln** entwickelt. Die meisten g^E-Modelle, z. B. Wilson, NRTL, UNIQUAC und UNIFAC (Übersichten in Prausnitz et al., 1986; Gmehling und Kolbe, 1988), gehen nicht von der Ein-Fluid-Annahme aus, sondern basieren auf dem Konzept der lokalen Zusammensetzung. Während bei der Ein-Fluid-Annahme die Dichte der Stoffmischung als homogen angesehen wird, d. h. für alle Moleküle dieselbe Paarverteilungsfunktion gilt, wird beim Konzept der lokalen Zusammensetzung davon ausgegangen, daß die Verteilung der Moleküle in der Nachbarschaft um ein Molekül des Typs A anders ist als in der Nachbarschaft um ein Molekül vom Typ B. Nur im Grenzfall des idealen Verhaltens, bei dem die Wechselwirkungen zwischen den Molekülen gleich sind, stimmt überall die mikroskopische Zusammensetzung mit der makroskopischen überein (random mixing).

Liegen eine Stoffmischung und ihre reinen Komponenten im gleichen Phasenzustand vor (z. B. als Flüssigkeit), so kann die Freie Exzeßenthalpie g^E mit Hilfe einer Zustandsgleichung wie folgt berechnet werden:

$$g^E(T,P,\boldsymbol{x}) = RT\left(\ln\varphi(T,P,\boldsymbol{x}) - \sum_{i=1}^{N} x_i \ln\varphi_i(T,P)\right) . \qquad (5.1\text{-}21)$$

Vidal (1978) leitete einen Ausdruck zur Berechnung der Freien Exzeßenthalpie bei einem unendlichen Druck g^E_∞ mit der Redlich-Kwong-

Zustandsgleichung her. Vidal nahm dabei an, daß bei unendlichem Druck das molare Volumen v gleich dem Kovolumenparameter b ist, und daß das Exzeßvolumen v^E gleich Null ist. Die letzte Bedingung ist notwendig, weil sonst der Pv^E-Term von g^E_∞ unendlich groß wird. Daraus ergibt sich, daß eine einfache lineare Mischungsregel für den Parameter b (Gl. 5.1-4) verwendet werden muß. Aufbauend auf dem Modell von Vidal entwickelten Huron und Vidal (1979) folgende Mischungsregel:

$$\frac{a}{b} = \sum_{i=1}^{N} x_i \frac{a_i}{b_i} - \frac{g^E_\infty}{\ln 2} \ . \qquad (5.1\text{-}22)$$

g^E_∞ wird bei Huron und Vidal mit Hilfe einer modifizierten (für $P = \infty$) NRTL-Gleichung bestimmt. Durch die Verwendung von Exzeßgrößen bei einem unendlichen Druck werden Schwierigkeiten mit dem Bezugszustand bei überkritischen Komponenten vermieden. Ähnliche Modelle wurden u. a. von Maurer und Prausnitz (1978) und von Won (1981 und 1983) vorgeschlagen.

Die Anwendung der Mischungsregeln von Huron und Vidal führen bei Systemen mit polaren Komponenten zu sehr guten Ergebnissen, solange die Dichte der Phasen hoch ist. Bei niedrigen Dichten hingegen muß eine theoretisch fundierte Mischungsregel zu einem Ausdruck für den zweiten Virialkoeffizienten führen, der eine quadratische Funktion des Molenbruchs ist[1]. Diese Bedingung wird von den g^E-Modell-Mischungsregeln nicht erfüllt.

In neuerer Zeit wird der Ansatz von Huron und Vidal (1979) mit Gruppenbeitrags-g^E-Modellen (z. B. der UNIFAC-Gleichung) in Verbindung gebracht. Bei diesen sog. **Gruppenbeitrags-Mischungsregeln** wird g^E_∞ aus der Kenntnis der Molekülstruktur der beteiligten Stoffe und mit Hilfe von Tabellen für die Parameter einzelner Molekülteile (Gruppenbeiträge) ermittelt, so daß die Berechnung einen vorhersagenden Charakter bekommt. Tochigi et al. (1990) entwickelten ein Modell, das die SRK-Zustandsgleichung in Verbindung mit einer modifizierten UNIFAC-Gleichung verwendet. Die bestehenden UNIFAC-Parameter-

---

[1] Dies kann für die meisten Zustandsgleichungen u. a. dadurch erreicht werden, daß die Mischungsregeln aller Parameter quadratische Abhängigkeiten vom Molenbruch aufweisen. Siehe auch Gliederungspunkt 5.1.5 *Wong-Sandler-Mischungsregeln*.

5.1 Mischungsregeln für Zustandsgleichungsparameter

tabellen können nicht direkt benutzt werden, sondern müssen für den Bezugszustand unendlichen Drucks umgerechnet werden.

Bei einer zweiten Gruppe von g^E-Modell-Mischungsregeln wird ein Bezugszustand gewählt, bei dem sich die Reinstoffe in einem Zustand gleicher Packungsdichte wie die Mischung befinden (Rauzy und Peneloux, 1986; Peneloux et al., 1989; Lermite und Vidal, 1992). Dabei ist die Packungsdichte das Verhältnis aus Molekülvolumen zu molaren Volumen; sie wird durch b/v angenähert. Die Mischungsregeln von diesem Typ unterscheiden sich nicht wesentlich von den Regeln, die als Bezugszustand $P = \infty$ verwenden; Gruppenbeitragsparameter (z. B. für UNIFAC) können nicht unverändert benutzt werden.

Bei dem dritten Typ von g^E-Modell-Mischungsregeln wird der Zustandsgleichungsparameter a mit der Freien Exzeßenthalpie g_o^E bei einem Druck von Null verknüpft. Weil die Druckabhängigkeit von g^E bei niedrigen Drücken sehr klein ist, können beliebige Gruppenbeitragsmethoden wie ASOG oder UNIFAC zur Berechnung von g_o^E verwendet werden. Eine Umrechnung der bestehenden Parametertabellen ist nicht nötig. Die Annahme, daß v^E gleich Null ist, bleibt erhalten, während die Bedingung, daß v gleich b ist, entfällt. Diese Methode geht auf einen Vorschlag von Mollerup (1986) zurück. Die Mischungsregel nimmt folgende Form an:

$$\frac{a}{b} = \sum_{i=1}^{N} x_i \frac{a_i}{b_i} \frac{f_i}{f} + \frac{g_o^E}{f} + \frac{RT}{f} \sum_{i=1}^{N} x_i \ln\left(\frac{b}{b_i f_i}\right), \qquad (5.1\text{-}23)$$

wobei die Funktionen f_i bzw. f von der reduzierten Dichte b/v der reinen Komponenten bzw. der Mischung abhängen. Diese Methode kann nur angewendet werden, wenn die benutzte Zustandsgleichung eine Flüssigkeitsdichte bei einem Druck von Null liefert; z. B. schneiden die mit der Van-der-Waals-Gleichung berechneten Isothermen die P=0-Achse nur dann, wenn $a/(bRT) \geq 4$ ist (Anderko, 1990).

Mischungsregeln von diesem Typ wurden u. a. von Heidemann und Kokal (1990), Michelsen (1990a, b), Dahl und Michelsen (1990), Holderbaum und Gmehling (1991) und von Dahl et al. (1991) entwickelt, von denen die beiden letztgenannten kurz skizziert werden sollen.

Das PSRK-Modell (=**P**redictive **S**oave-**R**edlich-**K**wong) von Holderbaum und Gmehling (1991) verbindet die Redlich-Kwong-Zustandsgleichung mit der UNIFAC-Gleichung (Fredenslund et al., 1975, 1977). Es wird die von Dahl und Michelsen (1990) entwickelte MHV1-Mischungsregel (=**M**odified **H**uron-**V**idal **1**st order) in leicht abgewandelter Form verwendet:

$$\frac{a}{b} = \sum_{i=1}^{N} x_i \frac{a_i}{b_i} + \frac{g_o^E}{f} + \frac{RT}{f} \sum_{i=1}^{N} x_i \ln\left(\frac{b}{b_i}\right) . \qquad (5.1\text{-}24)$$

Während Dahl und Michelsen einen Wert von f = -0,593 empfehlen, wird im PSRK-Modell f = -0,64663 benutzt, was bei hohen Drücken zu besseren Ergebnissen führt. Es wurden Parameter für neue UNIFAC-Gruppen bestimmt, z. B. für CH_4, C_2H_6, C_4H_{10}, CO_2, N_2, H_2 und CO, so daß die PSRK-Gleichung auch auf Stoffe anwendbar ist, die unter Normalbedingungen gasförmig sind.

Das MHV2-Modell (=**M**odified **H**uron-**V**idal **2**nd order) von Dahl et al. (1991) verbindet die SRK-Gleichung mit dem von Larsen et al. (1987) modifizierten UNIFAC-Modell. Die MHV2-Mischungsregel hat folgende Form:

$$f_1(\alpha - \sum_{i=1}^{N} x_i \alpha_i) + f_2(\alpha^2 - \sum_{i=1}^{N} x_i \alpha_i^2) = \frac{g_o^E}{RT} + \sum_{i=1}^{N} x_i \ln\left(\frac{b}{b_i}\right) , \qquad (5.1\text{-}25)$$

wobei f_1 = -0,478; f_2 = -0,0047; α = a/(bRT) und α_i = a_i/(b_iRT) ist. Im Vergleich zu den dichteabhängigen Mischungsregeln von Mollerup und Clark (1989) ist das (dichteunabhängige) MHV2-Modell nicht so rechenzeitintensiv.

Bei einer alternativen Methode zur Verbindung einer Zustandsgleichung mit einem g^E-Modell erfolgt die Verknüpfung nicht direkt in den Mischungsregeln, sondern über die Wechselwirkungsparameter. Mit Hilfe des g^E-Modells werden Pseudo-Gleichgewichtsdaten erzeugt, an die die Anpassung der Wechselwirkungsparameter der Zustandsgleichung erfolgt. Schwarzentruber et al. (1986) verwenden eine Zustandsgleichung vom Redlich-Kwong-Typ und zur Erzeugung der Pseudodaten das UNIFAC-Modell und die Hayden-O'Connell Zustandsgleichung.

Saini et al. (1991) entwickelten eine Methode zur Bestimmung der Wechselwirkungsparameter mit Hilfe von Aktivitätskoeffizienten bei unendlicher Verdünnung γ^∞. Sofern keine experimentellen γ^∞-Werte vorliegen, können sie mit einer Gruppenbeitragsmethode, wie z. B. UNIFAC oder ASOG vorausberechnet werden. Dadurch erhöht sich allerdings die Ungenauigkeit der Methode. Die Bestimmung von Wechselwirkungsparametern mit Hilfe von γ^∞-Werten führt bisweilen zu einer Vorhersage einer zusätzlichen flüssigen Phase, die experimentell nicht beobachtet wird. Saini et al. empfehlen deshalb die Durchführung eines Stabilitätstests.

5.1.4 Dichteabhängige Mischungsregeln

Bei niedrigen Dichten ist die Verteilung der Moleküle im Raum zufällig (random mixing). Ein bestimmtes Molekül zeigt keine Präferenz für eine bestimmte Art von Nachbarmolekülen. Vielmehr wird die lokale Zusammensetzung von der Verfügbarkeit (d. h. vom Molenbruch) und nicht von zwischenmolekularen Wechselwirkungen bestimmt. Bei hohen Dichten werden die Bewegung, die Position und die Orientierung eines bestimmten Moleküls stark durch die Anwesenheit anderer Moleküle beeinflußt. Die lokale Zusammensetzung um ein Molekül ist nicht mehr zufällig; sie kann sich von der Gesamtzusammensetzung unterscheiden.

Um die Grenzbedingungen für niedrige und hohe Dichten zu erfüllen, entwickelten verschiedene Autoren **dichteabhängige Mischungsregeln**[1], die bei geringen Dichten quadratisch bezüglich des Molenbruchs sind und bei höheren Dichten in ein Modell der lokalen Zusammensetzung übergehen.

Basierend auf der quasichemischen Theorie (Guggenheim, 1935; Renon und Prausnitz, 1968) kann die lokale Zusammensetzung über Boltzmannfaktoren mit der Gesamtzusammensetzung gekoppelt werden (Whiting und Prausnitz, 1982): man geht davon aus, daß das Verhältnis x_{ji}/x_{ii} (x_{ji} = Molenbruch der Komponente j um ein zentrales Molekül vom Typ i) über Boltzmannfaktoren mit dem Verhältnis der Gesamtmolenbrüche x_j/x_i gekoppelt ist:

$$\frac{x_{ji}}{x_{ii}} = \frac{x_j}{x_i} \frac{e^{-\alpha E_{ji}/RT}}{e^{-\alpha E_{ii}/RT}} \ . \tag{5.1-26}$$

x_{ji} ist der Molenbruch der Komponente j um ein zentrales Molekül vom Typ i; E_{ji} stellt die Wechselwirkungsenergie zwischen Molekülen

---

[1] Engl.: **D**ensity-**D**ependent **L**ocal **C**omposition (**DDLC**) mixing rules

von den Typen j und i dar; α ist ein Parameter für die Nichtzufälligkeit[1].

Nachdem Whiting und Prausnitz (1982) Annahmen über die funktionale Form von E_{ji} getroffen hatten, entwickelten sie eine Methode zur Integration des Konzeptes der lokalen Zusammensetzung in jede beliebige Zustandsgleichung, die sich in einen repulsiven und einen attraktiven Term gliedern läßt. Ähnliche Mischungsregeln wurden von Mollerup (1981 und 1986), Mathias und Copeman (1983), Li et al. (1985 und 1986), Mollerup und Clark (1989) und von Gupte und Daubert (1990) vorgeschlagen.

Skjold-Jorgensen (1984, 1988) entwickelte eine Gruppenbeitragszustandsgleichung (sogenannte GC-EOS[2]) zur Vorhersage von Gaslöslichkeiten in polaren und unpolaren Lösungsmitteln. Die Gleichung besteht aus einem Carnahan-Starling-Repulsionsterm und einem Van-der-Waals-Attraktionsterm, in den das Konzept lokaler Zusammensetzungen durch ein Modell vom NRTL-Typ (Renon und Prausnitz, 1968) integriert wurde. Die Leistungsfähigkeit der GC-EOS im Vergleich zu anderen Modellen wurden von Schmelzer et al. (1990) untersucht.

Bei hohen Dichten, wie sie für flüssige Phasen typisch sind, haben Studien über die maximale Anzahl nächster Nachbarmoleküle (Deiters, 1982 und 1987; Eduljee, 1983; Sandler, 1983) ergeben, daß die Gleichungen (5.1-1) und (5.1-2) nicht mit experimentellen Daten übereinstimmen. Deshalb wurden von verschiedenen Autoren (u. a. Deiters, 1987) dichteabhängige Mischungsregeln vorgeschlagen, die diese Gleichungen korrigieren:

$$\varepsilon \sigma^{\gamma} = \sum_{i=1}^{N} \sum_{j=1}^{N} x_i x_j \varepsilon_{ij} \sigma_{ij}^{\gamma} \qquad (5.1\text{-}27)$$

und

$$\sigma^{\gamma} = \sum_{i=1}^{N} \sum_{j=1}^{N} x_i x_j \sigma_{ij}^{\gamma} \qquad (5.1\text{-}28)$$

mit $\gamma = 2$ oder $\gamma = 2{,}4$. Die erzielten Verbesserungen bei der Berechnung von Hochdruckphasengleichgewichten gegenüber den Van-der-Waals-Mischungsregeln, für die γ gleich 3 ist, sind relativ klein (Deiters, 1987).

---

[1] Engl.: nonrandomness factor

[2] Engl.: **GC-EOS** = **G**roup **C**ontribution **E**quation **o**f **S**tate

5.1 Mischungsregeln für Zustandsgleichungsparameter

Obwohl dichteabhängige Mischungsregeln in der Regel mit dem Konzept lokaler Zusammensetzungen verknüpft sind, ist dies prinzipiell nicht erforderlich. Die funktionelle Form der Mischungsregeln orientiert sich dann an den physikalischen Randbedingungen. Eines der bekanntesten Beispiele für dichteabhängige Mischungsregeln, die nicht auf dem Konzept lokaler Zusammensetzungen aufbauen, ist das Modell von Luedecke und Prausnitz (1985). Sie verwenden für die Zustandsgleichungen einen Boublik-Mansoori-Repulsionsterm mit einem Van-der-Waals-Attraktionsterm. Die klassischen Van-der-Waals-Mischungsregeln für den Parameter a werden um den Ausdruck a^{nc} erweitert, der nicht-zentrale (nc = noncentral) Kräfte berücksichtigen soll. Darunter sind Kräfte zu verstehen, die auf Polaritäts-, Größen- oder Formunterschieden der Moleküle zurückzuführen sind.

$$a = \sum_{i=1}^{N} \sum_{j=1}^{N} x_i x_j a_{ij} + a^{nc} \qquad (5.1\text{-}29)$$

Für a^{nc} schlugen Luedecke und Prausnitz einen Ausdruck mit einer kubischen Abhängigkeit vom Molenbruch vor. Es ergibt sich folgende Mischungsregel,

$$a = \sum_{i=1}^{N}\sum_{j=1}^{N} x_i x_j (a_{ii} a_{jj})^{1/2}(1-k_{ij}) + \frac{\rho}{RT}\sum_{i=1}^{N}\sum_{j=1}^{N} x_i x_j (x_i c_{ij} - x_j c_{ji}) \; , \qquad (5.1\text{-}30)$$

die für ein binäres System drei anpaßbare Parameter enthält (k_{12}, c_{12} und c_{21}).

Die wohl einfachste Form von dichteabhängigen Mischungsregeln wurde von Mohamed und Holder (1987) vorgeschlagen. Für den Wechselwirkungsparameter k_{ij} wird eine lineare Dichteabhängigkeit angenommen:

$$k_{ij} = k_{ij}^{(1)} + \rho \, k_{ij}^{(2)} \; . \qquad (5.1\text{-}31)$$

Der rechentechnische Aufwand von dichteabhängigen Mischungsregeln ist vergleichsweise groß, weil die Volumenabhängigkeit der Zustandsgleichung komplizierter wird; so bleibt z. B. die kubische Form der Peng-Robinson-Gleichung nicht erhalten.

5.1.5 Wong-Sandler-Mischungsregeln

Das Problem, daß Mischungsregeln vom Huron-Vidal-Typ bei niedrigen Drücken nicht die von der Theorie der statistischen Thermodynamik geforderte quadratische Abhängigkeit des zweiten Virialkoeffizienten vom Molenbruch erfüllt, kann auch ohne rechenzeitaufwendige Dichteabhängigkeit mit Hilfe der **Wong-Sandler-Mischungsregeln** gelöst werden.

Am Beispiel der Van-der-Waals-Zustandsgleichung leiten Wong und Sandler (1992)[1] einen Ausdruck für die Freie Exzeßenergie bei unendlichem Druck a_∞^E her:

$$a_\infty^E = -\frac{a}{b} + \sum_{i=1}^{N} x_i \frac{a_i}{b_i} \quad . \tag{5.1-32}$$

Sie kommen zu einem analogen Ergebnis wie Vidal (1978) für g_∞^E. Der entsprechende Ausdruck für die Peng-Robinson-Gleichung lautet:

$$a_\infty^E = \frac{\ln(\sqrt{2}-1)}{\sqrt{2}} \left(\frac{a}{b} - \sum_{i=1}^{N} x_i \frac{a_i}{b_i} \right) \quad . \tag{5.1-33}$$

Da die Freie Exzeßenergie keinen Pv^E-Term enthält, fällt die einschränkende Bedingung weg, daß v^E gleich Null sein muß. Die Mischungsregel für b muß nicht linear sein.

Für den Zusammenhang zwischen dem zweiten Virialkoeffizienten B(T) und den Parametern a und b der Van-der-Waals-Gleichung gilt:

$$B(T) = b - \frac{a}{RT} \quad . \tag{5.1-34}$$

Damit B(T) eine quadratische Abhängigkeit vom Molenbruch hat, ist es nicht notwendig, daß sowohl der Parameter a als auch der Parameter b eine solche Abhängigkeit aufweist. Dies wäre eine ausreichende, aber nicht notwendige Bedingung. Es reicht vielmehr aus, wenn lediglich folgende Gleichung erfüllt ist:

$$b - \frac{a}{RT} = \sum_{i=1}^{N} \sum_{j=1}^{N} x_i x_j \left(b - \frac{a}{RT} \right)_{ij} \quad . \tag{5.1-35}$$

---

[1] Siehe auch D.S.H. Wong et al. (1992)

5.1 Mischungsregeln für Zustandsgleichungsparameter

Der Klammerausdruck auf der rechten Seite von Gleichung (5.1-35) stellt den zusammensetzungsunabhängigen zweiten Kreuzvirialkoeffizienten der Zustandsgleichung dar.

Wong und Sandler schlagen folgende Mischungsregeln vor, die für beliebige Funktionen F(x) die Gleichung (5.1-35) erfüllen:

$$b = \frac{\sum_{i=1}^{N} \sum_{j=1}^{N} x_i x_j \left(b - \frac{a}{RT}\right)_{ij}}{1 - \frac{F(x)}{RT}} \qquad (5.1\text{-}36)$$

und $\qquad a = b \cdot F(x)$. $\qquad\qquad$ (5.1-37)

Für die Van-der-Waals-Gleichung hat die Funktion F(x) folgende Form:

$$F(x) = \sum_{i=1}^{N} x_i \frac{a_i}{b_i} - a_\infty^E(x) , \qquad (5.1\text{-}38)$$

bzw. für die Peng-Robinson-Gleichung

$$F(x) = \sum_{i=1}^{N} x_i \frac{a_i}{b_i} - \frac{a_\infty^E(x) \sqrt{2}}{\ln(\sqrt{2} - 1)} . \qquad (5.1\text{-}39)$$

Zur Berechnung von a_∞^E bei unendlichem Druck verwenden Wong und Sandler die gleichen funktionellen Formen, wie sie zur Berechnung von g^E bei niedrigen Drücken benutzt werden, nämlich g^E-Modelle wie z. B. die NRTL-Gleichung. Sie gehen dabei von folgender Approximationskette aus:

$$g^E(T, P=\text{niedrig}, x) = a^E(T, P=\text{niedrig}, x) = a^E(T, P=\infty, x) . \qquad (5.1\text{-}40)$$

Die g^E-Modell-Parameter werden durch Anpassung an experimentelle Daten ermittelt. Obwohl die Wong-Sandler-Mischungsregeln dichteunabhängig sind, konvergieren sie in Kombination mit einer Zustandsgleichung bei hohen Dichten zu einem Aktivitätskoeffizientenmodell und bei niedrigen Dichten zu einer Virialgleichung, deren zweiter Virialkoeffizient eine quadratische Zusammensetzungsabhängigkeit hat.

Die Wong-Sandler-Mischungsregeln bieten dem Verfahrensingenieur verschiedene Möglichkeiten. Sind genügend experimentelle Daten im interessierenden Temperatur- und Druckbereich vorhanden, können sie in Verbindung mit einem g^E-Modell als flexibles Mittel zum Korrelieren der Daten verwendet werden (Wong und Sandler, 1992). Fehlen im interessierenden Temperatur- und Druckbereich experimentelle Werte, so können g^E-Modell-Parameter, die für andere Zustandsbereiche ermittelt wurden, benutzt werden, ohne daß sich die Genauigkeit wesentlich verschlechtert (Wong et al., 1992). Sind überhaupt keine experimentellen Daten vorhanden, so lassen sich die Wong-Sandler-Mischungsregeln in Verbindung mit einem Gruppenbeitragsmodell (z. B. UNIFAC) verwenden. Eine Neuanpassung der Parameter ist dabei nicht notwendig (Orbey et al., 1993). Die Genauigkeit dieser Methode ist durch die Genauigkeit des Gruppenbeitragsmodells begrenzt.

5.1.6 Zusammensetzungsabhängige Mischungsregeln

Zusammensetzungsabhängige Mischungsregeln sind oft eine einfache und erfolgreiche Alternative zu den oben beschriebenen Mischungsregeln. Üblicherweise wird in der Kombinationsregel des Parameters a mindestens ein zusätzlicher Wechselwirkungsparameter eingeführt. In Abhängigkeit vom Molenbruch verändert sich das Gewicht der einzelnen Wechselwirkungsparameter. Solche Mischungsregeln sind besonders flexibel und eignen sich auch für Systeme, die nicht mit g^E-Modell-Mischungsregeln zufriedenstellend dargestellt werden können. Die quadratische Zusammensetzungsabhängigkeit des Parameters a wird mit einer zusätzlichen Abhängigkeit vom Molenbruch überlagert. Dadurch entstehen bei niedrigen Drücken die bereits angeführten theoretischen Inkonsistenzen bezüglich des zweiten Virialkoeffizienten.

Eine Vorstufe zu zusammensetzungsabhängigen Mischungsregeln ist die Verwendung von unterschiedlichen Werten für den Wechselwirkungsparameter k_{ij} in den verschiedenen Phasen. Ein Beispiel hierzu ist die Berechnung der Dampf-Flüssig-Gleichgewichte im System CO_2 - Wasser bei 348,15 K mit der Peng-Robinson-Zustandsgleichung. Benutzt man für den Parameter a die Annahme-des-geometrischen-Mittelwertes in Verbindung mit einem Wechselwirkungsparameter k_{12} (Gl. 5.1-7) und einer quadratischen Mischungsregel (Gl. 5.1-3) sowie eine lineare Mischungsregel (Gl. 5.1-9) für den Parameter b, so läßt sich kein k_{12}-Wert finden, bei dem beide Phasen gut wiedergegeben werden.

5.1 Mischungsregeln für Zustandsgleichungsparameter

Verwendet man hingegen zur Berechnung der Gasphase ein k_{12} von 0,210 und für die Flüssigphase k_{12} = -0,059, so liegen die Abweichungen zwischen den berechneten und gemessenen Daten (Wiebe und Gaddy, 1939, 1940 und 1941; Wiebe, 1941) im Bereich der experimentellen Ungenauigkeit. Die Verwendung von unterschiedlichen k_{ij}-Werten für die einzelnen Phasen haben Peng und Robinson (1980) zur Berechnung von Dampf-Flüssig- und Flüssig-Flüssig-Gleichgewichten in Wasser-Kohlenwasserstoff-Systemen vorgeschlagen.

Kabadi und Danner (1985) entwickelten zur Beschreibung von Wasser-Kohlenwasserstoff-Systemen folgende Mischungsregel vor

$$a = x_1^2 a_{11} + 2 x_1 x_2 (a_{11} a_{22})^{1/2} (1-k_{12}) + x_1 L (1 - T_{R1}^{0,8}) + x_2^2 a_{22} \; . \quad (5.1\text{-}41)$$

Der Index 1 bezieht sich auf Wasser. Kabadi und Danner geben für verschiedene Kohlenwasserstoffe Werte für die beiden Wechselwirkungsparameter k_{12} und L an. Innerhalb einer homologen Reihe bleibt k_{12} nahezu konstant; es werden Empfehlungen für k_{12} für sieben Stoffklassen gegeben. Zur Vorhersage des Parameters L schlagen Kabadi und Danner eine Gruppenbeitragsmethode vor. Michel et al. (1989) haben die Methode getestet und berichten über relativ große Fehler in der wäßrigen Phase.

Michel et al. (1989) schlugen eine unkonventionelle Mischungsregel für Wasser-Kohlenwasserstoff-Systeme vor. Wie experimentelle Daten und Computersimulationen gezeigt haben, ändert die Anwesenheit eines hydrophoben Moleküls in einer wäßrigen Phase die intermolekularen Kräfte zwischen den Wassermolekülen, welche durch den Reinstoffparameter a_{11} repräsentiert werden. Michel et al. folgerten, daß in einer Mischungsregel anstelle des Kreuzparameters a_{12} vielmehr der Parameter a_{11} als zusammensetzungsabhängig anzusehen ist:

$$a = x_1^2 a_{11} f(x_2) + 2 x_1 x_2 (a_{11} a_{22})^{1/2} (1 - k_{12}) + x_2^2 a_{22} \quad (5.1\text{-}42)$$

mit $\quad f(x_2) = \left(1 + \tau T^n x_2 \exp(-\alpha x_2)\right) \; . \quad (5.1\text{-}43)$

Die Korrekturfunktion $f(x_2)$ erfüllt die Grenzbedingung, daß $f(x_2) \rightarrow 1$ wenn $x_2 \rightarrow 0$. Michel et al. setzten α = 10, wodurch das Maximum von $f(x_2)$ bei x_2 = 0,1 festgelegt wird. Versuche, die Parameter τ und n mit den Eigenschaften der Moleküle zu korrelieren, waren nur teilweise erfolgreich. Paßt man die Parameter jedoch an experimentelle

Daten an, werden die experimentellen Ergebnisse sehr gut wiedergegeben.

Einfache und allgemein anwendbare zusammensetzungsabhängige Mischungsregeln wurden von verschiedenen Autoren vorgeschlagen, u. a. von Stryjek und Vera (1986a, b, c), Panagiotopoulos und Reid (1986a) und Adachi und Sugie (1986).

Stryjek und Vera nennen die von ihnen vorgeschlagene Mischungsregel

$$a = \sum_{i=1}^{N} \sum_{j=1}^{N} x_i x_j \left(a_{ii} a_{jj}\right)^{1/2} \left(1 - x_i k_{ij} - x_j k_{ji}\right) \qquad (5.1\text{-}44)$$

vom "Margules-Typ". Von ähnlicher Form sind die Ausdrücke von Panagiotopoulos und Reid

$$a = \sum_{i=1}^{N} \sum_{j=1}^{N} x_i x_j \left(a_{ii} a_{jj}\right)^{1/2} \left(1 - k_{ij} + (k_{ij} - k_{ji}) x_i\right) \qquad (5.1\text{-}45)$$

und von Adachi und Sugie

$$a = \sum_{i=1}^{N} \sum_{j=1}^{N} x_i x_j \left(a_{ii} a_{jj}\right)^{1/2} \left(1 - k_{ij} - \lambda_{ij} (x_i - x_j)\right) . \qquad (5.1\text{-}46)$$

Die beiden letztgenannten Mischungsregeln sind für binäre Systeme praktisch identisch, sie unterscheiden sich aber bei der Anwendung auf Mehrkomponentensysteme. Die Gleichung (5.1-45) von Panagiotopoulos und Reid enthält in der rechten Klammer nur den Molenbruch der Komponente i, während die Regel von Adachi und Sugie x_i und x_j berücksichtigen.

Stryjek und Vera schlagen auch eine Mischungsregel vom sog. "Van-Laar-Typ" vor:

$$a = \sum_{i=1}^{N} \sum_{j=1}^{N} x_i x_j \left(a_{ii} a_{jj}\right)^{1/2} \left(1 - \frac{k_{ij} k_{ji}}{x_i k_{ij} + x_j k_{ji}}\right) . \qquad (5.1\text{-}47)$$

Sandoval et al. (1989) untersuchten die Eignung von einfachen zusammensetzungsabhängigen Mischungsregeln zur Vorhersage von Dampf-Flüssigkeitsgleichgewichten in ternären Systemen. Die Ergebnisse sind besser als die mit der Wilson- oder NRTL-Gleichung erzielten.

5.1 Mischungsregeln für Zustandsgleichungsparameter

Bei Systemen mit Komponenten stark unterschiedlicher Polarität, z. B. Propan-Methanol, sind die meisten Mischungsregeln nicht genügend flexibel, um die Dampf-Flüssig-Gleichgewichte korrekt wiederzugeben. Oft wird die Existenz einer in der Realität nicht bestehenden Flüssig-Flüssig-Mischungslücke berechnet. Um die Flexibilität von zusammensetzungsabhängigen Mischungsregeln weiter zu erhöhen, schlugen Schwarzentruber et al. die Einführung eines zusätzlichen Parameters in die Kombinationsregel vor:

$$a = \sum_{i=1}^{N} \sum_{j=1}^{N} x_i x_j \left(a_{ii} a_{jj}\right)^{1/2} \left(1 - k_{ij} - l_{ij} \frac{x_i m_{ij} - x_j m_{ji}}{x_i m_{ij} + x_j m_{ji}}\right) \quad (5.1\text{-}48)$$

mit $k_{ij} = k_{ji}$; $l_{ij} = -l_{ji}$; $m_{ij} = -m_{ji}$ und $k_{ii} = l_{ii} = 0$.

Falls m_{ij} gleich 0,5 gesetzt wird, reduziert sich Gleichung (5.1-48) für binäre Systeme zur Mischungsregel von Panagiotopoulos und Reid (Gl. 5.1-45).

Bei vielen zusammensetzungsabhängigen Mischungsregeln tritt das sog. **Michelsen-Kistenmacher-Syndrom** auf: mit steigender Anzahl an Komponenten in einem System nimmt die Abhängigkeit der Mischungsregel vom Molenbruch ab; die Mischungsregel kommt nicht zum gleichen Ergebnis, wenn eine Komponente in eine oder mehrere identische Unterkomponenten mit denselben Eigenschaften unterteilt wird. Dieser Effekt wirkt sich besonders in Vielkomponentensystemen aus, in denen eine oder zwei Komponenten einen geringen Anteil an der Gesamtzusammensetzung haben oder in denen die meisten Komponenten einen ähnlichen Anteil besitzen (Michelsen und Kistenmacher, 1990).

Das Michelsen-Kistenmacher-Syndrom läßt sich in seinen Auswirkungen abschwächen, indem in der Mischungsregel x_i durch $x_i + x_j$ dividiert wird (Melhem et al., 1991). Gleichung (5.1-45) von Panagiotopoulos und Reid wird dann zu

$$a = \sum_{i=1}^{N} \sum_{j=1}^{N} x_i x_j \left(a_{ii} a_{jj}\right)^{1/2} \left(1 - k_{ij} + (k_{ij} - k_{ji}) \frac{x_i}{x_i + x_j}\right) . \quad (5.1\text{-}49)$$

Diese Modifikation wirkt sich nicht auf binäre Systeme aus, sie stellt aber sicher, daß die Zusammensetzungsabhängigkeit auch in einem Vielkomponentensystem erhalten bleibt.

5.1.7 Mischungsregeln im Vergleich

Es gibt keine Mischungsregel, die in allen Anwendungsfällen den anderen überlegen ist. Einen umfassenden Vergleich der wichtigsten Mischungsregeln in Kombination mit den wichtigsten Zustandsgleichungen, getestet an einer Vielzahl von Stoffsystemen, gibt es wegen des enormen Arbeitsaufwandes nicht. Werden in der Literatur Mischungsregeln miteinander verglichen, so beschränken sich die Autoren in der Regel auf eine einzige Zustandsgleichung in Kombination mit einigen Mischungsregeln, die dann an einer Auswahl von (die Autoren) interessierenden Systemen getestet werden.

Die Leistungsfähigkeit der klassischen Van-der-Waals-Mischungsregeln wurde für 7 verschiedene Zustandsgleichungen (Peng-Robinson, SRK, Kubic, Heyen, Cubic Chain of Rotators (CCOR), Han-Cox-Bono-Kwok-Starling (HCBKS) und Chain of Rotators (COR)) extensiv von Han et al. (1988) untersucht. Es wurde für alle Zustandsgleichungen nur ein binärer Wechselwirkungsparameter verwendet (Ausnahme: COR mit 2 Parametern). Bei Systemen aus unpolaren oder schwach polaren Substanzen treten bei allen Zustandsgleichungen (Ausnahme: Heyen-Gleichung) nur geringe mittlere Abweichungen zwischen berechneten und experimentellen K-Faktoren auf (2 bis 8%); für solche Systeme reichen einfache Mischungsregeln aus.

Margerum und Lu (1990) verglichen zwei zusammensetzungsabhängige Mischungsregeln mit dem Huron-Vidal-Modell anhand von 15 Alkohol-Kohlenwasserstoff-Systemen. Es ergaben sich Druckabweichungen von 1,5 % (Schwarzentruber et al.), 1,6 % (Huron und Vidal) und 3,1 % (Adachi und Sugie). Während die beiden erstgenannten Mischungsregeln 3 anpaßbare Parameter für jedes binäre System benötigen, werden bei der Gleichung von Adachi und Sugie nur zwei Parameter verwendet, was die höheren Abweichungen erklärt.

Knudsen et al. (1993) untersuchten die Leistungsfähigkeit von fünf Mischungsregeln in Zusammenhang mit der SRK-Gleichung, wobei für den Parameter a die Temperaturabhängigkeit von Mathias und Copeman (1983) verwendet wurde. Es handelt sich um die Mischungsregeln von

5.1 Mischungsregeln für Zustandsgleichungsparameter

- van der Waals mit 2 Wechselwirkungsparametern, Gl. (5.1-3, 4, 7, 10)
- Huron-Vidal (1979) mit 3 NRTL-Parametern, Gl. (5.1-4, 9, 22)
- Dahl et al. (1991), UNIFAC-Parameter (MHV2), Gl. (5.1-4, 9, 25)
- Schwarzentruber et al. (1987) mit 3 Parametern, Gl. (5.1-4, 9, 48)
- Mollerup (1985) (dichteabhängig) mit 3 Parametern.

Alle Modelle wurden mit und ohne temperaturabhängige Wechselwirkungsparameter untersucht. Die Parameter wurden durch Anpassung an experimentelle Daten binärer Systeme aus Wasser, Kohlendioxid, Stickstoff, Schwefelwasserstoff, Methanol und n-Alkanen (bis n-Decan) bestimmt. Dabei hat sich wiederum gezeigt, daß die Zahl der anpaßbaren Parameter oft wichtiger als der Typ der Mischungsregel ist. Die Verwendung von mehr als 3 bis 4 Wechselwirkungsparametern pro binärem System bringt in der Regel nur sehr geringe Verbesserungen und kann zu falschen Extrapolationen führen. Die 3-Parameter-Modelle (Huron-Vidal, Schwarzentruber und Mollerup) ergeben die geringsten Abweichungen für wasserenthaltende Systeme.

Mit den aus Daten binärer Systeme gewonnenen Wechselwirkungsparametern haben Knudsen et al. (1993) Phasengleichgewichte in neun Mehrkomponentensystemen berechnet und mit experimentellen Daten verglichen. Dabei haben sich große Unterschiede zwischen den einzelnen Mischungsregeln ergeben. Von den 3-Parameter-Regeln zeigt das Huron-Vidal-Modell die geringsten Abweichungen. Die Verwendung von 4 Parametern bringt allgemein deutliche Verbesserungen; die 4-Parameter-Version der Huron-Vidal-Regeln und das MHV2-Modell ergeben ähnlich gute Resultate. Beide sind etwas besser als die Van-der-Waals-Mischungsregeln (k_{ij} und l_{ij} mit linearen Temperaturabhängigkeiten), welche wiederum besser als alle dreiparametrigen Mischungsregeln sind. Werden temperaturabhängige Parameter benutzt, ist bei Extrapolationen zu Temperaturen außerhalb des Anpassungsbereiches äußerste Vorsicht geboten.

Die wichtigsten Eigenschaften verschiedener Gruppen von Mischungsregeln werden im folgenden zusammengestellt (vgl. Anderko, 1990).

1. Van-der-Waals-Mischungsregeln

Aufwand: 1 binärer Parameter wird für unpolare Mischungen benötigt; 4 binäre Parameter werden für polare Mischungen benötigt.

Nutzen: einfache, schnelle Berechnungen für unpolare Mischungen

Grenzen: anwendbar hauptsächlich auf Mischungen mit unpolaren oder nur schwach polaren Substanzen

2. g^E-Modell-Mischungsregeln

Aufwand: 2 bis 3 binäre Parameter werden benötigt; wenn der Bezugszustand nicht bei niedrigem Druck liegt, müssen die g^E-Modell-Parameter umgerechnet werden; insgesamt rechentechnisch aufwendiger als Regeln der Gruppe 1.

Nutzen: Die Flexibilität der g^E-Modelle wird auf die Zustandsgleichungsmethode übertragen; die Anwendbarkeit von Gruppenbeitragsmethoden wird auf hohe Drücke ausgeweitet.

Grenzen: Mängel der g^E-Modelle werden übernommen, z. B. nichteindeutige Parametersätze; Abhängigkeit des zweiten Virialkoeffizienten vom Molenbruch wird nicht richtig wiedergegeben (Ausnahme: Wong-Sandler-Mischungsregeln); häufig wird fälschlicherweise eine Flüssig-Flüssig-Entmischung berechnet.

3. Wong-Sandler-Mischungsregeln

Aufwand: wie g^E-Modell-Mischungsregeln

Nutzen: wie g^E-Modell-Mischungsregeln; aber thermodynamisch konsistente Beschreibung bei niedrigen und bei hohen Drücken, da die Abhängigkeit des zweiten Virialkoeffizienten vom Molenbruch richtig wiedergegeben wird.

Grenzen: Mängel der g^E-Modelle werden übernommen, z. B. nichteindeutige Parametersätze.

4.   Dichteabhängige Mischungsregeln

Aufwand: 2 bis 3 temperaturabhängige binäre Parameter werden benötigt ; die Dichteabhängigkeit der Zustandsgleichung verkompliziert sich (z. B. bleibt die kubische Form nicht erhalten); rechentechnisch komplizierter.

Nutzen: thermodynamisch konsistente Beschreibung bei niedrigen und bei hohen Drücken

Grenzen: Die Leistungsfähigkeit ist i. d. R. nicht besser als bei Mischungsregeln der Gruppen 2, 3 oder 5.

5.   Zusammensetzungsabhängige Mischungsregeln

Aufwand: 2 bis 3 temperaturabhängige binäre Parameter werden benötigt.

Nutzen: genauso flexibel wie Mischungsregeln der Gruppen 2 oder 3; sind leicht zu benutzen

Grenzen: Wie bei den Gruppen 2 und 3; das Michelsen-Kistenmacher-Syndrom tritt auf.

5.2 Mischungs- und Abweichungsgrößen

Zur Beschreibung der thermodynamischen Eigenschaften von Stoffmischungen können neben partiellen molaren Größen auch Mischungs- und Abweichungsgrößen verwendet werden.

Die zu einer beliebigen intensiven thermodynamischen Größe d gehörende Mischungsgröße Δd_{mix} ist gleich der Differenz zwischen der realen Eigenschaft d der Mischung (für bestimmte Werte von P, T und $x_1, ..., x_n$) und dem arithmetischen Mittelwert der Reinstoffeigenschaften d_i bei gleichem Druck P und bei gleicher Temperatur T:

$$\Delta d_{mix} = d - \Sigma d_i x_i . \quad (5.2\text{-}1)$$

Die entsprechende Gleichung für eine extensive Größe D lautet:

$$\Delta D_{mix} = n \Delta d_{mix} = nd - \Sigma n_i d_i . \quad (5.2\text{-}2)$$

Während sich Mischungsgrößen auf die Differenz zum arithmetischen Mittelwert realer Größen beziehen, wird bei Abweichungsgrößen die Abweichung einer tatsächlichen Eigenschaft einer Stoffmischung zu der, bei ähnlichen Bedingungen ermittelten, Eigenschaft eines Modells betrachtet. Die Wahl des Modells ist beliebig, es sollte aber möglichst einfach sein, und für bestimmte Zustände sollte das Modell mit der Wirklichkeit übereinstimmen, so daß die Abweichung gegen Null geht. Zwei Modelle, die "**Mischung idealer Gase**" und die "**ideale Mischung** realer reiner Stoffe", sind weit verbreitet und sollen im folgenden betrachtet werden (Tabelle 5.2-1).

Tabelle 5.2-1: Modelle für Mischungen, Abweichungsgrößen

Modell: Abkürzung (hochgestellt)	**Mischung idealer Gase** IGM	**Ideale Mischung** IM
Abweichungsgrößen: Abkürzung, bei gleichen P,T Abkürzung, bei gleichen v,T	**Residualgrößen** R r	**Exzeßgrößen** E e

5.2.1 Mischung idealer Gase, Residualgrößen

Um die Abweichungen des realen Verhaltens von Gasmischungen von einem idealen Bezugszustand zu beschreiben, wird als Bezugsmodell in der Regel die **Mischung idealer Gase** (abgekürzt mit einem hochgestellten "IGM") verwendet. Die zu diesem Modell gehörenden Abweichungsgrößen sind die Residualgrößen. Im vorangegangenen Kapitel sind die Residualgrößen bei Einstoffsystemen als Differenz zwischen einer realen Größe und der entsprechenden Größe eines idealen Gases eingeführt worden (Gl. 4.2-1). Bei Stoffmischungen ist das Bezugsmodell nicht das ideale Gas, sondern eine Mischung idealer Gase. Wie bei den Einstoffsystemen werden die Residualgrößen in Mischungen in Abhängigkeit vom Vergleichszustand gekennzeichnet: bei gleichen P,T mit einem hochgestellten großen "R" und bei gleichen v,T mit einem

5.2 Mischungs- und Abweichungsgrößen

hochgestellten kleinen "r" (Abbott und Nass, 1986). Analog zu den Gleichungen (4.2-2) und (4.2-3) gilt also:

$$s^R = (s - s^{IGM})_{T,P} \,, \tag{5.2-3}$$

$$s^r = (s - s^{IGM})_{T,v} \,. \tag{5.2-4}$$

Da die Bestimmung von Residualgrößen ein wichtiger und nützlicher Zwischenschritt bei der Berechnung von thermodynamischen Größen und Phasengleichgewichten mit Hilfe von Zustandsgleichungen ist, wird das Bezugsmodell der Mischung idealer Gase nicht nur auf Gasmischungen angewendet, sondern in Verbindung mit Zustandsgleichungen auch auf Flüssigkeiten bzw. Dampf-Flüssig- und Flüssig-Flüssig-Entmischungsgebiete.

Wie bei einem idealen Gas finden in einer Mischung idealer Gase keine Wechselwirkungen zwischen den Molekülen statt. Jede Komponente i der Mischung verhält sich so, als nähme sie als ideales Gas allein das gesamte Volumen V bei der Temperatur T ein; sie übt den Partialdruck $P_i = y_i P$ aus, der sich in diesem Fall nach dem idealen Gasgesetz berechnet.

Für das Volumen, die innere Energie und die Enthalpie einer Mischung idealer Gase sind die Mischungsgrößen gleich Null, und die partiellen molaren Größen sind gleich den mit dem idealen Gasgesetz berechneten Reinstoffgrößen, z. B.

$$\overline{v}_i^{IGM}(T,P,x_i) = v_i^{IG}(T,P) \,. \tag{5.2-5}$$

Da sich eine Eigenschaft einer Mischung durch Mittelwertbildung der entsprechenden partiellen molaren Größe über den Molanteil ergibt, gilt für das Volumen v^{IGM}, die innere Energie u^{IGM} und die Enthalpie h^{IGM} einer Mischung idealer Gase:

$$v^{IGM}(T, P, \boldsymbol{x}) = \sum_i x_i v_i^{IG}(T, P) \,, \tag{5.2-6}$$

$$u^{IGM}(T, \boldsymbol{x}) = \sum_i x_i u_i^{IG}(T) \,, \tag{5.2-7}$$

$$h^{IGM}(T, \boldsymbol{x}) = \sum_i x_i h_i^{IG}(T) \,, \tag{5.2-8}$$

wobei $\boldsymbol{x}$ der Vektor aus den Molenbrüchen der einzelnen Komponenten ist.

Beim Mischen idealer Gase treten Entropieeffekte auf, so daß für die Entropie, die Freie Energie und die Freie Enthalpie die Mischungsgrößen nicht gleich Null sind. Die wichtigsten Formeln zur Bestimmung von partiellen molaren Größen und Mischungsgrößen für Mischungen idealer Gase sind in der Tabelle A5-1 im Anhang zusammengestellt.

Die Berechnung von Residualgrößen in Mischungen kann auf die gleiche Weise wie bei den Einstoffsystemen mit Hilfe von Zustandsgleichungen erfolgen. Es können die im Kapitel 4 vorgestellten Formeln zur Bestimmung von a^r, h^r, s^r, e^r und g^r direkt verwendet werden. Die Berechnung unterscheidet sich nur darin, daß die Zustandsgleichungsparameter keine Reinstoffgrößen sind, sondern mit Hilfe von Mischungsregeln bestimmt werden. Auch die Umrechnung der Vergleichszustände, z. B. von a^r zu a^R, kann mit den Gleichungen (4.2-4), (4.2-5) und (4.2-7) bis (4.2-9) erfolgen.

5.2.2 Ideale Mischung, Exzeßgrößen

Zur Beschreibung des Verhaltens von Flüssigkeitsmischungen wird in der Regel als Bezugsmodell die **ideale Mischung** verwendet (abgekürzt mit einem hochgestellten "IM"). Die zu diesem Modell gehörenden Abweichungsgrößen sind die Exzeßgrößen.

Wie bei einer Mischung idealer Gase ist das Volumen, die innere Energie und die Enthalpie einer idealen Mischung gleich dem arithmetischen Mittelwert der entsprechenden Reinstoffgrößen in einem bestimmten Vergleichszustand. Allerdings wird das reale Reinstoffverhalten zugrunde gelegt und nicht ein mit dem idealen Gasgesetz berechnetes Verhalten. Die partiellen molaren Größen von Volumen, innerer Energie und Enthalpie sind gleich den (realen) Reinstoffgrößen, z. B.

$$\overline{v}_i^{IM}(T, P, \boldsymbol{x}) = v_i(T, P) \ . \tag{5.2-9}$$

Das Volumen v^{IM}, die innere Energie u^{IM} und die Enthalpie h^{IM} einer idealen Mischung berechnen sich als

$$v^{IM}(T, P, \boldsymbol{x}) = \sum_i x_i v_i(T, P) \ , \tag{5.2-10}$$

5.2 Mischungs- und Abweichungsgrößen

$$u^{IM}(T, \boldsymbol{x}) = \sum_i x_i u_i(T) \,, \qquad (5.2\text{-}11)$$

$$h^{IM}(T, \boldsymbol{x}) = \sum_i x_i h_i(T) \,. \qquad (5.2\text{-}12)$$

Die entsprechenden Mischungsgrößen sind gleich Null.

Wie bei einer Mischung idealer Gase treten in einer idealen Mischung Entropieeffekte auf, so daß für die Entropie, die Freie Energie und die Freie Enthalpie die Mischungsgrößen nicht gleich Null sind. In der Tabelle A5-2 im Anhang sind die wichtigsten Formeln zur Bestimmung von Mischungsgrößen und partiellen molaren Größen in idealen Mischungen zusammengestellt.

Abweichungen zwischen dem realen Verhalten der Mischung und dem Bezugsmodell der idealen Mischung bei gleichem Vergleichszustand werden durch **Exzeßgrößen** charakterisiert. Exzeßgrößen werden, ähnlich wie die Residualgrößen, in Abhängigkeit vom Vergleichszustand mit einem hochgestellten "e" oder "E" gekennzeichnet (Abbott und Nass, 1986), z. B.

$$s^E = (s - s^{IM})_{T,P} \,, \qquad (5.2\text{-}13)$$

$$s^e = (s - s^{IM})_{T,v} \,. \qquad (5.2\text{-}14)$$

Exzeßgrößen sind eng mit Aktivitätskoeffizienten- oder g^E-Modellen verknüpft und werden normalerweise nicht mit Zustandsgleichungen berechnet. Sie lassen sich aber aus den Residualgrößen bestimmen, die ihrerseits auf einfache Weise mit Hilfe von Zustandsgleichungen zu berechnen sind.

Der Zusammenhang zwischen Residual- und Exzeßgrößen für eine beliebige Variable d lautet:

$$d = d^E + d^{IM} = d^R + d^{IGM} \,, \qquad (5.2\text{-}15)$$

$$d^E - d^R = d^{IGM} - d^{IM} = \left(\Sigma x_i d_i^{IG} + \Delta d_{mix}^{IGM} \right) - \left(\Sigma x_i d_i + \Delta d_{mix}^{IM} \right). \quad (5.2\text{-}16)$$

Da die Mischungsgrößen einer Mischung idealer Gase und einer idealen Mischung übereinstimmen, gilt

$$d^E - d^R = \Sigma x_i (d_i^{IG} - d_i) = \Sigma x_i d_i^R \,. \qquad (5.2\text{-}17)$$

Analog folgt für die Abweichungsgrößen bei gleicher Dichte und gleicher Temperatur:

$$d^e - d^r = \Sigma x_i (d_i^{IG} - d_i) = \Sigma x_i d_i^r \ . \qquad (5.2\text{-}18)$$

Die Berechnung von Exzeßgrößen mit Zustandsgleichungen führt über die Residualgrößen der einzelnen Komponente und die der Mischung. Berechnungsbeispiele werden u. a. von Freydank (1992) gegeben.

5.3 Änderungen der inneren Energie, Enthalpie und Entropie in Mischungen

Die Berechnung von thermodynamischen Größen in Mischungen unterscheidet sich nicht wesentlich von der Berechnung für reine Stoffe. Man berechnet zunächst die Änderung für eine Mischung idealer Gase und dann die Residualgrößen für den Anfangs- und den Endzustand. Die Ermittlung der Residualgrößen erfolgt wie bei Einstoffsystemen mit den Gleichungen (4.2-10), (4.2-13) und (4.2-19) bis (4.2-21), wobei die Zustandsgleichungsparameter mit Hilfe von Mischungsregeln aus den Reinstoffparametern gewonnen werden. Die dabei verwendeten Wechselwirkungsparameter beeinflussen die Berechnung der thermodynamischen Größen.

$$\Delta u = u^{IGM}(T_2,\boldsymbol{x}) - u^{IGM}(T_1,\boldsymbol{x}) + u^r(T_2,v_2,\boldsymbol{x}) - u^r(T_1,v_1,\boldsymbol{x}) \qquad (5.3\text{-}1)$$

$$\Delta h = h^{IGM}(T_2,\boldsymbol{x}) - h^{IGM}(T_1,\boldsymbol{x}) + h^R(T_2,P_2,\boldsymbol{x}) - h^R(T_1,P_1,\boldsymbol{x}) \qquad (5.3\text{-}2)$$

$$\Delta s = s^{IGM}(T_2,\boldsymbol{x}) - s^{IGM}(T_1,\boldsymbol{x}) + s^r(T_2,v_2,\boldsymbol{x}) - s^r(T_1,v_1,\boldsymbol{x}) \qquad (5.3\text{-}3)$$

$$\Delta s = s^{IGM}(T_2,\boldsymbol{x}) - s^{IGM}(T_1,\boldsymbol{x}) + s^R(T_2,P_2,\boldsymbol{x}) - s^R(T_1,P_1,\boldsymbol{x}) \qquad (5.3\text{-}4)$$

wobei $u^{IGM}(T,\boldsymbol{x})$ und $h^{IGM}(T_2,\boldsymbol{x})$ mit den Gleichungen (5.2-7) und (5.2-8) berechnet werden und $s^{IGM}(T,\boldsymbol{x})$ mit

$$s^{IGM}(T,\boldsymbol{x}) = \sum_{i=1}^{N} x_i s_i^{IG}(T) + \Delta s_{mix}^{IGM} = \sum_{i=1}^{N} x_i (s_i^{IG}(T) - R \ln x_i) \qquad (5.3\text{-}5)$$

$$\Delta g = \Delta h^{IGM} - T\Delta s^{IGM} + g^{R}(T_2,P_2,\pmb{x}) - g^{R}(T_1,P_1,\pmb{x}) \quad (5.3\text{-}6)$$

$$\Delta a = \Delta u^{IGM} - T\Delta s^{IGM} + a^{r}(T_2,v_2,\pmb{x}) - a^{r}(T_1,v_1,\pmb{x}) \quad (5.3\text{-}7)$$

mit $\quad \Delta h^{IGM} = h^{IGM}(T_2,\pmb{x}) - h^{IGM}(T_1,\pmb{x}) \quad (5.3\text{-}8)$

5.4 Fugazitätskoeffizienten in Mischungen

Zur Berechnung von Phasengleichgewichten in Mehrkomponentensystemen muß die Fugazität aller Komponenten in allen Phasen bekannt sein. Bei der Verwendung von Zustandsgleichungen wird die Fugazität f_i einer Komponente i mit Hilfe des Fugazitätskoeffizienten φ_i bestimmt. Durch Umstellung von Gleichung (2.6-10) ergibt sich:

$$f_i = \varphi_i \, y_i \, P \, . \quad (5.4\text{-}1)$$

Topliss (1985) schlug eine Methode zur Berechnung des Fugazitätskoeffizienten aus der residuellen Freien Energie a^r vor. Danach gilt

$$\ln\varphi_i = \frac{1}{RT}\left(\frac{\partial n\, a^r}{\partial n_i}\right)_{\varrho,T,n_{k\neq i}} + Z - 1 - \ln Z \, . \quad (5.4\text{-}2)$$

Die Ähnlichkeit von Gleichung (5.4-2) mit der entsprechenden Gleichung für Einstoffsysteme (4.2-50) ist groß. Bei Mischungen ist allerdings die partielle Ableitung von A^r nach der Teilchenzahl nicht gleich a^r, sondern wesentlich komplizierter. Die Ableitung nach den Molzahlen n_i in Gleichung (5.4-2) kann als Ableitung nach den Molenbrüchen umgeschrieben werden (Rowlinson und Swinton, 1982):

$$\left(\frac{\partial n\, a^r}{\partial n_i}\right)_{\varrho,T,n_{k\neq i}} = a^r + \left(\frac{\partial a^r}{\partial x_i}\right)_{\varrho,T,x_{k\neq i}} - \sum_{j=1}^{N} x_j \left(\frac{\partial a^r}{\partial x_j}\right)_{\varrho,T,x_{k\neq j}} . \quad (5.4\text{-}3)$$

Bei den obigen Ableitungen werden alle Molenbrüche konstant gehalten außer dem Molenbruch, nach dem die Ableitung erfolgt. Dies ist zwar physikalisch nicht möglich, aber diese Vorgehensweise ist ein nützliches mathematisches Werkzeug, das die weitere Berechnung vereinfacht. Die residuelle Freie Energie a^r ist nur über die

Mischungsregeln der Zustandsgleichungsparameter vom Molenbruch abhängig:

$$\left(\frac{\partial a^r}{\partial x_i}\right)_{\varrho,T,x_k \neq i} = \sum_{j=1}^{N}\left(\frac{\partial a^r}{\partial \beta_j}\right)_{\varrho,T,\beta_k \neq j}\left(\frac{\partial \beta_j}{\partial x_i}\right)_{\varrho,T,x_k \neq j}, \qquad (5.4\text{-}4)$$

wobei β_j ein vom Molenbruch abhängiger Parameter der Zustandsgleichung ist. Bei zweiparametrigen Zustandsgleichungen, wie der Peng-Robinson- oder der Dohrn-Prausnitz-Gleichung, lassen sich β_1 und β_2 den Parametern a und b zuordnen:

$$\beta_1 = a \qquad (5.4\text{-}5)$$

und

$$\beta_2 = b \,. \qquad (5.4\text{-}6)$$

Zur Vereinfachung soll folgende vereinfachende Schreibweise eingeführt werden[1]:

$$a_a^r = \left(\frac{\partial a^r}{\partial a}\right)_{\varrho,T,} \quad \text{und} \quad a_b^r = \left(\frac{\partial a^r}{\partial b}\right)_{\varrho,T,a}, \qquad (5.4\text{-}7)$$

$$a_{xi} = \left(\frac{\partial a}{\partial x_i}\right)_{\varrho,T,x_k \neq j} \quad \text{und} \quad b_{xi} = \left(\frac{\partial b}{\partial x_i}\right)_{\varrho,T,x_k \neq j}. \qquad (5.4\text{-}8)$$

Durch Einsetzen der Gleichungen (5.4-3) bis (5.4-8) in Gleichung (5.4-2) ergibt sich:

$$\ln\varphi_i = \frac{1}{RT}\left(a^r + a_a^r a_{xi} + a_b^r b_{xi} - \sum_{j=1}^{N} x_j a_a^r a_{xj} - \sum_{j=1}^{N} x_j a_b^r b_{xj}\right)$$

$$+ Z - 1 - \ln Z \,. \qquad (5.4\text{-}9)$$

Durch Ausklammern von a_a^r und a_b^r erhält man folgenden allgemeinen Ausdruck für den Fugazitätskoeffizienten zweiparametriger Zustandsgleichungen:

---

[1] Wegen der Verwendung desselben Formelzeichens für die molare Freie Energie a und den Zustandsgleichungsparameter a könnte es zu Verwechslungen kommen. Die Freie Energie taucht jedoch im Zusammenhang mit Parameter a nur als Residualgröße mit einem hochgestellten "r" auf, so daß eine Verwechslung unwahrscheinlich ist.

$$\boxed{\begin{aligned}\ln\varphi_i = \frac{1}{RT}\Bigl(a^r + a_a^r\bigl(a_{xi} - \sum_{j=1}^{N} x_j a_{xj}\bigr)\\ + a_b^r\bigl(b_{xi} - \sum_{j=1}^{N} x_j b_{xj}\bigr)\Bigr) + Z - 1 - \ln Z\end{aligned}}\qquad(5.4\text{-}10)$$

Für die Peng-Robinson- und die Dohrn-Prausnitz-Gleichung sind die Ausdrücke für Z, a^r, a_a^r und a_b^r im Anhang A3 aufgeführt.

Die partiellen Ableitungen der Parameter nach dem Molenbruch x_i sind abhängig von den verwendeten Mischungsregeln und nicht von den Zustandsgleichungen. Werden z. B. für den Parameter a quadratische Mischungsregeln gemäß Gleichung (5.1-3) verwendet, so ist

$$a_{xi} = \left(\frac{\partial a}{\partial x_i}\right)_{\varrho,T,x_k \neq j} = 2\sum_{j=1}^{N} x_j a_{ij} \;. \qquad (5.4\text{-}11)$$

Bei der Verwendung einer linearen Mischungsregel, z. B. für den Parameter b (Gl. 5.1-9), ist die partielle Ableitung von b nach dem Molenbruch x_i gleich dem Reinstoffparameter b_i:

$$b_{xi} = \left(\frac{\partial b}{\partial x_i}\right)_{\varrho,T,x_k \neq j} = b_i \;. \qquad (5.4\text{-}12)$$

Werden die Boublik-Mansoori-Mischungsregeln angewendet, müssen die partiellen Ableitungen von a^r nach den drei Parametern des Referenzterms D, E und F sowie nach den beiden Parametern des Störungsterms a und b bestimmt werden. Die entsprechenden Ausdrücke für die Dohrn-Prausnitz-Gleichung sind im Anhang A3 aufgeführt.

5.5 Berechnung von Aktivitätskoeffizienten

Erfolgt die Berechnung der Fugazitäten in allen Phasen mit Hilfe von Zustandsgleichungen, so werden keine Aktivitätskoeffizienten zur Phasengleichgewichtsberechnung benötigt. Trotzdem ist ihre Kenntnis oft wünschenswert, z. B. um die in Kapitel 2 genannten Wege A und B zur Berechnung der Fugazitäten miteinander zu vergleichen. Aktivitätskoeffizienten lassen sich über die Freie Exzeßenthalpie g^E auch mit Zustandsgleichungen bestimmen.

Für die partielle molare Freie Exzeßenthalpie $\overline{g}_i^E$ gilt:

$$\overline{g}_i^E = \overline{g}_i - \overline{g}_i^{IM} = RT\ln\frac{f_i}{f_i^{IM}} \qquad (5.5-1)$$

mit $\qquad f_i = x_i \gamma_i f_i^0 \qquad (2.6-23)$

und $\qquad f_i^{IM} = x_i f_i^0 \qquad (5.5-2)$

bzw.
$$\boxed{\begin{aligned} \overline{g}_i^E &= RT\ln\gamma_i \\ g^E &= RT\sum_{j=1}^N x_i \ln\gamma_i \end{aligned}} \qquad \begin{aligned}(5.5-3)\\(5.5-4)\end{aligned}$$

Die Bestimmung von $\overline{g}_i^E$ kann durch numerische Differentiation von g^E erfolgen. Dies ist für binäre Systeme besonders einfach[1]:

$$RT\ln\gamma_1 = g^E + (1 - x_1)\left(\frac{\partial g^E}{\partial x_1}\right)_{T,P}, \qquad (5.5-5)$$

$$RT\ln\gamma_2 = g^E - x_1\left(\frac{\partial g^E}{\partial x_1}\right)_{T,P}. \qquad (5.5-6)$$

Bei einem weiteren Weg zur Berechnung von Aktivitätskoeffizienten mit Zustandsgleichungen wird zunächst die Fugazität f_i über den Fugazitätskoeffizienten φ_i mit Gleichung (5.4-1) berechnet. Anschließend wird das Ergebnis in Gleichung (2.6-19) eingesetzt und diese dann nach dem Aktivitätskoeffizienten γ_i aufgelöst.

Der Zusammenhang zwischen dem Aktivitätskoeffizienten bei unendlicher Verdünnung γ^∞ und den binären Wechselwirkungsparametern k_{12} und k_{21} bei der Verwendung einer modifizierten Redlich-Kwong-Gleichung wird von Twu et al. (1992a) diskutiert. γ^∞ gibt Aufschluß über die Wechselwirkungen eines Moleküls der Komponente i mit Molekülen anderer Komponenten, wobei Wechselwirkungen mit anderen Molekülen der Komponente i keinen störenden Einfluß ausüben. Basierend auf der Tatsache, daß γ^∞ als ein Maß für das nichtideale Lösungsverhaltens eines Stoffes in einem Lösungsmittel dienen kann, schlagen Twu et al. eine Methode zur Vorhersage der Wechselwirkungsparameter mit Hilfe von γ^∞ vor.

---

[1] Siehe z. B. im Lehrbuch von Gmehling und Kolbe (1988)

5.6 Berechnungsbeispiele

Im folgenden Abschnitt sollen einige Beispiele zur Berechnung von Residual- und Exzeßgrößen in Mischungen gegeben werden. Die Berechnungen wurden mit den an der TUHH entwickelten Programmen **e** (Pfohl, 1992) und **ps** (phase equilibria for process simulation) durchgeführt. Bei den untersuchten Beispielsystemen hat die Wahl der Zustandsgleichung nur einen geringen Einfluß auf die Berechnungsergebnisse. Dies gilt allerdings nur für Zustandsgleichungen, die die Dampfdrücke der Reinstoffe gut wiedergeben, d. h. bei denen die Reinstoffparameter an die Fugazitäten in den koexistierenden Phasen angepaßt wurden. Wichtig für die Berechung von Residual- und Exzeßgrößen in Mischungen sind die verwendeten Mischungsregeln und die Werte der Wechselwirkungsparameter.

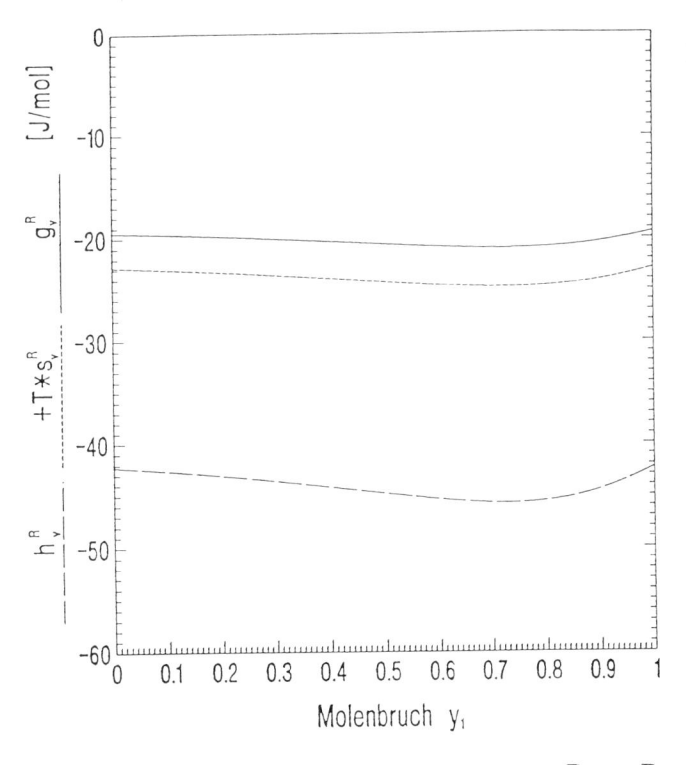

Abb. 5.6-1:
Mit der Dohrn-Prausnitz-Gleichung berechnete Residualgrößen für das System Benzen(1)-Trimethylpentan(2) entlang der Taulinie; T = 313,15 K; Van-der-Waals-Mischungsregeln: $k_{12} = l_{12} = 0$

Abbildung 5.6-1 zeigt den Verlauf von h^R, Ts^R und g^R entlang der Taulinie für das System Benzen-Trimethylpentan bei 313,15 K. Die Berechnungen wurden mit der Dohrn-Prausnitz-Zustandsgleichung durchgeführt, wobei alle Wechselwirkungsparameter auf Null gesetzt wurden. Die durch Mischungseffekte hervorgerufenen Änderungen der Residualgrößen sind wesentlich geringer als die absoluten Werte von h^R und Ts^R der reinen Stoffe. Die Freie Residualenthalpie g^R (= h^R - Ts^R) verläuft in dieser Darstellung im gesamten Konzentrationsbereich nahezu parallel zur Abzisse.

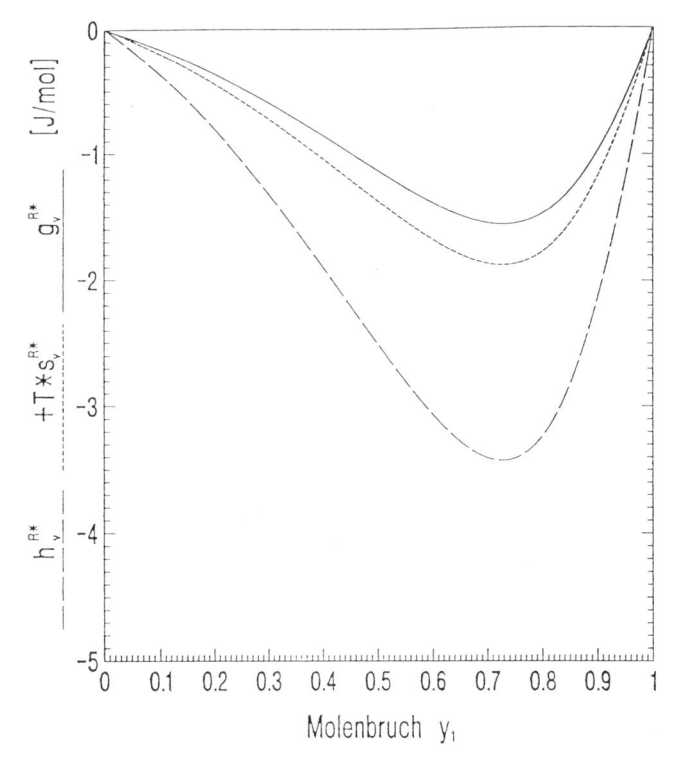

Abb. 5.6-2: Differenz zwischen Residualgrößen der Mischung und arithmetischen Mittelwerten der Reinstoffresidualgrößen (sonst wie Abb. 5.6-1)

Der Einfluß des Molenbruchs auf die Residualgrößen wird deutlicher, wenn die Abweichung der Residualgrößen der Mischung vom arithmetischen Mittelwert der Reinstoffresidualgrößen dargestellt wird (Abb. 5.6-2). Da Residualgrößen von Mischungen in der Regel nur als Zwischengrößen zur Berechnung von Enthalpie-, innerer Energie- oder Entropiedifferenzen bzw. zur Berechnung von Fugazitätskoeffizienten verwendet werden, gibt es in der Literatur nur sehr selten Angaben über sie.

Bei veröffentlichten berechneten Residualgrößen fehlen sehr häufig Informationen über die verwendeten Wechselwirkungs- und Reinstoffparameter, was eine Überprüfung der Berechnung erschwert.

5.6 Berechnungsbeispiele

Ein Beispiel zur Berechnung von Exzeßgrößen mit der Dohrn-Prausnitz-Zustandsgleichung wird in Abbildung 5.6-3 dargestellt. Experimentelle Daten der Exzeßenthalpie h^E und der Freien Exzeßenthalpie g^E (Prigogine und Defay, 1954) der flüssigen Phase des Systems Benzen-Kohlenstoffdisulfid bei 298,15 K werden mit den berechneten Verläufen von g^E, h^E und Ts^E verglichen.

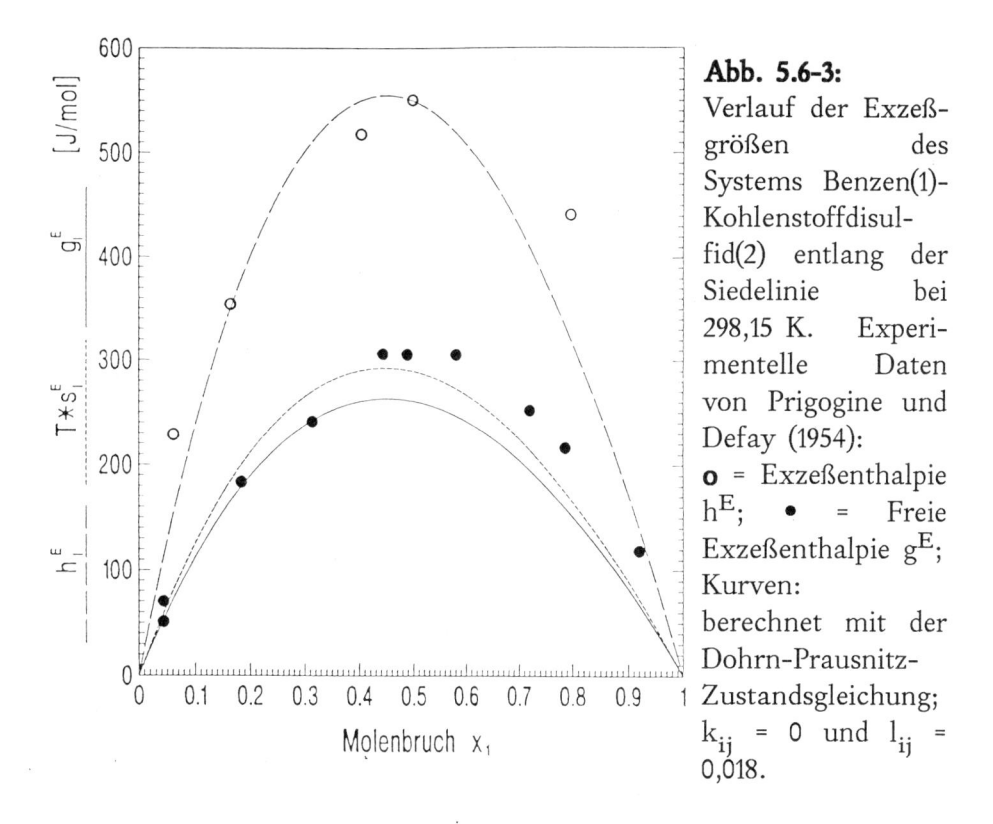

Abb. 5.6-3: Verlauf der Exzeßgrößen des Systems Benzen(1)-Kohlenstoffdisulfid(2) entlang der Siedelinie bei 298,15 K. Experimentelle Daten von Prigogine und Defay (1954): o = Exzeßenthalpie h^E; • = Freie Exzeßenthalpie g^E; Kurven: berechnet mit der Dohrn-Prausnitz-Zustandsgleichung; k_{ij} = 0 und l_{ij} = 0,018.

Wird nur ein Wechselwirkungsparameter verwendet (l_{ij} = 0,018), so lassen sich die Maximalwerte der Kurven gut wiedergeben. Die Abstände der Kurven zueinander können sich durch die gleichzeitige Variation der beiden Wechselwirkungsparameter k_{ij} und l_{ij} verändern. Ein nahezu identisches Ergebnis ergibt sich, wenn zur Berechnung die Peng-Robinson-Gleichung mit k_{ij} = 0,018 und l_{ij} = 0 verwendet wird.

In Abbildung 5.6-4 ist ein Beispiel zur Berechnung von Aktivitätskoeffizienten mit Hilfe der Peng-Robinson-Zustandsgleichung dargestellt. Für das System Aceton-Chloroform, das negative Abweichungen vom Raoultschen Gesetz und ein Azeotrop mit einem Temperaturmaximum aufweist, wurden die Aktivitätskoeffizienten numerisch aus der Steigung der Freien Exzeßenthalpie g^E bestimmt und mit experimentellen Daten (Prausnitz et al., 1986) verglichen. Wird für die Wechselwirkungsparameter ein k_{ij} von Null und ein l_{ij} von 0,07 verwendet, so liegen die berechneten Kurven für γ_1 und γ_2 innerhalb der experimentellen Unsicherheit.

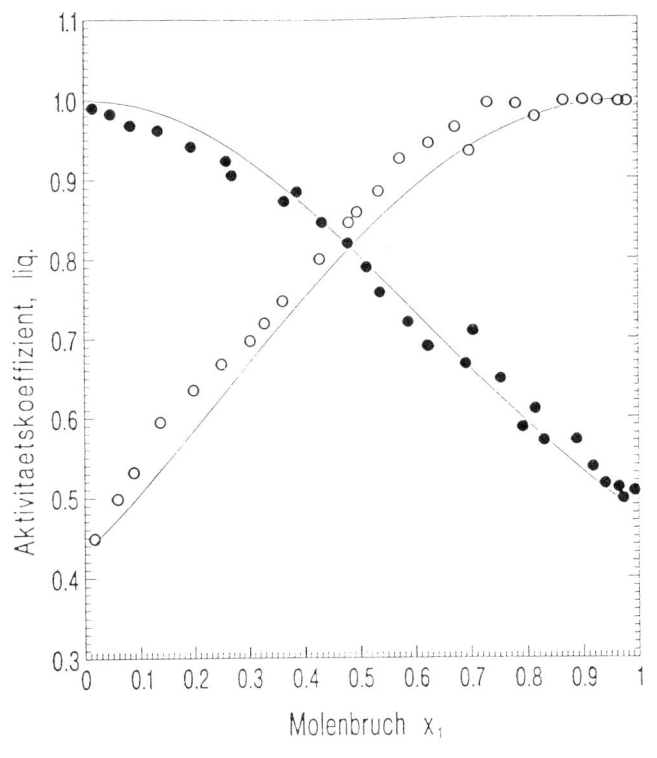

Abb. 5.6-4: Verlauf der Aktivitätskoeffizienten des Systems Aceton(1) - Chloroform(2) bei 323,15 K; Symbole: experimentelle Daten (Severns et al., 1955): —— berechnet mit der Peng-Robinson-Zustandsgleichung: k_{ij} = 0 und l_{ij} = 0,07

6 Phasengleichgewichte in Mischungen

Die meisten in der chemischen Industrie angewandten Trennverfahren, wie die Rektifikation, die Extraktion oder die Absorption, sind gleichgewichtsbestimmt. Sie basieren auf der unterschiedlichen Zusammensetzung zweier oder mehrerer miteinander im Phasengleichgewicht stehender Phasen. Die Genauigkeit, mit der Phasengleichgewichte berechnet werden können, hat einen direkten Einfluß auf die Auslegung von Trennprozessen. Ein thermodynamisches Modell zur Berechnung von Phasengleichgewichten sollte nicht nur möglichst genaue Ergebnisse liefern, sondern es sollte auch möglichst effizient sein. Die Berechnung von Phasengleichgewichten in Stoffmischungen nimmt nämlich bei der rechnerischen Simulation von chemischen Produktionsprozessen 50 bis 90 % der Rechenzeit in Anspruch (Han et al, 1988). Das liegt daran, daß die Berechnung verfahrenstechnischer Trennoperationen häufig iterativ erfolgt, so daß die Gleichgewichtszusammensetzungen immer wieder neu berechnet werden müssen.

Nachdem in den vorangegangen Kapiteln wichtige Grundlagen gelegt worden sind, soll in diesem Kapitel die Berechnung von Phasengleichgewichten mit Zustandsgleichungen beschrieben und anhand von Beispielen verdeutlicht werden. Dampf-Flüssig-, Flüssig-Flüssig-, Mehrphasen- und Feststoff-Fluid-Gleichgewichte werden in den ersten vier Gliederungspunkten behandelt. Es folgen zwei Problembereiche, die heute nur unvollständig gelöst sind und in denen intensiv geforscht wird, nämlich Gleichgewichtsberechnungen in Systemen mit polaren Komponenten und in Systemen mit undefinierten Zusammensetzungen. Am Ende des Kapitels wird auf die Berechnung von kritischen Kurven eingegangen, und schließlich folgt ein Vergleich der Leistungsfähigkeit verschiedener Zustandsgleichungen zur Phasengleichgewichtsberechnung.

6.1 Dampf-Flüssig-Gleichgewichte

Bei den meisten gleichgewichtsbestimmten Trennverfahren stehen eine flüssige und eine dampfförmige Phase (Gasphase) miteinander im Gleichgewicht, z. B. bei der Rektifikation, der Absorption oder der Gegenstromgasextraktion. Aus diesem Grunde kommt der Berechnung von Dampf-Flüssig-Gleichgewichten (**VLE** = **V**apor-**L**iquid **E**quilibria) eine besondere Bedeutung zu.

Im Zustand des Phasengleichgewichtes sind in den Phasen die Temperaturen (Gl. 2.4-2), die Drücke (Gl. 2.4-3) und die Fugazitäten der Komponenten (Gl. 2.6-15) gleich groß. Angewendet auf das Gleichgewicht zwischen einer flüssigen Phase (gekennzeichnet durch ein hochgestelltes L) und einer dampfförmigen Phase (hochgestelltes V) gilt für das stoffliche Gleichgewicht:

$$f_i^L = f_i^V \qquad \text{für } i = 1,...,N \ . \qquad (6.1\text{-}1)$$

Die Berechnung der Fugazitäten kann dabei über Aktivitätskoeffizienten und entsprechende Modelle, z. B. NRTL, UNIQUAC, UNIFAC, oder über Fugazitätskoeffizienten erfolgen (Gl. 2.6-19 und 2.6-20).

Bei der sogenannten **heterogenen Methode** zur Berechnung von Phasengleichgewichten erfolgt die Berechnung der Fugazitäten f_i der Komponenten in den Phasen mit unterschiedlichen Modellen, z. B. wird f_i^L über den Aktivitätskoeffizienten γ_i (Gl. 2.6-19) und f_i^V über den Fugazitätskoeffizienten φ_i (Gl. 2.6-20) berechnet. Eingesetzt in Gleichung (6.1-1) ergibt sich

$$x_i \gamma_i f_i^o = y_i \varphi_i P \qquad \text{für } i = 1,...,N \ , \qquad (6.1\text{-}2)$$

wobei x_i der Molenbruch in der flüssigen Phase und y_i der Molenbruch in der dampfförmigen Phase (Gasphase) ist. Erfolgt die Berechnung für einen niedrigen Systemdruck (kleiner als 500 kPa), so wird häufig das reale Verhalten der Gasphase vernachlässigt: φ_i wird gleich eins gesetzt.

Bei der **homogenen Methode** werden die Fugazitäten f_i der Komponenten in allen Phasen mit demselben Modell berechnet, in der Regel mit Zustandsgleichungen über Fugazitätskoeffizienten. Aus Gleichung (6.1-1) wird dann:

6.1 Dampf-Flüssig-Gleichgewichte

$$x_i \; \varphi_i^L(T,P,v^L(\boldsymbol{x})) \; P = y_i \; \varphi_i^V(T,P,v^V(\boldsymbol{y})) \; P \quad \text{für } i = 1,...,N \; . \quad (6.1\text{-}3)$$

Da der Druck P auf beiden Seiten der Gleichung auftaucht, vereinfacht man zu

$$x_i \; \varphi_i^L(T,P,v^L(\boldsymbol{x})) = y_i \; \varphi_i^V(T,P,v^V(\boldsymbol{y})) \quad \text{für } i = 1,...,N \; . \quad (6.1\text{-}4)$$

Für das Verhältnis der Molenbrüche y_i und x_i, dem sogenannten K-Faktor K_i der Komponente i, gilt dann:

$$K_i = \frac{y_i}{x_i} = \frac{\varphi_i^L(T,P,v^L(\boldsymbol{x}))}{\varphi_i^V(T,P,v^V(\boldsymbol{y}))} \; . \quad (6.1\text{-}5)$$

Zusammen mit den üblichen Bilanzgleichungen lassen sich aus den K-Faktoren die Zusammensetzungen der koexistierenden Phasen berechnen. Das Phasengleichgewichtsproblem reduziert sich somit auf die Berechnung von Fugazitätskoeffizienten der Komponenten in den Phasen (d. h. in Stoffmischungen). Dies ist, wie im vorangegangenen Kapitel gezeigt wurde, mit Hilfe von Zustandsgleichungen auf einfache Weise möglich.

Die homogene Methode hat gegenüber der heterogenen Methode die Vorteile (Gmehling und Kolbe, 1988; Prausnitz et al., 1986), daß

1. keine Standardfugazitäten benötigt werden,
2. gleichzeitig die Dichten der Phasen berechnet werden (Gl. 6.1-5),
3. andere thermodynamische Größen, wie Enthalpie und Entropie, einfach berechnet werden können,
4. sie in der Nähe des kritischen Punktes anwendbar ist (da für beide Phasen dasselbe Modell verwendet wird, gibt es keine Unstimmigkeiten bei ähnlichen oder gleichen Phasenzusammensetzungen),
5. zur Berechnung nur PvT$\boldsymbol{xy}$-Daten benötigt werden,
6. das Korrespondenzprinzip angewendet werden kann.

Allerdings ergeben sich auch die Nachteile, daß

1. die Anwendung auf polare Moleküle, Polymere und Elektrolyte Schwierigkeiten bereitet,
2. keine allgemein anwendbare Zustandsgleichung bekannt ist,
3. die Mischungsregeln (bzw. Wechselwirkungsparameter) einen starken Einfluß auf das Ergebnis haben.

6.1.1 Algorithmen zur Gleichgewichtsberechnung

Bei der Berechnung von K-Faktoren (Gl. 6.1-5) ergibt sich das Problem, daß die Fugazitätskoeffizienten von den Phasenzusammensetzungen abhängen. Da diese (zumindest teilweise) unbekannt sind, erfolgt die Gleichgewichtsberechnung mit Zustandsgleichungen iterativ. Dies ist ein Grund dafür, daß sich dieses Verfahren erst durchgesetzt hat, nachdem Computer allgemein zugänglich waren. Heute lassen sich einfache Gleichgewichtsberechnungen mit Taschenrechnern durchführen[1]. Übersichten zu Algorithmen und Computer(unter)programmen wurden u. a. von Prausnitz et al. (1980), Heidemann (1983), Walas (1985) und Michelsen (1987) gegeben.

Allgemein stehen zur Lösung des Phasengleichgewichtsproblems folgende Gleichungstypen zur Verfügung:

1. **Gleichgewichtsbeziehungen**

$$K_i = \frac{y_i}{x_i} \qquad \text{für } i = 1,..., N \qquad (6.1\text{-}6)$$

2. **Gesamtbilanz**

$$F = L + V, \qquad (6.1\text{-}7)$$

wobei F die Gesamtmenge an Feed, L die Menge der flüssigen Phase und V die Menge der Dampfphase ist (jeweils in mol).

3. **Stoffbilanzen**

$$Fz_i = Lx_i + Vy_i \qquad \text{für } i = 1,..., N, \qquad (6.1\text{-}8)$$

$$z_i = (1-\beta)x_i + \beta y_i \qquad \text{für } i = 1,..., N, \qquad (6.1\text{-}9)$$

wobei z_i der Molanteil der Komponente i an der Gesamtzusammensetzung und β der verdampfte Anteil (V/F) ist.

4. **Enthalpiebilanz**

$$Fh^F + Q = Lh^L + Vh^V \qquad (6.1\text{-}10)$$

h^F, h^L und h^V sind die molaren Enthalpien des Feed, der flüssigen Phase und der Gasphase; Q ist die zugeführte Wärmemenge.

5. **Summationsbeziehungen**

$$\sum_{i=1}^{N} x_i = \sum_{i=1}^{N} y_i = \sum_{i=1}^{N} z_i = 1 \qquad (6.1\text{-}11)$$

---

[1] ... und sind (zum Leidwesen der Studenten) zum Gegenstand von Klausuraufgaben geworden.

6.1 Dampf-Flüssig-Gleichgewichte

Je nachdem, welche Variablen gegeben sind und welche Variablen berechnet werden sollen, d. h. je nach Aufgabenstellung, verwendet man spezielle Algorithmen zur Gleichgewichtsberechnung. Aus der Vielzahl der möglichen Fälle sollen hier nur die in der Tabelle 6.1-1 zusammengestellten Problemstellungen behandelt werden.

Tabelle 6.1-1 Problemstellungen bei der Gleichgewichtsberechnung

Problemstellung	gegeben	gesucht	Abbildung
Siededruckproblem	T, x	P, y	Abb. 6.1-1
Siedetemperaturproblem	P, x	T, y	Abb. A6-1
Taudruckproblem	T, y	P, x	Abb. A6-2
Tautemperaturproblem	P, y	T, x	Abb. A6-3
Isothermer isobarer Flash[1]	P, T, z	x, y, β	Abb. 6.1-2

Beim Siededruckproblem wird der Dampfdruck P über einer Flüssigkeit mit der Zusammensetzung x bei der Temperatur T gesucht; außerdem ist die Zusammensetzung y der sich bildenden Dampfblasen zu bestimmen. Abbildung 6.1-1 zeigt einen möglichen Programmablaufplan zur Lösung des Siededruckproblems. Als Eingangsgrößen werden Reinstoffdaten für die Zustandsgleichungsparameter (z. B. T_{ci}, P_{ci} und ω_i), binäre Wechselwirkungsparameter (z. B. k_{ij}) sowie Schätzwerte für P und y benötigt. Zunächst werden die Zustandsgleichungsparameter a^L und b^L für die flüssige Phase mit Hilfe von Mischungsregeln berechnet; diese Werte bleiben von der nachfolgenden Iteration unberührt. Es folgt die Berechnung der Parameter a^V und b^V für die geschätzte Gasphasenzusammensetzung. Dann werden die molaren Volumina der flüssigen Phase v^L und der Gasphase v^V für den geschätzten Druck P (Dichtefindungsproblem) und die Fugazitätskoeffizienten φ_i^L und φ_i^V der Komponenten ermittelt.

---

[1] Unter einem Flash versteht man eine verfahrenstechnische Operation, bei der eine Stoffmenge mit bekannter Gesamtzusammensetzung Bedingungen ausgesetzt wird (z. B. einer bestimmten Temperatur und einem bestimmten Druck), so daß sie in mindestens zwei Phasen unterschiedlicher Zusammensetzung zerfällt.

```
┌─────────────────────────────────┐
│  gegeben: T, x                  │
│  Schätzwerte: P, y              │
│  Reinstoffdaten: z.B. T_ci, P_ci, ω_i │
│  binäre Parameter: z. B. k_ij   │
└─────────────────────────────────┘
              ↓
┌─────────────────────────────────┐
│  a^L, b^L berechnen (flüssige Phase) │
│  (aus Mischungsregeln)          │
└─────────────────────────────────┘
              ↓
┌─────────────────────────────────┐
│  a^V, b^V berechnen (Dampfphase)│
└─────────────────────────────────┘
              ↓
┌─────────────────────────────────┐
│  v^L und φ_i^L für P berechnen  │
└─────────────────────────────────┘
              ↓
┌─────────────────────────────────┐
│  v^V und φ_i^V für P berechnen  │
└─────────────────────────────────┘
              ↓
┌─────────────────────────────────┐        ┌──────────────────────┐
│  K-Faktor K_i = φ_i^L / φ_i^V   │        │  P_neu = P_alt · S   │
└─────────────────────────────────┘        │  y_i = K_i x_i / S   │
              ↓                            └──────────────────────┘
┌─────────────────────────────────┐                   ↑
│  Zielfunktion S = Σ_{i=1}^N x_i K_i │
└─────────────────────────────────┘
              ↓
         ◇ |S-1| < ε ◇ ──── nein ────────────┘
              │ ja
              ↓
┌─────────────────────────────────┐
│  Ergebnis: P, y, K              │
└─────────────────────────────────┘
```

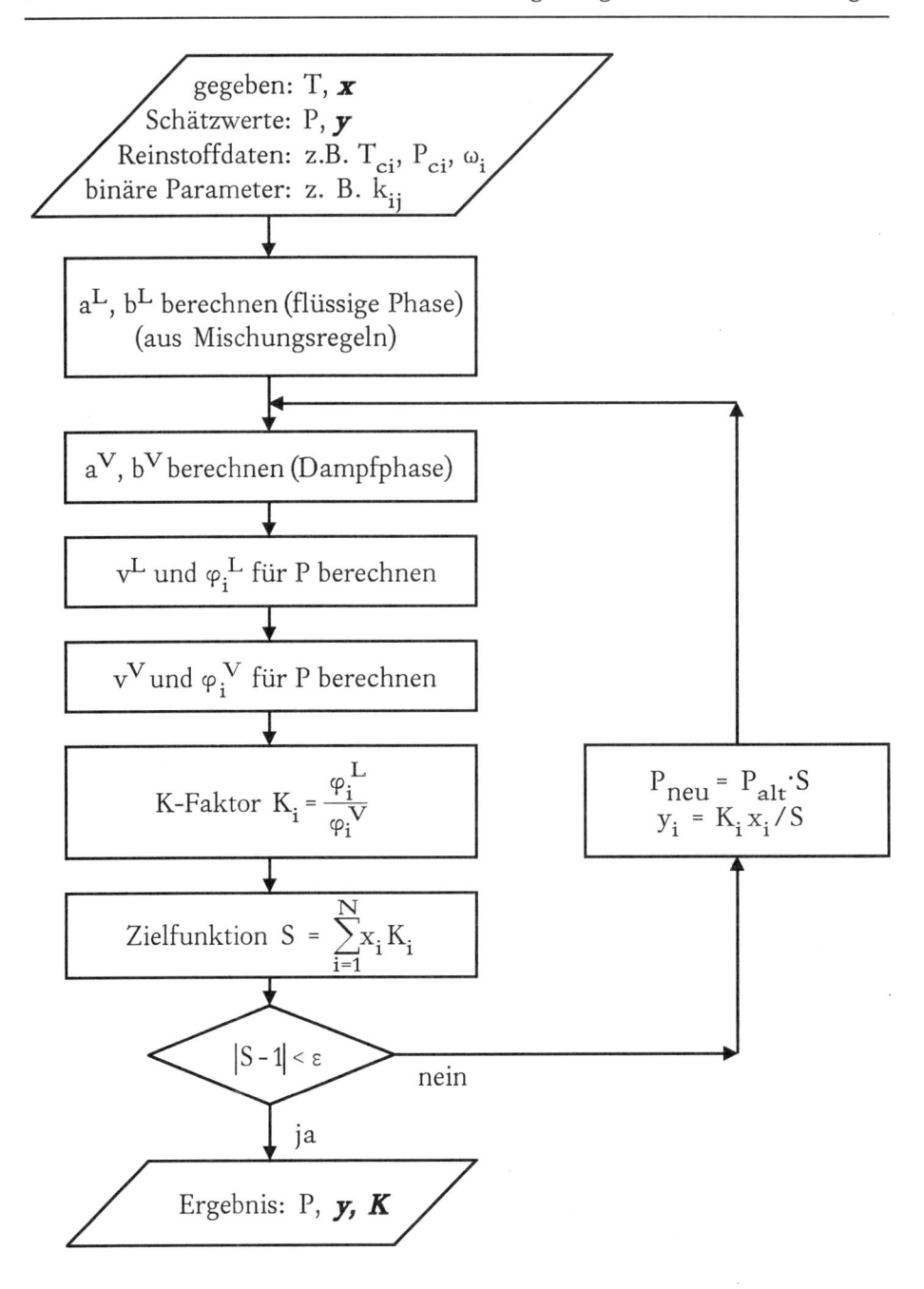

Abb. 6.1-1: Programmablaufplan zur Berechnung des Dampfdruckes P und der Gasphasenzusammensetzung **y** (Siededruckproblem)

6.1 Dampf-Flüssig-Gleichgewichte

K ist der Vektor der K-Faktoren K_i, die jeweils aus dem Verhältnis von φ_i^L zu φ_i^V bestimmt werden. Als Zielfunktion dient

$$S = \sum_{i=1}^{N} x_i K_i \; . \tag{6.1-12}$$

Wenn S genügend nahe bei 1 ist (innerhalb einer Grenze ε), dann wird die Berechnung beendet. Anderenfalls erfolgt eine erneute Berechnung mit verbesserten Werten für den Druck und für die Gasphasenzusammensetzung. Dabei haben sich folgende Beziehungen als nützlich erwiesen (Nishiumi, 1988; Gmehling und Kolbe, 1988):

$$P_{neu} = P_{alt} S \; , \tag{6.1-13}$$

$$y_i = K_i x_i / S \; . \tag{6.1-14}$$

Als Ergebnis des Siededruckproblems erhält man neben P und y auch die K-Faktoren K_i.

Im Anhang sind Programmablaufpläne zum Siedetemperaturproblem (Abb. A6-1), zum Taudruckproblem (Abb. A6-2) und zum Tautemperaturproblem (Abb. A6-3) gegeben. Sie unterscheiden sich nicht wesentlich von der beschriebenen Vorgehensweise zur Lösung des Siededruckproblems. Es ist allerdings zu beachten, daß die Wechselwirkungsparameter (z. B. k_{ij}) oft temperaturabhängig sind; wird die Temperatur während der Iteration variiert, wie u. a. beim Siedetemperaturproblem, so muß die Temperaturfunktion der Wechselwirkungsparameter (z. B. $k_{ij}(T)$) zu Beginn der Berechnung bekannt sein.

Bei den beschriebenen Programmablaufplänen wurden verbesserte Werte der gesuchten Größe aus dem Wert der vorangegangenen Iteration in Verbindung mit einem Zielfunktionswert bestimmt, z. B. mit den Gleichungen (6.1-13) und (6.1-14). So eine Vorgehensweise wird **sukzessive Substitution** genannt. Hauptvorteil der Methode der sukzessiven Substitution ist ihre Einfachheit und ihre relative Unempfindlichkeit gegenüber schlechten Startwerten. Allerdings werden in der Nähe von kritischen Punkten (in Mischungen), wegen des nur linearen Konvergenzverhaltens der Methode, sehr viele Iterationen benötigt. Neuere Algorithmen, die auf der Methode der sukzessiven Substitution basieren, wurden u. a. von Nishiumi (1988) und Kietz et al. (1992) vorgeschlagen.

Die andere klassische Methode zur Findung von verbesserten Werten ist die Anwendung eines **Newton-Verfahrens**, z. B. der Newton-Raphson-Methode (z. B. Fussell und Yanosik, 1978). Dabei müssen bei jeder Iteration Ableitungen gebildet werden, was insbesondere bei Mehrkomponentensystemen zu einem großen Rechenzeitaufwand führen kann. In der Nähe des kritischen Punktes konvergieren Newton-Verfahren jedoch schneller als die Methode der sukzessiven Substitution.

Beim isothermen isobaren Flashproblem werden der Druck P, die Temperatur T und die Gesamtzusammensetzung z vorgegeben. Gesucht werden die Zusammensetzungen x und y der koexisitierenden Phasen und der verdampfte Anteil β. Abbildung 6.1-2 zeigt einen möglichen Programmablaufplan zur Lösung des Flashproblems. Neben den Stoffdaten werden Schätzwerte für den verdampften Anteil β und für die K-Faktoren benötigt. Wenn keine experimentellen Daten vorhanden sind, hat sich in der Praxis als Startwert für den verdampften Anteil β ein Wert zwischen 0,5 und 0,8 bewährt. Zur Bestimmung von Schätzwerten für K-Faktoren schlagen Mehra et al. (1983) die Verwendung folgender empirischer Beziehung vor, die unabhängig von der Zusammensetzung ist:

$$\ln(K_i) = 5{,}373\left(1 - \omega_i\right)\left(1 - T_{Ri}\right) + \ln(P_{Ri}) \ . \tag{6.1-15}$$

Zu Beginn der Flashberechnung (Abb. 6.1-2) werden mit Hilfe von Gleichung 6.1-9 (Stoffbilanz) Startwerte für x und y bestimmt, die anschließend normiert werden müssen, so daß die Summationsbedingungen (Gl. 6.1-11) erfüllt werden. Dann erfolgt, wie bei der Lösung des Siededruckproblems, die Berechnung der Zustandsgleichungsparameter, der molaren Volumina, der Fugazitätskoeffizienten, der K-Faktoren und des Zielfunktionswertes S.

Wird die Abbruchbedingung nicht erfüllt, so muß ein neuer Wert für β bestimmt werden. Dies kann z. B. mit einem Quasi-Newton-Verfahren erfolgen. Anschließend wird die Berechnung mit neuem β und neuen K-Faktoren durchgeführt.

6.1 Dampf-Flüssig-Gleichgewichte

```
┌─────────────────────────────────┐
│ gegeben: T, P, z                │
│ Schätzwerte: β, K               │
│ Reinstoffdaten: z. B. T_ci, P_ci, ω_i │
│ binäre Parameter: z. B. k_ij    │
└─────────────────────────────────┘
                 ↓
```

$$x_i = \frac{z_i}{1 - \beta + K_i \beta} \quad ; \quad y_i = K_i x_i$$

Normieren: $x_i = \dfrac{x_i}{\Sigma x_i}$; $y_i = \dfrac{y_i}{\Sigma y_i}$

a^L, b^L, a^V und b^V berechnen

v^L, v^V, φ_i^L, φ_i^V für P berechnen

K-Faktor $K_i = \dfrac{\varphi_i^L}{\varphi_i^V}$

Zielfunktion $S = \displaystyle\sum_{i=1}^{N} x_i K_i$

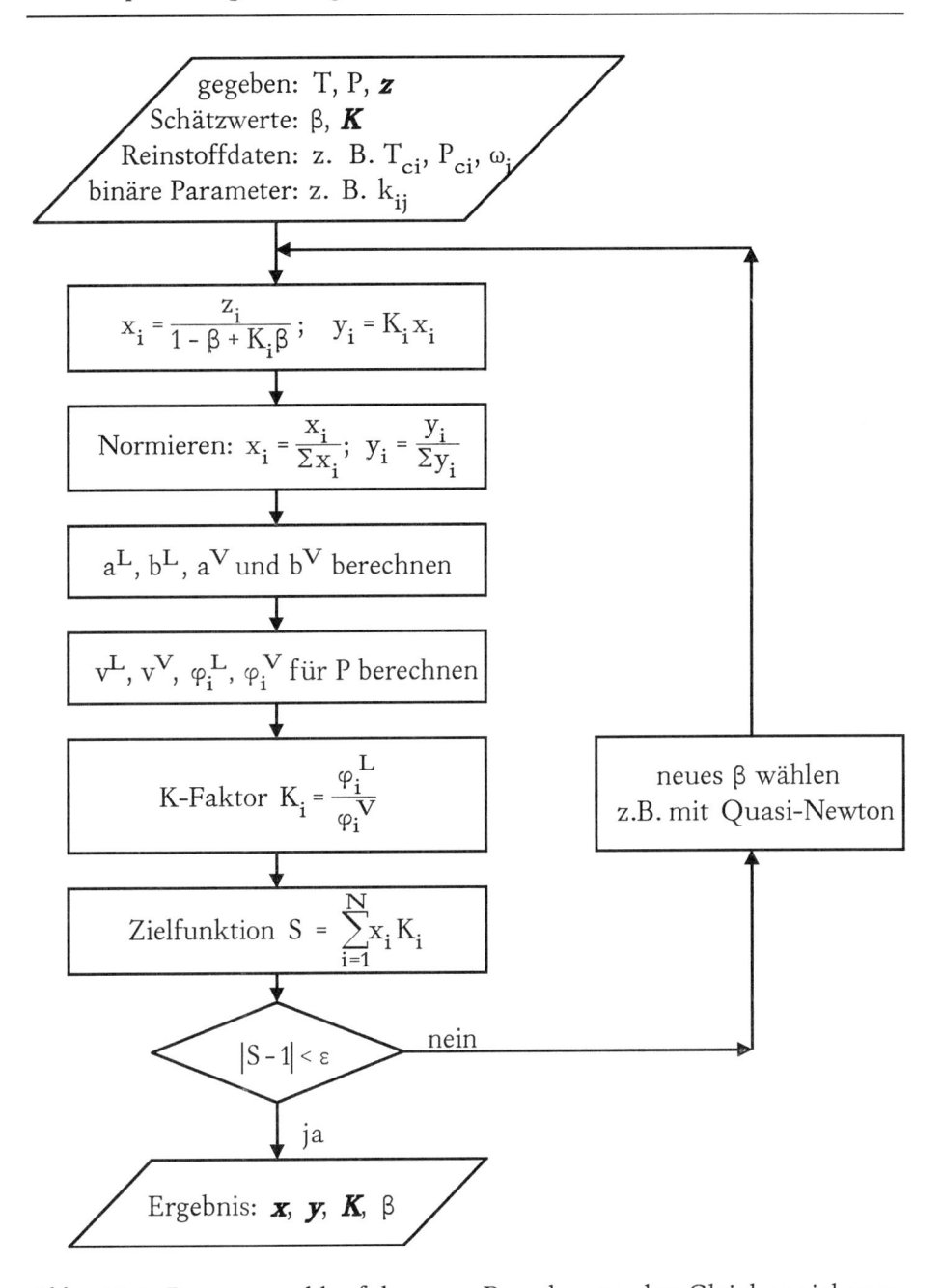

$|S - 1| < \varepsilon$ — nein → neues β wählen z.B. mit Quasi-Newton

ja ↓

Ergebnis: **x**, **y**, **K**, β

Abb. 6.1-2 Programmablaufplan zur Berechnung der Gleichgewichtszusammensetzungen **x** und **y**, wenn T, P und **z** (Gesamtzusammensetzung) gegeben sind (Isobarer isothermer Flash)

Andere Algorithmen (z. B. Sandler, 1989) basieren auf ineinandergeschachtelten Iterationsschleifen, in denen nacheinander der verdampfte Anteil und die K-Faktoren variiert werden. Die neuen K-Faktoren können dabei mit der Methode der sukzessiven Substitution nach folgender Regel bestimmt werden (Mehra et al., 1983):

$$K_{i\,neu} = K_{i\,alt} \frac{f_i^L}{f_i^V} \,. \qquad (6.1\text{-}16)$$

Die Lösung des Flashproblems ist rechentechnisch aufwendiger als die vorher beschriebenen Problemstellungen. Dabei treten in erster Linie zwei Problembereiche auf:

1. Bei Startwerten, die zu weit von den Endwerten entfernt liegen, konvergiert die Berechnung zu physikalisch unsinnigen Lösungen, z. B. zur trivialen Lösung, bei der alle Phasen dieselbe Zusammensetzung haben. Dies tritt insbesondere dann ein, wenn die durch die Startwerte vorgegebene Mischungslücke deutlich kleiner als die tatsächliche ist.

2. In der Nähe des kritischen Punktes verringern sich die Unterschiede zwischen den Phasen. Selbst kleine Rechenungenauigkeiten können hier zu erheblichen Konvergenzschwierigkeiten führen.

Weitere Problembereiche bei der Phasengleichgewichtsberechnung werden von Michelsen (1992) diskutiert. Verbesserte Algorithmen, z. B. die sog. Methode der beschleunigten sukzessiven Substitution[1] sowie Hybridverfahren[2], wurden u. a. von Hirose et al. (1978), Asselineau et al. (1979), Prausnitz et al. (1980), Michelsen (1982), Heidemann (1983), Mehra et al. (1983), Rijkers und Heidemann (1986), Joulia et al. (1986), Ammar und Renon (1987) und Saha und Peng (1989) vorgeschlagen.

Eine andere Klasse von Gleichgewichtsalgorithmen basiert nicht direkt auf der Erfüllung der Isofugazitätsbedingung, sondern auf der **Minimierung der Freien Enthalpie g**. Die Gleichheit der Fugazitäten der Komponenten in den koexistierenden Phasen ist eine notwendige Bedingung für das Erreichen des stofflichen Gleichgewichtes, sie ist aber nicht hinreichend. Sie bedeutet lediglich, daß die Freie Enthalpie

---

[1] Engl.: accelerated successive substitution

[2] Verwendung eines robusten Verfahrens zur Findung von guten Startwerten und anschließend Umschalten zu einer schnell konvergierenden Methode

6.1 Dampf-Flüssig-Gleichgewichte

g des Gesamtsystems stationär verläuft. Es muß nicht das globale Minimum von g vorliegen, sondern es kann sich auch um ein lokales Minimum oder um einen Sattelpunkt handeln. Vom mathematischen Standpunkt aus betrachtet besteht das Problem in der Minimierung von

$$g = \sum_{i=1}^{S} \mu_i n_i^c + \sum_{i=S+1}^{N} \sum_{j=1}^{\pi} \mu_{ij} n_{ij} \qquad (6.1\text{-}17)$$

unter den Nebenbedingungen der Erfüllung der Bilanzgleichungen und der Summationsbeziehungen (Gln. 6.1-7 bis 11), wobei N die Anzahl der Komponenten, π die Anzahl der Phasen, S die Anzahl der kondensierten Komponenten (die nur in einer (häufig festen) Phase erscheinen und sich nicht auf verschiedene Phasen verteilen), n_{ij} die Zahl der Mole von Komponente i in Phase j und μ_{ij} das chemische Potential von Komponente i in Phase j bezeichnet.

Im Prinzip können für den Minimierungsprozeß übliche Algorithmen, wie die Newton-Raphson-Methode, eingesetzt werden. Ein grundsätzliches Problem bei der Berechnung von chemischen Gleichgewichten und Phasengleichgewichten ist allerdings die Tatsache, daß die Anzahl der Phasen a priori nicht bekannt ist. Verschiedene Algorithmen, u. a. von Gautam und Seider (1979) und von Michelsen (1982), lösen das Problem, indem sie die Anzahl der Phasen sequentiell erhöhen und jeweils die Stabilität der Lösung untersuchen.

Die Stabilität einer Mischung mit der Zusammensetzung x_0 kann mit Hilfe des Tangentialebenen-Kriteriums[1] untersucht werden:

$$g(x_0 + \Delta x) \geq g(x_0) + \nabla g(x_0) \Delta x \,. \qquad (6.1\text{-}18)$$

Für jede Änderung Δx muß die Hyperfläche der Freien Enthalpie oberhalb oder auf der am Punkt mit der Zusammensetzung x_0 aufgespannten Tangentialebene liegen. Anderenfalls würde das Auftreten einer zusätzlichen Phase die Freie Enthalpie des Systems verringern, d. h. die Mischung wäre nicht stabil.

Neuere, sicherer konvergierende Minimierungsalgorithmen wurden u. a. von Gupta et al. (1991) und von Nagarajan et al. (1991) vorgeschlagen. Bei dem Algorithmus von Eubank et al. (1992) wird statt des

---

[1] Engl.: tangent plane criterion

Tangentialebenen-Kriteriums eine neue Integrationsmethode für den Stabilitätstest verwendet. Auf diese Weise kann das globale Minimum mit größerer Sicherheit gefunden werden.

Chemische Reaktionen können bei Algorithmen, die auf einer Minimierung der Freien Enthalpie beruhen, ohne größere Schwierigkeiten bei der Gleichgewichtsberechnung berücksichtigt werden (Sanderson und Chien, 1973; Seider et al., 1980; Castillo und Grossmann, 1981). Sie sind aber komplizierter und in der Regel langsamer als Algorithmen, die auf der Isofugazitätsbedingung basieren.

6.1.2 Berechnungsbeispiele

Aus der Vielzahl der möglichen Beispiele zur Berechnung von Dampf-Flüssig-Gleichgewichten sollen hier nur einige interessante Fälle für binäre Systeme und für Mehrkomponentensysteme behandelt werden. Anhand der Beispiele werden einige rechentechnische Vorgehensweisen erläutert, z. B. zur Änderung der Gesamtzusammensetzung in Mehrkomponentensystemen. Die Berechnungen für die Beispiele im Kapitel 6 wurden mit dem an der TU Hamburg-Harburg[1] entwickelten Programmsystem *pe* (= **p**hase **e**quilibria) durchgeführt (Dohrn und Brunner, 1989).

Beispiel 1: Das System Wasserstoff - n-Hexan

Das erste Beispiel behandelt ein binäres System, das Wasserstoff enthält, und für das auch experimentelle Daten über die Dichten der koexistierenden Phasen vorliegen. Wasserstoff ist für vielerlei Berechnungen eine problematische Komponente, u. a. deshalb, weil die Verwendung der experimentellen kritischen Daten in Verbindung mit einem azentrischen Faktor $\omega = 0$ nicht zu zufriedenstellenden Ergebnissen führt. Es kann jedoch Abhilfe geschaffen werden, indem ω ein Wert von -0,216 zuordnet wird.[2] Eine weitere Möglichkeit der Abhilfe

---

[1] Einige Unterprogramme wurden an der University of California in Berkeley unter der Leitung von Herrn Professor Dr. Dr. h.c. mult. J. M. Prausnitz entwickelt.

[2] Negative Werte für den azentrischen Faktor sind vom eigentlichen Verständnis her nicht zulässig; kugelförmigen Molekülen wird ein ω von Null zugeordnet, und mit zunehmender Nichtsphärizität bekommt ω größere positive Werte.

6.1 Dampf-Flüssig-Gleichgewichte

ist die Verwendung von sogenannten "klassischen" kritischen Größen für den normalen, d. h. bei den meisten technischen Prozessen so vorliegenden, Wasserstoff: T_c = 43,6 K, P_c = 2,05 MPa und ω = 0 (Prausnitz et al., 1986).[1] Die zweite Methode führt in Verbindung mit der Dohrn-Prausnitz-Gleichung zu einer besseren Wiedergabe der PvT-Daten von Wasserstoff für Temperaturen oberhalb von 100 K.

Abbildung 6.1-3 zeigt das P,x-Diagramm des Systems Wasserstoff - n-Hexan für drei verschiedene Temperaturen. Die Punkte stellen die experimentellen Daten von Nichols et al. (1957) dar, die Kurven die Berechnung mit der Dohrn-Prausnitz-Gleichung. Dabei wurden für den Referenzterm die Boublik-Mansoori-Mischungsregeln und für den Störungsterm quadratische Mischungsregeln mit einem Wechselwirkungsparameter k_{ij} für den Parameter a verwendet.

Für 277,59 K und 377,59 K ist die Übereinstimmung mit den experimentellen Daten sehr gut; für 477,59 K ist sie nur zufriedenstellend, aber besser als bei der Verwendung der Peng-Robinson- oder der SRK-Gleichung. In der Nähe des kritischen Punktes sind die Abweichungen zwischen Experiment und Berechnung am größten.

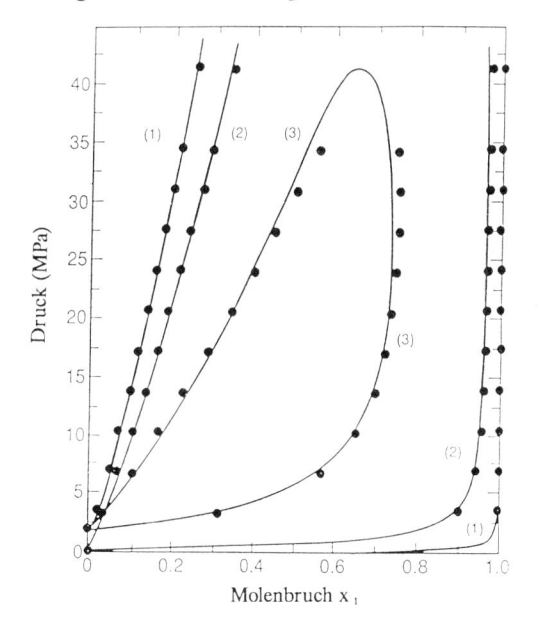

Abb. 6.1-3:
P,x-Diagramm des Systems Wasserstoff(1) - n-Hexan(2);
(1) 277,59 K; (2) 377,59 K;
(3) 477,59 K;
- • exp. Daten von Nichols et al. (1957),
- —— berechnet mit der Dohrn-Prausnitz-Gleichung,
k_{12}=-0,291 (277,15K),
k_{12}=-0,271 (377,15K),
k_{12}=-0,065 (477,15K)

---

[1] Wasserstoff verändert aus quantenmechanischen Gründen seine Eigenschaften bei sehr niedrigen Temperaturen; die bei diesen Bedingungen ermittelten experimentellen Werte für T_c und P_c gelten quasi für einen anderen Stoff als den bei höheren Temperaturen vorliegende Normal-Wasserstoff.

In der Tabelle 6.1-2 werden die Ergebnisse der Dohrn-Prausnitz-Gleichung mit denen der Peng-Robinson- und SRK-Gleichung verglichen. Die Standardabweichungen σ^L und σ^V

$$\sigma^L = \left(\frac{1}{N_{exp}} \sum_{i=1}^{N_{exp}} (x_{i,exp} - x_{i,ber})^2\right)^{1/2} \qquad (6.1\text{-}19)$$

und

$$\sigma^V = \left(\frac{1}{N_{exp}} \sum_{i=1}^{N_{exp}} (y_{i,exp} - y_{i,ber})^2\right)^{1/2} \qquad (6.1\text{-}20)$$

charakterisieren die Abweichungen zwischen experimentellen und berechneten Gleichgewichtsmolenbrüchen; N_{exp} ist die Anzahl der Datenpunkte. Die Phasenzusammensetzungen werden insgesamt am besten von der Dohrn-Prausnitz-Gleichung wiedergegeben. Die größten Abweichungen treten bei der Verwendung der SRK-Gleichung auf.

Tabelle 6.1-2 Standardabweichungen σ^L und σ^V zwischen experimentellen und berechneten Phasenzusammensetzungen sowie mittlere absolute Abweichungen der Phasendichten für das System H_2 - n-Hexan; T = 277,59 bis 477,59 K; P = 0 bis 42 MPa (exp. Daten von Nichols et al., 1957)

Zustandsgleichung	σ^L, mol%	σ^V, mol%	$\Delta\rho^L$, %	$\Delta\rho^V$, %
Soave-Redlich-Kwong (1972)	7,77	1,66	8,03	1,36
Peng-Robinson (1976)	1,45	1,02	2,32	2,50
Dohrn-Prausnitz (1990a)	0,75	1,03	1,87	0,95

Bei der Berechnung der Dichten der koexistierenden Phasen werden die Unterschiede zwischen den untersuchten Zustandsgleichungen noch deutlicher. Die mittlere absolute Abweichung $\Delta\rho^L$

$$\Delta\rho^L = \frac{1}{N_{exp}} \sum_{i=1}^{N_{exp}} \frac{|\rho_{i,exp}^L - \rho_{i,ber}^L|}{\rho_{i\,exp}^L} \qquad (6.1\text{-}21)$$

zwischen experimentellen und berechneten Flüssigphasendichten ist für die Dohrn-Prausnitz-Gleichung mit 1,87 % am kleinsten und für die SRK-Gleichung mit 8,03 % am größten. Auch bei der Gasphase ist die Dichteabweichung $\Delta\rho^V$ bei der Verwendung der Dohrn-Prausnitz-Gleichung am geringsten.

Beispiel 2: Das System CO_2 - α-Tocopherol

α-Tocopherol zersetzt sich bei einer Erwärmung bereits weit unterhalb seiner kritischen Temperatur, so daß die Reinstoffparameter mit Hilfe einer Abschätzmethode ermittelt werden müssen. Die Berechnung des binären Systems CO_2 - α-Tocopherol ist deshalb mit einigen Schwierigkeiten verbunden[1], so daß es als Beispielsystem besonders interessant erscheint. Lehmann (1992) führte Gleichgewichtsberechnungen mit verschiedenen Zustandsgleichungen in Verbindung mit verschiedenen Mischungsregeln durch. Es wurden experimentelle Daten von da Ponte (1992) im Temperaturbereich von 306,15 bis 333,15 K benutzt.

Die Ermittlung der für die Zustandsgleichungsparameter benötigten kritischen Daten von α-Tocopherol wurde bereits im Gliederungspunkt 4.3.5 beschrieben. Bei der Verwendung der Gesamtkorrelationen von Dohrn (1992) ergibt sich:

$$T_c = 936{,}25 \text{ K} \; ; \quad P_c = 830{,}12 \text{ kPa} \quad \text{und} \quad \omega = 1{,}196 \; . \quad (4.3\text{-}31)$$

Die experimentellen Daten lassen sich gut mit der Peng-Robinson- oder der SRK-Gleichung wiedergeben, wenn die zusammensetzungsabhängigen Mischungsregeln von Adachi und Sugie (1986) (Gl. 5.1-46), von Stryjek und Vera (1986b) (Gl. 5.1-47) oder von Melhem et al. (1991) (Gl. 5.1-49) verwendet werden.

Bei der niedrigsten Temperatur treten die größten qualitativen Abweichungen des Löslichkeitsverlaufes in der Gasphase auf. Über alle Temperaturen betrachtet werden die besten Ergebnisse bei Anwendung der SRK-Gleichung in Verbindung mit den Mischungsregeln von Melhem et al. (1991) erzielt (z. B. $\sigma^L = 1{,}54$ mol% und $\sigma^V = 0{,}009$ mol% für T = 333,15 K).

---

[1] Meyer (1992): *"Es scheint ein größerer Aufwand bei der Modellbildung nötig zu sein, um Gleichgewichte von Gemischen mit so stark unterschiedlichen Molekülgrößen vorauszuberechnen."*

Abbildung 6.1-4 zeigt das P,x-Diagramm für eine Temperatur von 333,15 K. Die experimentellen Daten von da Ponte (1992) werden durch die Berechnung gut wiedergegeben.

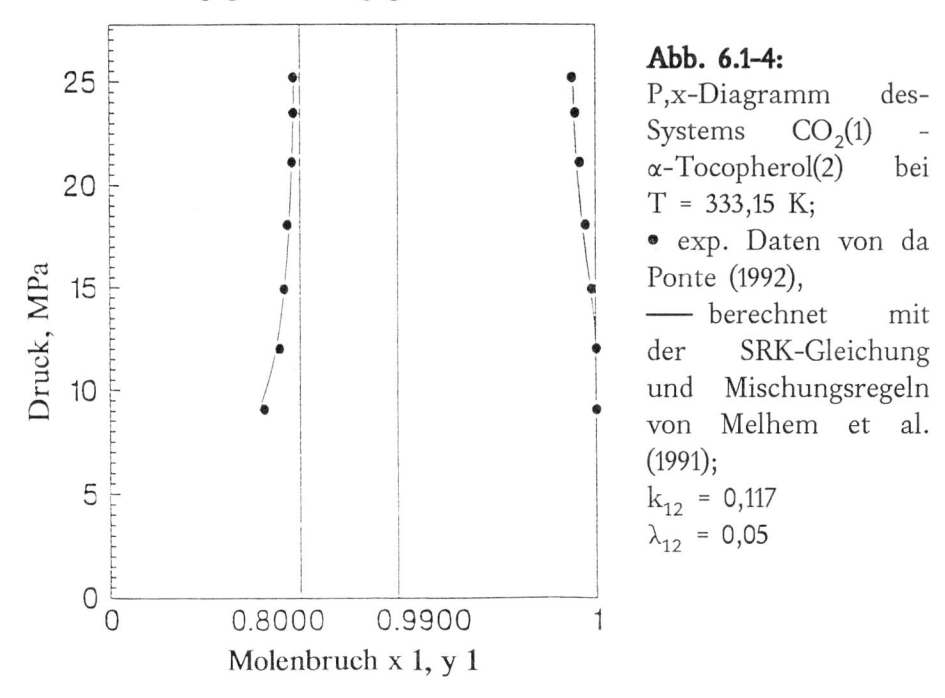

Abb. 6.1-4:
P,x-Diagramm des Systems $CO_2(1)$ - α-Tocopherol(2) bei T = 333,15 K;
• exp. Daten von da Ponte (1992),
— berechnet mit der SRK-Gleichung und Mischungsregeln von Melhem et al. (1991);
k_{12} = 0,117
λ_{12} = 0,05

Es wurden auch Gleichgewichtsberechnungen mit der HPW-Gleichung durchgeführt. Die Reinstoffparameter für α-Tocopherol wurden mit Hilfe der (Gesamt-)Korrelationen von Brunner (1978) und Hederer (1981) ermittelt. Als Eingangsgröße wurde v_{L20} = 0,45336 m³/kmol benutzt[1]. Für Temperaturen oberhalb von 320 K lassen sich für das System CO_2-α-Tocopherol gute Ergebnisse erzielen, wenn man für die Parameter a und b quadratische Mischungsregeln mit jeweils einem anpaßbaren Wechselwirkungsparameter verwendet; z. B. erhält man für T = 323,15 K Standardabweichungen von σ^L = 0,93 mol% und σ^V = 0,022 mol% bei k_{ij} = 0,1205 und l_{ij} = 0,041. (Gesamtkorrelation von Brunner: a = 15910,3 MJm³kmol⁻²K⁻ᵅ, b = 0,43614 m³kmol⁻¹, α = -1,00689). Bei Temperaturen unterhalb von 320 K tritt teilweise

---

[1] Siehe im Gliederungspunkt 4.3.4 *Beispiel: Bestimmung von T_c und P_c für α-Tocopherol*

das Phänomen auf, daß die Gasphase fälschlicherweise als reine CO_2-Phase berechnet wird.

Beispiel 3: Das System CO_2 - Benzen - n-Hexadecan

Im dritten Beispiel wird die Berechnung von Dampf-Flüssig-Gleichgewichten in einem ternären System behandelt. Die Zahl der benötigten binären Wechselwirkungsparameter erhöht sich im Vergleich zu einem binären System um zwei.[1] In der Regel reicht die Kenntnis der Wechselwirkungsparameter (z. B. k_{ij}) der binären Randsysteme nicht aus, um den gesamten Konzentrationsbereich gut darstellen zu können. Dann ist eine Neuanpassung der k_{ij} an die experimentellen Daten des ternären Systems notwendig. Der Einfluß der einzelnen binären Wechselwirkungsparameter auf den Verlauf der Binodalkurve und auf die Steigung der Konnoden wird u. a. von Dohrn (1986) und von Dohrn und Brunner (1987) diskutiert.

Gleichgewichtsdaten ternärer Systeme werden häufig in Gibbsschen Dreiecksdiagrammen dargestellt, die das Phasenverhalten für einen bestimmten Druck und eine bestimmte Temperatur wiedergeben. Die Gleichgewichtsberechnung erfolgt dann mit Hilfe eines Flash-Algorithmus: Druck, Temperatur und Gesamtzusammensetzung werden vorgeben und die Zusammensetzungen der koexistierenden Phasen werden berechnet, indem man den verdampften Anteil variiert, bis alle Gleichgewichts- und Bilanzgleichungen erfüllt sind. Als Ergebnis einer Flashrechnung erhält man zwei Punkte auf der Binodalkurve und die sie verbindende Konnode. Liegt die Gesamtzusammensetzung außerhalb der Binodalkurve, d. h. im homogenen (einphasigen) Gebiet, erhält man als Ergebnis einen verdampften Anteil von eins (homogene Dampfphase) oder null (homogene flüssige Phase).

Für die **Variation der Gesamtzusammensetzung** gibt es verschiedene Strategien. Üblicherweise beginnt man in der Mitte der Mischungslücke eines der binären Randsysteme. Anschließend wird die Gesamtzusammensetzung verändert durch

1. das schrittweise Zumischen der dritten Komponente,

---

[1] In einem N-Komponentensystem gibt es $\binom{N}{2} = \frac{N!}{(N-2)!\,2!}$ binäre Untersysteme. Wird nur ein Wechselwirkungsparameter pro binärem Untersystem verwendet, so ist die Zahl der Wechselwirkungsparameter gleich 1 (binäres System), 3 (ternär), 6 (quaternär), 10 (quinär), ...

2. das schrittweise Zumischen mehrerer Komponenten, was eine Veränderung entlang eines bestimmten Weges im Diagramm erlaubt,

3. einen Algorithmus, der die Zusammensetzungsänderung von den Längen und Steigungen der zuletzt berechneten Konnoden abhängig macht, z. B. nach der Regel: man findet die neue Gesamtzusammensetzung, indem man sich von der Mitte der aktuellen Konnode senkrecht mit einer bestimmten Schrittweite wegbewegt.

Für die beiden erstgenannten Methoden muß die Form des Zweiphasengebietes ungefähr bekannt sein; die dritte Methode ist rechentechnisch aufwendiger, aber auch wesentlich flexibler.

Teich (1992) führte Berechnungen im System CO_2 - Benzen - n-Hexadecan mit Hilfe der Peng-Robinson-Gleichung durch. Es wurden einfache quadratische Mischungsregeln mit einem Wechselwirkungsparameter k_{ij} pro binärem Randsystem verwendet. Abb. 6.1-5 zeigt das berechnete P,x-Prisma für eine Temperatur von 473,15 K. Es besteht aus fünf übereinander angeordneten Dreiecksdiagrammen. Zunächst wurden k_{ij}-Werte für 10, 15 und 20 MPa durch Anpassung an die experimentellen Daten bestimmt. Anschließend wurde das P,x-Prisma mit einem Satz von gemittelten k_{ij}-Werten berechnet. Bei 15 MPa und bei höheren Drücken liegen Mischungslücken vom Typ I vor, es gibt ein Zweiphasengebiet im binären Untersystem CO_2 - n-Hexadecan. Bei Drücken von 10 und 12,5 MPa werden Mischungslücken vom Typ II berechnet. Das heißt, es gibt in zwei binären Randsystemen Zweiphasengebiete, die (in diesem Fall) miteinander verbunden sind. Dies liegt im Widerspruch zu experimentellen Daten (Teich, 1992), nach denen das Untersystem CO_2 - Benzen bei 473.15 K im gesamten untersuchten Druckbereich vollständig mischbar ist. Dieses Beispiel verdeutlicht, daß es gefährlich sein kann, nur wenige Datenpunkte experimentell zu bestimmen, und das restliche Phasenverhalten vorherzusagen.

Mischungslücken vom Typ I sind häufig rechnerisch schwierig zu beschreiben. In der Nähe des kritischen Punkts (Plait-Point) ist das Konvergenzverhalten schlechter, weil sich die Eigenschaften der Phasen nur wenig unterscheiden. Abhilfe kann durch einen Algorithmus geschaffen werden, der die Schrittweite der Gesamtzusammensetzungsänderung bei der Annäherung an den kritischen Punkt verringert.

6.1 Dampf-Flüssig-Gleichgewichte

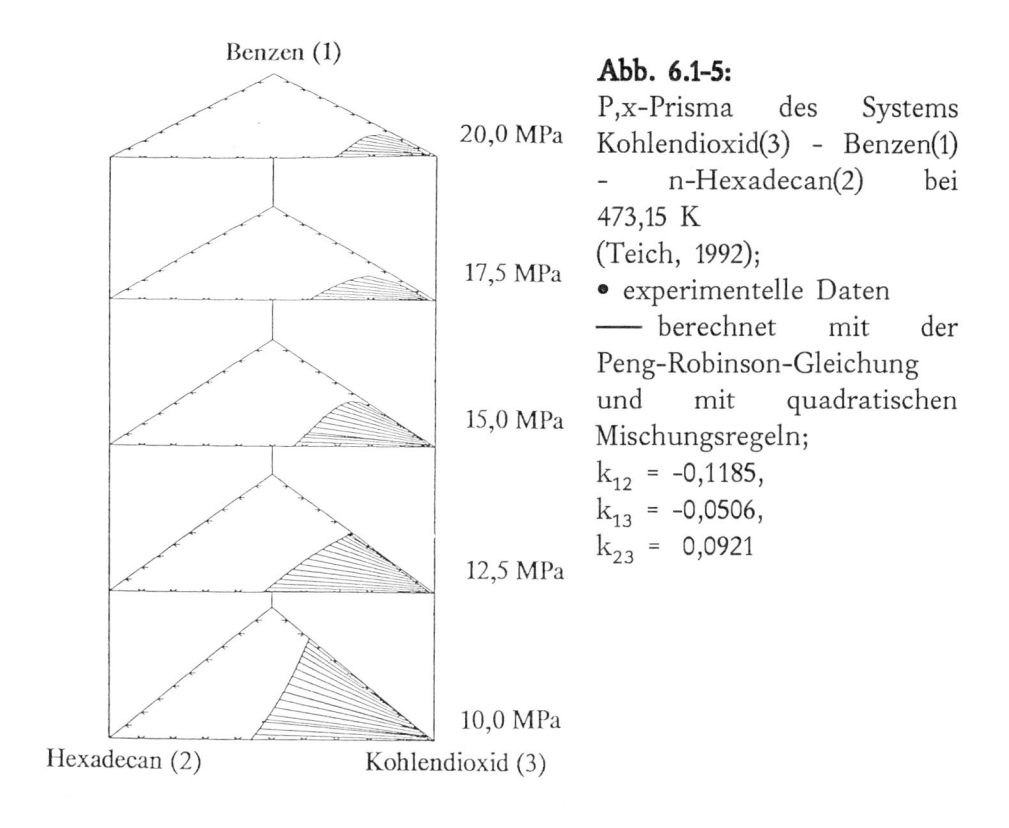

Abb. 6.1-5:
P,x-Prisma des Systems Kohlendioxid(3) - Benzen(1) - n-Hexadecan(2) bei 473,15 K
(Teich, 1992);
• experimentelle Daten
— berechnet mit der Peng-Robinson-Gleichung und mit quadratischen Mischungsregeln;
k_{12} = -0,1185,
k_{13} = -0,0506,
k_{23} = 0,0921

Beispiel 4: Das System Wasserstoff - Wasser - Benzen -n-Hexadecan

Zur graphischen Darstellung quaternärer Systeme bei konstantem Druck und konstanter Temperatur werden drei Dimensionen für die Zusammensetzungen benötigt. Dies geschieht i. d. R. mit Hilfe von Konzentrationstetraedern, deren Seitenflächen aus den vier Dreiecksdiagrammen der ternären Randsysteme bestehen.

Bei der isobaren und isothermen Berechnung von Phasengleichgewichten in Vierstoffsystemen können verschiedene Strategien zur Veränderung der Gesamtzusammensetzung angewendet werden. Eine einfache Möglichkeit besteht darin, mehrere Schnitte durch den Konzentrationstetraeder zu legen. Man beginnt mit der Gesamtzusammensetzung innerhalb eines Zweiphasengebietes in einem der vier ternären Randsysteme. Anschließend erhöht man schrittweise den Anteil der zur gegenüberliegenden Tetraederecke gehörenden Komponente.

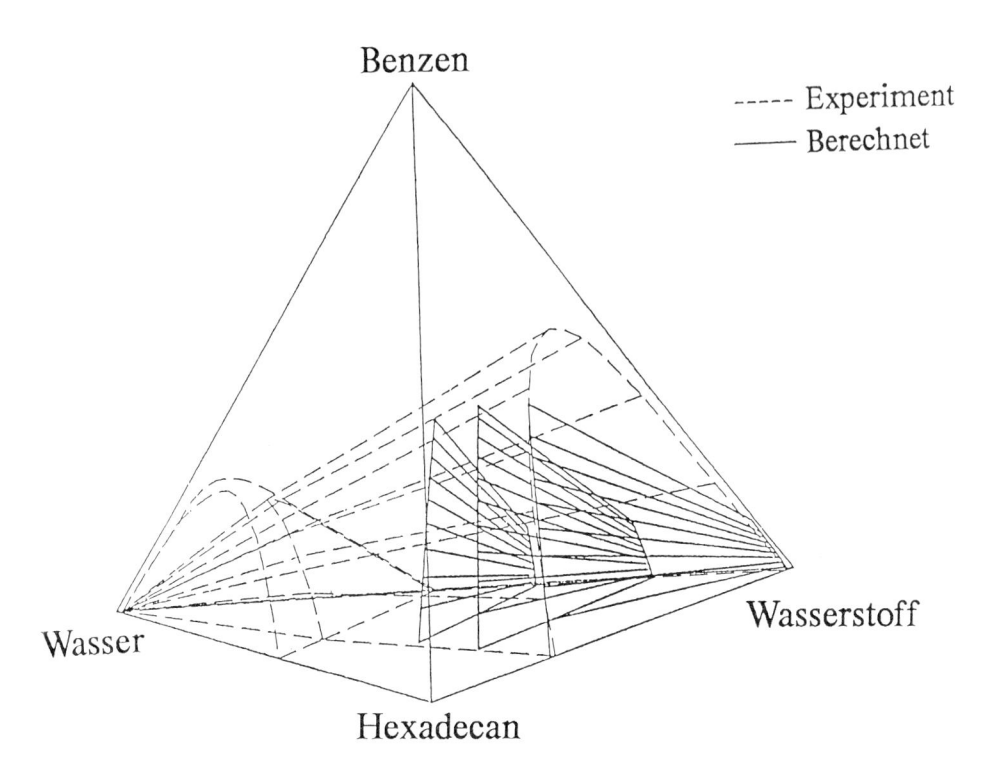

Abb. 6.1-6: Konzentrationstetraeder (Mol%) des Systems Wasserstoff(1) - Wasser(2) - Benzen(3) - n-Hexadecan(4) für P = 20 MPa und T = 573,15 K; - - - exp. Daten von Dohrn und Brunner (1987); —— berechnet mit der HPW-Gleichung, k_{12} = 0,23176, k_{13} = -0,64359, k_{14} = 0,23077, k_{23} = 0,55, k_{24} = 0,3016, k_{34} = -0,33797.

Der Konzentrationstetraeder des Systems Wasserstoff - Wasser - Benzen - n-Hexadecan (für P = 20 MPa und T = 573,15 K) ist in Abbildung 6.1-6 darstellt. Die gestrichelten Linien entsprechen den experimentellen Daten von Dohrn und Brunner (1987). Bei hohen Wasseranteilen befindet sich ein Dreiphasengebiet (LLVE = **L**iquid-**L**iquid-**V**apor **E**quilibria), das von drei Zweiphasengebieten umgeben ist. Die durchgezogenen Kurven entsprechen den mit der HPW-Zustandsgleichung berechneten Konnoden und Binodalkurven. Es wurden mehrere Schnitte durch das Zweiphasengebiet zwischen der Gasphase und der hexadecanreichen flüssigen Phase gelegt. Der Wasseranteil an der Gesamtzusammensetzung zu Beginn der Berechnung, d. h. im

Randsystem Wasserstoff - Wasser - n-Hexadecan, betrug 0,01, 18,25 und 33,69 mol%. Die jeweils berechneten Wasserkonzentrationen der Gasphase und der flüssigen Phase sind in der Regel nicht gleich groß, d. h. die Schnittebenen sind gewölbt.

Die Wechselwirkungsparameter wurden von den Berechnungen der ternären Randsysteme übernommen. Wenn unterschiedliche k_{ij}-Werte für das gleiche binäre Teilsystem vorlagen, wurde der Mittelwert verwendet. Die berechneten Schnittebenen passen gut zu den experimentellen Daten.

6.1.3 Löslichkeiten von Gasen in Flüssigkeiten

Die Kenntnis der Löslichkeiten von Gasen in Flüssigkeiten (sog. Gaslöslichkeiten) ist für die Auslegung vieler verfahrenstechnischer Prozesse von Bedeutung, z. B. bei der Absorption, der Dimensionierung von Gas-Flüssig-Reaktoren und bei der tertiären Erdölförderung durch Fluten mit CO_2 (Jamaluddin et al., 1991). Die grundlegenden Berechnungsgleichungen sind identisch mit denen bei Dampf-Flüssig-Gleichgewichten:

$$x_i \gamma_i f_i^0 = y_i \varphi_i P \qquad \text{für } i = 1,...,N \, , \qquad (6.1-2)$$

bzw. $\qquad x_i \, \varphi_i^L = y_i \, \varphi_i^V \qquad \text{für } i = 1,...,N \, . \qquad (6.1-4)$

Wird Gleichung (6.1-2) in Verbindung mit einem Aktivitätskoeffizientenmodell verwendet, so ergibt sich bei der Berechnung der Fugazität des Gases (= Komponente 1) in der flüssigen Phase die Schwierigkeit, daß der bei Dampf-Flüssig-Gleichgewichten benutzte Standardzustand (reine Flüssigkeit bei Systemdruck und -temperatur) nicht existiert, weil das Gas bereits überkritisch ist. Abhilfe kann durch die Einführung der Henry-Konstanten geschaffen werden. Dann stößt man allerdings in Mehrkomponentensystemen auf Schwierigkeiten, weil sich für das betrachtete Gas in den verschiedenen Komponenten des Lösungsmittelgemisches unterschiedliche Standardfugazitäten (Henry-Konstanten) ergeben. Eine weitere Lösungsmöglichkeit ist die Einführung einer Fugazität der hypothetischen Flüssigkeit durch Extrapolieren der Dampfdruckkurve. Eine Übersicht über Modelle zur Berechnung von Gaslöslichkeiten wird u. a. von Prausnitz et al. (1986) gegeben.

Seit den siebziger Jahren werden Zustandsgleichungen extensiv zur Berechnung von Gaslöslichkeiten verwendet (Sadus und Young, 1991). Dabei treten die Schwierigkeiten mit den Standardfugazitäten nicht auf. Man verwendet Gleichung (6.1-4) in Zusammenhang mit einem Algorithmus zur Berechnung von Dampf-Flüssig-Gleichgewichten, z. B. mit dem Algorithmus zur Lösung des Siededruckproblems in Abb. 6.1-1.

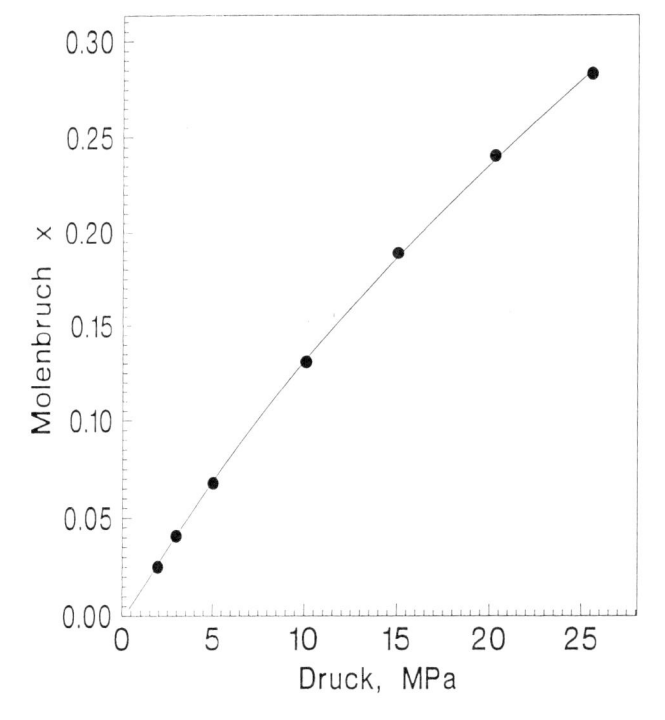

Abb. 6.1-7:
Löslichkeit von Wasserstoff in n-Decan bei T = 462,45 K;
• experimentelle Daten von Reamer und Sage (1963);
— berechnet mit der Dohrn-Prausnitz-Gleichung, k_{ij} = -0,332.

Beispielhaft sind die Berechnungsergebnisse für die Löslichkeit von Wasserstoff in n-Decan bei einer Temperatur von 462,45 K in Abbildung 6.1-7 dargestellt. Die experimentellen Daten von Reamer und Sage (1963) werden gut durch die Dohrn-Prausnitz-Zustandsgleichung wiedergegeben[1]. Für den Referenzterm wurden die Boublik-Mansoori-Mischungsregeln und für den Störungsterm quadratische Mischungsregeln mit einem binären Wechselwirkungsparameter (k_{ij} = -0,332) ver-

---

[1] In Verbindung mit der Dohrn-Prausnitz-Gleichung werden für Wasserstoff die "klassischen" kritischen Daten verwendet; siehe Tabelle A1-1 im Anhang.

6.1 Dampf-Flüssig-Gleichgewichte

wendet. Dieser wurde so angepaßt, daß auch für die Gasphase nur geringe Abweichungen auftraten. Die mit Gleichung (6.1-19) definierte Standardabweichung σ^L beträgt 0,151 mol%. Benutzt man die Peng-Robinson-Gleichung mit einem k_{ij} von 0,438, so erhöht sich σ^L auf 0,255 mol%.

Auch Henry-Konstanten lassen sich auf einfache Weise mit Zustandsgleichungen berechnen. Für ein binäres System lautet das Gesetz von Henry[1]

$$x_1 H_{1,2} = y_1 \varphi_1^V P \ . \qquad (6.1\text{-}22)$$

Die leichter flüchtige Komponente (das Gas) ist durch den Index 1 gekennzeichnet, die schwerer flüchtige Komponente (das Lösungsmittel) durch den Index 2. $H_{1,2}$ ist die Henry-Konstante für die Löslichkeit des Gases 1 in der Flüssigkeit 2. Da das Henrysche Gesetz in dieser Form nur für sehr kleine Molenbrüche x_1 gilt, lautet die thermodynamische Definition der Henry-Konstanten:

$$H_{1,2} \equiv \lim_{x_1 \to 0} \frac{f_1^L}{x_1} \qquad \text{(bei T=const.)} \qquad (6.1\text{-}23)$$

mit

$$f_1^L = x_1 \varphi_1^L P = f_1^V = y_1 \varphi_1^V P \qquad (6.1\text{-}24)$$

gilt

$$H_{1,2} = \lim_{x_1 \to 0} \frac{y_1 \varphi_1^V P}{x_1} = \lim_{x_1 \to 0} \varphi_1^L P \ . \qquad (6.1\text{-}25)$$

Man berechnet mit einer Zustandsgleichung den Fugazitätskoeffizienten φ_1^L für verschiedene Molenbrüche x_1 und bildet anschließend den Grenzwert von $\varphi_1^L P$ für x_1 gegen Null. Wendet man diese Vorgehensweise auf das Beispielsystem Wasserstoff-n-Decan (T = 462,45 K) an, so ergibt sich mit Hilfe der Dohrn-Prausnitz-Gleichung (k_{ij} = -0,332) ein Wert für die Henry-Konstante von 65,95 MPa. Die experimentellen Daten erlauben in diesem Fall keine genauere Ermittlung der Henry-Konstanten.

Henry-Konstanten für die Löslichkeit von Gasen in reinen Lösungsmitteln können mit geringen Abweichungen mit Hilfe der Gruppenbei-

---

[1] Unter Vernachlässigung eines auf die Henry-Konstante als Standardfugazität bezogenen Aktivitätskoeffizienten γ^*

trags-Zustandsgleichung von Skjold-Jorgensen (1984) vorausberechnet werden. Auch bei Lösungsmittelgemischen werden befriedigende Ergebnisse erzielt. Eine Ausnahme bilden allerdings wasserenthaltende Systeme, bei denen relative Fehler von 50 % auftreten können.

6.2 Flüssig-Flüssig-Gleichgewichte

Bei der Aufarbeitung von Kohlenwasserstoffen oder ähnlichen Substanzen treten häufig Systeme auf, bei denen zwei flüssige Phasen L^I und L^{II} miteinander im Gleichgewicht stehen. Für Flüssig-Flüssig-Gleichgewichte (**LLE** = **L**iquid-**L**iquid **E**quilibria) lautet die Gleichung für das stoffliche Gleichgewicht:

$$f_i^{L^I} = f_i^{L^{II}} \qquad \text{für } i = 1,\ldots,N \ . \tag{6.2-1}$$

Die Berechnung der Fugazitäten kann wie bei Dampf-Flüssig-Gleichgewichten über Aktivitätskoeffizienten mit Hilfe von g^E-Modellen oder über Fugazitätskoeffizienten mit Hilfe von Zustandsgleichungen erfolgen. Die zuletzt genannte Methode führt zu folgender Bestimmungsgleichung für den K-Faktor K_i:

$$K_i = \frac{x_i^{II}}{x_i^{I}} = \frac{\varphi_i^{L^I}(T,P,v^{L^I}(\mathbf{x}^I))}{\varphi_i^{L^{II}}(T,P,v^{L^{II}}(\mathbf{x}^{II}))} \ . \tag{6.2-2}$$

x_i^I bzw. x_i^{II} ist der Molanteil der Komponente i in der flüssigen Phase I bzw. II.

Bei der weiteren Berechnung werden vorzugsweise Flash-Algorithmen verwendet, wie sie bereits im Gliederungspunkt *6.1.1 Algorithmen zur Gleichgewichtsberechnung* beschrieben wurden.

Die Berechnung des Fugazitätskoeffizienten einer Komponente in der Gasphase unterscheidet sich nur unwesentlich von der entsprechenden Berechnung für eine flüssige Phase. In die gleichen Formeln werden lediglich unterschiedliche Werte für die Zusammensetzung eingesetzt. Bei vielen Berechnungsprogrammen ist es deshalb egal, ob ein Dampf-Flüssig- oder ein Flüssig-Flüssig-Gleichgewicht vorliegt. Bei Flüssig-Flüssig-Gleichgewichten ist es wichtig, daß die Dichtefindungsroutine für die vorgegebene Zusammensetzung immer die einer flüssigen Phase zuzuordnende Wurzel der Zustandsgleichung lie-

6.2 Flüssig-Flüssig-Gleichgewichte

fert. Wegen der häufig geringen Dichteunterschiede der beiden flüssigen Phasen können Konvergenzschwierigkeiten auftreten, so daß der Startwertfindung eine größere Bedeutung als bei Dampf-Flüssig-Gleichgewichten zukommt. Swank und Mullins (1986) vergleichen verschiedene Methoden zur Startwertfindung und zur Untersuchung der Stabilität der Phasen in Flüssig-Flüssig-Systemen. Prinzipiell müßten aus VLE-Daten ermittelte Wechselwirkungsparameter direkt zur Berechnung von Flüssig-Flüssig-Gleichgewichten verwendet werden können. Leider ist dies häufig nicht der Fall, so daß eine erneute Anpassung der Wechselwirkungsparameter an die LLE-Daten erfolgen muß.

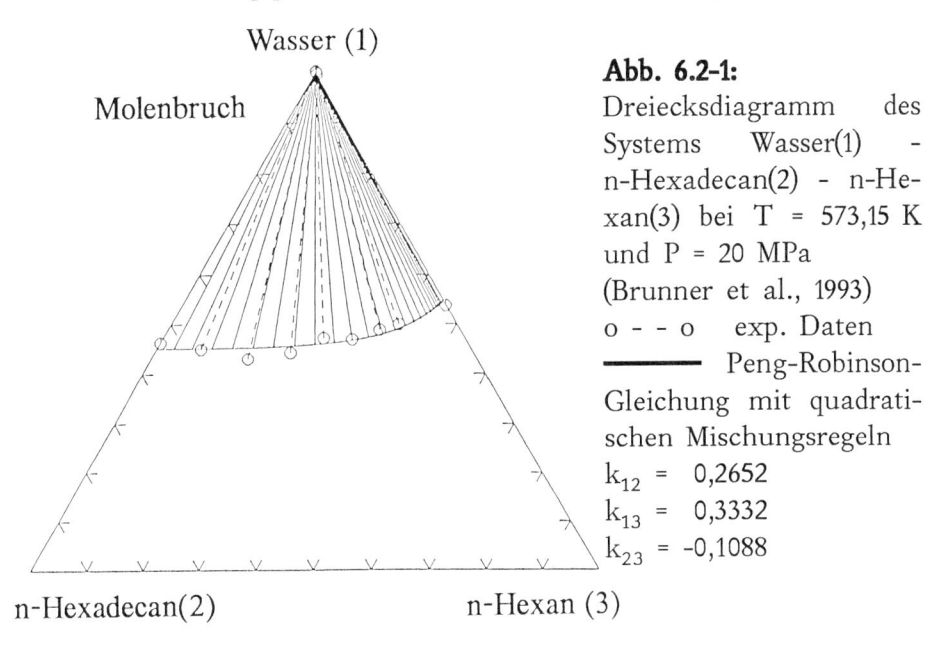

Abb. 6.2-1:
Dreiecksdiagramm des Systems Wasser(1) - n-Hexadecan(2) - n-Hexan(3) bei T = 573,15 K und P = 20 MPa
(Brunner et al., 1993)
o - - o exp. Daten
───── Peng-Robinson-Gleichung mit quadratischen Mischungsregeln
k_{12} = 0,2652
k_{13} = 0,3332
k_{23} = -0,1088

Ein Berechnungsbeispiel ist in Abbildung 6.2-1 dargestellt. Bei dem ternären System Wasser(1) - n-Hexadecan(2) - n-Hexan(3) bei 573,15 K und 20 MPa steht eine wäßrige Phase mit einer kohlenwasserstoffreichen Phase im Gleichgewicht. Es tritt eine durchgehende Mischungslücke vom Typ II auf. Die Ausdehnung der wäßrigen Phase ist auf einen kleinen Bereich nahe der Wasserecke im Dreiecksdiagramm beschränkt. Die experimentellen Daten von Brunner et al. (1993) werden von der Peng-Robinson-Gleichung in Verbindung mit einfachen quadratischen Mischungsregeln gut wiedergegeben. Die geringen Löslichkeiten der Kohlenwasserstoffe in der wäßrigen Phase können auf diese Weise aber nur unzureichend genau berechnet werden.[1]

In sehr vielen Fällen ist bei Flüssig-Flüssig-Gleichgewichten Wasser die Hauptkomponente in einer der Phasen. Die meisten Schwierigkeiten bei LLE-Berechnungen lassen sich dann auf das polare Verhalten von Wasser zurückführen. Mögliche Abhilfen, wie die Verwendung von Modellen für polare Komponenten oder von speziellen Mischungsregeln, werden im Gliederungspunkt 6.5 gesondert behandelt.

6.3 Drei und mehr Phasen im Gleichgewicht

Systeme, bei denen mehr als zwei Phasen im Gleichgewicht stehen, treten häufig bei der Produktion und Verarbeitung von Erdgas und Erdöl, bei der Kohleverflüssigung und bei der Aufbereitung von Biomasse auf (Peng und Robinson, 1980). Dies gilt insbesondere, wenn die Stoffsysteme bedeutende Mengen an Nicht-Kohlenwasserstoffen, wie z. B. Schwefelwasserstoff, Kohlendioxid oder Stickstoff, enthalten (Robinson und Peng, 1980). Bei der Anwesenheit von Wasser kommt es häufig zur Bildung einer flüssigen wäßrigen Phase L^I, die mit einer flüssigen kohlenwasserstoffreichen Phase L^{II} und einer Dampfphase V koexistiert. Es ist damit zu rechnen, daß sich das Phasenverhalten weiter verkompliziert, wenn die Betriebstemperaturen und -drücke in den Zustandsbereich fallen, in dem sich Hydrate bilden können. Auch in Systemen aus Wasser, einem Alkohol und einem überkritischen Gas, wie z. B. Kohlendioxid, treten bei bestimmten Bedingungen Drei- und Vierphasengleichgewichte auf (Paulaitis et al., 1985).

Ein Dreiphasensystem, bei dem zwei flüssige Phasen mit einer Gasphase im Gleichgewicht stehen, kann schematisch durch Abbildung 6.3-1 wiedergegeben werden. Häufig werden Druck und Temperatur vorgegeben, wenn es sich um das isotherme isobare Flashproblem handelt.

Die Bedingung für das stoffliche Gleichgewicht lautet:

$$f_i^V = f_i^{L^I} = f_i^{L^{II}} \qquad \text{für } i = 1,...,N \ . \qquad (6.3\text{-}1)$$

---

[1] Eine Ungenauigkeit von 0,01 Mol% kann bei den vorliegenden geringen Löslichkeiten bedeuten, daß der relative Fehler mehr als 100 % beträgt.

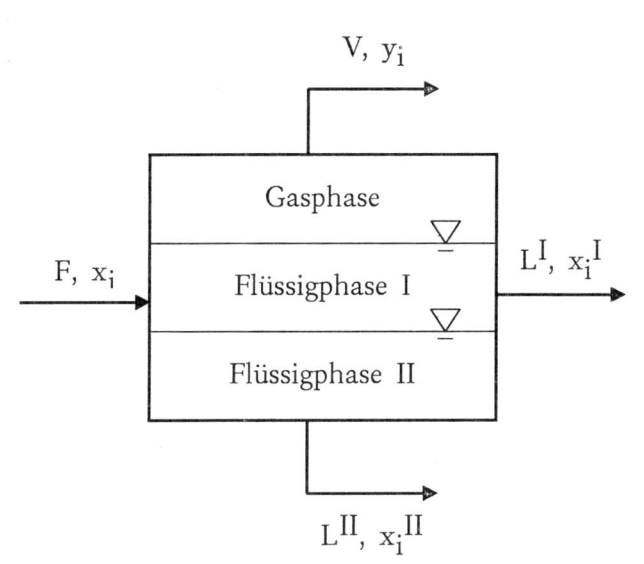

6.3 Drei und mehr Phasen im Gleichgewicht

Abb. 6.3-1:
Schema des Flashproblems, wenn zwei flüssige und eine gasförmige Phase im Gleichgewicht stehen (LLVE)

Die Berechnung der Fugazitäten kann mit Modellen erfolgen, wie sie zur VLE- oder LLE-Berechnung üblich sind. Zur Erfüllung der Bilanzgleichungen und Summationsbeziehungen wurden spezielle Algorithmen vorgeschlagen. Bei vielen Methoden wird ein zweidimensionales Newton-Raphson-Verfahren zur Variation der Phasenanteile verwendet. Henley und Rosen (1969) schlugen vor, dabei als Variablen den verdampften Anteil β (=V/F) und die relative Größe der ersten flüssigen Phase $L^I/(L^I + L^{II})$ zu verwenden. Diese Variablen können nur Werte zwischen 0,0 und 1,0 annehmen, was die Suche nach der Lösung erheblich vereinfacht.

Seit dem Anfang der siebziger Jahre wurden eine Reihe von Methoden zur Berechnung von Dreiphasengleichgewichten (**LLVE** = **L**iquid-**L**iquid-**V**apor **E**quilibria) entwickelt, die auf der Erfüllung der Isofugazitätsbedingung (Gl. 6.3-1) basieren, z. B.

1. Erbar (1973) entwickelte einen Algorithmus, bei dem die K-Faktoren mit Hilfe der Korrelationen von Chao und Seader (1961) und Grayson und Streed (1963) bestimmt werden.
2. Lu et al. (1974) schlugen die Berechnung der Fugazitäten mit der Redlich-Kwong-Gleichung vor.

3. Peng und Robinson (1979) verwendeten einen verbesserten Erbar-Algorithmus, in Verbindung mit ihrer eigenen Zustandsgleichung (Peng und Robinson, 1976).
4. Der Algorithmus von Mauri (1980) eignet sich zur VLE-, LLE- und VLLE-Berechnung. Die K-Faktorberechnung erfolgt mit einem g^E-Modell (z. B. der NRTL-Gleichung).
5. Die Methode von Ohanomah und Thompson (1984) basiert auf dem Algorithmus von Henley und Rosen (1969). Sie kann in Verbindung mit verschiedenen g^E-Modellen benutzt werden.
6. Nelson (1987) veröffentlichte einen Algorithmus, der seit 1973 im Prozeß-Simulationsprogramm "SPECS"[1] der Fa. Shell verwendet wird. Die Zahl der koexistierenden Phasen (1, 2 oder 3) muß nicht vorher festgelegt werden, sondern wird durch einen Stabilitätstest ermittelt. Die K-Faktorbestimmung kann mit einem beliebigen Modell erfolgen.
7. Die Methode von Bünz, Dohrn und Prausnitz (1991) basiert auf dem Algorithmus von Nelson und kann in Verbindung mit verschiedenen Zustandsgleichungen verwendet werden. Sie wird im nachfolgenden Gliederungspunkt näher beschrieben.

Phasengleichgewichte in Systemen mit drei und mehr Phasen können auch mit Methoden, die auf der Minimierung der Freien Enthalpie g basieren, berechnet werden. Die wichtigsten Eigenschaften solcher Verfahren wurden bereits im Gliederungspunkt 6.1.1 *Algorithmen* behandelt. Im Vergleich zu Methoden, die auf der Erfüllung der Isofugazitätsbedingung beruhen, führt die Minimierung von g zu einem analogen (aber komplizierteren) Satz von Gleichungen. Besondere Beachtung fanden u. a. die Minimierungsalgorithmen von Heidemann (1974), Gautam und Seider (1979), Michelsen (1982), Soares et al. (1983) sowie von Nghiem und Li (1984).

6.3.1 Ein Algorithmus zur Berechnung von Dreiphasengleichgewichten

Der von Bünz, Dohrn und Prausnitz (1991) vorgeschlagene Algorithmus arbeitet nach dem Prinzip der Erfüllung der Isofugazitätsbedingung (Gl. 6.3-1) und basiert auf der Methode von Nelson (1987). Er eignet sich zur Durchführung von isothermen isobaren Flashrechnungen in

---

[1] **SPECS** = **S**hell **P**rocess **E**ngineering **C**alculation **S**ystem

6.3 Drei und mehr Phasen im Gleichgewicht

Systemen mit bis zu drei Phasen, die aus beliebig vielen Komponenten bestehen können. Eine Erweiterung auf Systeme mit mehr als drei Phasen wäre relativ einfach durchführbar.

Analog zu den Gleichungen (6.1-6) bis (6.1-11) zur Berechnung von Dampf-Flüssig-Gleichgewichten bilden folgende Gleichungen die Grundlage zur Lösung des isothermen isobaren Flashproblems in Systemen aus bis zu drei Phasen:

1. **Gleichgewichtsbeziehungen**

$$K_i^I = \frac{y_i}{x_i^I} = \frac{\varphi_i^{L^I}}{\varphi_i^V}; \quad K_i^{II} = \frac{y_i}{x_i^{II}} = \frac{\varphi_i^{L^{II}}}{\varphi_i^V} \quad \text{für } i = 1,\ldots, N \quad (6.3\text{-}2)$$

2. **Gesamtbilanz**

$$F = V + L^I + L^{II} \quad (6.3\text{-}3)$$

3. **Stoffbilanzen**

$$Fz_i = Vy_i + L^I x_i^I + L^{II} x_i^{II} \quad \text{für } i = 1,\ldots, N \quad (6.3\text{-}4)$$

4. **Summationsbeziehungen**

$$\sum_{i=1}^N x_i^I = \sum_{i=1}^N x_i^{II} = \sum_{i=1}^N y_i = \sum_{i=1}^N z_i = 1 \quad (6.3\text{-}5)$$

Mit Hilfe der Gleichungen (6.3-2) und (6.3-3) erhält man Ausdrücke für die Molenbrüche y_i, x_i^I und x_i^{II}:

$$y_i = \frac{z_i F K_i^I K_i^{II}}{V K_i^I K_i^{II} + L^I K_i^{II} + L^{II} K_i^I} \quad \text{für } i = 1,\ldots, N \quad (6.3\text{-}6)$$

$$x_i^I = \frac{z_i F K_i^{II}}{V K_i^I K_i^{II} + L^I K_i^{II} + L^{II} K_i^I} \quad \text{für } i = 1,\ldots, N \quad (6.3\text{-}7)$$

$$x_i^{II} = \frac{z_i F K_i^I}{V K_i^I K_i^{II} + L^I K_i^{II} + L^{II} K_i^I} \quad \text{für } i = 1,\ldots, N \quad (6.3\text{-}8)$$

Summiert man die Gleichungen (6.3-6) bis (6.3-8) für alle Komponenten auf und verwendet die Gleichungen (6.3-4) und (6.3-5), so ergibt sich nach einigen Umformungen:

$$Q_1 = \sum_{i=1}^{N} x_i^I - \sum_{i=1}^{N} y_i = \sum_{i=1}^{N} \frac{z_i K_i^{II}(1-K_i^I)}{K_i^I K_i^{II} + \Psi^I K_i^{II}(1-K_i^I) + \Psi^{II} K_i^I(1-K_i^{II})} = 0 \ , \quad (6.3\text{-}9)$$

$$Q_2 = \sum_{i=1}^{N} x_i^{II} - \sum_{i=1}^{N} y_i = \sum_{i=1}^{N} \frac{z_i K_i^I(1-K_i^{II})}{K_i^I K_i^{II} + \Psi^I K_i^{II}(1-K_i^I) + \Psi^{II} K_i^I(1-K_i^{II})} = 0 \ , \quad (6.3\text{-}10)$$

wobei die Phasenanteile Ψ^I und Ψ^{II} definiert sind durch

$$\Psi^I = \frac{L^I}{F} \qquad \text{und} \qquad \Psi^{II} = \frac{L^{II}}{F} \ . \quad (6.3\text{-}11)$$

Die beiden Zielfunktionen Q_1 und Q_2 sind bei gegebener Gesamtzusammensetzung z nur von den Phasenanteilen Ψ^I und Ψ^{II} abhängig.

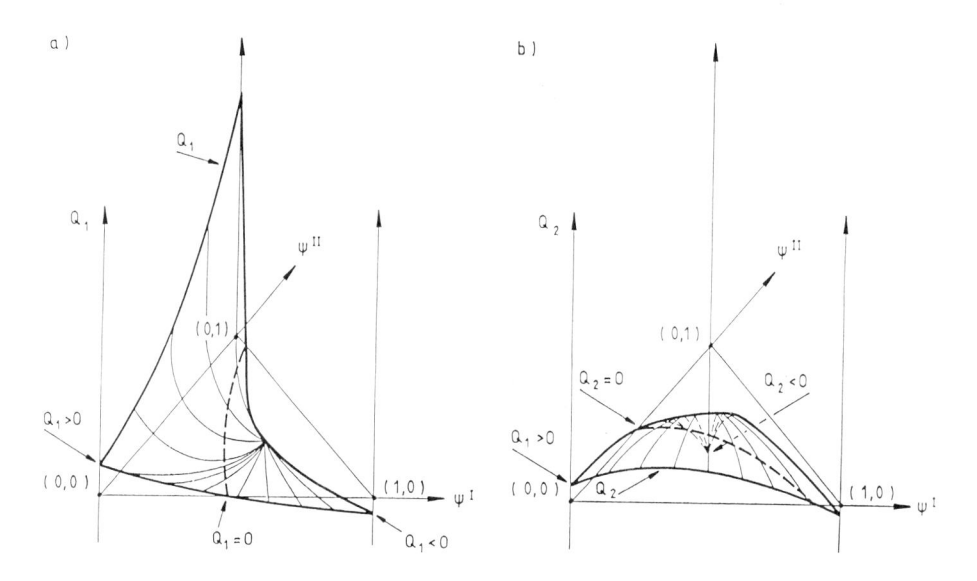

Abb. 6.3-2: Typischer Verlauf der Zielfunktionen Q_1 (a) und Q_2 (b) bei drei koexistierenden Phasen. - - - Schnittlinie der Funktionsfläche mit der (Ψ^I, Ψ^{II})-Ebene (Bünz et al., 1992)

Abbildung 6.3-2 zeigt einen typischen Verlauf von Q_1 und Q_2 für drei im Gleichgewicht stehende Phasen. Die durch die Funktion Q_1 aufgespannte Fläche (Abb. 6.3-2a) liegt teilweise oberhalb und teilweise unterhalb der von Ψ^I und Ψ^{II} aufgespannten Koordinatenebene ($Q_1 = 0$). Entlang der gestrichelten Linie ist Gleichung (6.3-9) erfüllt, Q_1 hat den Wert Null. Das entsprechende gilt für die Funktion Q_2 in Abbildung 6.3-2b. Die Lösung des Flashproblems erhält man durch

6.3 Drei und mehr Phasen im Gleichgewicht

Überlagern der beiden Bildteile 6.3-2a und b. Der Gleichgewichtspunkt der drei Phasen liegt am Schnittpunkt der beiden gestrichelten Linien.

Abhängig von der Anzahl der koexistierenden Phasen zeigen die Q-Funktionen charakteristische Verläufe. Diese sind Grundlage von Existenzkriterien, mit deren Hilfe sich ableiten läßt, ob das System ein-, zwei- oder dreiphasig ist. Zum Beispiel lauten die Existenzkriterien für ein zweiphasiges Dampf-FlüssigI-System:

$$\sum_{i=1}^{N} \frac{z_i}{K_i^I} > 1 \quad \text{und} \quad \sum_{i=1}^{N} z_i K_i^I > 1 \quad (6.3\text{-}12)$$

sowie $Q_2(\Psi^I, \Psi^{II}=0) < 0$ für die Lösung von $Q_1(\Psi^I, \Psi^{II}=0) = 0$.

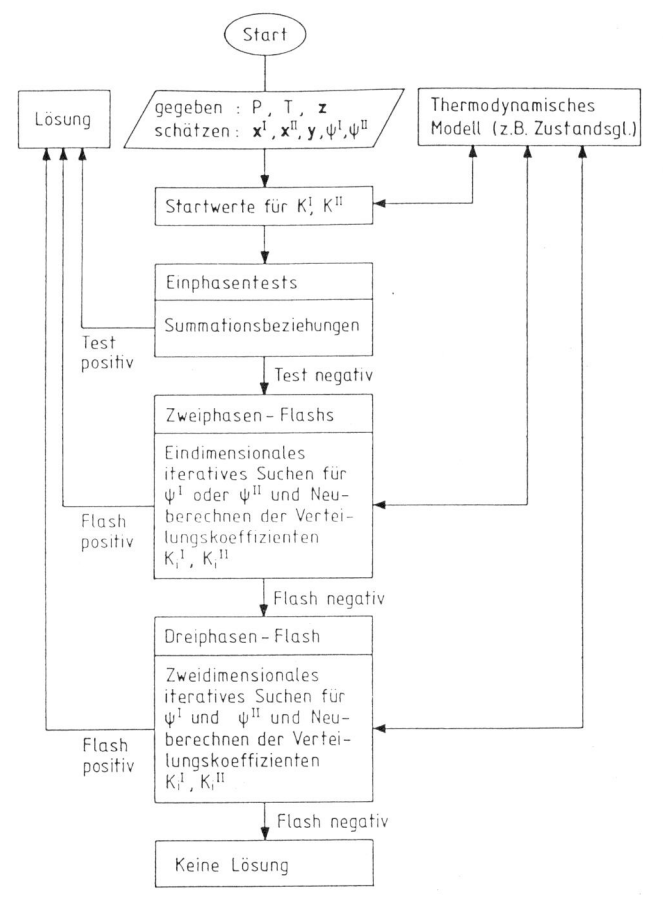

Abb. 6.3-3: Struktur eines Flash-Algorithmus zur Berechnung von Zwei- und Dreiphasengleichgewichten (Bünz et al, 1992)

Weitere Existenzkriterien sind in der Abbildung A6-4 im Anhang zusammengestellt. Die Struktur des Flash-Algorithmus ist in Abbildung 6.3-3 dargestellt. Er setzt sich aus drei Abschnitten zusammen, die nacheinander durchlaufen werden. Neben den Eingangsgrößen P, T und z werden Schätzwerte für die Phasenzusammensetzungen (x^I, x^{II} und y) und die Phasenanteile (Ψ^I und Ψ^{II}) benötigt.

Obwohl zu Beginn der Flashrechnung nicht feststeht, ob eine dritte Phase stabil ist, muß eine Annahme über ihre Zusammensetzung getroffen werden. Eine in vielen Fällen befriedigende Lösung bietet die Festlegung, daß die Phase rein bezüglich einer der beteiligten Komponenten vorliegt (z. B. reines Wasser, da die wäßrige Phase oft zu mehr als 99% aus Wasser besteht). Komplexere Lösungen dieses bei allen Flashmethoden auftretenden Initialisierungsproblems wurden u. a. von Michelsen (1982), Enick et al. (1986) und Trebble (1989) vorgeschlagen.

Zunächst werden aus den Eingangs- und Schätzgrößen mit Hilfe einer Zustandsgleichung Startwerte für die K-Faktoren (K_i^I und K_i^{II}) bestimmt. Es folgt die Stabilitätsüberprüfung der Ausgangsmischung. Ist das Einphasensystem nicht stabil, so werden Zweiphasenflashrechnungen (Dampf-FlüssigI, Dampf-FlüssigII und FlüssigI-FlüssigII) durchgeführt. Es handelt sich dabei um ein eindimensionales iteratives Suchen für Ψ^I oder Ψ^{II} nach dem Newton-Raphson-Verfahren mit jeweiliger Neuberechnung der K-Faktoren. Führt keine der Zweiphasenflashrechnungen zum Erfolg, wird untersucht, ob drei Phasen koexistieren. In einem zweidimensionalen iterativen Suchverfahren werden Ψ^I und Ψ^{II} variiert, bis beide Q-Funktionen gleich Null sind (Gln. 6.3-9 und -10).

Bei Berechnungen für ternäre Systeme wird die anfängliche Gesamtzusammensetzung in die Mitte der Mischungslücke eines binären Randsystems gelegt. Durch eine schrittweise Veränderung der Gesamtzusammensetzung z wird das Zweiphasengebiet durchlaufen, bis das Existenzkriterium für drei Phasen erfüllt ist. Zur Kontrolle wird dann die Dreiphasenberechnung mit einer Gesamtzusammensetzung, die einem Punkt in der Mitte des Dreiphasengebietes entspricht, noch einmal wiederholt. Anschließend werden die restlichen angrenzenden Zweiphasengebiete berechnet, wobei die Konnoden des Dreiphasengebietes als Startwerte verwendet werden.

6.3.2 Berechnungsbeispiele

Im folgenden sollen durch einige Berechnungsbeispiele die Möglichkeiten des vorgestellten Flashalgorithmus zur Berechnung von Zwei- und Dreiphasengleichgewichten aufgezeigt werden.

Das System **Wasserstoff-Wasser-n-Hexadecan** besteht aus Komponenten, die bei Normalbedingungen kaum ineinander löslich sind. Auch bei 20 MPa und 473,15 K zeigt das System ein ausgeprägtes Dreiphasengebiet (Abb. 6.3-4). Die experimentellen Daten von Dohrn und Brunner (1986) werden sehr gut von der HPW-Gleichung (1976) wiedergegeben, wenn Van-der-Waals-Mischungsregeln mit einem binären Wechselwirkungsparameter k_{ij} verwendet werden. Die durchschnittliche absolute Abweichung beträgt 1,166 mol%.

Die Wechselwirkungsparameter k_{ij} wurden durch Anpassen an die Daten des ternären Systems (bei T und P = const.) ermittelt. Für das System Wasserstoff - Wasser - n-Hexadecan lagen experimentelle Daten bei verschiedenen Drücken und Temperaturen vor, so daß isobare bzw. isotherme Mittelwerte der k_{ij} bestimmt werden konnten. Die größten Abweichungen zwischen den gemittelten und den für das Einzelsystem optimierten k_{ij} zeigt der Wechselwirkungsparameter k_{13} (Wasser - Wasserstoff). Der Einfluß von k_{13} auf das Phasenverhalten dieses Systems ist jedoch gering (Dohrn und Brunner, 1987).

Mit Hilfe der über ein Druck- bzw. Temperaturintervall gemittelten Parameter läßt sich der Verlauf des Dreiphasengebietes für Bereiche voraussagen, für die keine experimentellen Daten vorliegen. Die Anzahl der Experimente zur Aufklärung des Phasenverhaltens läßt sich dadurch reduzieren.

Abbildung 6.3-5 zeigt die berechnete Druckabhängigkeit des Dreiphasengebietes bei 573,15 K. Es wurde die HPW-Gleichung mit isotherm gemittelten Wechselwirkungsparametern verwendet. Innerhalb des gemessenen Druckbereiches (10 bis 30 MPa) ist die Übereinstimmung zwischen Experiment und Berechnung gut. Das Ablösen des Dreiphasengebietes von der Wasser-n-Hexadecan-Seite mit wachsendem Druck wird korrekt wiedergegeben. Oberhalb eines Druckes von 30 MPa wird das Dreiphasengebiet schmaler und verschwindet schließlich bei Drücken größer als 51 MPa.

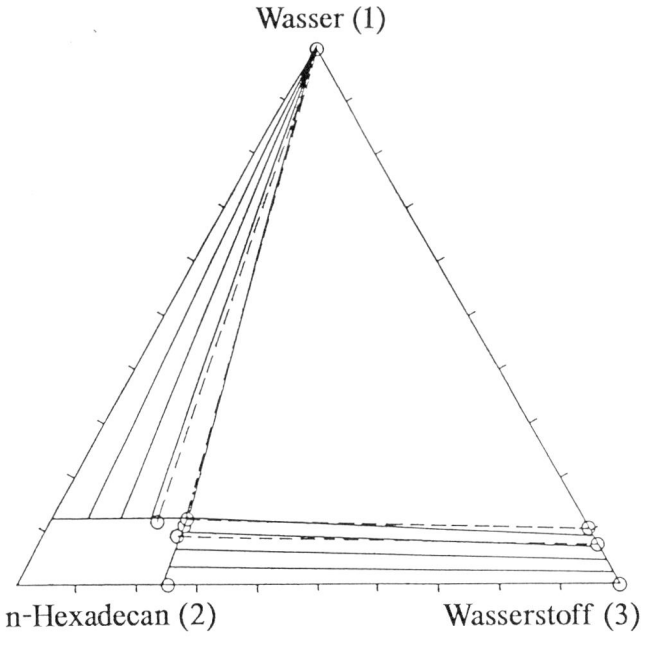

Abb. 6.3-4:
Dreiecksdiagramm des Systems Wasserstoff(3) - Wasser(1) - n-Hexadecan(2); P = 20 MPa; T=473,15 K (Bünz et al., 1992).
o - - o Exp. Daten von Dohrn und Brunner (1986)
—— HPW-Gleichung
k_{12} = 0,2450
k_{13} = 0,4100
k_{23} = 0,2263

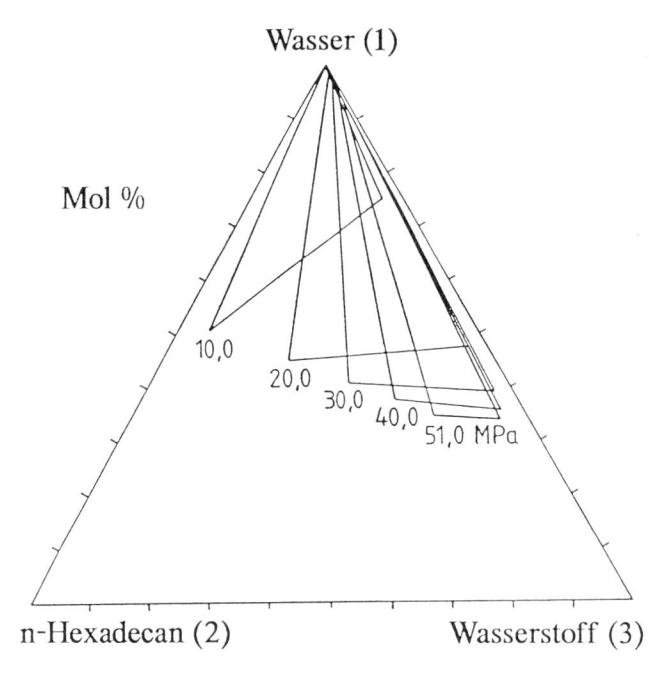

Abb. 6.3-5:
Druckabhängigkeit des Dreiphasengebietes des Systems Wasserstoff(3) - Wasser(1) - n-Hexadecan(2);
T=573,15 K; P = 20 bis 51 MPa (Bünz et al., 1992).
—— HPW-Gleichung
k_{12} = 0,2070
k_{13} = -0,5390
k_{23} = 0,2510

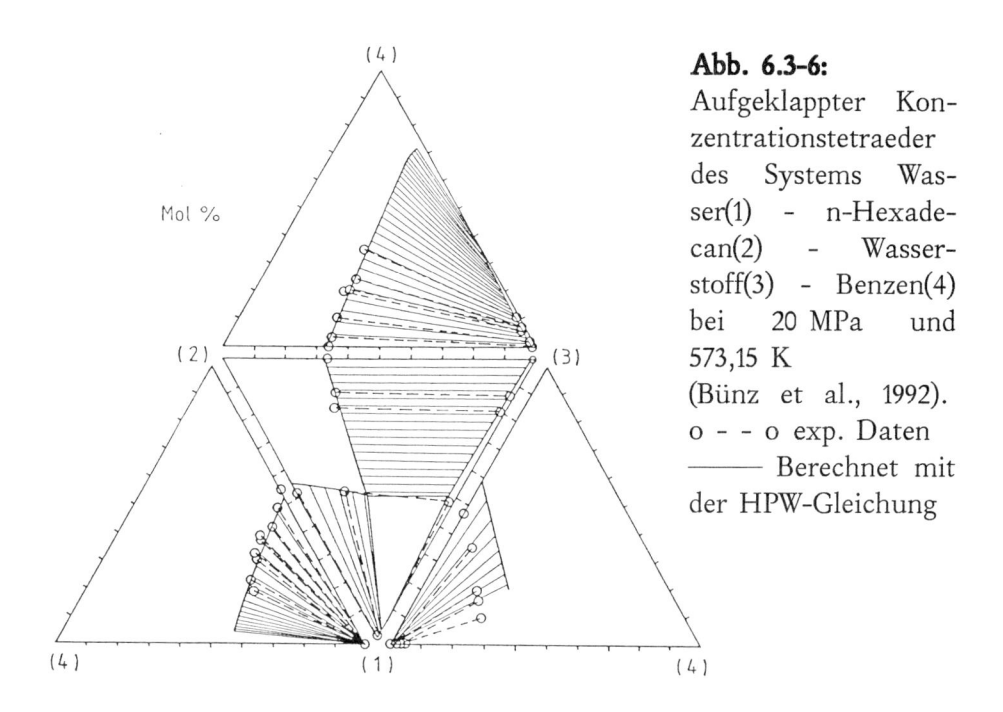

Abb. 6.3-6:
Aufgeklappter Konzentrationstetraeder des Systems Wasser(1) - n-Hexadecan(2) - Wasserstoff(3) - Benzen(4) bei 20 MPa und 573,15 K (Bünz et al., 1992).
o - - o exp. Daten
―――― Berechnet mit der HPW-Gleichung

Im quaternären System **Wasserstoff-Wasser-Benzen-n-Hexadecan** bei 20 MPa und 573 K treten Ein-, Zwei und Dreiphasengebiete auf (vgl. Abb. 6.1-6). Die Tetraederecken sind durch ein Gebiet vollständiger Mischbarkeit miteinander verbunden. Die berechneten und experimentellen Phasenzusammensetzungen der vier ternären Randsysteme sind in Abbildung 6.3-6 in Form eines aufgeklappten Tetraeders dargestellt. Für jedes Randsystem wurden die k_{ij} getrennt optimiert. Das beobachtete Phasenverhalten wird mit Ausnahme des Teilsystems Wasserstoff-Wasser-Benzen gut von der HPW-Gleichung wiedergegeben. Eine bessere Gesamtdarstellung ließe sich durch zusätzliche Wechselwirkungsparameter erreichen, z. B. in Form von zusammensetzungsabhängigen Mischungsregeln.

6.4 Löslichkeiten von Feststoffen in Gasen

Das Interesse an Löslichkeiten von Feststoffen in (komprimierten) Gasen hat durch die Entwicklung der Gasextraktion[1] stark zugenommen. Die Bedeutung von Phasengleichgewichten für die Gasextraktion

---
[1] Engl.: **S**upercritical **F**luid **E**xtraction = **SFE**

wird anschaulich in dem Buch von Brunner (1994) dargestellt. Einen Überblick über experimentelle Ergebnisse und Berechnungsmethoden von Feststofflöslichkeiten in Gasen erhält man durch die Artikel von Johnston et al. (1982), Deiters (1985) sowie Brennecke und Eckert (1989).

Ausgangspunkt bei der Berechnung der Löslichkeit von Feststoffen in Gasen ist die Isofugazitätsbedingung:

$$f_i^V(P, T, \boldsymbol{y}) = f_i^S(P, T, \boldsymbol{x}) \quad \text{für } i = 1,\ldots,N \; . \quad (6.4\text{-}1)$$

Die Feststoffphase wird durch ein hochgestelltes S gekennzeichnet. Weil die Löslichkeit des Gases in dem Feststoff in fast allen Fällen zu vernachlässigen ist, ergeben sich zwei wichtige Vereinfachungen:

1. Die Gleichgewichtsbedingung (Gl. 6.4-1) gilt nur für Komponenten, die sich auf beide Phasen verteilen, d. h. nur für den Feststoff (Index 2):

$$f_2^V(P, T, \boldsymbol{y}) = f_2^S(P, T, \boldsymbol{x}) \; . \quad (6.4\text{-}2)$$

2. Die Fugazität des Feststoffes in der festen Phase $f_2^S(P, T, \boldsymbol{x})$ wird gleich der Fugazität $f_2^{S,rein}(P, T)$ des reinen Feststoffes gesetzt, d. h. Gl. (6.4-2) vereinfacht sich zu:

$$f_2^V(P, T, \boldsymbol{y}) = f_2^{S,rein}(P, T) \; . \quad (6.4\text{-}3)$$

Für die Fugazität eines reinen Stoffes gilt (Prausnitz et al., 1986):

$$f_i^{rein}(P, T) = P \exp\left(\frac{1}{RT}\int_0^P (v_i - \frac{RT}{P})dP\right) \; . \quad (6.4\text{-}4)$$

Angewendet auf eine feste Phase S erhält man durch Umformungen und durch die Aufteilung des Integrals:

$$RT\ln\frac{f_i^{S,rein}}{P} = \int_0^{P_i^{Sat}}(v_i - \frac{RT}{P})dP + \int_{P_i^{Sat}}^{P}(v_i^S - \frac{RT}{P})dP \; . \quad (6.4\text{-}5)$$

Der erste Term auf der rechten Seite entspricht der Fugazität des gesättigten Dampfes. Diese ist so groß wie die Fugazität der festen Phase im Sättigungszustand (Phasengleichgewicht), d. h.

6.4 Löslichkeiten von Feststoffen in Gasen

$$RT\ln\frac{f_i^{S,rein}}{P} = RT\ln\frac{f_i^{Sat,rein}}{P_i^{Sat}} + \int_{P_i^{Sat}}^{P} v_i^S \, dP - RT\ln\frac{P}{P_i^{Sat}} \quad . \tag{6.4-6}$$

Durch vereinfachende Umformungen und mit dem Fugazitätskoeffizienten $\varphi_i^{Sat} = f_i^{Sat}/P_i^{Sat}$ erhält man schließlich (Prausnitz et al., 1986):

$$f_i^{S,rein}(P, T) = P_i^{Sat} \, \varphi_i^{Sat} \, \exp \int_{P_i^{Sat}}^{P} \frac{v_i^S}{RT} \, dP \quad . \tag{6.4-7}$$

In erster Näherung ist die Fugazität eines festen (oder flüssigen) Reinstoffs gleich seinem Sättigungsdruck. Der Fugazitätskoeffizient φ_i^{Sat}, der die Nichtidealitäten der Gasphase beim Sättigungsdruck berücksichtigt, ist in der Regel nahe bei 1. Der exponentielle Ausdruck, der sog. Poynting-Faktor, berücksichtigt den Einfluß auf die Fugazität, der auf die Abweichung des Systemdruckes P vom Sättigungsdruck P_i^{Sat} zurückzuführen ist. Er kann vereinfacht werden, wenn man annimmt, daß die feste Phase inkompressibel ist; dann gilt

$$f_i^{S,rein}(P, T) = P_i^{Sat} \, \varphi_i^{Sat} \, \exp\left(\frac{v_i^S (P - P_i^{Sat})}{RT}\right) \quad . \tag{6.4-8}$$

Zur Berechnung der Fugazität $f_2^V(P, T, \boldsymbol{y})$ kann die komprimierte Gasphase als "expandierte" Flüssigkeit mit

$$f_2^V(P,T,\boldsymbol{y}) = f_2^{OL}(P^O) \, \gamma_2(P^O, y_2) \, y_2 \, \exp \int_{P^O}^{P} \frac{\overline{v}_2(P, y_2)}{RT} \, dP \tag{6.4-9}$$

oder als reale Gasphase

$$f_2^V(P,T,\boldsymbol{y}) = y_2 \, \varphi_2^V \, P \tag{6.4-10}$$

angesehen werden. Bei der ersten Möglichkeit (Gl. 6.4-9) kann der Aktivitätskoeffizient γ_2 mit einem g^E-Modell und das partielle molare Volumen $\overline{v}_2$ mit einer Zustandsgleichung berechnet werden, wie z. B. beim "Expanded-Liquid-Modell" von Mackay und Paulaitis (1979). Die zweite Möglichkeit (Gl. 6.4-10) wird heute häufiger angewendet; die Berechnung von φ_2^V erfolgt i.d.R. mit einer Zustandsgleichung.

Durch Gleichsetzen von Gl. (6.4-7) und Gl. (6.4-10) ergibt sich folgende Grundgleichung für die Löslichkeit von festen Stoffen in Gasen:

$$y_2 \varphi_2^V P = P_2^{Sat} \varphi_2^{Sat} \exp\left(\frac{v_2^S(P - P_2^{Sat})}{RT}\right) \qquad (6.4\text{-}11)$$

Anders ausgedrückt gilt für die Löslichkeit eines Feststoffs in der Gasphase:

$$y_2 = \frac{P_2^{Sat}}{P} E \ . \qquad (6.4\text{-}12)$$

E ist der sogenannte Verstärkungsfaktor[1], der angibt, um wieviel größer die reale Löslichkeit gegenüber der idealen Löslichkeit ist. Bei sehr kleinen Drücken ist E gleich 1; dann ist die Löslichkeit nur auf den Sättigungsdruck zurückzuführen. Der Verstärkungsfaktor E ist also ein Maß dafür, um wieviel sich die Löslichkeit durch den erhöhten Druck vergrößert.

Aus den Gleichungen (6.4-11) und (6.4-12) ergibt sich

$$E = \frac{\varphi_2^{Sat}}{\varphi_2^V} \exp\left(\frac{v_2^S(P - P_2^{Sat})}{RT}\right) \ . \qquad (6.4\text{-}13)$$

Während der Poyntingfaktor selten größer als 3 ist und φ_2^{Sat} i. d. R. nahe bei 1 liegt, kann φ_2^V sehr kleine Werte annehmen, so daß Verstärkungsfaktoren im Bereich von 10^4 bis 10^6 durchaus üblich sind (Brennecke und Eckert, 1989).

Frühe Versuche zur Berechnung von Feststofflöslichkeiten von Ewald et al. (1953) und von King und Robertson (1962) basierten auf der Virialgleichung; sie waren deshalb in ihrer Anwendbarkeit auf geringe Dichten ($< 1/4 \ \rho_c$) beschränkt.

Heute werden häufig semiempirische Zustandsgleichungen, wie die Peng-Robinson-Gleichung, zur Berechnung von φ_2^V verwendet, z. B. Kurnik et al. (1981), Moradinia und Teja (1986), Kosal und Holder (1987), Barber et al. (1991) und Caballero et al. (1992). Bei der üblichen Reinstoffparameterbestimmung aus den kritischen Daten taucht das Problem auf, daß für viele Feststoffe keine experimentellen Werte für T_c und P_c bekannt sind. Diese müssen dann mit einer Abschätzmethode (z. B. Joback, 1984) ermittelt werden. Die Wechselwirkungs-

---

[1] Engl.: enhancement factor

6.4 Löslichkeiten von Feststoffen in Gasen

parameter k_{ij} werden i. d. R. an die experimentellen Daten angepaßt. Eine Vorhersage der k_{ij} ist wegen der sehr großen Eigenschaftsunterschiede der an der Mischung beteiligten Komponenten nur begrenzt möglich.

Tabelle 6.4-1 Mittlere relative Fehler (%) zwischen berechneten und experimentellen Feststofflöslichkeiten Δy in überkritischen Gasen; Van-der-Waals-Mischungsregeln mit einem Wechselwirkungsparameter k_{ij} (Haselow et al, 1986)

Zustandsgleichung	Δy, 14 Systeme, exp. T_c, P_c, ω	Δy, 31 Systeme, teilw. T_c, P_c, ω geschätzt
Redlich-Kwong (1949)	17	34
BWRCSH (1971, 1972)	24	38
SRK (Soave, 1972)	31	51
Peng-Robinson (1976)	26	43
Schmidt-Wenzel (1980)	32	49
Harmens-Knapp (1980)	41	60
Kubic (1982)	>10000	>10000
Heyen (1983)	25	40
CCOR (H.Kim et al.,1986)	34	38

Haselow et al. (1986) verglichen die Leistungsfähigkeit von neun Zustandsgleichungen zur Berechnung von Feststofflöslichkeiten in überkritischen Gasen. Berechnungsgrundlage war Gleichung (6.4-11) in Verbindung mit Van-der-Waals-Mischungsregeln mit einem anpaßbaren Wechselwirkungsparameter k_{ij} (Gl. 5.1-3, -4, -7 und -8). Der Test wurde anhand von 31 binären Systemen durchgeführt; für 14 Systeme lagen experimentelle Daten für T_c, P_c und ω vor, für die restlichen Systeme wurden diese Größen mit Schätzmethoden bestimmt. Die Ergebnisse sind in der Tabelle 6.4-1 zusammengefaßt. Der mittlere relative Fehler zwischen berechneten und experimentellen Löslichkeiten Δy ist bei allen Zustandsgleichungen größer als bei üblichen VLE-Berechnungen. Es zeigt sich, daß Van-der-Waals-Mischungsregeln häufig nicht ausreichend sind. Überraschend ist das gute Ergebnis der Redlich-Kwong-Gleichung. Die Kubic-Gleichung erweist sich als ungeeignet. Für Systeme mit abgeschätzten kritischen Daten steigen die mittleren Abweichungen bei allen Zustandsgleichungen deutlich an.

Sheng et al. (1992) verwenden die Patel-Teja-Zustandsgleichung in Verbindung mit Gruppenbeitrags-Mischungsregeln (UNIFAC) für den Parameter a zur Berechnung von Feststofflöslichkeiten in überkritischem CO_2. Die Annahme von Huron und Vidal (1979), daß bei unendlichem Druck keine Exzeßvolumina existieren, läßt sich nicht auf Feststoff-Gas-Gleichgewichte anwenden. Deshalb schlagen Sheng et al. eine Mischungsregel mit einem Exzeßterm für den Parameter b vor:

$$b = \sum_{i=1}^{2} x_i b_i + x_1 x_2 (C_1 + C_2 x_2) \ , \qquad (6.4\text{-}14)$$

wobei die Konstanten C_1 und C_2 durch Anpassung an charakteristische Daten des reinen Feststoffes ermittelt werden.

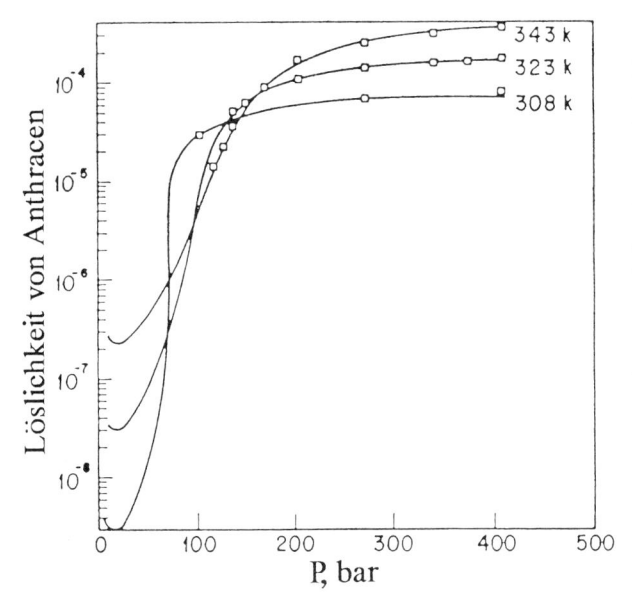

Abb. 6.4-1:
Löslichkeit von Anthracen in überkritischem CO_2;
o exp. Daten von Johnston et al. (1982)
—— berechnet mit der Patel-Teja-Zustandsgleichung und den Mischungsregeln von Sheng et al. (1992)

Abbildung 6.4-1 zeigt experimentelle und mit dem Modell von Sheng et al. berechnete Löslichkeiten von Anthracen in überkritischem CO_2.

Die Übereinstimmung ist so gut wie bei herkömmlichen Mischungsregeln mit zwei anpaßbaren Wechselwirkungsparametern.

Bei einer alternativen Vorgehensweise wird auf die Verwendung von kritischen Daten und binären Wechselwirkungsparametern verzichtet; die Parameter a_2 und b_2 werden aus Reinstoffdaten ermittelt, und der Gemischparameter a_{12} wird an binäre experimentelle Daten angepaßt, z. B. Johnston und Eckert (1981) sowie Schmitt und Reid (1986).

Darüber hinaus wurden verschiedene empirische Methoden zur Berechnung des Verstärkungsfaktors E vorgeschlagen, z. B. von Wells et al. (1990) und von Li et al. (1991). Viele dieser Methoden basieren auf der Beobachtung, daß häufig ein linearer Zusammenhang zwischen dem Logarithmus von E und der Dichte besteht (Johnston und Eckert, 1981).

6.5 Systeme mit polaren Komponenten

Stoffe, deren Moleküle eine derartige Ladungsverteilung aufweisen, daß sie ein Dipol- oder Quadrupolmoment besitzen, unterscheiden sich in ihrem thermodynamischen Verhalten oft drastisch von unpolaren, aber bezüglich der Molekülgröße und -struktur vergleichbaren Stoffen. Dies gilt insbesondere bei hohen Dichten. So kann es zur Bildung von Wasserstoffbrückenbindungen und zu Assoziationen kommen, d. h. zur Anlagerung mehrerer einzelner Moleküle zu Clustern aus Dimeren, Tetrameren u.s.w.

Die Berechnung von Stoffeigenschaften reiner polarer Stoffe und von Mischungen, die einen oder mehrere polare Stoffe enthalten, ist häufig mit größeren Schwierigkeiten verbunden. Dies gilt auch für die Berechnung von Phasengleichgewichten und thermodynamischen Größen mit Hilfe von Zustandsgleichungen. Man benötigt Berechnungsmodelle, die die Eigenschaften polarer Stoffe in geeigneter Form berücksichtigen. Dabei ergibt sich die Schwierigkeit, daß selbst grundlegende Eigenschaften, wie das intermolekulare Potential[1], für viele polare Stoffe nicht vollständig bekannt sind.

---

[1] Prinzipiell sind intermolekulare Potentiale mit Hilfe der Quantenmechanik zu berechnen, der Aufwand an Rechenzeit für eine genaue Ermittlung ist aber sehr groß (Walsh et al., 1992).

Man kann die Kräfte und Effekte, die das intermolekulare Potential beeinflussen, in folgende Klassen einteilen (Walsh et al., 1992):

1. **Abstoßungskräfte** wirken mit kurzen Reichweiten und sind auf das Überlappen der Elektronen eines Moleküls mit denen eines anderen zurückzuführen. Bei geringen Molekülabständen haben die Abstoßungskräfte einen großen Anteil am intermolekularen Potential. Sie bestimmen maßgeblich die effektive Größe der Moleküle.

2. **Dispersionskräfte**[1] sind darauf zurückzuführen, daß die Schwingungen der Elektronen um den Kern ein kurzzeitiges Dipolmoment (und höhere Multipolmomente) erzeugen. Dieses Dipolmoment ändert sich schnell in Größe und Ausrichtung und ist im zeitlichen Mittel gleich Null. Es erzeugt aber ein elektrisches Feld, das in benachbarten Molekülen Dipolmomente induziert, wodurch anziehende (Dispersions-)Kräfte entstehen.

3. **Polarisation** entsteht durch die Beeinflussung der Elektronen um ein Molekül durch die Anwesenheit anderer Moleküle, die ein induziertes oder permanentes Multipolmoment haben können.

4. **Elektrostatische Kräfte** werden durch ungleiche Elektronenverteilungen verursacht, wodurch permanente Multipolmomente (z. B. ein Dipolmoment) entstehen. Elektrostatische Kräfte wirken auf kurzen und auf weiten Entfernungen.

5. **Ladungsübertragung** tritt auf, wenn bei nahe beieinander liegenden Molekülen ein Teil der negativen elektrischen Ladung von einem besetzten Orbital eines Moleküls auf ein freies Orbital eines anderen Moleküls überwechselt.

6. **Mehrkörpereffekte** beeinflussen die Form des Potentials zwischen zwei Molekülen.

Die heute existierenden einfachen Modelle wurden in erster Linie für unpolare Stoffe entwickelt. Sie berücksichtigen im allgemeinen nur Kräfte der Klassen 1 und 2. Trotzdem lassen sie sich oft ohne größere Genauigkeitsverluste auf leicht-polare Substanzen anwenden.

Eine vollständige, alle oben aufgeführten Kräfte berücksichtigende Beschreibung der Wechselwirkungen in Systemen mit polaren Substanzen erfordert ein kompliziertes Berechnungsmodell. Für den Verfahrensingenieur sind einfache Modelle von Interesse, die sich mög-

---

[1] Engl.: dispersion forces oder nach F. London auch "London forces" genannt

6.5 Systeme mit polaren Komponenten

lichst wenig von den weit verbreiteten Modellen unpolarer Stoffe unterscheiden.

Einige Möglichkeiten zur rechnerischen Behandlung polarer Stoffe sollen im folgenden behandelt werden:
1. die Anwendung zusätzlicher Parameter für polare Stoffe,
2. die Behandlung von Assoziationen durch eine chemische Theorie,
3. die Berücksichtigung des Dipolmomentes in der Zustandsgleichung,
4. die Anwendung spezieller Mischungsregeln und
5. sonstige Modelle.

Elektrolytsysteme, d. h. Lösungen, in denen Ionen auftreten, sollen hier nicht behandelt werden.

6.5.1 Die Anwendung zusätzlicher Parameter

Da sich das thermodynamische Verhalten polarer Stoffe oft nur unbefriedigend mit den üblichen Zustandsgleichungen wiedergeben läßt, wurde von verschiedenen Autoren vorgeschlagen, die Zahl der Parameter zu erhöhen bzw. die Temperaturabhängigkeit der Parameter durch die Einführung zusätzlicher Konstanten zu erweitern. Dazu sollen im folgenden einige Beispiele gegeben werden.

Zur Beschreibung des PvT-Verhaltens von Wasserdampf schlugen De Santis et al. (1974) vor, den Parameter a der Redlich-Kwong-Gleichung wie folgt zu unterteilen:

$$a = a^{(0)} + a^{(1)}(T) ; \qquad (6.5\text{-}1)$$

wobei $a^{(0)}$ die intermolekulare Anziehung charakterisieren soll, die auf Dispersionskräfte zurückzuführen ist; $a^{(1)}(T)$ steht für polare Attraktionskräfte durch permanente Multipolmomente und Wasserstoffbrückenbindungen. Für einfache unpolare Stoffe ist $a^{(1)}$ gleich Null. Ein ähnliche Vorgehensweise schlugen Won und Walker (1979) vor, wobei sie zusätzlich $a^{(0)}$ als temperaturabhängig betrachten.

Verschiedene Forschergruppen verwenden die Redlich-Kwong-Gleichung mit zwei temperaturabhängigen Parametern zur Beschreibung polarer Stoffe, z. B. Chung und Lu (1977) und Djordevic et al. (1977). Die

Werte der Parameter a(T) und b(T) für bestimmte Temperaturen werden durch Anpassung an einzelne Isothermen ermittelt.

Für polare Stoffe erweiterten Nakamura et al. (1976) die Carnahan-Starling-van-der-Waals-Gleichung, indem sie den Parameter c einführten:

$$P = \frac{RT}{v} \frac{1 + \eta + \eta^2 - \eta^3}{(1-\eta)^3} - \frac{a}{v(v+c)} . \qquad (6.5-2)$$

Für unpolare Stoffe ist c gleich Null; für polare Stoffe bekommt c kleine positive Werte, z. B. c = 0,01 m³/kmol für Wasser.

Während viele Zustandsgleichungen für unpolare Stoffe generalisiert wurden, so daß die Parameterermittlung mit Hilfe charakteristischer Reinstoffdaten (wie T_c, P_c und ω) erfolgen kann, gibt es für polare Stoffe nur selten Parametergeneralisierungen. Häufig werden anstelle von ω (oder zusätzlich zu ω) ein oder mehrere Parameter eingeführt, die die Polarität des Stoffes ausdrücken sollen.

Soave (1979b) schlug folgende Modifikation der Temperaturabhängigkeit des Parameters a(T) der SRK-Gleichung (Soave, 1972) vor:

$$a(T) = a_c \alpha(T) = a_c \left(1 + (1 - T_R)(C_1 + C_2/T_R) \right) . \qquad (6.5-3)$$

Der azentrische Faktor ω wird durch die anpaßbaren Parameter C_1 und C_2 ersetzt. Sandarusi et al. (1986) haben die Werte für C_1 und C_2 von 286 Stoffen durch Anpassung an experimentelle Dampfdruckdaten ermittelt. Mit diesen Parametern läßt sich der Dampfdruck von Wasser mit einer mittleren absoluten Abweichung von 0,66 % berechnen; bei der Verwendung der SRK-Gleichung beträgt die Abweichung 12,5 %.

Eine ähnliche Vorgehensweise wie Soave (1979b) haben Georgeton et al. (1986) für die Patel-Teja-Zustandsgleichung (1982) gewählt. Stoffspezifische Parameter für die Temperaturabhängigkeit a(T) wurden durch Anpassung an experimentelle Sättigungsdichte- und Dampfdruckdaten ermittelt und anschließend graphisch korreliert.

Bestimmte thermodynamische Größen lassen sich mit herkömmlichen Zustandsgleichungen gut für unpolare Stoffe und nur unzureichend für polare Stoffe wiedergeben. Diese Größen eignen sich als Maß für die Polarität eines Stoffes. Ein Beispiel hierfür ist die kritische Kompressibilität Z_c, die für polare Stoffe besonders niedrige Werte annimmt (z. B. Z_c = 0,229 für Wasser). Bei der dreiparametrigen Zustandsgleichung von Iwai et al. (1988) wird Z_c neben T_c, P_c und ω als Eingangsgröße zur Bestimmung der Temperaturabhängigkeit des Parameters a(T) verwendet. Ein anderes Beispiel ist die Dichte der flüssigen Phase. Bei der Zustandsgleichung von Bazua (1983) wird die Flüssigkeitsdichte bei T_R = 0,6 als Maß für die Polarität benutzt.

Viele der in den Kapiteln 3 und 4 vorgestellten Zustandsgleichungen mit drei oder mehr Parametern eignen sich auch zur Berechnung von PvT-Daten reiner polarer Stoffe. In der Tabelle 4.2-8 wurden die Leistungsfähigkeiten verschiedener Zustandsgleichungen miteinander verglichen. Unter den als Datenbasis dienenden 75 Reinstoffen befinden sich auch stark polare Stoffe wie Wasser, Ammoniak und Alkohole.

Alle hier aufgeführten Vorschläge verbessern zwar die Wiedergabe von Reinstoffdaten, aber die Beschreibung der thermodynamischen Eigenschaften von Stoffmischungen bleibt häufig unbefriedigend. Um Phasengleichgewichte in Systemen mit polaren Komponenten mit guter Genauigkeit berechnen zu können, müssen die Wechselwirkungen zwischen unterschiedlichen Molekülen besonders berücksichtigt werden. Dies kann u. a. durch spezielle Mischungsregeln geschehen.

6.5.2 Spezielle Mischungsregeln

Die Berechnung von Phasengleichgewichten in Systemen mit polaren Komponenten mit Hilfe von einfachen Zustandsgleichungen und Mischungsregeln vom Van-der-Waals-Typ führt i.d.R. zu unbefriedigenden Ergebnissen. Diese Unzulänglichkeiten haben viele Forschergruppen dazu motiviert, verbesserte Modelle zu entwickeln. Auch die Entwicklung neuer Mischungsregeln geht hauptsächlich auf diese Motivation zurück (z. B. Huron und Vidal, 1979; Whiting und Prausnitz, 1982; Kabadi und Danner, 1985; Stryjek und Vera, 1986b, Michel et al., 1989; Wong und Sandler, 1992). Für Systeme mit polaren Komponenten eignen sich

1. zusammensetzungsabhängige Mischungsregeln,
2. dichteabhängige Mischungsregeln,
3. g^E-Modell-Mischungsregeln und
4. Van-der-Waals-Mischungsregeln mit $k_{ij}(T)$ und $l_{ij}(T)$.

Da Mischungsregeln bereits im Kapitel 5 ausführlich behandelt wurden, sollen an dieser Stelle nur einige ergänzende Bemerkungen gemacht werden.

Der Erfolg vieler Mischungsregeln beruht auf der Tatsache, daß sie durch zusätzliche anpaßbare Parameter die Flexiblität des Modells erhöhen. **Zusammensetzungsabhängige Mischungsregeln** verwenden den zusätzlichen Parameter zur flexiberen Beschreibung des Parameters a der Mischung. Dabei wird von der Annahme ausgegangen, daß sich in Mischungen aus polaren Komponenten die Attraktionskräfte (repräsentiert durch den Parameter a) stärker mit der Zusammensetzung ändern als die effektive Molekülgröße (repräsentiert durch den Parameter b). Vielfach haben die Komponenten stark nichtidealer Systeme ähnlich große Moleküle, so daß es eine Veränderung der Mischungsregel für den Parameter b keine signifikante Verbesserung bringt. **Dichteabhängige Mischungsregeln** benötigen ebenfalls zwei bis drei anpaßbare Parameter. Auch der Erfolg von **g^E-Modell-Mischungsregeln** beruht in erster Linie darauf, daß die Flexibilität der g^E-Modelle auf die Zustandsgleichungsmethode übertragen wird. **Van-der-Waals-Mischungsregeln** sind nur eingeschränkt für Systeme mit polaren Komponenten geeignet. Wenn mehrere temperaturabhängige Wechselwirkungsparameter ($k_{ij}(T)$ in Gl. (5.1-7) und $l_{ij}(T)$ in Gl. 5.1-10)) verwendet werden, lassen sich häufig gute Ergebnisse erzielen.

Bei flexiblen Modellen mit vielen Parametern treten häufig mehrdeutige Lösungen auf. Verschiedene Parametersätze führen dann zu nahezu identischen Zielfunktionswerten. Bei der Übertragung der (nichteindeutigen) Parametersätze auf Mehrkomponentensysteme ergeben sich Schwierigkeiten, die sich durch größere Abweichungen zwischen berechneten und experimentellen Daten bemerkbar machen. Ein Ausweg besteht in dem Anpassen der Parameter an die Daten des Mehrkomponentensystems.

Eine Ausnahme bilden Mischungsregeln, die auf der Gruppenbeitragsmethode beruhen. Sie benötigen keine Anpassung an experimentelle Daten. Allerdings sind sie für Systeme mit polaren Komponenten nur eingeschränkt anwendbar, da hier häufig große Abweichungen zwischen berechneten und experimentellen Daten auftreten.

Die Verwendung von einfachen Reinstoffmodellen mit speziellen Mischungsregeln ist die einfachste Methode zur Berechnung von Phasengleichgewichten für Stoffmischungen mit polaren Komponenten. Diese Vorgehensweise ist insbesondere zur Korrelierung von gemessenen Daten geeignet. Wegen der Nichteindeutigkeit der Parametersätze und der geringen physikalischen Signifikanz der Parameter eignet sie sich nur bedingt für Vorhersagen. In den folgenden Gliederungspunkten sollen Methoden zur Beschreibung von Systemen mit polaren Komponenten vorgestellt werden, die physikalisch besser begründet sind.

6.5.3 Chemische Theorie

Die Chemische Theorie ist in ihren Grundzügen bereits mehr als 80 Jahre alt (Dolezalek, 1908). Sie geht von der Annahme aus, daß die polaren Komponenten einer Mischung so stark assoziieren, daß die Assoziation mit einer chemischen Reaktion vergleichbar ist. Dabei entstehen neue Substanzen, z. B. in Form von Dimeren, die durch ihre physikalischen Eigenschaften das Phasenverhalten der Mischung deutlich beeinflussen. Ein binäres System aus den Stoffen A und B wird zu einem Mehrkomponentengemisch, das zusätzlich die Assoziate A_n und B_m sowie Kreuzassoziate (aus A und B) enhalten kann. Das Modell von Dolezalek (1908) führt alle Abweichungen vom idealen Verhalten auf chemische Wechselwirkungen zurück. Dies ist im Widerspruch zu experimentellen Ergebnissen. Neuere Modelle berücksichtigen auch die physikalischen Wechselwirkungen zwischen den Pseudokomponenten. Einen Überblick über Phasengleichgewichtsmodelle, die auf der Chemischen Theorie beruhen, erhält man durch das Buch von Prausnitz et al. (1986) und den Artikel von Anderko (1990). Die wichtigsten thermodynamischen Beziehungen für Systeme mit assoziierenden Komponenten sind in dem Übersichtsartikel von Abbott und Van Ness (1992) zusammengestellt.

Die Assoziation kann auf verschiedene Weisen in Zustandsgleichungsmodellen berücksichtigt werden. Eine Methode besteht darin, die Bestimmungsgleichungen der chemischen Gleichgewichte der assoziierenden Komponenten und des physikalischen Phasengleichgewichtes des Gesamtsystems simultan zu lösen. Die reinen assoziierenden Substanzen werden aufgrund von modellspezifischen Annahmen in verschiedene Pseudokomponenten aus Multimeren aufgeteilt, für die jeweils folgende Assoziationsgleichung gilt:

$$i\, A_1 = A_i \, . \tag{6.5-4}$$

i ist die Anzahl der Monomere in einem Multimer. Für das chemische Gleichgewicht gilt:

$$i\, \mu_1(P,\, T,\, \boldsymbol{x}) = \mu_i(P,\, T,\, \boldsymbol{x}) \, , \tag{6.5-5}$$

wobei μ_i das chemische Potential der Pseudokomponente A_i ist.

Außerdem gilt für alle Komponenten die Bedingung für das stoffliche Gleichgewicht, z. B. für ein Dampf-Flüssig-Gleichgewicht:

$$\mu_i^V(P,\, T,\, \boldsymbol{x}) = \mu_i^L(P,\, T,\, \boldsymbol{x}) \, . \tag{6.5-6}$$

Die Gleichgewichtskonstante für das chemische Gleichgewicht K_i stellt einen Zusammenhang zwischen den Standardwerten der Chemischen Potentiale der Pseudokomponenten dar:

$$\mu_i^o(T) = i\, \mu_1^o(T) = \Delta G_i^o(T) = -RT \ln K_i(T) \, . \tag{6.5-7}$$

ΔG_i^o ist die (Gibbssche) Freie Bildungsenthalpie der Komponente i im Standardzustand. Für Zustandsgleichungsmodelle ist die Wahl eines einheitlichen Standardzustandes besonders vorteilhaft; häufig wird die reine Komponente A_1 im Zustand des idealen Gases gewählt.

Die Berechnung der chemischen Potentiale kann mit verschiedenen Zustandsgleichungen erfolgen. Wenzel et al. (1982) verwendeten dazu die einfache kubische Schmidt-Wenzel-Gleichung (1980) während Gmehling et al. (1979) sowie Grenzheuser und Gmehling (1986) die PHC-Gleichung von Donohue und Prausnitz (1978) benutzten. Die Zustandsgleichungsparameter der Pseudokomponenten werden häufig durch Anpassung an die Eigenschaften (z. B. Dampfdruck, Flüssigkeitsdichten) des reinen assoziierenden Stoffes ermittelt[1]. Unabhängig von der benutzten Zustandsgleichung kommt der Wahl des Assoziationsmodells eine große Bedeutung zu. Zum Beispiel beschreiben Wenzel et al. (1982) Methanol durch eine Mischung aus Mono-, Tetra-

---

[1] Wenzel et al. (1982) benötigen zur Bestimmung der Zustandsgleichungsparameter der Pseudokomponenten neben Reinstoffdaten auch Gleichgewichtsdaten des binären Stoffsystems.

6.5 Systeme mit polaren Komponenten

und Dodecameren. Je mehr Pseudokomponenten verwendet werden, desto genauer können die Eigenschaften des Stoffsystems beschrieben werden. Gleichzeitig steigt aber die Anzahl der anzupassenden Parameter und die Komplexität der Berechnung durch die Berücksichtigung zusätzlicher Reaktionsgleichgewichte und Wechselwirkungen stark an. Häufig beschränkt man sich auf die Existenz von Dimeren (z. B. Grenzheuser und Gmehling, 1986).

Durch die Erweiterung des Berechnungsschemas (Gl. 6.5-5 bis 6.5-7) auf Mischungen mit inerten, d. h. nicht-assoziierenden Komponenten, erhöht sich lediglich die Anzahl der (physikalischen) Gleichgewichtsbeziehungen (Gl. 6.5-6) um die Zahl der inerten Komponenten. Durch die Aufteilung der assoziierenden Komponente in mehrere Pseudokomponenten erhöht sich die Anzahl der binären Wechselwirkungsparameter (z. B. k_{ij}) deutlich. Oft reicht es aber aus, nur einen effektiven Parameter für die Wechselwirkungen zwischen den Assoziaten und einem inerten Stoff zu verwenden.

Wenn geeignete Temperaturabhängigkeiten für die binären Parameter gewählt werden, lassen sich auch Flüssig-Flüssig-Gleichgewichte berechnen (Kolasinska et al., 1983). Die Vorhersage von Dampf-Flüssig-Gleichgewichten in ternären Systemen aus binären Daten führt häufig zu guten Ergebnissen (Peschel, 1986). Bei Mischungen mit weiteren assoziierenden Komponenten muß ein geeignetes Assoziationsmodell gefunden werden, das gegebenenfalls die Bildung von Assoziaten aus ungleichen Molekülen berücksichtigt (Wenzel et al., 1982; Peschel, 1986).

Bei der zweiten Methode zur Berücksichtigung der Assoziation im Zustandsgleichungsmodell werden die chemischen Gleichgewichtsbeziehungen für ein bestimmtes Assoziationsmodell analytisch gelöst und in die Zustandsgleichung selbst integriert. Kontinuierliche Assoziationsmodelle mit nur einer effektiven Assoziationskonstanten eignen sich dazu besonders gut. Als erste schlugen Heidemann und Prausnitz (1976) die Verbindung eines linearen kontinuierlichen Modells mit einer Zustandsgleichung vom Van-der-Waals-Typ vor. Für die physikalischen Wechselwirkungen verwenden Heidemann und Prausnitz folgende allgemeine Zustandsgleichung:

$$Z = Z_{Rep}(\eta) - \frac{a}{RTb^2} v \, \Pi_{Att}(\eta) \, . \qquad (6.5\text{-}8)$$

Π_{Att} ist eine Funktion der reduzierten Dichte η. Die Assoziation wird in der Zustandsgleichung durch einen Faktor n_T/n_0 eingeführt, wobei n_T die Gesamtteilchenzahl der Assoziate ist und n_0 die Gesamtteilchenzahl des Stoffes, wenn keine Assoziation auftritt (nur Monomere). Unter Berücksichtigung des Assoziationsmodells und der Bilanzgleichungen ergibt sich

$$Z = \frac{2}{1+(1+4RTK\exp(g)\rho)^{1/2}}Z_{Rep}(\eta) - \frac{a}{RTb^2}v\Pi_{Att}(\eta) \quad (6.5\text{-}9)$$

mit $\quad g = \int_0^\eta \frac{Z_{Rep}-1}{\eta}d\eta$. $\quad\quad\quad\quad\quad\quad\quad\quad$ (6.5-10)

Das Modell von Heidemann und Prausnitz wurde von verschiedenen Autoren erweitert, u. a. von Hu et al. (1984), Hong und Hu (1989), Ikonomou und Donohue (1986, 1987, 1988), Wenzel und Krop (1989), Economou et al. (1990) sowie von Economou und Donohue (1991).

In dem AEOS-Modell[1] von Anderko (1989a, b, 1992) wird der Kompressibilitätsfaktor Z in Anteile für physikalische und chemische Wechselwirkungen geteilt.

$$Z = Z^{(ph)} + Z^{(ch)} - 1 \quad\quad\quad\quad (6.5\text{-}11)$$

$Z^{(ph)}$ entspricht einer Zustandsgleichung für nichtreagierende monomere Moleküle; Anderko (1989a, b) verwendete die Zustandsgleichung von Yu und Lu (1987). $Z^{(ch)}$ ist gleich dem Faktor n_T/n_0 bzw. gleich der reziproken mittleren Assoziationszahl ($= n_0/n_T$), die vom verwendeten Assoziationsmodell abhängt.

Häufig reicht die Verwendung eines Modells mit nur einer effektiven Assoziationskonstanten aus. Die chemischen Gleichgewichtskonstanten $K_{i,i+1}$ für die Assoziationsreaktionen

$$A_i + A_1 = A_{i+1} \quad \text{für } i = 1, 2, ..., \infty \quad\quad (6.5\text{-}12)$$

können in der Form

$$K_{i,i+1} = f(i)K \quad \text{für } i = 1, 2, ..., \infty \quad\quad (6.5\text{-}13)$$

---

[1] **AEOS** = **A**ssociation + **E**quation **o**f **S**tate

6.5 Systeme mit polaren Komponenten

ausgedrückt werden. f(i) ist eine Funktion der Anzahl der Monomere in einem Multimer. Nimmt man an, daß sich nur Dimere bilden, erhält man für $Z^{(ch)}$:

$$Z^{(ch)} = \frac{n_T}{n_0} = \frac{2 - 2RTK\rho}{1 - 4RTK\rho + (1 + 8RTK\rho)^{1/2}} \, . \quad (6.5\text{-}14)$$

Für Mischungen aus r inerten und m assoziierenden Komponenten, deren Selbst- und Kreuzassoziation durch ein lineares kontinuierliches Modell beschrieben werden kann, verwendet Anderko (1992) folgenden näherungsweisen Ausdruck für $Z^{(ch)}$:

$$Z^{(ch)} = \sum_{i=1}^{m} \frac{2x_{Ai}}{1 + \left(1 + 4RT\rho(\sum_{j=1}^{m} K_{ij} x_{Aj})\right)^{1/2}} + \sum_{k=1}^{r} x_{Bk} \, . \quad (6.5\text{-}15)$$

x_{Ai} ist der Molenbruch der i-ten assoziierenden Komponente, x_{Bk} ist der Molenbruch der k-ten inerten Komponente. K_{ij} ist die Konstante der Selbstassoziation (i = j) bzw. der Kreuzassoziation (i ≠ j). Nimmt man an, daß die Standardenthalpie Δh^0_{ij} und die Standardentropie Δs^0_{ij} der Assoziation unabhängig von der Temperatur sind, so läßt sich die Temperaturabhängigkeit der K_{ij} ausdrücken durch:

$$\ln K_{ij} = \frac{1}{R} \left(\frac{\Delta h^0_{ij}}{T} - \Delta s^0_{ij} \right) \, . \quad (6.5\text{-}16)$$

Zur Charakterisierung einer reinen assoziierenden Komponente verwendet Anderko (1992) fünf Parameter: Δh^0_{ii}, Δs^0_{ii} sowie T'_c, P'_c und ω' der hypothetischen monomeren Komponente. Die Parameter werden durch Anpassung an alle verfügbaren Flüssigkeitsdichte- und Dampfdruckdaten des reinen Stoffes ermittelt.

Zur Beschreibung von Mischungen verwendet Anderko quadratische Mischungsregeln mit einem binären Wechselwirkungsparameter k_{ij} für den Parameter a der Yu-Lu-Gleichung (1987) sowie lineare Mischungsregeln für die Parameter b und c. Mit dem AEOS-Modell lassen sich Dampf-Flüssig-, Flüssig-Flüssig- und Fest-Flüssig-Gleichgewichte mit guten Ergebnissen berechnen (Anderko und Malanowski, 1989).

Ein besonderer Vorteil liegt in der Tatsache, daß nur ein Wechselwirkungsparameter für jedes binäre Teilsystem benötigt wird. Dies soll am Beispiel der Dampf-Flüssig-Gleichgewichte des ternären Systems

Methanol-Cyclohexan-n-Hexan verdeutlicht werden. In der Tabelle 6.5-1 werden die Ergebnisse der Yu-Lu-Gleichung bei Verwendung verschiedener zusammensetzungsabhängiger Mischungsregeln mit denen des AEOS-Modells verglichen. Verwendet man Parameter, die durch Anpassung an die Gleichgewichte der binären Teilsysteme ermittelt wurden, so ist nur das AEOS-Modell in der Lage, die ternären Daten mit der gleichen Genauigkeit wie die binären Daten wiederzugeben. Die untersuchten zusammensetzungsabhängigen Mischungsregeln enthalten zwei oder drei (Schwarzentruber et al., 1987) Wechselwirkungsparameter. Durch das Problem der mehrdeutigen Lösungen, ergeben sich Schwierigkeiten bei der Übertragung der Parameter auf Mehrkomponentensysteme.

Zusammenfassend kann festgestellt werden, daß Modelle, die auf der Chemischen Theorie basieren, sich gut zur Berechnung von Phasengleichgewichten in Systemen mit assoziierenden Komponenten eignen. Von Nachteil ist die erhöhte Komplexität und der erhöhte Aufwand bei der Bestimmung der Reinstoffparameter. Die Ergebnisse hängen vom gewählten Assoziationsmodell ab. Die AEOS-Methode hat den Vorteil, daß nur ein binärer Wechselwirkungsparameter benötigt wird.

Tabelle 6.5-1 Relativer Fehler (%) bei der Berechnung des Siededrucks des Systems Methanol-Cyclohexan-n-Hexan und der binären Teilsysteme bei 293,15 K mit der Yu-Lu-Gleichung (1987); AEOS: Anderko (1992); Mischungsregeln: PaR: Panagiotopoulos und Reid (1986), SV: Stryjek und Vera (1986b, Van-Laar-Typ), SGR: Schwarzentruber et al. (1987)

	PaR	SV	SGR	AEOS
Methanol-Cyclohexan	3,6	2,9	1,5	1,8
Methanol-n-Hexan	2,7	1,5	1,1	1,4
Cyclohexan-n-Hexan	0,4	0,4	0,4	0,5
Methanol-Cyclohexan-n-Hexan	5,8	7,6	5,0	1,7

6.5.4 Berücksichtigung des Dipolmomentes

Bei verschiedenen Zustandsgleichungen wird das Verhalten polarer Stoffe in Form von Dipolkoeffizienten im Referenzterm berücksichtigt (Bryan und Prausnitz, 1987; Brandani et al., 1989; Dohrn und Prausnitz, 1990b; Brandani et al., 1992). Dabei wird von der vereinfachenden Annahme ausgegangen, daß sich die polaren Eigenschaften allein auf das Dipolmoment zurückführen lassen. Die Arbeiten von Bryan und Prausnitz (1987) sowie von Brandani et al. (1992) wurden bisher nur auf Reinstoffe angewendet.

Die von Brandani et al. (1989) vorgeschlagene Zustandsgleichung hat für reine Stoffe und für Mischungen die folgende Form:

$$Z = \frac{1 + d^{(1)}\eta + d^{(2)}\eta^2 - d^{(3)}\eta^3}{(1-\eta)^3} - \frac{a}{RT(v+0{,}2b)} \quad . \quad (6.5\text{-}17)$$

Die Dipolkoeffizienten $d^{(1)}$, $d^{(2)}$ und $d^{(3)}$ sind Funktionen eines reduzierten dimensionslosen Dipolmomentes μ (nach Gl. 3.5-6):

$$d^{(1)} = 1 - 0{,}95670 \cdot 10^{-8}\mu^4 - 0{,}19597 \cdot 10^{-12}\mu^6 \quad (6.5\text{-}18)$$

$$d^{(2)} = 1 + 2{,}63280 \cdot 10^{-8}\mu^4 + 0{,}47836 \cdot 10^{-12}\mu^6 \quad (6.5\text{-}19)$$

$$d^{(3)} = 1 + 1{,}98053 \cdot 10^{-8}\mu^4 + 0{,}21034 \cdot 10^{-12}\mu^6 \quad (6.5\text{-}20)$$

Da das reduzierte Dipolmoment μ selten Werte annimmt, die größer als zwei sind, liegen die Dipolkoeffizienten in der Nähe von 1.

Die Bestimmung des reduzierten Dipolmomentes der Mischung erfolgt mit Mischungsregeln, die auf theoretischen Überlegungen von Winkelmann (1981 und 1983) basieren. Die Mischungsregel ist nicht einheitlich, sondern hängt davon ab, ob μ^4 oder μ^6 bestimmt werden soll.

$$\mu^4 = \frac{3{,}02292^4}{b\,T^2} \sum_{i=1}^{N} \sum_{j=1}^{N} x_i x_j \frac{\hat{\mu}_i^2 \hat{\mu}_j^2}{b_{ij}} \quad (6.5\text{-}21)$$

$$\mu^6 = \frac{3{,}02292^6}{b^2 T^3} \sum_{i=1}^{N} \sum_{j=1}^{N} \sum_{k=1}^{N} x_i x_j x_k \frac{\hat{\mu}_i^2 \hat{\mu}_j^2 \hat{\mu}_k^2}{(b_{ij} b_{ik} b_{jk})^{1/3}} \quad (6.5\text{-}22)$$

$\hat{\mu}_i$ ist das Dipolmoment der Komponente i in der Einheit Debye.

Brandani et al. (1989) verwenden für den Parameter a die dichteabhängigen Mischungsregeln von Whiting und Prausnitz (1982) und quadratische Mischungsregeln für den Parameter b. Mit Hilfe von drei binären Wechselwirkungsparametern lassen sich Phasengleichgewichte in Systemen aus Wasser und einer unpolaren Komponente, z. B. Wasser - Methan, mit guter Genauigkeit wiedergeben.

Für Stoffmischungen aus einer polaren und mehreren unpolaren Komponenten hat die Gleichung von Dohrn und Prausnitz (1990b) folgende Form:

$$Z = \frac{1 + d^{(1)}\left(3\frac{DE}{F} - 2\right)\eta + d^{(2)}\left(3\frac{E^3}{F^2} - 3\frac{DE}{F} + 1\right)\eta^2 - d^{(3)}\frac{E^3}{F^2}\eta^3}{(1-\eta)^3} - \frac{4a}{RTb}\eta\Psi \quad . \quad (6.5\text{-}23)$$

Verzichtet man auf die Anwendung der Boublik-Mansoori-Mischungsregeln, so vereinfacht sich der Referenzterm zu dem Ausdruck für reine Stoffe (Gl. 3.5-5) bzw. zu dem Referenzterm von Brandani et al. (1989) (Gl. 6.5-17).

Für das scheinbare[1] reduzierte Dipolmoment der Mischung muß eine geeignete Mischungsregel gefunden werden. Bei der Berechnung des Fugazitätskoeffizienten hat die Ableitung von μ nach dem Molenbruch einen besonders starken Einfluß. Aus diesem Grunde werden zwei binäre Parameter S_{1j} und S_{j1} eingeführt:

$$S_{1j} = \lim_{x_j \to 0}\left(\frac{\partial \mu}{\partial x_j}\right) \quad \text{und} \quad S_{j1} = \lim_{x_1 \to 0}\left(\frac{\partial \mu}{\partial x_1}\right) . \quad (6.5\text{-}24)$$

Die polare Komponente wird mit dem Index 1 gekennzeichnet. S_{j1} gibt die Steigung des scheinbaren reduzierten Dipolmomentes μ der Mischung an, wenn man zur reinen unpolaren Komponente j eine infinitesimal kleine Menge des polaren Stoffes (Komponente 1, z. B. Wasser) hinzugibt. (vgl. Abb. 6.5-1). Der binäre Parameter S_{j1} beeinflußt hauptsächlich die Zusammensetzung der unpolaren Phase.

S_{1j} stellt analog die Steigung von μ dar, wenn man zur reinen polaren Komponente 1 eine infinitesimal kleine Menge der Komponente j hin-

---

[1] Um auszudrücken, daß das Dipolmoment eine molekulare Eigenschaft ist und daß einer Stoffmischung kein Dipolmoment im eigentlichen Sinne zugeordnet werden kann, wird hier von einem scheinbaren oder effektiven Dipolmoment der Mischung gesprochen.

6.5 Systeme mit polaren Komponenten

zugibt (Abb. 6.5-1). Für viele Stoffe, z. B. für Wasserstoff und Stickstoff, ist S_{1j} negativ, so daß μ mit zunehmendem Anteil der unpolaren Komponente monoton abfällt. Die Größe von S_{1j} hat einen starken Einfluß auf die Zusammensetzung der polaren Phase.

In Systemen aus Wasser und einer hydrophoben Komponente, z. B. im System Wasser-Propan, wurde festgestellt, daß positive Werte von S_{1j} die experimentellen Gleichgewichtsdaten sehr gut wiedergeben. In einem solchen Fall steigt das scheinbare Dipolmoment der Mischung durch die Hinzugabe einer unpolaren Komponente zunächst an, durchläuft ein Maximum und fällt dann auf Null, wenn die reine (unpolaren) Komponente j vorliegt (Abb. 6.5-1). Der anfängliche Anstieg von μ kann durch hydrophobe Wechselwirkungen erklärt werden. Ein hydrophobes Molekül, das von Wassermolekülen umgeben ist, kann eine Ausrichtung der Wassermoleküle bewirken. Die ausgerichteten einzelnen Dipole erhöhen das scheinbare Dipolmoment der Mischung. Werden die Eigenschaften durch ein Gittermodell dargestellt, so können hydrophobe Wechselwirkungen zu einer Verstärkung der Gitterstruktur führen, was einer Ausrichtung der Dipole gleichkommt (Ben-Naim, 1974).

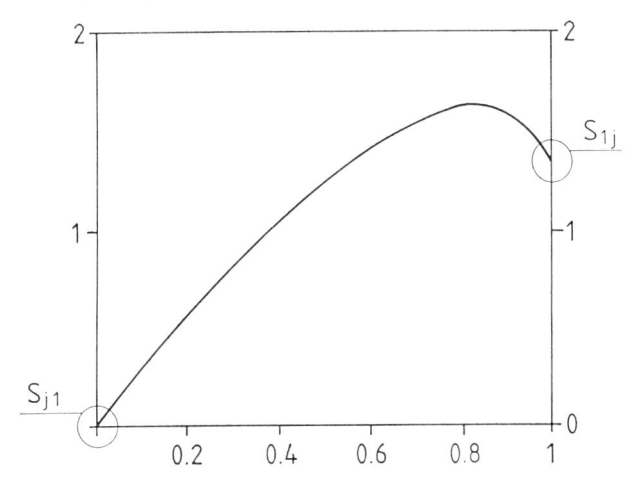

Abb. 6.5-1:
Verlauf des scheinbaren reduzierten Dipolmomentes μ eines binären Systems aus einer polaren Komponente (1) und einer unpolaren Komponente (2). S_{j1} = Steigung bei $x_1 = 0$; S_{1j} = negative Steigung bei $x_1 = 1$.

In Systemen mit mehr als einer unpolaren Komponente wird aus den einzelnen binären Parametern S_{1j} ein nach folgender Regel gemittelter Wert S_{1M} bestimmt:

$$S_{1M} = \sum_{j=2}^{N} \frac{x_j}{1-x_1} S_{1j} \qquad (6.5\text{-}25)$$

Entsprechend wird S_{M1} aus den Parametern S_{j1} gemittelt:

$$S_{M1} = \sum_{j=2}^{N} \frac{x_j}{1-x_1} S_{j1} \; . \qquad (6.5\text{-}26)$$

Wählt man einen kubischen Ansatz für den Zusammenhang zwischen μ und x_1, so ergibt sich folgende Mischungsregel

$$\mu = \left((S_{M1}-S_{1M}-2)x_1^3 + (S_{1M}-2S_{M1}+3)x_1^2 + S_{M1}\, x_1 \right) \mu_1 \; . \quad (6.5\text{-}27)$$

μ_1 ist das reduzierte Dipolmoment der reinen polaren Komponente.

Die binären Parameter S_{1j} und S_{j1} werden durch Anpassung an Phasengleichgewichtsdaten ermittelt. Dazu eignen sich insbesondere Optimierungsprogramme, die auf Betriebssystemebene arbeiten.

Das eigentliche Phasengleichgewichtsprogramm (z. B. das Programm **pe**) bleibt in seiner Form erhalten, stellt im neuen Konzept jedoch nur noch ein Unterprogramm des übergeordneten Optimierungsprogrammes dar. Auf diese Weise ist es möglich, den gesamten Programmablauf auch dann fortzuführen, wenn es aufgrund unsinniger S_{1j}-S_{j1}-Kombinationen innerhalb des Gleichgewichtsprogramms zum Abbruch kommt. Eine ähnliche Vorgehensweise wurde von Teich (1992) vorgeschlagen.

Im folgenden sollen beispielhaft die Ergebnisse für das System Wasser-Propan erläutert werden; anschließend werden die Resultate anderer untersuchter Systeme übersichtsartig zusammengestellt. Voruntersuchungen für das System **Wasser-Propan** zeigten, daß sich der Bereich S_{12} = 0,7 bis 1,4 und S_{21} = 1,0 bis 2,0 für weitergehende Berechnungen eignete. Dabei verschiebt sich der optimale Wert für den binären Parameter S_{12} mit steigender Temperatur zu kleineren Werten.

Ausgehend von diesen Ergebnissen wurde für die verschiedenen Temperaturen der Bereich der günstigen S_{12}-Werte mit feinerer Schrittweite untersucht. Der S_{21}-Bereich wurde dabei auf S_{21} = -0,5 bis 2,0 ausgedehnt. Abbildung 6.5-2 zeigt die mittlere Abweichung zwischen berechneten und experimentellen K-Faktoren als Funktion der Parameter S_{12} und S_{21} in einer dreidimensionalen Darstellung. Für alle untersuchten Temperaturen ergibt sich die Form eines langgestreckten Tals. Hält

6.5 Systeme mit polaren Komponenten

man den Parameter S_{21} konstant und variiert S_{12}, so zeigt die Zielfunktion ein deutliches Minimum bei einem bestimmten Wert für S_{12}. Eine Variation des Parameters S_{21} bei konstantem S_{12} hat nur einen geringen Einfluß auf die mittlere Abweichung.

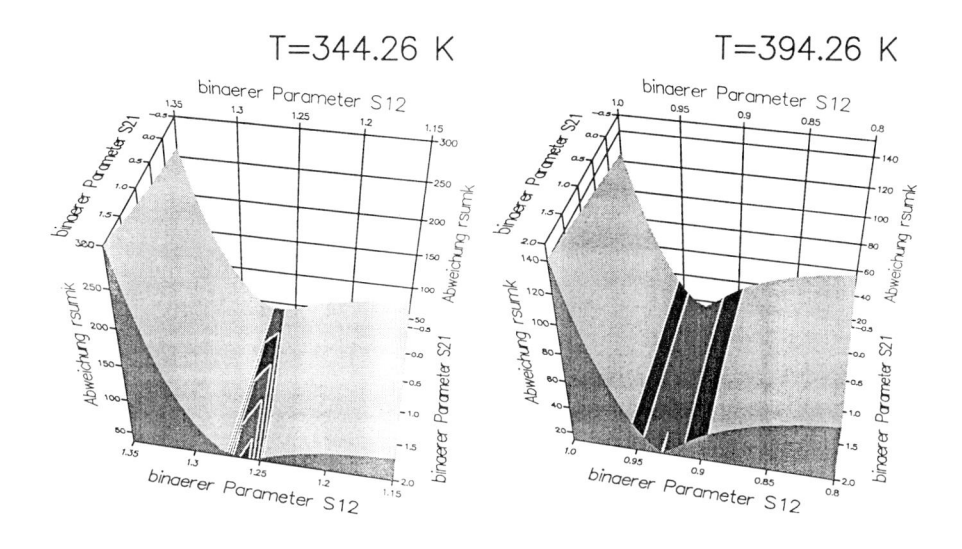

Abb. 6.5-2: Relativer Fehler (%) bei der K-Faktor-Berechnung im System Wasser(1)-Propan(2) in Abhängigkeit von S_{12} und S_{21}

Der Parameter S_{12} fällt bei steigender Temperatur nahezu linear ab. Der dreidimensionalen Darstellung (Abb. 6.5-2) war bereits zu entnehmen, daß der binäre Parameter S_{21} keinen großen Einfluß auf die Gesamtabweichung ausübt. Im System Wasser(1)-Propan(2) kann bei allen Temperaturen mit einem konstanten Wert von S_{21} = 0,9 gerechnet werden.

Beispielhaft für eine Temperatur von 369,95 K zeigt Abbildung 6.5-3 das P,x-Diagramm für das System Wasser-Propan. Die Übereinstimmung mit den experimentellen Werten von Kobayashi und Katz (1953) ist gut.

In Abbildung 6.5-4 ist die Auftragung der besten gefundenen S_{12}-Werte über der Temperatur für verschiedene binäre Systeme dargestellt. Bei allen untersuchten Systemen besteht ein nahezu linearer Zusammenhang zwischen dem Parameter S_{12} und der Temperatur. Folgende Regressionsgeraden wurden bestimmt[1]:

$$S_{1CO_2} = -0{,}0016\ T + 0{,}295 \qquad (6.5\text{-}28)$$

$$S_{1Propan} = -0{,}0063\ T + 3{,}425 \qquad (6.5\text{-}29)$$

$$S_{1Butan} = -0{,}0072\ T + 4{,}880 \qquad (6.5\text{-}30)$$

$$S_{1Benzen} = -0{,}0068\ T + 5{,}472 \qquad (6.5\text{-}31)$$

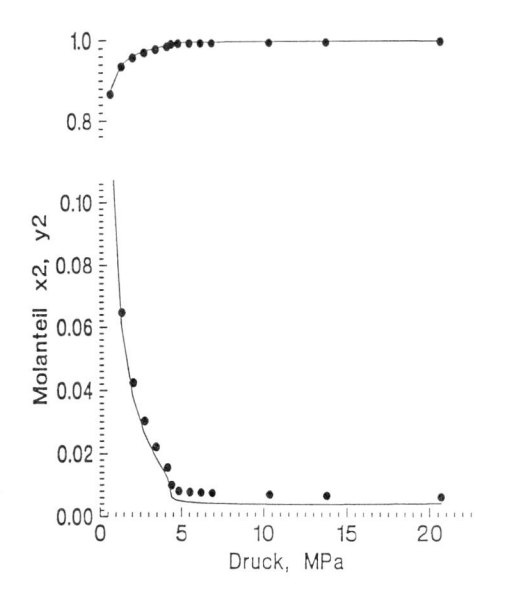

Abb. 6.5-3:
P,x-Diagramm des Systems Wasser(1)-Propan(2) für T=369,65 K;
——— Dohrn-Prausnitz-Gleichung mit S_{12} = 1,1 und S_{21} = 0,8
· Experimentelle Daten von Kobayashi und Katz (1953)

Die Steigungen der Regressionsgeraden sind ähnlich. Bei konstanter Temperatur nimmt S_{12} um so größere Werte an, je hydrophober die unpolare Komponente ist. S_{12} ist ein Maß für den Unterschied zwischen den polaren Eigenschaften von Wasser und denen der zweiten Komponente. Diese These wird durch die Beobachtung bestätigt, daß S_{12} bei einer Temperaturerhöhung abfällt, denn auch der Unterschied zwischen den Eigenschaften von Wasser und denen einer unpolaren Komponente wird mit steigender Temperatur kleiner. Bei einer Temperaturerhöhung verändert Wasser seine Struktur und verliert zunehmend seine Eigenschaft als polares Lösungsmittel. Oberhalb der kritischen Temperatur ist Wasser ein schlechtes Lösungsmittel für Salze geworden, hingegen ein gutes Lösungsmittel für unpolare Stoffe.

---

[1] Für die Systeme Wasser-Wasserstoff und Wasser-n-Hexadecan wurde S_{12} nur bei einer Temperatur bestimmt, so daß keine Aussagen über die Temperaturabhängigkeit getroffen werden können.

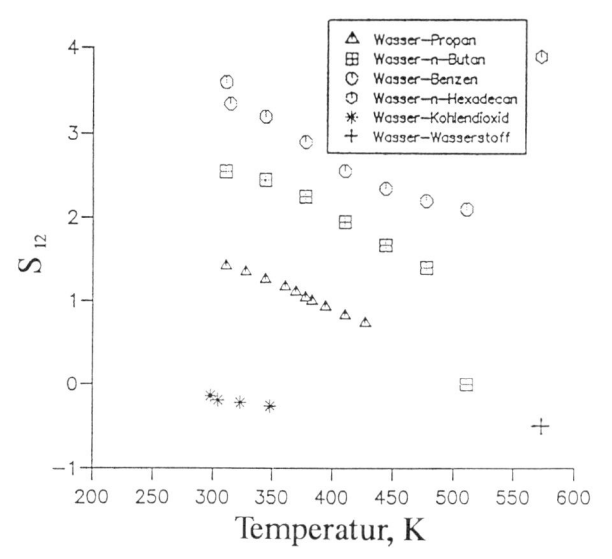

6.5 Systeme mit polaren Komponenten

Abb. 6.5-4:
Der optimale Wert für den binären Parameter S_{12} in Abhängigkeit von der Temperatur

Die Steigungen der Regressionsgeraden sind ähnlich. Bei konstanter Temperatur nimmt S_{12} um so größere Werte an, je hydrophober die unpolare Komponente ist. S_{12} ist ein Maß für den Unterschied zwischen den polaren Eigenschaften von Wasser und denen der zweiten Komponente. Diese These wird durch die Beobachtung bestätigt, daß S_{12} bei einer Temperaturerhöhung abfällt, denn auch der Unterschied zwischen den Eigenschaften von Wasser und denen einer unpolaren Komponente wird mit steigender Temperatur kleiner. Bei einer Temperaturerhöhung verändert Wasser seine Struktur und verliert zunehmend seine Eigenschaft als polares Lösungsmittel. Oberhalb der kritischen Temperatur ist Wasser ein schlechtes Lösungsmittel für Salze geworden, hingegen ein gutes Lösungsmittel für unpolare Stoffe.

Der binäre Parameter S_{21} wirkt sich insbesondere auf die Zusammensetzung der unpolaren Phase aus. Da sich diese in ihren polaren Eigenschaften bei einer Temperaturerhöhung nur wenig ändert, kann S_{21} in der Regel als temperaturunabhängig angesehen werden, z. B. $S_{CO_2,1} = 2{,}0$; $S_{Propan,1} = 0{,}9$ und $S_{Butan,1} = -0{,}1$. Der Parameter S_{21} ist um so kleiner, je stärker sich die Komponenten in ihren Eigenschaften voneinander unterscheiden.

Für ternäre Systeme erhöht sich die Zahl der Wechselwirkungsparameter auf fünf: S_{12}, S_{21}, S_{13}, S_{31} für die Wechselwirkungen zwischen der polaren Komponente 1 und den unpolaren Komponenten 2 und 3 sowie k_{23} für die Wechselwirkungen zwischen den unpolaren Komponenten.

Phasengleichgewichtsmodelle, die das Dipolmoment polarer Stoffe berücksichtigen, nehmen eine ähnliche Rolle ein wie Modelle, die auf der Chemischen Theorie beruhen. Im Vergleich zu einfachen Modellen für unpolare Komponenten nimmt die Komplexität zu. Durch den verbesserten physikalischen Hintergrund sind die Parameter leichter zu extrapolieren. Dipol-Modelle sind heute noch nicht so ausgereift, daß sie allgemein einsetzbar wären. Sie stellen aber einen wichtigen Schritt in Richtung auf eine physikalisch begründete Zustandsgleichung dar.

6.5.5 Sonstige Modelle

Der Schlüssel zur Entwicklung erfolgreicher Modelle für polare Stoffe liegt in der verbesserten Kenntnis der zwischenmolekularen Wechselwirkungen. Damit die Modelle für die Prozeßauslegung und -simulation geeignet sind, müssen neue Erkenntnisse der statistischen Thermodynamik (Theorien oder Molekular-Simulationen) in einfache, handhabbare Gleichungen mit wenigen Parametern umgesetzt werden. Von den vielen Veröffentlichungen auf diesem Sektor sollen hier nur die Arbeiten von Rigby et al. (1969), Lee et al. (1970), Wertheim (1984), Stell et al. (1973), Yokoyama et al. (1983), Boublik (1992) und von Walsh et al. (1992) erwähnt werden.

Im folgenden soll beispielhaft das Assoziationsmodell von Suresh und Elliott (1991, 1992) in seinen Grundzügen vorgestellt werden. Das Modell basiert auf der Störungstheorie von Wertheim (1984). Dabei wird von der Annahme ausgegangen, daß die Assoziation bei geringen Molekülabständen einen starken Einfluß auf das zwischenmolekulare Potential hat. Die sich aus dieser Annahme ergebenden thermodynamischen Beziehungen haben große Ähnlichkeit mit den Modellen der Chemischen Theorie (z. B. Heidemann und Prausnitz, 1976; Economou und Donohue, 1991). Die Störungstheorie von Wertheim (1984) liefert folgenden Ausdruck für die auf Assoziation zurückzuführende Freie Exzeßenergie a_{Ass}^{E}:

$$\frac{a_{Ass}^{E}}{n_0 kT} = \sum_{A}\left(\ln x_A - \frac{x_A}{2}\right) + 0{,}5 M_{Ass} \qquad (6.5\text{-}32)$$

$$Z_{Ass} = \eta \left(\frac{\partial (a^E_{Ass}/n_0 kT)}{\partial \eta} \right)_{n_0, T} \tag{6.5-33}$$

Die Summation in Gleichung (6.5-32) erfolgt über alle Assoziationsplätze eines Moleküls. x_A ist der Anteil an Molekülen, die beim Platz A nicht durch Assoziation gebunden sind. M_{Ass} ist die Anzahl an Assoziationsplätzen pro Molekül. Suresh und Elliott untersuchten verschiedene Modelle für Wasser, und zwar mit M_{Ass} = 2, 3 oder 4.

Die Zustandsgleichung hat folgende Form:

$$\frac{Pv}{n_0 kT} = 1 + Z_{Rep,0} + Z_{Att,0} + Z_{Ass} \;. \tag{6.5-34}$$

$Z_{Rep,0}$ und $Z_{Att,0}$ beschreiben die Eigenschaften des Monomers (wenn keine Assoziation auftritt).

Das Modell von Suresh und Elliott führt zu ähnlichen Ergebnissen wie die Modelle, die die Assoziation als chemische Reaktionen auffassen. Es hat allerdings noch nicht den Entwicklungsstand des AEOS-Modells erreicht.

6.6 Systeme mit undefinierten Zusammensetzungen

In verfahrenstechnischen Prozessen treten häufig Mischungen aus mehreren hundert Komponenten auf, z. B. bei der Aufbereitung von Erdöl, Kohleöl oder pflanzlichen Ölen. Die genaue Zusammensetzung dieser Mischungen ist nicht bekannt. Die Beschreibung der wesentlichen Eigenschaften komplexer Mischungen ist eine sehr wichtige aber auch schwierige Aufgabe.

Zustandsgleichungen werden seit den siebziger Jahren in großem Umfang zur Berechnung von Eigenschaften komplexer Mischungen verwendet (Yarborough, 1979; Vidal, 1989). Sie stellen heute ein wichtiges Hilfsmittel für die petrochemische Industrie dar, z. B. zur Simulation von Erdöllagerstätten bzw. zur Berechnung von Erdgas-Kondensat-Systemen. Bei der Modellierung von Stoffsystem aus sehr vielen Komponenten kann man zwischen zwei Vorgehensweisen unterscheiden:

1. die Aufteilung der Mischung in Fraktionen, die wie **Pseudokomponenten** mit Reinstoffeigenschaften behandelt werden. Ein komplexes N-Komponentensystem kann auf diese Weise auf

ein System mit einer handhabbaren Anzahl von Komponenten, z. B. fünf bis zehn, reduziert werden.
2. die Beschreibung der Mischung durch eine charakteristische Funktion F(I), aus der mit Hilfe der **Thermodynamik mit kontinuierlichen Verteilungen** die thermodynamischen Eigenschaften der Mischung berechnet werden können.

Eine Charakterisierung der Mischung bzw. der Fraktionen ist für beide Methoden notwendig. Deshalb sollen die wichtigsten Charakterisierungsmethoden im Anschluß behandelt werden, bevor dann in den nachfolgenden beiden Gliederungspunkten die Pseudokomponenten-Methode und die Grundzüge der Thermodynamik mit kontinuierlichen Verteilungen dargestellt werden.

In der petrochemischen Industrie werden zur Charakterisierung einfache standardisierte Methoden verwendet, die auf leicht meßbaren Größen, wie der Dichte, der mittleren Molmasse und dem Siedebereich, basieren. Diese seit vielen Jahrzehnten eingesetzten Methoden reichen zur Charakterisierung hauptsächlich paraffinischer Mischungen auf Erdölbasis in der Regel aus. In den siebziger und achtziger Jahren stieg dann das Interesse an stark aromatischen oder heteroatomreichen Ölen aus Kohle, Ölschiefer, Teersänden und Destillationsrückständen. Dadurch wurde die Entwicklung verbesserter Charakterisierungsmethoden angeregt, die umfangreiche analytische Tests wie NMR-Spektroskopie, Elementar-Analyse, Infrarot-Spektroskopie, Gaschromatographie (Simulierte Destillation), Massenspektroskopie, Ionenaustausch- und Hochdruckflüssigkeitschromatographie (HPLC) enthalten können.

Die Umsetzung der Analysenergebnisse in charakteristische Stoffeigenschaften erfolgt i.a. mit einer der drei nachfolgenden Methoden (Allen, 1986):
1. Aus den Ergebnissen von NMR- und Elementaranalysen werden unter bestimmten Annahmen durchschnittliche **Strukturparameter** berechnet, z. B. der Anteil der aromatischen Kohlenstoff- bzw. Wasserstoffmoleküle, die Anzahl der aromatischen Ringe pro Molekül, die Anzahl und Länge von Alkyl-Gruppen (Alexander et al., 1985a; Allen, 1986). Aus den Strukturparametern können mit Hilfe von Korrelationen die Zustandsgleichungsparameter ermittelt werden (Prausnitz, 1983; Alexander et al., 1985b; Fu et al., 1986).

2. Aus der mittleren Molmasse sowie aus NMR- und Elementaranalysedaten läßt sich ein **repräsentatives Molekül** konstruieren. Dabei werden zunächst aus der gerundeten Summenformel mögliche Strukturformeln abgeleitet, die mit den analytischen Daten übereinstimmen. Man nimmt an, daß die Eigenschaften der Mischung durch die Eigenschaften des repräsentativen Moleküls wiedergegeben werden. Falls das Molekül in der Natur nicht vorkommt, lassen sich seine Eigenschaften mit Hilfe von Gruppenbeitragsmethoden ermitteln.

3. Die dritte Methode geht davon aus, daß die Eigenschaften der Mischung im wesentlichen durch die auftretenden **funktionellen Gruppen** bestimmt werden. Dazu wird aus den Analysendaten eine Liste mit den auftretenden funktionellen Gruppen und ihre jeweiligen Konzentrationen erstellt. Zur Bestimmung der thermodynamischen Eigenschaften können Gruppenbeitragsmethoden verwendet werden.

6.6.1 Aufteilung in Pseudokomponenten

Da es in komplexen Mischungen unmöglich ist, die Gemischeigenschaften aus den Eigenschaften der vielen und teilweise unbekannten Einzelkomponenten zu bestimmen, werden häufig Gruppen von Komponenten mit ähnlichen Eigenschaften zu Fraktionen zusammengefaßt. Häufig erfolgt die Einteilung in Fraktionen nach dem Siedebereich, z. B. durch eine fraktionierte Destillation. Die richtige Wiedergabe der Gemischeigenschaften durch die Eigenschaften der Fraktionen wird durch zwei Punkte wesentlich beeinflußt:

1. die Wahl der **Anzahl der Fraktionen** und durch die Wahl der Schnitte zwischen den einzelnen Fraktionen[1],
2. die richtige **Charakterisierung** der Eigenschaften der Fraktionen.

Je größer die **Anzahl der Fraktionen** ist, desto genauer lassen sich die Mischungseigenschaften beschreiben. Allerdings steigt der Berechnungsaufwand überproportional mit der Anzahl der Pseudokomponenten an. Die Schnitte zwischen den Fraktionen können so gelegt werden, daß

---

[1] Das Zusammenfassen von einer Gruppe von Komponenten zu Fraktionen oder Pseudokomponenten wird in der englischen Fachsprache mit dem Wort "lumping" beschrieben (Astarita und Sandler, 1991).

eine Stoffgröße (z. B. die Molmassenverteilung) in Abschnitte gleicher Größe geteilt wird. Diese Vorgehensweise kann dazu führen, daß die Mischung in bestimmten Bereichen feiner unterteilt wird als es notwendig wäre. Huang und Radosz (1991) konnten zeigen, daß durch eine Aufteilung in Schnitte ungleicher Größe die Anzahl der notwendigen Fraktionen gesenkt werden kann. Schlijper und van Bergen (1991) schlugen eine Methode zur Aufteilung von Vielkomponentengemischen in Pseudokomponenten vor, bei der die Stoffe nicht nach chemischen Ähnlichkeiten gruppiert werden, sondern streng auf der Basis ihrer Zustandsgleichungsparameter.

Bei Kohlenwasserstoffgemischen legt man die Schnitte häufig so, daß die Fraktionen in ihren mittleren Eigenschaften denen der n-Alkane entsprechen. Die schwerflüchtigen Bestandteile oberhalb einer bestimmten Grenze werden dann zu einer Fraktion zusammengefaßt. Der Schnitt liegt bei Gemischen, die bei der Erdgasaufbereitung auftreten, in der Regel bei 7 Kohlenstoffatomen (Chou und Prausnitz, 1988; Aasberg-Petersen und Stenby, 1991). Die Charakterisierung der C_{7+}-Fraktion ist wegen ihrer Inhomogenität besonders schwierig (Robinson und Peng, 1978).

Die **Charakterisierung** der Pseudokomponenten kann neben den bereits vorgestellten Methoden auch auf folgende Weise geschehen. Man modifiziert die Reinstoffparameter einer Zustandsgleichung so lange, bis die experimentellen Daten (z. B. Dichte, Siedebereich) der Fraktion gut wiedergegeben werden.

Neben den Reinstoffparametern spielen bei der Berechnung in Vielkomponentensystemen die Wechselwirkungsparameter eine besondere Rolle. Durch die große Zahl von potentiell anpaßbaren Parametern ist die Zahl der Freiheitsgrade bei der Modelloptimierung wesentlich höher als in binären Systemen. Verwendet man nur einen Wechselwirkungsparameter (z. B. k_{ij}) in den Mischungsregeln, so werden für ein System aus N Pseudokomponenten $\binom{N}{2} = \frac{N!}{(N-2)!\,2!}$ Wechselwirkungsparameter benötigt. Geeignete Parameter zu finden, ist für das Ergebnis der Berechnungen von großer Bedeutung. Liegen experimentelle Daten in binären Teilsystemen vor, so können die k_{ij}-Werte an diese Daten angepaßt werden. Liegen diese Daten nicht oder nur für einige Teilsysteme vor, so können extrapolierte oder mit Hilfe von Korrelationen gewonnene Wechselwirkungsparameter[1] verwendet werden. Zur besseren Wiedergabe der experimentellen Daten im Vielstoffsystem ist häufig die Anpassung einiger k_{ij}-Werte notwendig. Gani und Fredenslund (1987) schlugen ein Verfahrensschema zur nachträglichen Optimierung der Wechselwirkungsparameter und der Reinstoffparameter vor.

Die Anzahl der notwendigen Wechselwirkungsparameter kann durch vereinfachende Annahmen reduziert werden, z. B. indem man die k_{ij}-Werte gleich Null setzt, wenn beide Komponenten Kohlenwasserstoffe sind (Yarborough, 1979; Aasberg-Petersen und Stenby, 1991). Oft kann die Zahl der Pseudokomponenten bei gleichbleibender Genauigkeit gesenkt werden. Zum Beispiel haben Pedersen et al. (1985) zur Berechnung von Dampf-Flüssig-Gleichgewichten in einem Erdölsystem die Zahl der Pseudokomponenten von 40 auf 6 verringert, wobei sich die Rechengenauigkeit nicht verschlechtert hat. Im folgenden sollen anhand von drei Berechnungsbeispielen Möglichkeiten und Grenzen der Anwendung von Pseudokomponenten aufgezeigt werden.

Beispiel 1: Retrograde Kondensation

In Gas-Kondensat-Systemen tritt bei der Aufarbeitung, beim Transport oder bei Lagerstättenbedingungen häufig das Phänomen der retrograden Kondensation auf: eine homogene Gasmischung zerfällt durch eine isotherme Entspannung in eine gasförmige und eine flüssige Phase. Eine quantitative Beschreibung des retrograden Verhaltens ist für die Prozeßauslegung in der erdöl- und erdgasverarbeitenden Industrie erforderlich.

Das Phänomen der retrograden Kondensation ist bereits seit dem 19. Jahrhundert bekannt (Kuenen, 1893; Duhem, 1896), aber eine quantitative Beschreibung hat sich als schwierig erwiesen, weil eine genaue Zustandsgleichung benötigt wird (Redlich und Kister, 1962). Das Phasenverhalten im retrograden Taupunkt-Gebiet, d. h. im Temperaturbereich zwischen T_c und der kritischen Kondensationstemperatur der Mischung, wird anschaulich von Rowlinson und Swinton (1982) beschrieben. Für viele Anwendungen reichen die heute zur Verfügung stehenden Zustandsgleichungen aus, um Phasengleichgewichte im

---

[1] Siehe Gliederungspunkt 5.1.1 *Van-der-Waals-Mischungsregeln* für Literatur über Wechselwirkungsparameter-Korrelationen

retrograden Taupunkt-Gebiet mit befriedigender Genauigkeit zu berechnen (Coward et al., 1978; Robinson et al., 1977). Die Phasengleichgewichte sind stark von der berechneten kritischen Temperatur des Vielkomponentensystems abhängig. Eine ungenau berechnete kritische Temperatur kann zu einem qualitativ falschen Phasenverhalten führen, z. B. indem ein Siedepunkt anstatt eines Taupunktes vorhergesagt wird (Chou und Prausnitz, 1988; Robinson, 1989). Aus diesem Grund kommt der Wahl der Pseudokomponenten und der Bestimmung der binären Wechselwirkungsparameter eine besondere Bedeutung zu.

Tabelle 6.6-1 Eigenschaften von Kensol-16 und der Pseudokomponenten-Mischung; in Klammern: die Nummer der Komponente, Methan ist Komponente 1 (Dohrn et al., 1991)

	Zusammensetzung (mol%)	
	Kensol-16	Pseudokomponenten-Mischung
Paraffine	66 - 68	n-Octadecan(2) 31,84
		n-Eicosan(3) 39,36
Naphthene	20	Bicyclohexan(5) 15,10
Aromaten	12 - 14	1-Pentylnaphthalin(6) 12,00
Rückstand	2	n-Tetracosan(4) 1,70
	Eigenschaften	
	Kensol-16	Pseudokomponenten-Mischung
Molmasse (kg kmol^{-1})	246,9	246,9
Dichte, 297,6 K (kg m^{-3})	809,8	809,81
Siedebereich (K)	570,4-582,6	577,28

Das folgende Beispiel behandelt Phasengleichgewichtsberechnungen im retrograden Gebiet für eine Mischung aus Methan und einer Schwerölfraktion (Kensol-16) mit Hilfe verschiedener Zustandsgleichungen. Die experimentellen Daten stammen von Rzasa (1947). Die Vielkomponentenmischung Kensol-16 wird durch die Anteile an paraffinischen, aromatischen und naphthenischen Kohlenwasserstoffen sowie

6.6 Systeme mit undefinierten Zusammensetzungen

durch die mittlere Molmasse, die Dichte und den Siedebereich charakterisiert. Um die paraffinischen Komponenten der Mischung zu repräsentieren, wurden zwei n-Alkane (n-Octadecan und n-Eicosan) als Pseudokomponenten gewählt. Für die Aromaten dient 1-Pentylnaphthalin und für die Naphthene Bicyclohexan als Pseudokomponente. Der Rückstand wird modellhaft durch n-Tetracosan repräsentiert. Die Anteile der Pseudokomponenten wurden solange variiert, bis die mittlere Molmasse, die Dichte und der Siedebereich der Mischung mit den Eigenschaften von Kensol-16 übereinstimmten. Zur Bestimmung der Reinstoffdaten von 1-Pentylnaphthalin und Bicyclohexan wurde die Dichtekorrelation 6.A2.23 und die Dampfdruckkorrelation 5A1.10 des American Petroleum Institute (API, 1984) verwendet. In der Tabelle 6.6-1 werden die Eigenschaften von Kensol-16 denen der Pseudokomponenten-Mischung gegenübergestellt.

Für den Ingenieur ist der Flüssigkeitsanteil χ im retrograden Gebiet von besonderem Interesse. Der Flüssigkeitsanteil[1] χ ist das Volumen der kondensierten Flüssigkeit dividiert durch das Gesamtvolumen der Mischung. χ kann aus den Molmengen an Flüssigkeit L und Feed F und aus den Phasendichten ϱ^V und ϱ^L berechnet werden:

$$\chi = \frac{\frac{L}{F}}{\frac{L}{F} + \left(1 - \frac{L}{F}\right)\frac{\varrho^L}{\varrho^V}} \,. \qquad (6.6\text{-}1)$$

L/F hängt u. a. von den berechneten K-Faktoren ab. Zur genauen Berechnung des Flüssigkeitsanteils χ ist eine Zustandsgleichung erforderlich, mit der sowohl die K-Faktoren als auch die Phasendichten genau berechnet werden können.

Für das Vielkomponentensystem aus Methan (95,365 mol%) und Kensol-16 (5,635 mol%) wurden Flüssigkeitsanteile für Temperaturen von 300,98 bis 369,26 K mit verschiedenen Zustandsgleichungen (Soave, 1972; Peng und Robinson, 1976 und Sako et al., 1989) berechnet. Es wurden quadratische Mischungsregeln mit einem Wechselwirkungsparameter k_{ij} verwendet. Zur Verringerung der Anzahl der Wechselwirkungsparameter wurden vereinfachende Annahmen getroffen: die Alkane erhalten identische k_{ij}-Werte für die Wechselwirkungen zwischen einem Alkan und einem anderen Stoff ($k_{12} = k_{13} = k_{14}$; $k_{23} =$

---

[1] Engl.: liquid drop-out χ

$k_{24} = k_{34} = 0$; $k_{25} = k_{35} = k_{45}$ und $k_{26} = k_{36} = k_{46}$)[1], außerdem wurde k_{56} wegen seines ohnehin geringen Einflusses gleich Null gesetzt. Durch diese Vereinfachungen reduziert sich die Anzahl der Wechselwirkungsparameter von 15 auf fünf. Die k_{ij}-Werte wurden für die verschiedenen Zustandsgleichungen durch Anpassung an die experimentellen χ,P-Kurven ermittelt. Es wurde eine lineare Temperaturabhängigkeit angenommen (siehe Tabelle A6-1 im Anhang). Der Einfluß der einzelnen Wechselwirkungsparameter auf die Form der χ,P-Kurven ist in Tabelle A6-2 (im Anhang) dargestellt.

In der Abbildung 6.6-1 ist die Druckabhängigkeit des Flüssigkeitsanteils χ bei 300,98 K dargestellt. Bei niedrigen Drücken zeigt die PHC-Gleichung (= **P**erturbed-**H**ard-**C**hain) die besten Ergebnisse; allerdings wird ein zu hoher oberer Taupunkt berechnet.

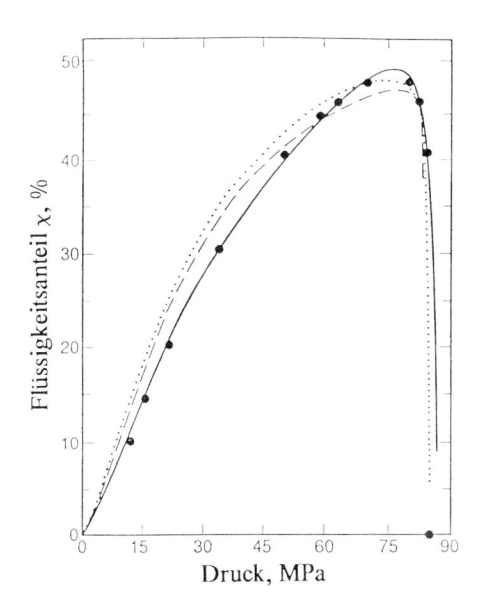

Abb. 6.6-1:

Flüssigkeitsanteil χ als Funktion des Druckes für das System Methan - Kensol-16 bei 300,98 K;
• experimentell (Rzasa, 1947);
───── PHC-Gleichung;
- - - Peng-Robinson-Glg.;
········ SRK-Gleichung.
Die Temperaturfunktionen der k_{ij} sind in der Tabelle A6-1 im Anhang aufgeführt.

Die Abbildungen 6.6-2 und 6.6-3 zeigen Druck-Temperatur-Diagramme für das System Methan - Kensol-16. Die durch die Symbole dargestellten experimentellen Daten von Rzasa (1947) werden mit den Ergebnissen der PHC- und der Peng-Robinson-Gleichung verglichen. Die Kurven wurden für konstante Flüssigkeitsanteile χ berechnet.

---

[1] Die Zuordnung der Komponenten-Nummer entspricht der Zuordnung in Tabelle 6.6-1, z. B. eine "5" steht für Bicyclohexan. Methan ist die Komponente 1.

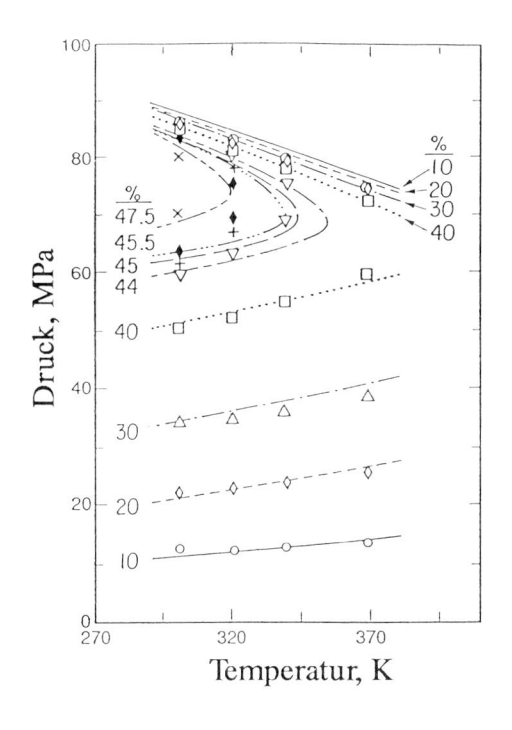

6.6 Systeme mit undefinierten Zusammensetzungen

Abb. 6.6-2:
P,T-Diagramm des Systems Methan - Kensol-16. Die Linien wurden mit der PHC-Gleichung (Sako et al., 1989) für konstante Flüssigkeitsanteile χ gemäß der Zahlen in der Abbildung berechnet (Dohrn et al., 1991). Experimentelle Daten von Rzasa (1947).

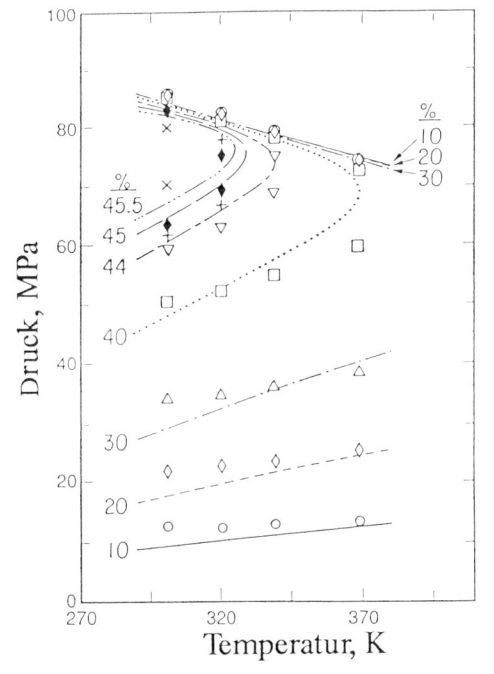

Abb. 6.6-3:
P,T-Diagramm des Systems Methan - Kensol-16. Die Linien wurden mit der Peng-Robinson-Gleichung (1976) für konstante Flüssigkeitsanteile χ gemäß der Zahlen in der Abbildung berechnet (Dohrn et al., 1991). Experimentelle Daten von Rzasa (1947).

Bei niedrigen und mittleren Drücken sind für die PHC-Gleichung (Abb. 6.6-2) die Abweichungen zwischen Experiment und Berechnung klein. Der Anstieg der χ-Kurven wird von der dreiparametrigen PHC-Gleichung wesentlich besser wiedergegeben als von der zweiparametrigen Peng-Robinson-Gleichung (Abb. 6.6-3). Der Hochdruckbereich in der Nähe des oberen Taupunktes wird von keiner der untersuchten Zustandsgleichungen gut beschrieben, weil in diesem Bereich kleinste Abweichungen im Flüssigkeitsanteil den berechneten Druck drastisch beeinflussen können.

Aus diesem Berechnungsbeispiel können die nachfolgenden Schlüsse bezüglich der Möglichkeiten und Grenzen der Pseudokomponentenmethode gezogen werden.

Möglichkeiten:

1. Ein Vielkomponentengemisch mit einem relativ engen Siedebereich kann in seinen Eigenschaften sehr gut mit Hilfe von fünf Pseudokomponenten wiedergegeben werden.
2. Das System Methan - Kensol-16 läßt sich in seinem Phasenverhalten gut durch eine Mischung aus sechs Pseudokomponenten wiedergeben. Die dreiparametrige PHC-Gleichung ergibt bessere Ergebnisse als einfache zweiparametrige Zustandsgleichungen.
3. Es ist möglich, die Zahl der binären Wechselwirkungsparameter durch vereinfachende Annahmen von 15 auf fünf zu reduzieren, ohne daß die Berechnungsergebnisse wesentlich beeinflußt wurden.

Grenzen:

1. Eine gute Wiedergabe der experimentellen Ergebnisse ist nur möglich, wenn die binären Wechselwirkungsparameter an die experimentellen Daten angepaßt werden. Die Verwendung von k_{ij}-Werten, die durch Anpassung an Daten der binären Teilsysteme ermittelt wurden, führt nicht zu guten Ergebnissen. Für das untersuchte Berechnungsbeispiel ist es nicht notwendig, die Reinstoffparameter oder die Zusammensetzung der Pseudokomponentenmischung nachträglich zu optimieren.
2. In der Nähe des oberen Taupunktes sind die Ergebnisse noch verbesserungsfähig.

3. Zur genauen Berechnung von χ-P-Kurven muß die verwendete Zustandsgleichung in der Lage sein, sowohl gute K-Faktoren als auch gute Phasendichten zu liefern. Um die schlechte Flüssigdichtenberechnung mit der SRK-Gleichung zu verbessern, wurde zusätzlich eine von Chou und Prausnitz (1989) vorgeschlagene Volumentranslation der SRK-Gleichung zur Berechnung des Methan-Kensol-16-Systems verwendet. Die erwartete deutliche Ergebnisverbesserung blieb allerdings aus. Die Fehler der SRK-Gleichung werden durch die Anpassung der Wechselwirkungsparameter teilweise ausgeglichen.

Beispiel 2: Ein CO_2-Fettsäuremethylestergemisch

Das zweite Beispiel handelt von Phasengleichgewichten in einem Stoffsystem aus CO_2 und sieben verschiedenen gesättigten und ungesättigten Fettsäuremethylestern[1]. Van Gaver (1992) untersuchte anhand dieses Gemisches Möglichkeiten zur Anreicherung von ω-3-Fettsäuren aus Fischöl mit Hilfe der Gasextraktion.

Von Interesse war insbesondere die Frage, inwieweit eine Trennung nach der Kettenlänge bei einer Extraktion mit CO_2 möglich ist. Neben experimentellen Untersuchungen wurden dazu Phasengleichgewichtsberechnungen an der TU Hamburg-Harburg mit dem Programmsystem *pe* durchgeführt. Das Fettsäuremethylestergemisch wurde in zwei Fraktionen geteilt, denen je eine Pseudokomponente zugeordnet wurde. Die erste Pseudokomponente (mit C_{16} bezeichnet) umfaßte alle Fettsäuremethylester mit Kettenlängen von C_{14} bis C_{16} und die zweite (mit C_{18} bezeichnet) alle gesättigten und ungesättigten C_{18}-Fettsäuremethylester.

Zur Bestimmung der Reinstoffparameter der Pseudokomponenten wurden die Korrelationen von Dohrn (1992) verwendet. Die notwendigen Eingangsgrößen v_{L20} und T_b wurden experimentell (v_{L20}) oder mit einer modifizierten Joback-Methode (van Gaver, 1992) bestimmt. In der Tabelle 6.6-2 sind die Reinstoffgrößen der Pseudokomponenten zusammengestellt.

---

[1] Methylester folgender Fettsäuren: C14:0 (1,05), C16:0 (18,45), C16:1 (1,14), C18:0 (10,79), C18:1 (34,33), C18:2 (32,06) und C18:3 (2,18); in Klammern: Anteile an der Modellmischung in Gew%.

Tabelle 6.6-2 Reinstoffgrößen der Pseudokomponenten

Pseudokomponente	T_b, K	v_{L20}, l/mol	T_c, K	P_c, MPa	ω
C_{16}	638,8	0,308	806,6	1,33	0,822
C_{18}	682,0	0,334	847,1	1,24	0,924

Abbildung 6.6-4 zeigt das Gibbssche Dreiecksdiagramm des quasi-ternären Systems aus CO_2 und den beiden Pseudokomponenten für 14,5 MPa und 333,15 K. Die Berechnungen wurden mit der Peng-Robinson-Zustandsgleichung in Verbindung mit Van-der-Waals-Mischungsregeln durchgeführt. Da für die binären Teilsysteme keine experimentellen Daten vorlagen, wurden die Werte für die binären Wechselwirkungsparameter k_{ij} durch Anpassung an die Daten des ternären Systems ermittelt. Die Darstellung in Abbildung 6.6-4 erfolgt in Gewichtsanteilen, wodurch das Zweiphasengebiet größer ist als bei einer Darstellung in Molanteilen.

Auf den ersten Blick ist die Übereinstimmung zwischen Berechnung und Experiment sehr gut. Untersucht man aber den für eine mehrstufige Gegenstromtrennung besonders wichtigen Trennfaktor α zwischen der C_{16}- und der C_{18}-Pseudokomponente,

$$\alpha = \frac{K_{C16}}{K_{C18}} = \frac{y_{C16} x_{C18}}{x_{C16} y_{C18}}, \qquad (6.6\text{-}2)$$

so weicht der mittlere berechnete Wert (α_{ber} = 1,37) um 11 % von dem experimentellen Wert (α_{exp} = 1,23) ab.

Abhilfe kann durch die Verwendung zusätzlicher binärer Wechselwirkungsparameter geschaffen werden, z. B. in Form von zusammensetzungsabhängigen Mischungsregeln. Benutzt man die Peng-Robinson-Gleichung in Verbindung mit der Adachi-Sugie-Mischungsregel (k_{12} = 0,0283; k_{13} = 0,0891; k_{23} = -0,00025; λ_{12} = 0,033; λ_{13} = -0,029; λ_{23} = 0), so lassen sich sowohl die Gleichgewichtszusammensetzungen als auch der Trennfaktor mit der experimentellen Genauigkeit wiedergeben.

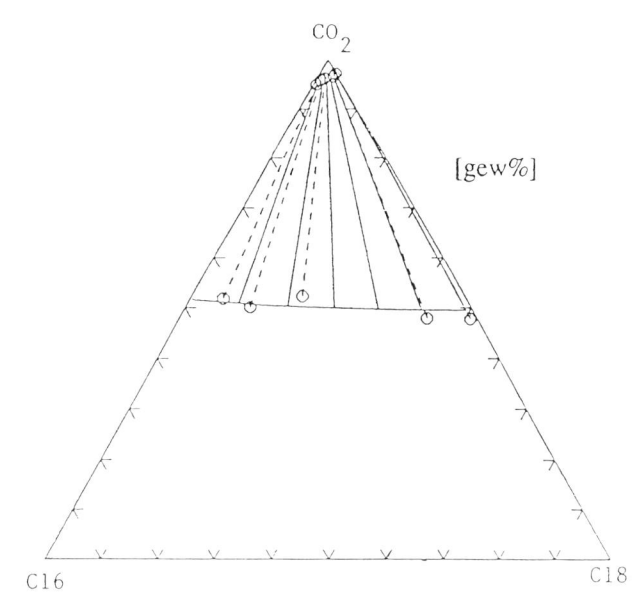

6.6 Systeme mit undefinierten Zusammensetzungen

Abb. 6.6-4:
Dreiecksdiagramm des quasiternären Systems $CO_2(1)$ - C_{16}-Fettsäuremethylester(2) - C_{18}-Fettsäuremethylester(3) bei T = 333,15 K und P = 14,5 MPa.
o experimentelle Daten (van Gaver, 1992)
—— Peng-Robinson-Gleichung,
k_{12} = 0,065; k_{13} = 0,056 und k_{23} = 0,002

Die nach dem ersten Beispielsystem gezogenen Schlüsse bezüglich der Möglichkeiten und Grenzen der Pseudokomponentenmethode können nun ergänzt werden:

Möglichkeiten:
4. Ein Modellgemisch aus sieben Fettsäuremethylestern läßt sich zur Vereinfachung der Berechnung auf zwei Pseudokomponenten reduzieren. Die Gleichgewichtslöslichkeiten werden bei der Verwendung einfacher Van-der-Waals-Mischungsregeln gut wiedergegeben.

Grenzen:
4. Sollen Gleichgewichtsberechnungen für mehrstufige Gegenstromtrennverfahren benutzt werden, so sind besondere Anforderungen an die Genauigkeit der berechneten Trennfaktoren zu stellen. In dem untersuchten Beispielsystem ergeben sich Abweichungen, die teilweise größer als 10 % sind. Abhilfe kann durch die Verwendung zusätzlicher Wechselwirkungsparameter geschaffen werden, z. B. in Form von zusammensetzungsabhängigen Mischungsregeln.

Beispiel 3: Das System CO_2-Methanol-Palmöl

Im dritten Berechnungsbeispiel soll gezeigt werden, wie Palmöl, das sich hauptsächlich aus Tri-, Di- und Monogylceriden, freien Fettsäuren und Carotin zusammensetzt, durch eine einzige Pseudokomponente beschrieben werden kann. Es wurden Gleichgewichtsberechnungen in quasibinären und quasiternären Systemen aus Palmöl, einem überkritischen Gas und einem Schleppmittel mit der HPW-Gleichung durchgeführt. An dieser Stelle soll nur auf die Ergebnisse für das quasiternäre System CO_2(1)-Methanol(2)-Palmöl(3) eingegangen werden.

Die Reinstoffparameter für CO_2 und Methanol wurden von Hederer (1981) übernommen. Für Palmöl erhält man aus der experimentellen Dichte bei 20°C (892 kg/m³) und der aus der mittleren Zusammensetzung berechneten Molmasse (691 kg/kmol) einen Wert für das molare Volumen bei 20°C (v_{L20} = 0,7747 m³/kmol). Mit Hilfe der Korrelationen von Hederer (1981) wurden die Reinstoffparameter für Palmöl bestimmt (a = 108610,67 MJm³kmol^{-2}K$^{-\alpha}$, b = 0,75405 m³kmol^{-1} und α = -1,14225).

Für 343,15 K lagen sechs experimentelle Datenpaare vor (Brunner, 1992), die allerdings bei unterschiedlichen Drücken gemessen wurden (9,8 bis 12,27 MPa). In einem ersten Berechnungsschritt wurde ein Satz von k_{ij}-Werten für Van-der-Waals-Mischungsregeln ermittelt, der die bei unterschiedlichen Drücken vorliegenden Gleichgewichtswerte gut beschreibt. Anschließend wurde für die einzelnen experimentellen Punkte die Druckabhängigkeit der Gleichgewichtszusammensetzung mit diesen k_{ij}-Werten berechnet. Damit war es dann möglich, die experimentellen Daten auf einen einheitlichen Druck von 10 MPa umzurechnen. Es erfolgte noch eine geringfügige Neuanpassung der Wechselwirkungsparameter.

Abbildung 6.6-5 zeigt das Dreiecksdiagramm des quasiternären Systems CO_2(1)-Methanol(2)-Palmöl(3) bei 343,15 K und 10 MPa. Die Größe des Zweiphasengebietes wird gut wiedergegeben. Allerdings ergeben sich Abweichungen bei den Konnodensteigungen, so daß der Methanol-Anteil in der Gasphase teilweise um mehr als 1 mol% zu groß angegeben wird.

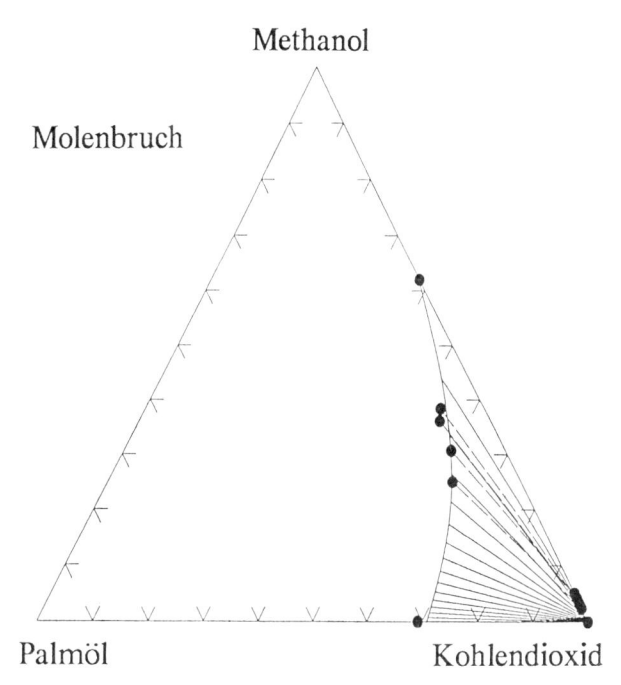

6.6 Systeme mit undefinierten Zusammensetzungen

Abb. 6.6-5:
Dreiecksdiagramm des quasiternären Systems CO_2(1) - Methanol(2) - Palmöl(3) bei 343,15 K und 10 MPa.
● experimentelle Daten (Brunner, 1992)
—— HPW-Gleichung,
k_{12} = 0,0824;
k_{13} = 0,0438;
k_{23} = -0,2163

Die Liste der Möglichkeiten und Grenzen der Pseudokomponentenmethode kann nun erweitert werden:

Möglichkeiten:

5. Ein aus vielen Komponenten bestehender Naturstoff, wie z. B. Palmöl, kann näherungsweise durch eine einzige Pseudokomponente beschrieben werden. Dies wurde bereits von Brunner (1978) gezeigt.
6. Einfache Van-der-Waals-Mischungsregeln reichen häufig aus, um die Binodalkurven mit guter Genauigkeit zu berechnen.

Grenzen:

5. Um die Verteilung einzelner Bestandteile, wie z. B. freie Fettsäuren, Mono-, Di- und Triglyceride, auf die Phasen wiedergeben zu können, müssen zusätzliche Pseudokomponenten eingeführt werden.
6. Zur Berechnung von genauen Konnodensteigungen müssen in vielen Fällen Mischungsregeln mit zusätzlichen Wechselwirkungsparametern eingeführt werden.

6.6.2 Thermodynamik mit kontinuierlichen Verteilungen

Die Grundlagen zur Beschreibung von Vielstoffgemischen mit Hilfe von kontinuierlichen Verteilungsfunktionen wurden bereits in den dreißiger Jahren gelegt (z. B. DeDonder, 1931). Fünfzig Jahre später wurden diese Konzepte mit modernen Zustandsgleichungen verbunden, um sie zur Berechnung von Phasengleichgewichten in der Erdöl-, Erdgas- oder chemischen Industrie anwenden zu können. Man nennt den Berechnungrahmen "Thermodynamik mit kontinuierlichen Verteilungen"[1]. Einen guten Überblick über frühe und neuere Arbeiten zu diesem Thema erhält man durch den Artikel von Cotterman und Prausnitz (1991). An dieser Stelle soll nur einige Aspekte der Thermodynamik mit kontinuierlichen Verteilungen dargestellt werden.

Eine kontinuierliche Mischung kann durch eine (oder mehrere) Verteilungsvariable(n) I charakterisiert werden, z. B. durch die Molmasse oder den Siedepunkt. Die Häufigkeit von Molekülen mit einem bestimmten Wert für I wird durch eine Verteilungsfunktion F(I) dargestellt. Während sich die Zusammensetzung einer diskreten, aus einzelnen Komponenten bestehenden Mischung durch den Molenbruch wiedergeben läßt, ist bei kontinuierlichen Mischungen der Wert der Verteilungsfunktion F(I) multipliziert mit einem Intervall ΔI der charakteristischen Größe I ein Maß für die Zusammensetzung.

Im Rahmen der Thermodynamik mit kontinuierlichen Verteilungen können auch semikontinuierliche Mischungen behandelt werden, bei denen einer (oder mehreren) Komponenten ein diskreter Konzentrationswert zugeordnet wird, z. B. zur Beschreibung eines Systems aus CO_2 und einem Erdölgemisch. In einer homologen Reihe unterscheiden sich benachbarte leichtflüchtige Komponenten in ihren Eigenschaften stärker als benachbarte schwerflüchtige Komponenten. Deshalb werden die leichtflüchtigen Stoffe häufig als diskrete Pseudokomponenten behandelt. Die Normierungsbedingung für ein System aus N diskreten Komponenten und einer kontinuierlichen Fraktion lautet (Cotterman und Prausnitz, 1991):

$$\sum_{i=1}^{N} x_i + \xi \int_I F(I) dI = 1 . \qquad (6.6\text{-}3)$$

ξ ist der Molenbruch der kontinuierlichen Fraktion.

---

[1] Siehe Fußnote auf der zweiten Seite der Zusammenfassung

6.6 Systeme mit undefinierten Zusammensetzungen

Bei der Berechnung von Dampf-Flüssig-Gleichgewichten wird für jede Phase eine Verteilungsfunktion F(I) und ein Molenbruch ξ definiert. Die Stoffbilanz lautet analog zu Gl. (6.1-9):

$$\xi^F \; F^F(I) = (1-\beta) \; \xi^L \; F^L(I) + \beta \; \xi^V \; F^V(I) \; , \qquad (6.6\text{-}4)$$

wobei β der verdampfte Anteil ist; das hochgestellte F kennzeichnet die Gesamtmischung (das Feed).

Im Phasengleichgewicht muß die Bedingung für das stoffliche Gleichgewicht für alle Werte von I erfüllt sein, d. h.

$$\mu^V(I) = \mu^L(I) \; . \qquad (6.6\text{-}5)$$

Die Funktionen für das Chemische Potential lassen sich mit Hilfe von Zustandsgleichungen berechnen. Die Parameter, z. B. a(I,T) und b(I), sind Funktionen von der charakteristischen Größe I. Sie können durch Anpassung an experimentelle Daten ermittelt werden (Cotterman et al., 1985). In den Mischungsregeln wird nicht über den Molenbruch summiert, sondern die Verteilungsfunktion wird über die charakteristische Größe integriert, z. B.

$$b = \int_I F(I) \cdot b(I) \; dI \; . \qquad (6.6\text{-}6)$$

Die Hauptaufgabe bei der Gleichgewichtsberechnung besteht im simultanen Erfüllen der Gleichungen (6.6-4) und (6.6-5). Leider gibt es keine universelle Verteilungsfunktion, die sich auf die Gesamtmischung und die Phasen gleichermaßen anwenden läßt, so daß beide Bedingungen für alle Werte von I erfüllt sind. Für Grenzfälle gibt es exakte analytische Lösungen, z. B. für die Berechnung von Tau- und Siedepunkten. Exakte Lösungen lassen sich auch für einfache Mischungen mit Hilfe des Raoultschen Gesetzes finden (z. B. Rätzsch und Kehlen, 1983).

Für die meisten Anwendungsfälle muß man sich mit Näherungslösungen zufrieden geben. Cotterman und Prausnitz (1985) schlugen ein Näherungsverfahren (sog. Stützpunktmethode[1]) vor, bei dem je nach Mittelwert und Varianz der Feed-Verteilungsfunktion vier bis acht Stützpunkte bestimmt werden. Die Gleichgewichtsberechnung wird

---

[1] Engl.: quadrature method

dann für die einzelnen Stützpunkte durchgeführt. Durch eine Interpolation der Ergebnisse erhält man die Verteilungsfunktionen der Phasen. Die Stützpunkte können als effektive Pseudokomponenten angesehen werden. Im Vergleich zur Pseudokomponentenmethode ergibt sich der Vorteil, daß bei der Anwendung der Stützpunktmethode die Wahl der Pseudokomponenten nach mathematischen Gesichtspunkten erfolgt und nicht dem Geschick des Anwenders überlassen bleibt.[1] Einen Vergleich der Methoden findet man bei Chou und Prausnitz (1986). Weitere Näherungsmethoden wurden u. a. von Du und Mansoori (1986), Schlijper (1987), Mansoori et al. (1989) und Ying et al. (1989) vorgeschlagen.

Zu den Anwendungsgebieten der Thermodynamik mit kontinuierlichen Verteilungen gehören die Berechnung von Phasengleichgewichten in folgenden Bereichen:
- Erdgas-Systeme (Übersicht: Cotterman und Prausnitz, 1990),
- Destillation von Kohlenwasserstoffen (Rätzsch und Kehlen, 1985),
- Simulation von Erdöllagerstätten (Shibata et al., 1987),
- Aufbereitung von Kohleölen (Willman und Teja, 1986),
- Aufbereitung von Schwerölen (Radosz et al., 1987),
- pflanzliche Fette und Öle (Klein und Schulz, 1989),
- LLE in Polymersystemen (Rätzsch et al., 1986).

Die Thermodynamik mit kontinuierlichen Verteilungen läßt sich besonders dann vorteilhaft anwenden, wenn sich die Eigenschaften des Vielkomponentensystems gut durch eine kontinuierliche Verteilungsfunktion wiedergeben lassen. Ist dies nicht der Fall, so gibt es gegenüber der Pseudokomponentenmethode nur geringe oder keine Vorteile. Die Ergebnisse hängen wesentlich von der Qualität des Modells zur Berechnung der Chemischen Potentiale ab. Ein wichtiger Problembereich ist dabei die Ermittlung von Parametern des thermodynamischen Modells (z. B. Zustandsgleichungsparameter) aus charakteristischen experimentellen Daten des Vielkomponentensystems.

---

[1] Dies kann auch ein Nachteil sein, denn erfahrene Anwender vermögen Stützpunkte oft besser zu setzen als es starre Algorithmen können.

6.7 Berechnung von kritischen Kurven

Die für die Auslegung verfahrenstechnischer Prozesse notwendigen Phasengleichgewichtsinformationen bestehen in erster Linie aus Löslichkeitsdaten, d. h. aus den Zusammensetzungen der koexistierenden Phasen. Darüber hinaus sind häufig Informationen über Zustandsbereiche von Interesse. Zur Beantwortung der Frage, ob ein Stoffgemisch bei einer bestimmten Temperatur und einem bestimmten Druck homogen, zwei- oder mehrphasig vorliegt, ist der Verlauf der Kurven wichtig, die die Zustandsbereiche voneinander abgrenzen. Aus diesem Grund kommt der Berechnung von kritischen Kurven eine zunehmende Bedeutung zu.

Die Kriterien zur Berechnung von kritischen Punkten in fluiden Mischungen wurden von Gibbs (1876) schon vor mehr als hundert Jahren formuliert. Trotzdem wurden in der Erdölindustrie bis vor etwa 15 Jahren fast ausschließlich empirische Methoden zur Berechnung von kritischen Punkten in Mehrkomponentensystemen angewendet. Seit den sechziger Jahren wurden verschiedene Methoden entwickelt, die auf Zustandsgleichungen basieren (Joffe und Zudkevitch, 1967; Deiters und Schneider, 1976; Peng und Robinson, 1977; Michelsen, 1980; Heidemann und Khalil, 1980; Palenchar et al., 1986; Nagarajan et al., 1991).

Einen Überblick über die thermodynamischen Grundlagen zur Berechnung von kritischen Punkten bekommt man durch die Arbeiten von Griffiths und Wheeler (1970), Christoforakis (1985) und Sadus (1992).

Gibbs (1876) formulierte die Kriterien für das Vorliegen eines kritischen Punktes in einem Vielkomponentengemisch mit Hilfe zweier Determinanten, deren Glieder aus zweiten Ableitungen der Freien Enthalpie G bestehen. Für druckexplizite Zustandsgleichungen ist eine Formulierung mit den zweiten Ableitungen der Freien Energie A einfacher, weil dann das Volumen V und die Temperatur die unabhängigen Variablen sind. Die Kriterien für einen kritischen Punkt lauten dann:

$$\mathbb{W} = \begin{vmatrix} \left(\dfrac{-\partial^2 A}{\partial V^2}\right) & \left(\dfrac{-\partial^2 A}{\partial V \partial x_1}\right) & \left(\dfrac{-\partial^2 A}{\partial V \partial x_2}\right) & \cdots & \left(\dfrac{-\partial^2 A}{\partial V \partial x_{N-1}}\right) \\ \left(\dfrac{\partial^2 A}{\partial x_1 \partial V}\right) & \left(\dfrac{\partial^2 A}{\partial x_1^2}\right) & \left(\dfrac{\partial^2 A}{\partial x_1 \partial x_2}\right) & \cdots & \left(\dfrac{\partial^2 A}{\partial x_1 \partial x_{N-1}}\right) \\ \left(\dfrac{\partial^2 A}{\partial x_2 \partial V}\right) & \left(\dfrac{\partial^2 A}{\partial x_2 \partial x_1}\right) & \left(\dfrac{\partial^2 A}{\partial x_2^2}\right) & \cdots & \left(\dfrac{\partial^2 A}{\partial x_2 \partial x_{N-1}}\right) \\ \vdots & \vdots & \vdots & & \vdots \\ \left(\dfrac{\partial^2 A}{\partial x_{N-1} \partial V}\right) & \left(\dfrac{\partial^2 A}{\partial x_{N-1} \partial x_1}\right) & \left(\dfrac{\partial^2 A}{\partial x_{N-1} \partial x_2}\right) & \cdots & \left(\dfrac{\partial^2 A}{\partial x_{N-1}^2}\right) \end{vmatrix} = 0 \quad (6.7\text{-}1)$$

$$\mathbb{X} = \begin{vmatrix} \left(\dfrac{\partial \mathbb{W}}{\partial V}\right) & \left(\dfrac{\partial \mathbb{W}}{\partial x_1}\right) & \left(\dfrac{\partial \mathbb{W}}{\partial x_2}\right) & \cdots & \left(\dfrac{\partial \mathbb{W}}{\partial x_{N-1}}\right) \\ \left(\dfrac{\partial^2 A}{\partial x_1 \partial V}\right) & \left(\dfrac{\partial^2 A}{\partial x_1^2}\right) & \left(\dfrac{\partial^2 A}{\partial x_1 \partial x_2}\right) & \cdots & \left(\dfrac{\partial^2 A}{\partial x_1 \partial x_{N-1}}\right) \\ \left(\dfrac{\partial^2 A}{\partial x_2 \partial V}\right) & \left(\dfrac{\partial^2 A}{\partial x_2 \partial x_1}\right) & \left(\dfrac{\partial^2 A}{\partial x_2^2}\right) & \cdots & \left(\dfrac{\partial^2 A}{\partial x_2 \partial x_{N-1}}\right) \\ \vdots & \vdots & \vdots & & \vdots \\ \left(\dfrac{\partial^2 A}{\partial x_{N-1} \partial V}\right) & \left(\dfrac{\partial^2 A}{\partial x_{N-1} \partial x_1}\right) & \left(\dfrac{\partial^2 A}{\partial x_{N-1} \partial x_2}\right) & \cdots & \left(\dfrac{\partial^2 A}{\partial x_{N-1}^2}\right) \end{vmatrix} = 0 \quad (6.7\text{-}2)$$

In der ersten Zeile und der ersten Spalte der Determinanten $\mathbb{W}$ stehen die gemischten zweiten Ableitungen der Freien Energie A nach dem Volumen und nach einem Molenbruch x_i. Die restlichen Glieder bestehen aus zweiten Ableitungen von A nach zwei Molenbrüchen. In der ersten Zeile der Determinanten $\mathbb{X}$ stehen die partiellen Ableitungen von $\mathbb{W}$ nach dem Volumen und den Molenbrüchen. Alle anderen Zeilen der Determinanten $\mathbb{W}$ und $\mathbb{X}$ sind identisch.

Man berechnet die Glieder der Determinanten, indem man für eine druckexplizite Zustandsgleichung zunächst durch Integration einen Ausdruck für die Freie Energie A ermittelt. Die partiellen Ableitungen können auf einfache Weise mit Hilfe von Mathematik-Programmen zur Bildung analytischer Ableitungen (z. B. *MAPLE*) gebildet werden. Bei vielen dieser Programme können die Ergebnisse als FORTRAN-Code ausgegeben werden. Auf diese Weise ist eine direkte Einbindung der Ableitungen in das eigentliche Programm zur Berechnung von kritischen Punkten möglich, wodurch unnötige Fehlerquellen vermieden werden.

Am kritischen Punkt müssen zusätzlich zu den Gleichungen (6.7-1) und (6.7-2) Stabilitätsbedingungen erfüllt werden (Sadus, 1992). Die Kriterien zur Berechnung von trikritischen Punkten, an denen drei Phasen gleichzeitig zu einer homogenen Phase übergehen[1], findet man bei Michelsen und Heidemann (1988).

Die meisten Berechnungen von kritischen Punkten beschränken sich auf binäre Systeme, z. B. Joffe und Zudkevitch (1967), Deiters und Schneider (1976), Christoforakos und Franck (1986), Sadus und Young (1988), Mainwaring et al. (1988) sowie Li und Zheng (1992). Dies liegt nicht nur an der einfacheren Berechnung, sondern auch an der Tatsache, daß das Phasenverhalten binärer Systeme experimentell und theoretisch von vielen Forschergruppen untersucht wurde. Scott und van Konynenburg (1970; van Konynenburg und Scott, 1980) berechneten kritische Kurven binärer Stoffsysteme mit Hilfe der Van-der-Waals-Gleichung. Durch eine systematische Variation der Reinstoffparameter a und b konnten in Kombination mit einfachen Mischungsregeln verschiedene Formen von Phasengleichgewichten, wie Dampf-Flüssig-, Flüssig-Flüssig- und Dampf-Flüssig-Flüssig-Gleichgewichte berechnet werden. Es kann als ein großer Erfolg der einfachen Van-der-Waals-Gleichung gewertet werden, daß nahezu alle bekannten Typen von Gleichgewichten fluider Phasen qualitativ richtig wiedergegeben werden konnten. Scott und van Konynenburg teilten die binären Systeme nach dem qualitativen Verlauf der Phasengrenzlinien in fünf Klassen ein[2]. Später wurde eine sechste Klasse hinzugefügt (Rowlinson und Swinton, 1982).

Ähnliche Berechnungen von kritischen Kurven zur Klassifikation von Phasendiagrammen binärer Systeme wurden von Deiters und Pegg (1989) mit der Redlich-Kwong-Gleichung, von van Pelt et al. (1991, 1992) mit Hilfe der Simplified-Perturbed-Hard-Chain-Theorie (SPHCT) sowie von Kraska und Deiters (1992) mit der Carnahan-Starling-Redlich-Kwong-Gleichung durchgeführt. Mit den neueren Hartkugel-Zustandsgleichungen können andere Phänomene vorhergesagt werden, als es bei der Anwendung von einfachen kubischen Zustandsgleichun-

---

[1] Bei der visuellen Beobachtung eines trikritischen Punktes verschwinden zwei Menisken gleichzeitig.

[2] Zur Theorie siehe auch Scott (1972)

gen möglich ist, z. B. neue trikritische Linien (Kraska und Deiters, 1992).

Mit der Berechnung von kritischen Punkten in ternären System hat sich Sadus (1992) systematisch auseinandergesetzt. Er kommt zu dem Ergebnis, daß sich Zustandsgleichungen mit einem Hartkugelreferenzterm besser als einfache kubische Gleichungen zur Berechnung von kritischen Kurven eignen. Aus diesem Grund verwendete er für seine Untersuchungen die Guggenheim-Hartkugelgleichung (1965) in Verbindung mit dem Van-der-Waals-Attraktionsterm. Sadus hat für verschiedene Systeme kritische Kurven und bisher nicht beobachtete Phänomene vorausberechnet. Experimentelle Untersuchungen werden zeigen, inwieweit die Vorausberechnungen das tatsächliche Verhalten wiedergeben.

Während es bei den oben genannten Klassifikationsrechnungen nur um das Aufzeigen von möglichen qualitativen Verläufen von kritischen Kurven geht, ist es für Berechnungen im Rahmen von Prozeßauslegungen erforderlich, daß kritische Kurven mit guter Genauigkeit wiedergegeben werden können. Dies ist prinzipiell möglich. Allerdings müssen in der Regel die binären Wechselwirkungsparameter an experimentelle kritische Daten angepaßt werden. Die Verwendung von Wechselwirkungsparametern, die durch Anpassung an experimentelle Löslichkeitsdaten gewonnen wurden, führt i.a. nicht zu genauen Ergebnissen. Die üblichen Zustandsgleichungen sind nicht in der Lage, Zwei- und Mehrphasengebiete im gesamten Zustandsbereich mit gleicher Genauigkeit zu berechnen. Die größten Abweichungen treten häufig in der Nähe von kritischen Punkten auf.

6.8 Zustandsgleichungen im Vergleich (Phasengleichgewichte)

In der Literatur gibt es eine Vielzahl von Vergleichsuntersuchungen über die Leistungsfähigkeit von Zustandsgleichungen zur Phasengleichgewichtsberechnung. Viele dieser Arbeiten wurden von Autoren neuer Zustandsgleichungen durchgeführt, um die Überlegenheit der eigenen Gleichung zu demonstrieren. Die im Gliederungspunkt *4.2.8 Zustandsgleichungen im Vergleich (Einstoffsysteme)* geäußerten kritischen Bemerkungen gelten auch hier. Der sorgfältigen Anpassung von binären Wechselwirkungsparametern kommt dabei eine besondere Rolle zu.

6.8 Zustandsgleichungen im Vergleich (Phasengleichgewichte)

Andere Vergleichsuntersuchungen von hoher Qualität wurden von verschiedenen Firmen, insbesondere aus der petrochemischen Industrie, durchgeführt. Sie dienen der Beantwortung der Frage, welche Zustandsgleichung für die unternehmensspezifischen Anwendungsfälle jeweils die beste sei. Die Tatsache, daß das Ergebnis einen großen Einfluß auf zukünftige Kosten hat, ist der Objektivität dieser Untersuchungen sicherlich förderlich. Leider sind die Ergebnisse nur zum Teil oder gar nicht veröffentlicht worden. Im folgenden sollen einige neuere Vergleichsuntersuchungen diskutiert werden.

Lin (1980) vergleicht die Leistungsfähigkeit verschiedener Temperaturabhängigkeiten für den Parameter a(T) der SRK-Gleichung anhand von Phasengleichgewichten in binären wasserstoffhaltigen Systemen. Die von Soave (1972) vorgeschlagene Originalfunktion erweist sich in vielen Fällen als besser als die modifizierten Temperaturabhängigkeiten von anderen Autoren.

Ähnliche Vergleichsuntersuchungen, die sich auch auf Mehrkomponentensysteme erstrecken und verschiedene Modifikationen der SRK- und der Peng-Robinson-Gleichung sowie die Cubic-Chain-of-Rotators-Gleichung (Lin et al., 1983; H. Kim et al., 1986) umfassen, wurden von der Firma EXXON Research and Development durchgeführt (Gray et al., 1983; Tsonopoulos und Heidman, 1986).

Herres und Gorenflo (1990) untersuchen die Leistungsfähigkeit der Zustandsgleichungen von Soave (1972), Peng und Robinson (1976), Patel und Teja (1982), Schreiner (1986) sowie von Trebble und Bishnoi (1987) zur Berechnung von Dampf-Flüssig-Gleichgewichten in vier binären Systemen aus Kältemitteln. Bei der Verwendung einfacher Mischungsregeln mit nur einem anpaßbaren binären Wechselwirkungsparameter sind alle Gleichungen in der Lage, den Dampfdruck bzw. die Dampfphasenzusammensetzung mit einer mittleren Abweichung von 0,8 % bzw. 0,5 % wiederzugeben. Die beiden vierparametrigen Gleichungen (Schreiner sowie Trebble-Bishnoi) sind in der Lage, die Sättigungsdichten mit einer Genauigkeit besser als 2 % wiederzugeben. Dabei wurden keine Mischungsdichten zur Anpassung von Parametern verwendet.

Han et al. (1988) führten eine sehr umfangreiche Studie für binäre Systeme aus unpolaren Komponenten durch. Die Gesamtheit der untersuchten binären Systeme wird eingeteilt in a) 20 symmetrische Systeme aus zwei Kohlenwasserstoffen, b) 17 Wasserstoff-Systeme

(H_2 + 1 Kohlenwasserstoff), c) 20 Methan-Systeme, d) 18 Kohlendioxid-Systeme und e) 12 Stickstoff-Systeme. Alle Gleichungen wurden in Verbindung mit generalisierten Reinstoffparametern verwendet; für jede Substanz wurden drei Eingangsgrößen benötigt, z. B. T_c, P_c und ω. Es wurden einfache Mischungsregeln mit einem binären Wechselwirkungsparameter benutzt (Ausnahme: CCOR-Gleichung mit zwei Parametern).

Tabelle 6.8-1 Relativer Fehler (%) bei der K-Faktorberechnung in binären Systemen; k_{ij}: Anzahl der binären Parameter; Han et al. (1988)

Zustandsgleichung	k_{ij}	sy.-M.	H_2-M.	CH_4-M.	CO_2-M.	N_2-M.
SRK (Soave, 1972)	1	2,66	9,70	5,45	5,43	8,35
Peng-Robinson (1976)	1	3,22	7,74	4,94	5,68	6,27
Kubic (1982)	1	4,91	8,52	5,40	5,20	10,1
Heyen (1983)	1	16,1	16,0	10,6	15,8	14,6
CCOR (H.Kim et al.,1986)	2	4,13	8,33	5,76	7,30	7,50
BWRCSH (1971, 1972)[1]	1	4,41	k.A.	10,6	7,34	k.A.
COR (Chien et al., 1983)	1	3,32	k.A.	5,34	6,47	8,45

Die Ergebnisse der Untersuchung sind in der Tabelle 6.8-1 zusammengestellt. Die beiden einfachsten Gleichungen (SRK- und Peng-Robinson-Gleichung) erzielen bei den hier untersuchten unpolaren Systemen bessere Resultate als die anderen, teilweise wesentlich komplizierteren Zustandsgleichungen.

---

[1] Cox et al., 1971; Starling und Han, 1972; Gleichung 3.3-9

7 Diskussion und Ausblick

Bei der Entwicklung von Zustandsgleichungen lag viele Jahrzehnte lang der Schwerpunkt auf der Beschreibung der PvT-Eigenschaften reiner Stoffe. Zum Erzielen von Verbesserungen wurden die Zustandsgleichungen immer komplizierter und benötigten eine immer größere Anzahl an stoffspezifischen Parametern. Um PvT-Eigenschaften reiner Stoffe so genau zu beschreiben, daß die Abweichungen zu den gemessenen Daten im Bereich der experimentellen Genauigkeit liegen, werden auch weiterhin vielparametrige Zustandsgleichungen benötigt. Durch verbesserte experimentelle Techniken wird der Bedarf an zusätzlichen Reinstoffparametern eher zu- als abnehmen.

Obwohl seit langem bekannt ist, daß mit Hilfe von einfachen Zustandsgleichungen Fugazitäten und somit auch Phasengleichgewichte berechnet werden können, hat die schlechte Wiedergabe von PvT-Daten reiner Stoffe, insbesondere im flüssigen Zustand, die Wissenschaftswelt nicht dazu ermutigt, einfache Zustandsgleichungen auf beide Phasen anzuwenden. Man hat sich dabei von folgender Überlegung leiten lassen: Wenn einfache Zustandsgleichungen nicht einmal das Verhalten reiner Stoffe mit genügender Genauigkeit wiedergeben können, wie sollten sie dann in der Lage sein, das durch zusätzliche Wechselwirkungen zwischen Molekülen unterschiedlicher Stoffe wesentlich kompliziertere Verhalten von Mischungen richtig zu beschreiben? Auch vielparametrige Gleichungen wurden nicht zur Berechnung der Fugazitäten in beiden Phasen angewendet, weil bei ihnen das Problem auftritt, daß eine Vielzahl von Mischungsregeln benötigt wird.

Umso erstaunlicher sind die Erfolge, die in den sechziger und siebziger Jahren bei der Berechnung von Phasengleichgewichten mit einfachen Zustandsgleichungen, wie der SRK- oder der Peng-Robinson-Gleichung, erzielt wurden. Bei der Berechnung von Gleichgewichten und Enthalpien haben vielparametrige Zustandsgleichungen keine nennenswerten Genauigkeitsvorteile gegenüber den einfachen Gleichungen. In der Praxis sind sie sogar unterlegen, weil die Rechenprogramme zeitintensiver und weniger robust sind (Harmens, 1980).

Ein Grund für den Erfolg einfacher Zustandsgleichungen liegt in der Tatsache, daß zur Gleichgewichtsberechnung die richtige Wiedergabe des Dampfdruckes und somit auch der Fugazitäten in der Dampf- und der Flüssigphase, von größerer Bedeutung ist als eine genaue Beschreibung der Dichte (Gray, 1979). Zur Berechnung der Fugazität wird der Druck über das Volumen integriert. Da sich bei der Integration Fehler aufheben können, ist eine genaue Beschreibung der Volumenabhängigkeit des Druckes durch die Zustandsgleichung nicht nötig. Auch einfache Zustandsgleichungen können die Dampfdrücke vieler Stoffe mit einem Fehler von etwa einem Prozent wiedergeben, wenn die Temperaturabhängigkeit des Parameters a(T) durch eine Anpassung an experimentelle Dampfdruckdaten ermittelt wurde.[1] Die richtige Wiedergabe der Reinstoffdampfdrücke gewährleistet, daß das Modell zur Berechnung von Phasengleichgewichten in Mehrkomponentensystemen (zumindest) in den Grenzfällen reiner Komponenten, die korrekten Ergebnisse liefert.

Liegen die Komponenten nicht rein, sondern als Stoffmischung vor, so werden Mischungsregeln zur Bestimmung der Zustandsgleichungsparameter benötigt. Zur Berechnung der Fugazität muß der Druck (oder die residuelle Freie Energie a^r) nach dem Molenbruch differenziert werden. Mischungsregeln, durch die die Zusammensetzungsabhängigkeit im Modell berücksichtigt wird, haben deshalb einen großen Einfluß auf die K-Faktorberechnung. Die Art der verwendeten Mischungsregel ist für das Ergebnis oft wichtiger als die Frage, welche Zustandsgleichung verwendet wurde. Dies ist ein weiterer Grund dafür, daß die Gleichgewichtsberechnung mit einfachen Zustandsgleichungen so erfolgreich ist.

Warum eignen sich die üblichen Mischungsregeln so gut zur Beschreibung von Mehrkomponentensystemen? Die meisten Mischungsregeln basieren auf der Ein-Fluid-Annahme von van der Waals (1890). Diese stellt für viele Stoffsysteme eine bessere Näherung des tatsächlichen Verhaltens dar, als lange angenommen wurde. Außerdem lassen sich viele Unzulänglichkeiten, die an verschiedenen Stellen des Gesamtberechnungsmodells auftauchen, häufig nur auf eine Größe zurückführen, nämlich den binären Wechselwirkungsparameter k_{ij}. Die im

---

[1] Bei der Dampfdruckberechnung mit den meisten Zustandsgleichungen kommt es bei niedrigen reduzierten Temperaturen zu größeren Abweichungen. Dies wirkt sich bei der Taupunktberechnung in Stoffgemischen mit schwerflüchtigen Komponenten negativ aus (Soave, 1993).

7 Diskussion und Ausblick

Modell fehlenden Informationen über das reale Stoffsystem werden durch eine Anpassung der Wechselwirkungsparameter an einen oder an mehrere experimentelle Gleichgewichtspunkte nachträglich berücksichtigt.

Es hat sich gezeigt, daß der Wechselwirkungsparameter k_{ij}, der in der Mischungsregel für den Parameter a der Zustandsgleichung verwendet wird, in der Regel den stärksten Einfluß auf die Berechnungsergebnisse hat. Häufig kann auf die Verwendung von l_{ij} und weiteren Wechselwirkungsparametern verzichtet werden. Somit stellt sich die richtige Wiedergabe der Attraktionskräfte zwischen den Molekülen, die durch den Parameter a repräsentiert werden, als besonders wichtig heraus. Während bei reinen Stoffen experimentelle (Dampfdruck-) Daten zur Bestimmung der Temperaturabhängigkeit von a(T) verwendet werden, erfolgt in Mischungen die Bestimmung der Zusammensetzungsabhängigkeit des Parameters a durch Anpassen der k_{ij} an experimentelle (Gleichgewichts-)Daten.

Wenn man weiß, daß die Erfolge bei der Berechnung von Phasengleichgewichten mit Hilfe einfacher Zustandsgleichungen als überraschend anzusehen sind, fällt es leichter, die Grenzen dieser Methode zu verstehen. Einfache Zustandsgleichungen eignen sich insbesondere für Stoffsysteme aus unpolaren oder wenig polaren Komponenten, wie sie in großer Zahl in der erdöl- und erdgasverarbeitenden Industrie auftreten. Selbst bei diesen Systemen kommt es in der Nähe des kritischen Punktes oft zu größeren Abweichungen von den experimentellen Ergebnissen. Diese Fehler lassen sich in der Regel nicht durch die Verwendung eines zusätzlichen binären Wechselwirkungsparameters beheben.

Die Übersichtsartikel zum Stand der Phasengleichgewichtsberechnung (z. B. Prausnitz, 1977a, b; Krolikowski, 1977; Sandler, 1979; Prausnitz, 1980; Fredenslund, 1980; Prausnitz et al., 1983; Soave, 1993) lassen erkennen, daß viele Probleme und Wünsche der siebziger Jahre auch noch in den neunziger Jahren aktuell sind. Die Euphorie der siebziger Jahre hatte zu einer optimistischen Einschätzung der zukünftigen Entwicklung geführt. Obwohl seitdem viele Fortschritte erzielt wurden, hat sich das Entwicklungstempo in den achtziger Jahren deutlich verlangsamt. Zu den alten wie neuen Problembereichen zählen:

1. die Entwicklung einer einfachen **Zustandsgleichung**, die theoretisch begründet und möglichst universell einsetzbar ist,
2. die Entwicklung geeigneter **Mischungsregeln**, insbesondere für Systeme aus Komponenten, die sich in ihren Eigenschaften stark voneinander unterscheiden,
3. das Finden von **Reinstoffparametern** für schwerflüchtige Stoffe,
4. die Beschreibung von **Vielstoffsystemen**,
5. die Beschreibung von Systemen mit **polaren Komponenten**,
6. die Entwicklung eines Modells, das ohne die Kenntnis von experimentellen Gemischdaten die **Vorhersage** von Phasengleichgewichten ermöglicht,
7. die Entwicklung von Methoden für Systeme mit sehr großen Molekülen, wie z. B. **Polymere** und Biomoleküle,
8. die Beschreibung von **Elektrolytsystemen**,
9. die Beschreibung des Verhaltens in der Nähe des kritischen Punktes reiner Stoffe und von Stoffmischungen.

Zu den ersten fünf Punkten wurden in diesem Buch Beiträge geleistet, Übersichten erstellt und quantitative Beispiele gegeben.

Die seit langem gesuchte, einfache, universell einsetzbare und überall akzeptierte **Zustandsgleichung** gibt es noch nicht und wird es vielleicht nie geben. Man hat lange gehofft, daß die Perturbed-Hard-Chain-Theorie ein solche Zustandsgleichung hervorbringen würde (Gray, 1979). Die Anwendung von PHC-Gleichungen blieb bisher hauptsächlich auf Systeme mit stark asymmetrischen Komponenten beschränkt.

Der Anwender muß heute aus einer Vielzahl von Zustandsgleichungen die für sein Problem geeignete herausfinden. Die Suche nach einer universellen Zustandsgleichung motiviert immer wieder Forschergruppen, es selbst mit der Entwicklung einer neuen Zustandsgleichung zu versuchen. Neuentwicklungen haben es zunehmend schwerer, sich gegen etablierte Zustandsgleichungen durchzusetzen. Man ist nur bereit, eine etablierte Zustandsgleichung, für die jahrelange Erfahrungen vorliegen[1], gegen eine neue auszutauschen, wenn man von der Überlegenheit der neuen Gleichung überzeugt ist. Die Gesamtleistungsfähig-

---

[1] Zum Erfahrungsschatz über eine Zustandsgleichung gehört auch eine Datenbank über Wechselwirkungsparameter für verschiedene Stoffsysteme.

keit einer Gleichung läßt sich nur durch umfangreiche Rechnungen an einer Vielzahl von Beispielsystemen feststellen. Die SRK-Gleichung stellte durch die generalisierte, durch Anpassung an Dampfdruckdaten ermittelte Temperaturabhängigkeit des Parameters a einen Entwicklungssprung gegenüber den früheren Gleichungen dar und wurde von der Fachwelt schnell akzeptiert. Nachfolgende kubische Zustandsgleichungen konnten nur noch graduelle Verbesserungen erzielen. Peng und Robinson haben viele verschiedene Berechnungsbeispiele in einer Reihe von Artikeln veröffentlicht, um die Akzeptanz für ihre Gleichung zu fördern. Eine Zustandsgleichung, deren Anwendbarkeit nicht extensiv demonstriert wird, läuft Gefahr, schnell in Vergessenheit zu geraten.

Ein weiterer Grund für die mangelnde Akzeptanz für neue Zustandsgleichungen liegt in der Tatsache, daß die meisten großen Unternehmen viel Zeit und Geld in eigene Modifikationen der gängigen Zustandsgleichungen investiert haben, z. B. in Form von verbesserten Temperaturabhängigkeiten der Parameter. Die Umstellung auf eine neue Grundgleichung würde erneute Entwicklungsarbeit verursachen.

Gleichungen, deren Parameter mit Hilfe generalisierter Funktionen zu bestimmen sind, werden leichter akzeptiert als Gleichungen, bei denen die Parameter in Form von Listen angegeben werden. Das liegt zum einen daran, daß sie leichter an einer Vielzahl von Beispielsystemen getestet werden können und zum anderen, daß die benötigten Eingangsgrößen, wie T_c, P_c und ω, ohnehin in den Reinstoffdatenbanken vorhanden sind.[1]

Die Frage, welche der heute zur Verfügung stehenden Zustandsgleichungen die beste ist, kann nicht generell beantwortet werden. Die Leistungsvergleiche für Einstoffsysteme (Kapitel 4.4) und zur Phasengleichgewichtsberechnung (Kapitel 6.8) können als Anhalt genommen werden. Es ist generell zu empfehlen, Gleichgewichte in Systemen, für die noch keine Berechnungsverfahren vorliegen, zunächst mit einer einfachen zweiparametrigen Zustandsgleichung in Verbindung mit Van-der-Waals-Mischungsregeln zu berechnen. Gegebenenfalls kann anschließend auf verbesserte Mischungsregeln bzw. Zustandsgleichungen zurückgegriffen werden.

---

[1] Zur Problematik sich wandelnder Reinstoffdaten infolge neuer Meßergebnisse siehe Gliederungspunkt 4.1.1 *Parameter von Zustandsgleichungen*

Als Richtschnur für das Auffinden einer geeigneten **Mischungsregel** kann der Vergleich im Kapitel 5.1.7 dienen. Zum Korrelieren von experimentellen Gleichgewichtsdaten eignen sich zusammensetzungsabhängige Mischungsregeln besonders gut, denn sie sind einfach und flexibel. Stehen nur wenige experimentellen Daten zur Verfügung, so besteht bei flexiblen Modellen die Gefahr, daß Extrapolationen in Bereiche, für die es keine Meßdaten gibt, zu unbefriedigenden Ergebnissen führen. Es sollten dann möglichst einfache Mischungsregeln verwendet werden. Stehen keine exerimentellen Werte zur Verfügung, so müssen die notwendigen Wechselwirkungsparameter abgeschätzt werden, wobei Literaturdaten für ähnliche Stoffsysteme zu Hilfe genommen werden können. Eine andere Möglichkeit besteht in der Verwendung von Gruppenbeitrags-Mischungsregeln, z. B. des PSRK-Modells von Holderbaum und Gmehling (1991). Voraussetzung ist dabei, daß die notwendigen Gruppenwechselwirkungsparameter bereits aus der Literatur bekannt sind. Das Ermitteln dieser Werte durch Anpassen an experimentelle Daten wird neben der Weiterentwicklung der g^E-Modell-Mischungsregeln (insbesondere vom Wong-Sandler-Typ) ein Schwerpunkt der zukünftigen Arbeiten sein. Ein weiteres Problemfeld ist die gleichzeitige Beschreibung von Gleichgewichten zwischen verschiedenen Phasen, z. B. VLE, LLE und VLLE, mit einem Satz von Wechselwirkungsparametern.

Zur Bestimmung von **Reinstoffparametern** schwerflüchtiger Stoffe wurde in den vergangenen Jahren eine Reihe von verbesserten Korrelationen entwickelt. Trotz der bisherigen Erfolge sollten Parameter-Korrelationen immer vorsichtig angewendet werden. Es sollten möglichst viele experimentelle Informationen zur Ermittlung bzw. Überprüfung der Zustandsgleichungsparameter verwendet werden. Gegebenenfalls müssen mit den Korrelationen gewonnene Parameter modifiziert werden, um eine Übereinstimmung mit den experimentellen Daten zu erzielen. Diese Einschränkungen gelten insbesondere für Stoffe, die außerhalb des gesicherten Anwendungsbereiches der Korrelationen liegen, z. B. für sehr schwerflüchtige Stoffe. Zukünftige Bemühungen sollten hauptsächlich in Richtung auf eine Ausweitung der Anwendungsbereiche der Korrelationen gehen. Dazu müßten zusätzliche experimentelle Daten aufgearbeitet und berücksichtigt werden.

Zur Berechnung von Phasengleichgewichten in **Vielstoffsystemen** können Methoden eingesetzt werden, die entweder Pseudokomponenten

7 Diskussion und Ausblick

oder kontinuierliche Verteilungen zur Beschreibung der Mischung verwenden. Entwicklungsbedarf besteht nach wie vor bei der Charakterisierung der Pseudokomponenten bzw. der Fraktionen sowie bei den Methoden zur Unterteilung des Gesamtsystems. Die gute Beschreibung eines Vielstoffsystems ist heute immer noch von der Erfahrung und Intuition des Anwenders abhängig. Es sollte versucht werden, verbesserte Verfahren zu entwickeln, bei denen der Anteil an erforderlicher Intuition kleiner als bei den bisherigen Methoden ist.

Für Modelle zur Berechnung von Phasengleichgewichten in Systemen mit **polaren Komponenten** gibt es auch weiterhin Entwicklungsbedarf. Dabei kommt es darauf an, die komplizierten zwischenmolekularen Wechselwirkungen durch ein handhabbares, vereinfachtes Modell mit wenigen Parametern zu repräsentieren. Methoden, die das Dipolmoment berücksichtigen, zeigen gute Ergebnisse; sie sind aber bisher nur auf bestimmte Stoffsysteme anwendbar. Für Systeme mit assoziierenden Komponenten eignen sich Berechnungsmethoden, die auf der Chemischen Theorie basieren. Besonders vielversprechend ist das AEOS-Modell von Anderko (1989a, b, 1992).

Die Erwartungen, daß in den neunziger Jahren Phasengleichgewichte nur noch mit **Vorhersage**-Modellen berechnet werden, die nicht mehr auf die Kenntnis von experimentellen Gemischdaten angewiesen sind, haben sich als viel zu optimistisch herausgestellt. Die auf Gruppenbeitragsmethoden basierenden Mischungsregeln stellen einen wichtigen Schritt in die Richtung auf ein allgemein anwendbares Vorhersage-Modell dar. Es besteht aber noch ein erheblicher Bedarf an Entwicklungsarbeit.

Zukünftig werden Erkenntnisse der statistischen Thermodynamik in immer stärkerem Maße in die Entwicklung neuer Zustandsgleichungen und Mischungsregeln einfließen. Computersimulationen können einen wichtigen Beitrag zum Verständnis realer Systeme leisten, u. a. zum Testen vereinfachender Modellannahmen oder zur Schaffung von "experimentellen" Ausgangsdaten (z. B. für das Verhalten harter konvexer Körper mit Multipolmomenten) für Phasengleichgewichtsmodelle. Computersimulationen werden in absehbarer Zeit zwar nicht die Standardmethode zur Gleichgewichtsberechnung werden, aber sie stellen ein immer wichtigeres Hilfsmittel bei der Entwicklung neuer molekular-thermodynamischer Modelle dar.

Literatur

Aasberg-Petersen, K. und Stenby, E., 1991, Prediction of Thermodynamic Properties of Oil and Gas Condensate Mixtures, Ind. Eng. Chem. Res. 30, 248 - 254

Abbott, M.M., 1973, Cubic Equations of State, AIChE J. 19, S. 596 - 601

Abbott, M.M., 1979, Cubic Equations of State: An Interpretive Review, in: Chao, K.C. und Robinson, R.L. (Hrsg.), Equations of State in Engineering and Research, Advances in Chemistry Series 182, American Chem. Society, S. 47 - 70

Abbott, M.M. und Nass, K.K., 1986, Equations of State and Classical Solution Thermodynamics: Survey of the Connections, in: Chao, K.C. und Robinson, R.L. (Hrsg.), Equations of State. Theories and Applications, ACS Symp. Series 300, Washington, DC, S. 2 - 41

Abbott, M.M. und Van Ness, H.C., 1992, Thermodynamics of Solutions Containing Reactive Species. A Guide to Fundamentals and Applications, Fluid Phase Eq. 77, S. 53 - 119

Adachi, Y. und Sugie, H., 1986, A New Mixing Rule - Modified Conventional Mixing Rule, Fluid Phase Eq. 28, S. 103 - 108

Adachi, Y., Lu, B.C.-Y. und Sugie, H., 1983, A Four-Parameter Equation of State, Fluid Phase Eq. 11, S. 29 - 48

Adachi, Y., Sugie, H. und Lu, B.C.-Y., 1986, Development of a Five-Parameter Cubic Equation of State, Fluid Phase Eq. 28, S. 119 - 136

Alder, B.J., Young, D.A. und Mark, M.A., 1972, Studies in Molecular Dynamics. X. Corrections to the Augmented van der Waals Theory for Square-Well Fluids, J. Chem. Phys. 56, S. 3013 - 3029

Alexander, G.L., Creagh, A.L. und Prausnitz, J.M., 1985a, Phase Equilibria for High-Boiling Fossil-Fuel Distillates. 1. Characterization, Ind. Eng. Chem. Fundam. 24, S. 301 - 310

Alexander, G.L., Schwarz, B.J. und Prausnitz, J.M., 1985b, Phase Equilibria for High-Boiling Fossil-Fuel Distillates. 2. Correlation of Equation-of-State Constants with Characterization Data for Phase Equilibrium Calculations, Ind. Eng. Chem. Fundam. 24, S. 311 - 315

Allen, D.T., 1986, Structural Characterization and Property Estimation for Complex Mixtures, Fluid Phase Eq. 30, S. 353 - 366

Ambrose, D. 1978, Correlation and Estimation of Vapor-Liquid Critical Properties, I: Critical Temperatures of Organic Compounds, National Physical Laboratory, Teddington, NPL Rept. Chem. 92, Sept. 1978, corrected March 1980.

Ambrose, D. 1979, Correlation and Estimation of Vapor-Liquid Critical Properties, II: Critical Pressures and Volumes of Organic Compounds, Nat. Physical Lab., Teddington, NPL Rept. Chem. 98

Ammar, M. und Renon, H., 1987, The Isothermal Flash Problem. New Methods for Phase-Split Calculations, AIChE J. 33, S. 926 - 939

Anderko, A., 1989a, A Simple Equation of State Incorporating Association, Fluid Phase Eq. 45, S. 39 - 67

Anderko, A., 1989b, Extension of the AEOS Model to Systems Containing any Number of Associating and Inert Components, Fluid Phase Eq. 50, S. 21 - 52

Anderko, A., 1990, Equation-of-State Methods for the Modelling of Phase Equilibria, Fluid Phase Eq. 61, S. 145 - 225

Anderko, A., 1992, Modelling Phase Equilibria Using an Equation of State Incorporating Association, Fluid Phase Eq. 75, S. 89 - 103

Anderko, A., und Malanowski, S., 1989, Calculation of Solid-Liquid, Liquid-Liquid and Vapor-Liquid Equilibria by Means of an Equation of State Incorporating Association, Fluid Phase Eq. 48, S. 223 - 241

Anderko, A. und Pitzer, K.S., 1991, Equation of State for Pure Fluids and Mixtures Based on a Truncated Virial Expansion, AIChE J. Vol. 37, No. 9, S. 1379 - 1391

Anderson, T.F. und Prausnitz, J.M., 1979, Computational Methods for High-Pressure Phase Equilibria and Other Fluid-Phase Properties Using a Partition Function. 2. Mixtures, Ind. Eng. Chem. Process Des. Dev. 19, S. 9 - 14

Angus, S. und Armstrong, B., (Hrsg.), 1971, International Thermodynamic Tables of the Fluid State, Vol. 1, Argon, IUPAC Chemistry Data Series,

Pergamon, Oxford

Angus, S. und de Reuck, K.M. (Hrsg.), 1979, International Thermodynamic Tables of the Fluid State, Vol. 6, Nitrogen, IUPAC Chemistry Data Series, Pergamon, Oxford

Angus, S., Armstrong, B. und de Reuck, K.M. (Hrsg.), 1976, International Thermodynamic Tables of the Fluid State, Vol. 3, Carbon Dioxide, IUPAC Chem. Data Series, Pergamon, Oxford

Angus, S., Armstrong, B. und de Reuck, K.M. (Hrsg.), 1978, International Thermodynamic Tables of the Fluid State, Vol. 5, Methane, IUPAC Chemistry Data Series, Pergamon, Oxford

Angus, S., Armstrong, B. und de Reuck, K.M. (Hrsg.), 1980, International Thermodynamic Tables of the Fluid State, Vol. 7, Propylene, IUPAC Chemistry Data Series, Oxford

Anselme, M.J., Gude, M. und Teja, A.S., 1990, The Critical Temperatures and Densities of the n-Alkanes from Pentane to Octadecane, Fluid Phase Eq. 57, S. 317 - 326

API, 1984, American Petroleum Institute, Technical Data Book - Petroleum Refining, Vol. I, 4th Ed.

Asselineau, L., Bogdanic, G. und Vidal, J., 1979, A Versatile Algorithm for Calculating Vapour-Liquid Equilibria, Fluid Phase Eq. 3, S. 273 - 290

Astarita, G. und Sandler, S.I. (Hrsg), 1991, Kinetic and Thermodynamic Lumping of Multicomponent Mixtures, Proc. ACS Symp. in Atlanta, Elsevier, Amsterdam

Bae, H.-K., Lee, S.-Y. und Teja, A.S., 1991, A Method for the Prediction of Critical Temperature and Pressure of Pure Fluids, Fluid Phase Eq. 66, S. 225 - 232

Barber, T.A., Cochran, H.D. und Bienkowski, P.R., 1991, Solubility of Solid CCl_4 in Supercritical CF_4, Proc. 2nd Int. Symposium on Supercritical Fluids, Boston, MA, 20. - 22. 5., S. 488 - 491

Barker, J.A. und Henderson, D., 1967, Perturbation Theory and Equation of State for Fluids. II. A Successful Theory of Liquids, J. Chem. Phys. 47, S. 4714 - 4721

Bartle, K.D., Clifford, A.A. und Shilstone, G.F., 1992, Estimation of Solubilities in Supercritical Carbon Dioxide: A Correlation for the Peng-Robinson Interaction Parameters, J. Supercritical Fluids 5, S. 220 - 225

Bazua, E.R., 1983, Cubic Equation of State for Mixtures Containing Polar Compounds, in: Newman, S.A. (Hrsg.), Chemical Engineering Thermodynamics, Ann Arbor, MI, USA, S. 195 - 210

Beattie, J.A. und Bridgeman, O.C., 1928, A New Equation of State for Fluids, Proc. Am. Acad. Arts. Sci. 63, S. 229 - 308

Bender, E., 1971, Die Berechnung von Phasengleichgewichten mit der thermischen Zustandsgleichung dargestellt an den reinen Fluiden Argon, Stickstoff, Sauerstoff und ihren Gemischen, Habilitationsschrift, Ruhr-Univ. Bochum

Benedict, M., Webb, G.B. und Rubin, L.C., 1940, An Empirical Equation for Thermodynamic Properties of Light Hydrocarbons and Their Mixtures I. Methane, Ethane, Propane and n-Butane, J. Chem. Phys. 8, S. 334 - 345

Benmekki, E.H., Kwak, T.Y. und Mansoori, G.A., 1987, Van der Waals Mixing Rules for Cubic Equations of State, in: Squires, T.G. und Paulaitis, M.E. (Hrsg.), Supercritical Fluids, Chemical and Engineering Principles and Applications, ACS Symposium Series 329, ACS, Washington, DC, S. 101 - 114

Ben-Naim, A., 1974, Water and Aqueous Solutions - Introduction to a Molecular Theory, Plenum Press, New York und London

Beret, S. und Prausnitz, J.M., 1975, Perturbed-Hard-Chain Theory: An Equation of State for Fluids Containing Small and Large Molecules, AIChE J. 21, S. 1123 - 1132

Berthelot, D., 1899, Sur une Methode Purement Physique pour la Determination des Poids Moleculaires des Gaz et des Poids Atomiques de Leurs Elements, J. de Phys. theor. et appliquel 8, S. 263 - 247

Bjerre, A. und Bak, T.A., 1969, Two-Parameter Equations of State, Acta Chem. Scand. 23, S. 1733 - 1744

Boublik, T., 1971, Hard-Sphere Equation of State, J. Chem. Phys. 53, S. 471 - 473

Boublik, T., 1975, Hard Convex Body Equation of State, J. Chem. Phys. 63,

S. 4084

Boublik, T., 1977, Progress in Statistical Thermodynamics Applied to Fluid Phase, Fluid Phase Eq. 1, S. 37 - 87

Boublik, T., 1992, Perturbation Theory for Mixtures of Polar and Non-Polar Anisotropic Molecules, Fluid Phase Eq. 73, S. 211 - 224

Boublik, T. und Nezbeda, I., 1977, Equation of State for Hard Dumbbells, Chem. Phys. Lett. 46, S. 315 - 316

Brandani, V. und Prausnitz, J.M., 1981, Empirical Corrections of the van der Waals Partition Function for Dense Fluids, J. Phys. Chem. 85, S. 3207 - 3211

Brandani, V., Del Re, G., Di Giacomo, G. und Gambacciani, L., 1989, Thermodynamic Properties of Polar Fluids from a Perturbed-Dipolar-Hard-Sphere Equation of State: Mixtures, Fluid Phase Eq. 51, S. 23 - 36

Brandani, V., Del Re, G., Di Giacomo, G. und Brandani, P, 1992, A New Equation of State for Polar and Nonpolar Pure Fluids, Fluid Phase Eq. 75, S. 81 - 87

Brennecke, J.F. und Eckert, C.A., 1989, Phase Equilibria for Supercritical Fluid Process Design, AIChE J. 35, S. 1409 - 1427

Bronstein, I.N. und Semendjajew, K.A., 1969, Taschenbuch der Mathematik, BSB B.G. Teubner Verlag, Leipzig

Brunner, G., 1978, Phasengleichgewichte in Anwesenheit komprimierter Gase und ihre Bedeutung bei der Trennung schwerflüchtiger Stoffe, Habilitationsschrift, Univ. Erlangen-Nürnberg

Brunner, G., 1992, Bericht zum DFG-Projekt Br846/7-1, "Naturstoffgleichgewichte", TU Hamburg-Harburg

Brunner, G., 1994, Gas Extraction. An Introduction to Fundamentals of Supercritical Fluids and its Application to separation Processes, Steinkopf-Verlag

Brunner, G., Steffen, A. und Dohrn, R., 1993, High-Pressure Liquid-Liquid Equilibria in Ternary Systems Containing Water, Benzene, Toluene, N-Hexane and N-Hexadecane, Fluid Phase Eq. 82, S. 165 - 172

Bryan, P. und Prausnitz, J.M., 1987, Thermodynamic Properties of Polar Fluids from a Perturbed-Dipolar-Hard-Sphere Equation of State, Fluid Phase Eq. 38, S. 201 - 216

Bünz, A.P., Dohrn, R. und Prausnitz, J.M., 1991, Three-Phase Flash Calculations for Multicomponent Systems, Comput. chem. Engng. 15, S. 47 - 51

Bünz, A.P. Dohrn, R. und Prausnitz, J.M., 1992, Berechnung von Hochdruckgleichgewichten mit einem Dreiphasenflash für Mehrkomponentensysteme aus Wasserstoff, Wasser und Kohlenwasserstoffen, Chem. Tech. 44, S. 48 - 52

Caballero, A.C., Hernandez, L.N. und Estevez, L.A., 1992, Calculation of Interaction Parameters for Binary Solid-SCF Equilibria Using Several EOS and Mixing Rules, J. Supercritical Fluids 5, S. 283 - 295

Callen, H.B., 1960, Thermodynamics, John Wiley & Sons, New York

Carnahan, N.F. und Starling, K.E., 1969, Equation of State for Nonattracting Rigid Spheres, J. Chem. Phys. 51, S. 635 - 636

Carnahan, N.F. und Starling, K.E., 1972, Intermolecular Repulsions and the Equation of State for Fluids, AIChE J. 18, S. 1184 - 1189

Castillo, J. und Grossmann, I.E., 1981, Computation of Phase and Chemical Equilibria, Comput. chem. Engng. 17, S. 255 - 268

Chao, K.C. und Seader, J.D., 1961, A General Correlation of Vapor-Liquid Equilibria in Hydrocarbon Mixtures, AIChE J. 7, S. 598 - 605

Chen, S.S. und Kreglewski, A., 1977, Applications of the Augmented van der Waals Theory Of Fluids, I: Pure Fluids, Ber. Bunsenges. Phys. Chem. 81, S. 1048 - 1052

Chien, C.H., Greenkorn, R.A. und Chao, K.C., 1983, Chain-of-Rotators Equation of State, AIChE J. 29, S. 560 - 571

Chou, G.F. und Prausnitz, J.M., 1986, Adiabatic Flash Calculations for Continuous or Semicontinuous Mixtures Using an Equation of State, Fluid Phase Eq. 30, S. 75 - 82

Chou, G.F. und Prausnitz, J.M., 1988, Condensation Behavior of Natural-Gas Mixtures in the Retrograde Dew-Point Region, LBL Report 26 048

Chou, G.F. und Prausnitz, J.M., 1989, A

Phenomenological Correction to an Equation of State for the Critical Region, AIChE J. 35, S. 1487 - 1496

Christoforakos, M., 1985, Überkritische wäßrige Systeme unter hohem Druck. Eine statistisch-thermodynamisch entwikkelte Zustandsgleichung und experimentelle Untersuchungen, Diss., Univ. Karlsruhe

Christoforakos, M. und Franck, E.U., 1986, An Equation of State for Binary Fluid Mixtures to High Temperatures and High Pressures, Ber. Bunsenges. Phys. Chem. 90, S. 780 - 789

Chu, J.-Z., Zuo, Y.-X. und Guo, T.-M., 1992, Modification of the Kumar-Starling Five-Parameter Cubic Equation of State and Extension to Mixtures, Fluid Phase Eq. 77, S. 181 - 216

Chueh, P.L. und Prausnitz, J.M., 1967a, Vapor-Liquid Equilibria at High Pressures: Calculation of Partial Molar Volumes in Nonpolar Liquid Mixtures, AIChE J. 13, S. 1099 - 1107

Chueh, P.L. und Prausnitz, J.M., 1967b, Vapor-Liquid Equilibria at High Pressures. Vapor-Phase Fugacity Coefficients in Nonpolar and Quantum Gas Mixtures, Ind. Eng. Chem., Fundam. 6, S. 492 - 498

Chung, W.K. und Lu, B.C.-Y., 1977, On the Representation of Liquid Properties of Pure Polar Compounds by Means of a Modified Redlich-Kwong Equation of State, Can. J. of Chem. Eng. 55, S. 707 - 711

Chung, T.H., Khan, M.M., Lee, L.L. und Starling, K.E., 1984, A New Equation of State for Polar and Nonpolar Pure Fluids, Fluid Phase Eq. 17, S. 351 - 372

Clausius, R., 1880, Über das Verhalten der Kohlensäure in Bezug auf Druck, Volumen und Temperatur, Ann. Phys. 9, Folge 3, S. 337 - 357

Clausius, R., 1881, Über die theoretische Bestimmung des Dampfdruckes und der Volumina des Dampfes und der Flüssigkeit, Ann. Phys. 14, Folge 3, S. 279 - 291, und S. 692 - 705

Copeman, T.W. und Mathias, P.M., 1986, Recent Mixing Rules for Equations of State: An Industrial Perspective, in: Chao, K.C. und Robinson, R.L. (Hrsg.), Equations of State. Theories and Applications, ACS Symposium Series 300, Washington, DC, S. 352 - 370

Cotterman, R.L. und Prausnitz, J.M., 1985, Flash Calculations for Continuous or Semicontinuous Mixtures Using an Equation of State, Ind. Eng. Chem. Proc. Des. Dev. 24, S. 434 - 443

Cotterman, R.L. und Prausnitz, J.M., 1990, Application of Continuous Thermodynamics to Natural Gas Mixtures, Revue de l'Institut Francais du Petrol, Vol. 45, S. 633 - 643

Cotterman, R.L. und Prausnitz, J.M., 1991, Continuous Thermodynamics for Phase-Equilibrium Calculations in Chemical Process Design, in Astarita, G. und Sandler, S.I. (Hrsg), Kinetic and Thermodynamic Lumping of Multicomponent Mixtures, Proc. ACS Symp. in Atlanta, Elsevier, S. 229 - 275

Cotterman, R.L., Bender, R. und Prausnitz, J.M., 1985, Phase Equilibria for Mixtures Containing Many Components. Development and Application of Continuous Thermodynamics for Chemical Process Design, Ind. Eng. Chem. Proc. Des. Dev. 24, S. 194 - 203

Coward, I., Gale, S.E. und Webb, D.R., 1978, Process Engineering Calculations with Equations of State, Trans. I. Chem. E. 56, S. 19 - 27

Cox, K.W., Bono, J.L., Kwok, Y.C. und Starling, K.E., 1971, Multiproperty Analysis Modified BWR Equation for Methane from PVT and Enthalpy Data, Ind. Eng. Chem. Fundam. 10, S. 245 - 250

Curl, R.F. und Pitzer, K.S., 1958, Volumetric and Thermodynamic Properties of Fluids - Enthalpy, Free Energy, and Entropy, Ind Eng. Chem. 50, S. 265 - 274

Dahl, S. und Michelsen, M.L., 1990, High-Pressure Vapor-Liquid Equilibrium with an UNIFAC-Based Equation of State, AIChE J. 36, S. 1829 - 1836

Dahl, S., Fredenslund, Aa. und Rasmussen, P., 1991a, The MHV2 Model: A UNIFAC-Based Equation of State Model for Prediction of Gas Solubility and Vapor-Liquid Equilibria at Low and High Pressures, Ind. Eng. Chem. Res. 30, S. 1936 - 1945

da Ponte, M.N., 1992, Vapor-Liquid Equilibria of the System CO_2 - α-Tocopherol, unveröffentlichte Daten

Daubert, T.E. und Danner, R.P. (Hrsg.),

1989, Physical and Thermodynamic Properties of Pure Chemicals, Data Compilation, Design Institute for Physical Property Data and AIChE, New York

DeDonder, T., 1931, L´Affinite (deuxieme partie), Kap. III, Gauthier-Villars, Paris

Deiters, U.K., 1981, A New Semiempirical Equation of State for Fluids. I. Derivation. II. Application to Pure Substances, Chem. Eng. Science, 36, S. 1139 - 1146 und S. 1147 - 1151

Deiters, U.K., 1982, Coordination Numbers for Rigid Spheres of Different Size - Estimating the Number of Nearest-Neighbour Interactions in a Mixture, Fluid Phase Eq. 8, S. 123 - 129

Deiters, U.K., 1983, Calculation and Prediction of Fluid Phase Equilibria from an Equation of State, Fluid Phase Eq. 10, S. 173 - 182

Deiters, U.K., 1985, Calculation of Equilibria between Fluid and Solid Phases in Binary Mixtures at High Pressures from Equations of State, Fluid Phase Eq. 20, S. 275 - 282

Deiters, U.K., 1987, Density-Dependent Mixing Rules for the Calculation of Fluid Phase Equilibria at High Pressures, Fluid Phase Eq. 33, S. 267 - 293

Deiters, U.K. und Pegg, I.L., 1989, Systematic Investigation of Phase Behavior in Binary Fluid Mixtures. I. Calculations based on the Redlich-Kwong Equation of State, J. Chem. Phys. 90, S. 6632 - 6641

Deiters, U.K. und Schneider, G.M., 1976, Fluid Mixtures at High Pressures. Computer Calculations of the Phase Equilibria and the Critical Phenomena in Fluid Binary Mixtures from the Redlich-Kwong Equation of State, Ber. Bunsenges. Phys. Chem. 80, S. 1316 - 1321

Deiters, U.K., Neichel, M. und Franck, E.U., 1993, Prediction of the Thermodynamic Properties of Hydrogen-Oxygen Mixtures from 80 to 373 K and to 100 MPa, Ber. Bunsenges. Phys. Chem. 97, S. 649 - 657

De Santis, R., Breedveld, G.J.F. und Prausnitz, J.M., 1974, Thermodynamic Properties of Aqueous Gas Mixtures at Advanced Pressures, Ind. Eng. Chem. Process Des. Dev. 13, S. 374 - 377

Dieterici, C., 1899, Über den kritischen Zustand, Ann. Phys. 69, Folge 3, S. 685 - 705

Dimitrelis, D. und Prausnitz, J.M., 1986, Comparison of Two Hard-Sphere Reference Systems for Perturbation Theories for Mixtures, Fluid Phase Eq. 31, S. 1 - 21

Djordjevic, B.D., Mihajov, A.N., Grozdanic, D.K., Tasic, A.Z. und Horvath, A.L., 1977, Applicability of the Redlich-Kwong Equation of State and its Modifications to Polar Gases, Chem. Eng. Science 32, S. 1103 - 1107

Dodd, L.R. und Sandler, S.I., 1991, Practical Equation of State and Activity Coefficient Models Based on the Exp-6 Fluid, Fluid Phase Eq. 69, S 99 - 139

Dohrn, R. 1986, Phasengleichgewichte in Mehrkomponentensystemen aus Wasserstoff, Wasser und Kohlenwasserstoffen bei erhöhten Temperaturen und Drükken, Diss., TU Hamburg-Harburg, VDI-Fortschrittsbericht 3/123, VDI-Verlag, Düsseldorf

Dohrn, R., 1992, General Correlations for Pure-Component Parameters of Two-Parameter Equations of State, J. of Supercritical Fluids 5, S. 81 - 90

Dohrn, R. und Brunner, G., 1986, Phase Equilibria in Ternary and Quaternary Systems of Hydrogen, Water and Hydrocarbons at Elevated Temperatures and Pressures, Fluid Phase Eq. 29, S. 535 - 544

Dohrn, R. und Brunner, G., 1987, Vapour-Liquid and Vapour-Liquid-Liquid Equilibria in Ternary and Quaternary Systems of n-Hexadecane, Benzene, Water and Hydrogen at Elevated Temperatures and Pressures, Chem. Eng. Technol. 10, S. 382 - 389

Dohrn, R. und Brunner, G., 1988a, Phase Equilibria of Hydrogen-Hydrocarbon-Water Systems at Elevated Pressures, Proc. of the Int. Symp. on Supercritical Fluids, 1988, Nice, France, S. 59 - 66

Dohrn, R. und Brunner, G., 1988b, Empirische Korrelationen zur Bestimmung der Reinstoffparameter der Peng-Robinson-Zustandsgleichung und ihre Anwendung zur Phasengleichgewichtsberechnung, Chem.-Ing.-Tech. 60, S. 1059 - 1061

Dohrn, R. und Brunner, G., 1989, Programmsystem zur Berechnung von Hochdruckphasengleichgewichten, Anwendung auf Stoffe mit unbekannten kritischen Daten, Chem. Tech. 41,

S. 65 - 68

Dohrn, R. und Brunner, G. 1991, Correlations for Pure-Component Parameters of the Peng-Robinson Equation of State, Proc. 2nd Int. Symp. on Supercritical Fluids, Boston, MA, 20. - 22. 5., S. 471 - 474

Dohrn, R. und Prausnitz, J.M., 1990a, A Simple Perturbation Term for the Carnahan-Starling Equation of State, Fluid Phase Eq. 61, S. 53 - 69

Dohrn, R. und Prausnitz, J.M., 1990b, Calculation of High-Pressure Phase Equilibria in Systems Containing Hydrogen, Water and Hydrocarbons, Proc. 2nd Int. Symp. High Pressure Chemical Engineering, Erlangen, 24.-26. 9., S. 171 - 176

Dohrn, R., Künstler, W. und Prausnitz, J. M., 1991, Correlation of High-Pressure Phase Equilibria in the Retrograde Region with Three Common Equations of State, Can. J. of Chem. Eng. 69, S. 1200 - 1205

Dolezalek, F., 1908, Zur Theorie der binären Gemische und konzentrierten Lösungen, Z. Phys. Chem. (Leipzig) 64, S. 727 - 747

Donohue, M.D. und Prausnitz, J.M., 1978, Perturbed Hard Chain Theory for Fluid Mixtures: Thermodynamic Properties for Mixtures of Natural Gas and Petroleum Technology, AIChE J. 24, S. 849 - 860

Du, P.C. und Mansoori, G.A., 1986, Phase Equilibrium Computational Algorithms of Continuous Thermodynamics, Fluid Phase Eq. 30, S. 57 - 64

Duhem, P., 1896, On the Liquefaction of a Mixture of two Gases, J. Phys. Chem. 1, S. 273 - 282

Economou, I.G. und Donohue, M.D., 1991, Chemical, Quasi-Chemical and Perturbation Theories for Associating Fluids, AIChE J. 37, S. 1875 - 1894

Economou, I.G., Ikonomou, G.D., Vilmachand, P. und Donohue, M.D., 1990, Thermodynamics of Lewis Acid-Base Mixtures, AIChE J. 36, S. 1851 - 1864

Eduljee, G.H., 1983, Coordination Numbers for Rigid Spheres of Different Sizes - Estimating the Number of Next-Neighbour Interactions in a Mixture, Fluid Phase Eq. 12, S. 190 - 192

Edmister, W.C. und Yarborough, L., 1963, Enthalpies of Methane-Light Hydrocarbon Binary Mixtures in the Vapor Phase, AIChE J. 9, S. 240 - 246

El-Twaty, A.I. und Prausnitz, J.M., 1980, Generalized van der Waals Partition Function for Fluids. Modification to Yield Better Second Virial Coefficients, Fluid Phase Eq. 5, S. 191 - 197

Enick, R.M., Holder, G.D., Grenko, J.A. und Brainard, A.J., 1986, Four-Phase Flash Equilibrium Calculations for Multicomponent Systems Containing Water, in: Chao, K.C. und Robinson, R.L. (Hrsg.), Equations of State. Theories and Applications, ACS Symposium Series 300, Washington, DC, S. 494 - 519

Erbar, J.H., 1973, Three Phase Equilibrium Calculations, Proc. of the 52th Annual Convention of the Natural Gas Processors Assoc., S. 62 - 70

Eubank, P.T., Elhassan, A.E. und Barrufet, M.A., 1992, Area Method for Prediction of Fluid-Phase Equilibria, Ind. Eng. Chem. Res. 31, S. 942 - 949

Ewald, A.H., Jepson, W.B. und Rowlinson, J.S., 1953, The Solubility of Solids in Gases, Discussions Faraday Society 15, S. 238 - 243

Falk, G. und Ruppel, W., 1976, Energie und Entropie, Springer-Verlag, Berlin, Heidelberg, New York

Fisher, C.H., 1989, Boiling Point Gives Critical Temperature, Chem. Eng., S. 157 - 158

Flory, P.J., 1965, Statistical Thermodynamics of Liquid Mixtures, J. Amer. Chem. Soc. 87, S. 1833 - 1838

Flory, P.J., 1970, Thermodynamics of Polymer Solutions, Disc. Faraday Soc. 49, S. 7 - 29

Fredenslund, Aa., Jones, R.L. und Prausnitz, J.M., 1975, Group-Contribution Estimation of Activity Coefficients in Nonideal Liquid Mixtures, AIChE J. 21, S. 1086 - 1099

Fredenslund, Aa., Gmehling, J. und Rasmussen, P., 1977, Vapor-Liquid Equilibrium Using UNIFAC, Elsevier, Amsterdam

Fredenslund, Aa., Rasmussen, P. und Michelsen, M.L., 1980, Recent Progress in the Computation of Equilibrium Ratios, Chem. Eng. Commun. 4, S. 485 - 500

Freydank, H., 1992, Modellierung thermodynamischer Mischungseigenschaften mit Zustandsgleichungen und zustandsabhängigen Parametern, Chem. Tech. 44, S. 8 - 12 und S. 177 - 183

Fu, C.-T., Puttagunta, R., Baumber, L. und Hsi, C., 1986, Pseudo-Critical Properties of Heavy Oil and Bitumen, Fluid Phase Eq. 30, S. 281 - 295

Fuller, G.G., 1976, A Modified Redlich-Kwong-Soave-Equation of State Capable of Representing the Liquid State, Ind. Eng. Chem. Fundam. 15, S. 254 - 257

Fussell, D.D. und Yanosik, J.L., 1978, An Iterative Sequence for Phase-Equilibria Calculations Incorporating the Redlich-Kwong Equation of State, Soc. Pet. Eng. J. 18, S. 173 - 182

Gani, R. und Fredenslund, Aa., 1987, Thermodynamics of Petroleum Mixtures Containing Heavy Hydrocarbons: An Expert Tuning System, Ind. Eng. Chem. Res. 26, S. 1304 - 1312

Gao, G., Daridon, J.-L., Saint-Guirons, H., Xans, P. und Montel, F., 1992, A Simple Correlation to Evaluate Binary Interaction Parameters of the Peng-Robinson Equation of State: Binary Light Hydrocarbon Systems, Fluid Phase Eq. 74, S. 85 - 93

Gautam, R. und Seider, W.D., 1979, Computation of Phase and Chemical Equilibria: Part I: Local and Contrained Minima in Gibbs Free Energy; Part II: Phase Splitting; III: Electrolyte Solutions, AIChE J. 25, S. 991 - 1015

Garipis, D. und M. Stamatoudis, 1992, Comparison of Generalized Equations of State to Predict Gas-Phase Heat Capacity, AIChE J. 38, S. 302 - 307

Georgeton, G.K. und Teja, A.S., 1988, A Group Contribution Equation of State based on he Simplified Perturbed Hard-Chain Theory, Ind. Eng. Chem. Res. 27, S. 434 - 451

Georgeton, G.K., Smith, R.L. Jr. und Teja, A.S., 1986, Application of Cubic Equations of State to Polar Fluids and Fluid Mixtures, in: Chao, K.C. und Robinson, R.L. (Hrsg.), Equations of State. Theories and Applications, ACS Symp. Ser. 300, Washington, DC, S. 434 - 451

Gibbs, J.W., 1876, On the equilibrium of heterogeneous substances, Part I., Transactions of the Connecticutt Academy, 3, S. 108, nachgedruckt in The Scientific Papers of J.W. Gibbs, Vol. I, Dover, New York (1961)

Gmehling, J. und Kolbe, B., 1988, Thermodynamik, Georg Thieme Verlag, Stuttgart

Gmehling, J., Liu, D.D. und Prausnitz, J.M., 1979, High-Pressure Vapor-Liquid Equilibria for Mixtures Containing one or more Polar Components: Application of an Equation of State which Includes Dimerization Equilibria, Chem. Eng. Sci. 34, S. 951 - 958

Goodwin, R.D. und Haynes, W.M., 1982, Thermophysical Properties of Propane from 85 to 700 K at Pressures to 70 MPa, NBS Monograph 170, US Department of Commerce, Washington, DC

Goodwin, R.D., Roder, H.M. und Straty, G.C., 1976, Thermophysical Properties of Ethane from 90 to 600 K at Pressures to 700 Bar, NBS Technical Note 684, US Dep. of Commerce, Washington, DC

Gosset, R. Heyen, G. und Kalitventzeff, B., 1986, An Efficient Algorithm to Solve Cubic Equations of State, Fluid Phase Eq. 25, S. 51 - 64

Graboski, M.S. und Daubert, T.E., 1978, A Modified Soave Equation of State for Phase Equilibrium Calculations. 1. Hydrocarbon Systems. 2. Systems Containing CO_2, H_2S, N_2 and CO, Ind. Eng. Chem. Process Des. Dev. 17, S. 443 - 448 und S. 448 - 454

Graboski, M.S. und Daubert, T.E., 1979, A Modified Soave Equation of State for Phase Equilibrium Calculations. 3. Systems Containing Hydrogen, Ind. Eng. Chem. Process Des. Dev. 18, S. 300 - 306

Gray, R.D., 1979, Industrial Experience in Applying the Redlich-Kwong Equation to Vapor-Liquid Equilibria, in: Chao, K.C. und Robinson, R.L., (Hrsg.), Equations of State in Engineering and Reseach, Advances in Chemistry Series 182, ACS, Washington, DC, S. 253 - 270

Gray, R.D. Jr., Heidman, J.L., Hwang, S.C. und Tsonopoulos, C., 1983, Industrial Applications of Cubic Equation of State for VLE Calculations, with Emphasis on H_2 Systems, Fluid Phase Eq. 13, S. 59 - 76

Grayson, H.G. und Streed, C.W., 1963, Vapor-Liquid Equilibria for High Temperature, High Pressure Hydrogen-Hydrocarbon Systems, Proc. 6th World

Petroleum Congress, Section VII/20, S. 169 - 181

Grenzheuser, P. und Gmehling, J., 1986, An Equation of State for the Description of Phase Equilibria and Caloric Quantities on the Basis of the "Chemical Theory", Fluid Phase Eq. 25, S. 1 - 29

Griffiths, R.B. und Wheeler, J.C., 1970, Critical Points in Multicomponent Mixtures, Physical Review A 2, S. 1047 - 1064

Gubbins, K.E., 1983, Equations of State - New Theories, Fluid Phase Eq. 13, S. 35 - 57

Guggenheim, E. A., 1935, The Statistical Mechanics of Regular Solutions, Proceedings of the Royal Society (London), Ser. A 148, S. 304 - 312

Guggenheim, E.A., 1965, Variations on the van der Waals Equation of State for High Densities, Mol. Phys. 9, S. 199 - 200

Gupta, A.K., Bishnoi, P.R. und Kalogerakis, N., 1991, A Method for the Simultaneous Phase Equilibria and Stability Calculations for Multiphase Reacting and Non-Reacting Systems, Fluid Phase Eq. 63, S. 65 - 89

Gupte, P.A. und Daubert, T.E., 1990, A Study of Density-Dependent Local Compositon Mixing Rules for Prediction of Multicomponent Phase Equilbria, Fluid Phase Eq. 59, S. 171 - 193

Haenisch, B. und Laux, H., 1990, Ein neuer Weg zur Berechnung von Korrespondenzparametern komplexer Kohlenwasserstoffgemische, Teil II: Quantifizierung des Heteroatomeinflusses, Chem. Techn. 42, S. 168 - 170

Hala, E. und Boublik, T., 1970, Einführung in die statistische Thermodynamik, Vieweg-Verlag, Braunschweig

Haman, S.E.M., Chung, W.K., Elshayal, I.M. und Lu, B.C.-Y., 1977, Generalized Temperature Dependent Parameters of the Redlich-Kwong Equation of State for V.L.E. Calculations, Ind. Eng. Chem. Process Des. Dev. 16, S. 51 - 59

Han, S., Lin, H.M. und Chao, K.C., 1988, Vapor-Liquid Equilibrium of Molecular Fluid Mixtures by Equation of State, Chem. Eng. Science 43, S. 2327 - 2367

Harmens, A., 1980, Phase Equilibria from Equations of State: Industrial Applications in Cryogenics, Phase Equilibria and Fluid Properties in the Chemical Industry, Proc. 2nd Int. Conf., Berlin, EFCE, DECHEMA, S. 379 - 388

Harmens, A. und Knapp, H., 1980, Three-Parameter Cubic Equation of State for Normal Substances, Ind. Eng. Chem. Fundam. 19, S. 291 - 294

Haselow, J.S., Han, S.J., Greenkorn, R.A. und Chao, K.C., 1986, Equation of State for Supercritical Extraction, in: Chao, K.C. und Robinson, R.L. (Hrsg.), Equations of State. Theories and Applications, ACS Symposium Series 300, Washington, DC, S. 156 - 178

Haynes, W.M. und Goodwin, R.D., 1982, Thermophysical Properties of Normal Butane from 135 to 700 K at Pressures to 70 MPa, NBS Monography 169, US Dep. of Commerce, Washington, DC

Hederer, H., 1981, Die Berechnung von Phasengleichgewichten, insbesondere bei hohen Drücken, mit einer modifizierten Zustandsgleichung nach Redlich und Kwong, Diss., Univ. Erlangen-Nürnberg

Hederer, H., Peter, S. und Wenzel, H., 1976, Calculation of Thermodynamic Properties from a Modified Redlich-Kwong Equation of State, Chem. Eng. J. 11, S. 183 - 190

Heidemann, R.A., 1974, Three-Phase Equilibria Using Equations of State, AIChE J. 20, S. 847 - 855

Heidemann, R.A., 1983, Computation of High Pressure Phase Equilibria, Fluid Phase Equilibria 14, S. 55 - 78

Heidemann, R.A. und Khalil, A.M., 1980, The Calculation of Critical Points, AIChE J. 26, S. 769 - 779

Heidemann, R.A., und Kokal, S.L., 1990, Combined Excess Free Energy Models and Equations of State, Fluid Phase Eq. 56, S. 17 - 37

Heidemann, R.A. und Prausnitz, J.M., 1976, A van der Waals-type Equation of State for Fluids with Associating Molecules, Proc. Natl. Acad. Sci. USA, Vol. 73, No. 6, Applied Physical Sciences, S. 1773 - 1776

Heilig, M. und Franck, E.U., 1990, Phase Equilibria of Multicomponent Fluid Systems to High Pressures and Temperatures, Ber. Bunsenges. Phys. Chem. 94, S. 27 - 35

Henderson, D., 1979, Practical Calculations of the Equation of State of Fluids and Fluid Mixtures Using Perturbation Theory and Related Theories, in: Chao, K.C. und Robinson, R.L. (Hrsg.), Equations of State in Engineering and Research, Advances in Chemistry Series 182, ACS, Washington, DC, S. 1 - 30

Henley, E.J. und Rosen, E.M., 1969, Material and Energy-Balance Computations, Wiley, New York, USA

Herres, G. und Gorenflo, D., 1990, Calculation of the Vapor-Liquid Equilibrium of Some Binary Systems of Refrigerants by Various Cubic Equation of State, I.I.F., I.I.R., Commision B1, 5.-7. März, Tel-Aviv (Israel)

Heyen, G., 1980, Liquid and Vapor Properties from a Cubic Equation of State, Phase Equilibria and Fluid Properties in the Chemical Industry, Proc. 2nd Int. Conf., Berlin, EFCE, DECHEMA, S. 9 - 13

Heyen, G., 1983, A Cubic Equation of State with Extended Range of Application, in: Newman, S.A. (Hrsg.), Chemical Engineering Thermodynamics, Ann Arbor, MI, USA, S. 175 - 185

Hirose, Y., Kawase, Y. und Kudoh, M., 1978, General Flash Calculation by the Newton-Raphson Method, J. Chem. Eng. of Japan 11, S. 150 - 152

Hirschfelder, J.O., Curtiss, C.F. und Bird, R.B., 1964, Molecular Theory of Gases and Liquids, John Wiley & Sons, New York

Holderbaum, T. und Gmehling, J., 1991, PSRK: A Group Contribution Equation of State Based on UNIFAC, Fluid Phase Eq. 70, S. 251 - 265

Hong, J. und Hu, Y., 1989, An Equation of State for Associated Fluids, Fluid Phase Eq. 51, S. 37 - 52

Horvath, A.L., 1974, Redlich-Kwong Equation of State: Review for Chemical Engineering Calculations, Chem. Eng. Science 29, S. 1334 - 1340

Hu, Y., Azevedo, E.G. de, Lüdecke, D. und Prausnitz, J.M., 1984, Thermodynamics of Associated Solutions: Henry's Constants for Nonpolar Solutes in Water, Fluid Phase Eq. 17, S. 303 - 321

Huang, S.H. und Radosz, M., 1991, Phase Behavior of Reservoir Fluids III: Molecular Lumping and Characterization und IV: Molecular Weight Distributions for Thermodynamic Modeling, Fluid Phase Eq. 66, S. 1 - 21 und S. 23 - 40

Huron, M.-J. und Vidal, J., 1979, New Mixing Rules in Simple Equations of State for Representing VLE of Strongly Non-Ideal Mixtures, Fluid Phase Eq. 3, S. 255 - 271

Ihm, G., Song, Y. und Mason, E.A., 1992, Strong Principle of Corresponding States: Reduction of a p-v-T-Surface to a Line, Fluid Phase Eq. 75, S. 117 - 125

Ikonomou, G.D. und Donohue, M.D., 1986, Thermodynamics of Hydrogenbonded Molecules: the Associated Perturbed Hard-Chain Theory, AIChE J. 32, S. 1716 - 1725

Ikonomou, G.D. und Donohue, M.D., 1987, COMPACT: A Simple Equation of State for Associated Molecules, Fluid Phase Eq. 33, S. 61 - 90

Ikonomou, G.D. und Donohue, M.D., 1988, Extension of the Associated Perturbed Hard-Chain Theory to Mixtures with more than one Associating Compound, Fluid Phase Eq. 39, S. 129 - 159

Ishikawa, T., Chung, W.K. und Lu, B.C.-Y., 1980, A Cubic Perturbed, Hard-Sphere Equation of State for Thermodynamic Properties and Vapor-Liquid Equilibrium Calculations, AIChE J. 26, S. 372 - 378

Iwai, Y., Margerum, M.R. und Lu, B.C.-Y., 1988, A New Three-Parameter Cubic Equation of State for Polar Fluids and Fluid Mixtures, Fluid Phase Eq. 42, S. 21 - 41

Jalowka, J.W. und Daubert, T.E., 1986, Group Contribution Method To Predict Critical Temperature and Pressure of Hydrocarbons, Ind. Eng. Chem. Process Des. Dev. 25, S. 139 - 142

Jamaluddin, A.K.M., Kalogerakis, N.E. und Chakma, A., 1991, Prediction of CO_2 Solubility and CO_2 Saturated Liquid Density of Heavy Oils and Bitumens Using a Cubic Equation of State, Fluid Phase Eq. 64, S. 33 - 48

Jelitto, R.J., 1989, Theoretische Physik 6: Thermodynamik und Statistik, 2. Auflage, Aula-Verlag, Wiesbaden

Jensen, B.H. und Fredenslund, Aa., 1987, A New Method for Estimation of Cubic Equation of State Parameters for C_{7+} Fractions Characterized by Molecular Weight and Specific Gravity, 2nd Int.

Enhanced Oil Recovery Conf., 1. - 3. 6., Anaheim, CA

Jin, G., Walsh, J.M. und Donohue, M.D., 1986, A Group-Contribution Correlation for Predicting Thermodynamic Properties with the Perturbed-Soft-Chain Theory, Fluid Phase Eq. 31, S. 123 - 146

Joback, K.G., 1984, M.S. thesis in Chemical Engineering, Massachusetts Institute of Technology, Cambridge, MA, USA

Joffe, J., 1981, Vapor-Liquid Equilibria and Densities with the Martin Equation of State, Ind. Eng. Chem. Process Des. Dev., 20, S. 168 - 172

Joffe, J. und Zudkevitch, D., 1967, Prediction of Critical Properties of Mixtures: Rigorous Procedure for Binary Mixtures, Chem. Engng. Prog. Symp. Ser. 63 (81), S. 43 - 51

Joffe, J., Schroeder, G.M. und Zudkevitch, D., 1970, Vapor-Liquid Equilibria with the Redlich-Kwong Equation of State, AIChE J. 16, S. 496 - 498

Joffe, J., Joseph, H. und Tassios, D., 1983, Vapor-Liquid Equilibria with a Modified Martin Equation of State, in: Newman, S.A. (Hrsg.), Chemical Engineering Thermodynamics, Ann Arbor, MI, USA, S. 211 - 219

Johnson, J.K. und Rowley, R.L., 1989, Prediction of Vapor-Liquid Equilibria in Binary Mixtures Containing Polar Components from an Extended Lee-Kesler Corresponding-States Technique, Fluid Phase Eq. 44, S. 255 - 272

Johnston, K.P. und Eckert, C.A., 1981, An Analytical Carnahan-Starling-van der Waals Model for Solubity of Hydrocarbon Solids in Supercritical Fluids, AIChE J. 27, S. 773 - 779

Johnston, K.P., Ziger, D.H. und Eckert, C.A., 1982, Solubilities of Hydrocarbon Solids in Supercritical Fluids: The Augmented van der Waals Treatment, Ind. Eng. Chem. Fundam. 21, S. 191 - 197

Jolls, K.R., 1984, Research as an Influence on Teaching, J. Chem. Education 61, S. 393 - 401

Joulia, X., Maggiochi, P. und Koehret, B., 1986, Hybrid Method for Phase Equilibrium Flash Calculations, Fluid Phase Eq. 26, S. 15 - 36

Kabadi, V.N. und Danner, R.P., 1985, A Modified Soave-Redlich-Kwong EOS for Water-Hydrocarbon Phase Equilibria, Ind. Eng. Chem. Process Des. Dev., 24, S. 537 - 541

Kac, M., Uhlenbeck, G.E. und Hemmer, P.C., 1963, On the van der Waals Theory of the Vapor-Liquid Equilibrium. I. Discussion of a One-Dimensional Model, J. Math. Phys. 4, S. 216 - 228

Kahl, G.D., 1967, Generalization of the Maxwell Criterion for van der Waals Equation, Phys. Rev. 155, S. 78 - 80

Kammerlingh Onnes, H., 1901, Expression of the Equation of State of Gases and Liquids by Means of a Series, Comm. Nr. 71. Phys. Lab. Univ. Leiden

Kato, M., Chung, W.K. und Lu, B.C.-Y., 1977, Modified Parameters for the Redlich-Kwong Equation of State, Can. J. Chem. Eng. 54, S. 441 - 445

Kato, M., Yamaguchi, M. und Kiuchi, T., 1989, A New Pseudocubic Perturbed Hard-Sphere Equation of State, Fluid Phase Eq. 47, S. 171 - 181

Kato, M., Yamaguchi, M., Aizawa, K. und Sano, K., 1991, A PY-Type Pseudocubic Perturbed Hard-Sphere Equation of State, Fluid Phase Eq. 63, S. 43 - 48

Keenan, J.H., Keyes, F.G., Hill, P.G. und Moore, J.G., 1978, Steam Tables, Thermodynamic Properties Including Vapor, Liquid, and Solid Phases, John Wiley & Sons, New York

Kesler, M.G. und Lee, B.I., 1977, On the Development of an Equation of State for Vapor-Liquid Equilibrium Calculations, in: Storvick, T.S. und Sandler, S.I. (Hrsg), Phase Equilibria and Fluid Properties in the Chemical Industry, ACS Symposium Series 60, Washington, DC, S. 236 - 240

Keyes, F.G., 1917, A New Equation of Continuity, Proc. National Acad. Sci. USA 3, S. 323 - 330

Kietz, M., Stryjek, R. und Quitzsch, K., 1992, Zur effektiven Anwendung kubischer Zustandsgleichungen für Phasengleichgewichtsberechnungen, Chem. Tech. 44, S. 53 - 55

Kim, C.-H., Vimalchand, P., Donohue, M.D. und Sandler, 1986, Local Composition Model for Chainlike Molecules: a New Simplified Version of the Perturbed Hard Chain Theory, AIChE J. 32, S. 1726 - 1733

Kim, H., Lin, H.-M. und Chao, K.C., 1986, Cubic Chain-of-Rotators Equation of State, Ind. Eng. Chem. Fundam. 25, S. 75 - 84

King, A.D. Jr. und Robertson, W.W., 1962, Solubility of Naphthalene in Compressed Gases, J. Chem. Phys. 37, S. 1453 - 1455

Knapp, H., Döring, R., Oellrich, L., Plökker, U. und Prausnitz, J.M., 1982, Vapor-Liquid Equilibria for Mixtures of Low Boiling Substances, DECHEMA, Chemistry Data Series Vol. VI, Frankfurt am Main

Knudsen, K., Stenby, E.H. und Fredenslund, Aa., 1993, A Comprehensive Comparison of Mixing Rules for Calculation of Phase Equilibria in Complex Systems, Fluid Phase Eq. 82, S. 361 - 365

Klein, T. und Schulz, S., 1989, Phase Equilibria in Mixtures of Glycerides and Carbon Dioxide and Applications of Continuous Thermodynamics to Mixtures of Rapeseed Oil and Carbon Dioxide, Fluid Phase Eq. 50, S. 79 - 100

Kobayashi, R. und Katz, D.L., 1953, Vapor-Liquid Equilibria for Binary Hydrocarbon-Water Systems, Ind. and Eng. Chem. 45, S. 440 - 451

Kohler, F. und Svejda, P., 1984, A Generalized van der Waals Equation of State III. Calculation of Excess Thermodynamic Quantities from Density Measurements, Ber. Bunsenges. Phys. Chem. 88, S. 101 - 103

Kolasinska, G., Moorwood, R.A.S. und Wenzel, H., 1983, Calculation of Vapor-Liquid and Liquid-Liquid Equilibria by an Equation of State, Fluid Phase Eq. 13, S. 121 - 132

Kosal, E. und Holder, G.D., 1987, Solubility of Anthracene and Phenanthrene Mixtures in Supercritical Carbon Dioxide, J. Chem. Eng. Data 32, S. 148 - 150

Kraska, T. und Deiters, U.K., 1992, Systematic Investigation of Phase Behavior in Binary Fluid Mixtures. II. Calculations Based on the Carnahan-Starling-Redlich-Kwong Equation of State, J. Chem. Phys. 96, S. 539 - 547

Krolikowski, T.S., 1977, Industrial View of the State-of-the-Art in Phase Equilibria, in: Storvick, T.S. und Sandler, S.I. (Hrsg), Phase Equilibria and Fluid Properties in the Chemical Industry, ACS Symposium Series 60, Washington, DC, S. 62 - 86

Kuenen, J.P., 1893, Messungen über die Oberfläche von van der Waals für Gemische von Kohlensäure und Chlormethyl, Z. physik. Chem. 11, S. 38 - 45

Kubic, W.L., 1982, A Modification of the Martin Equation of State for Calculating Vapor-Liquid Equilibria, Fluid Phase Eq. 9, S. 79 - 97

Künstler, W., 1989, Berechnung von Phasengleichgewichten im retrograden Gebiet von Mehrkomponentengemischen, Diplomarbeit, Univ. Karlsruhe

Kumar, K.H. und Starling, K.E., 1982, The Most General Density-Cubic Equation of State. Application to Pure Nonpolar Fluids, Ind. Eng. Chem. Fundam. 21, S. 255 - 262

Kurnik, R.T.S., Holla, S.J. und Reid, R.C., 1981, Solubility of Solids in Supercritical Carbon Dioxide and Ethylene, J. Chem. Eng. Data 26, S. 47 - 51

Larsen, B.L., Rasmussen, P. und Fredenslund, Aa., 1987, A Modified UNIFAC Group-Contribution Model for Prediction of Phase Equilibria and Heats of Mixing, Ind. Eng. Chem. Res. 26, S. 2274 - 2286

Larsen, E.R. und Prausnitz, J.M., 1984, High-Pressure Phase Equilibria for the Water/Methane System, AIChE J. 30, S. 732 - 738

Laux, H. und Haenisch, B., 1990, Ein neuer Weg zur Berechnung von Korrespondenzparametern komplexer Kohlenwasserstoffgemische, Teil III Verteilungsfunktion und Berechnungsbeispiel, Chem. Techn. 42, S. 376 - 378

Laux, H., Gaffke, H. und Haenisch, B., 1990, Ein neuer Weg zur Berechnung von Korrespondenzparametern komplexer Kohlenwasserstoffgemische, Teil I Kennwertabhängigkeiten, Chem. Techn. 42, S. 7 - 10

Leach, J.W., Chappelear, P.S. und Leland, T.W., 1968, Use of Molecular Shape Factors in Vapor-Liquid Equilibrium Calculations with the Corresponding States Principle, AIChE J. 14, S. 568 - 576

Lee, B.I. und Kesler, M.G., 1975, A Generalized Thermodynamic Correlation based on Three-Parameter Corresponding States, AIChE J. 21, S. 510 - 527

Lee, C.S., O´Connell, J.P., Myrat, C.D. und Prausnitz, J.M., 1970, Intermolecular Forces in Gaseous Ammonia and in Ammonia - Nonpolar Gas Mixtures, Can. J. Chem. 48, S. 2993 - 3001

Lee, K.-H., Lombardo, M. und Sandler, S.I., 1985, The Generalized van der Waals Partition Function. II. Application to the Square-Well Fluid, Fluid Phase Eq. 21, S. 177 - 196

Lee, M.J. und Chao, K.C., 1988, Augmented BACK Equation of State for Polar Fluids, AIChE J. 34, S: 825 - 833

Legret, D., Richon, D. und Renon, H., 1984, Critical Evaluation of Methane Hydrocarbon High-Pressure Experimental Vapour-Liquid Equilibrium Data Using Equations of State, Fluid Phase Eq. 17, S. 323 - 350

Lehmann, R., 1992, Korrelation von Meßdaten für Phasengleichgewichte des Systems CO_2 - α-Tocopherol im Bereich hoher Drücke, Studienarbeit, Arbeitsbereich Thermische Verfahrenstechnik, TU Hamburg-Harburg

Leiva, M.A. und Sanchez, J., 1983, A New Modification of the Soave-Redlich-Kwong Equation of State, in: Newman, S.A. (Hrsg.), Chemical Engineering Thermodynamics, Ann Arbor, MI, USA, S. 221 - 231

Leland, T.W., 1980, Equations of State for Phase Equilibrium Computations: Present Capabilities and Future Trends, Phase Equilibria and Fluid Properties in the Chemical Industry, Proc. 2nd Int. Conf., Berlin, EFCE, DECHEMA, S. 283 - 334

Lermite, C. und Vidal, J., 1992, A Group Contribution Equation of State for Polar and Non-Polar Compounds, Fluid Phase Eq. 72, S. 111 - 130

Li, M.H., Chung, F.T.H., Lee, L.L. und Starling, K.E., 1985, A Molecular Theory for the Thermodynamic Behavior of Polar Mixtures. Fluid Phase Eq. 24, S. 221 - 240

Li, M.H., Chung, F.T.H., So, C.-K., Lee, L.L. und Starling, K.E., 1986, Application of a New Local Composition Model in the Solution Thermodynamics of Polar and Nonpolar Fluids, in: Chao, K.C. und Robinson, R.L. (Hrsg.), Equations of State. Theories and Applications, ACS Symposium Series 300, S. 250 - 280

Li, P. und Zheng, X.-Y., 1992, Correlation of Binary Critical Loci and Prediction of Vapor-Liquid Equilibria by a Hard-Sphere Three-Parameter Equation, Fluid Phase Eq. 77, S. 157 - 179

Li, S., Varadarajan, G.S. und Hartland, S., 1991, Solubilities of Theobromine and Caffeine in Supercritical Carbon Dioxide: Correlation with Density-Based Models, Fluid Phase Eq. 68, S. 263 - 280

Lin, H.-M., 1980, Modified Soave Equation of State for Phase Equilibrium Calculations, Ind. Eng. Chem. Process Des. Dev. 19, S. 501 - 505

Lin, H.-M., 1984, Peng-Robinson Equation of State for Vapor-Liquid Equilibrium Calculations for Carbon Dioxide + Hydrocarbon Mixtures, Fluid Phase Eq. 16, S. 151 - 169

Lin, H.-M., Kim, H., Guo, T.M. und Chao, K.C., 1983, Cubic Chain-of-Rotators Equation of State and VLE Calculations, Fluid Phase Eq. 13, S. 143 - 152

Lu, B.-C.Y., Yu, P. und Sugie, A.H., 1974, Prediction of Vapor-Liquid-Liquid Equilibria by Means of a Modified Regula-Falsi Method, Chem. Eng. Sci. 29, S. 321 - 326

Luedecke, D. und Prausnitz, J.M., 1985, Phase Equilibria for Strongly Nonideal Mixtures from an EOS with Density-Dependent Mixing Rules, Fluid Phase Eq. 22, S. 1 - 19

Lyckman, E.W., Eckert, C.A. und Prausnitz, J.M., 1965, Generalized Reference Fugacities for Phase Equilibrium Thermodynamics, Chem. Eng. Science 20, S. 685 - 691

Lydersen, A.L., Greenkorn, R.A. und Hougen, O.A., 1955, Generalized Thermodynamic Properties of Pure Fluids, Univ. Wisconsin, Eng. Experiment Station, Rept. 4

Machat, V. und Boublik, T., 1985, Vapor-Liquid Equilibrium at Elevated Pressures from the Back Equation of State. I. One-Component System. II. Binary Systems, Fluid Phase Eq. 21, S. 1 - 9 und 11 - 24

Mackay, M.E. und Paulaitis, M.E., 1979, Solid Solubilities of Heavy Hydrocarbons in Supercritical Solvents, Ind. Eng. Chem. Fund. 18, S. 149 - 153

Mainwaring, D.E., Sadus, R.J. und Young,

C.L., 1988, Deiter's Equation of State and Critical Phenomena, Chem. Eng. Science 43, S. 459 - 466

Mansoori, G.A., Carnahan, N.F., Starling, K.E. und Leland, T.W. Jr, 1971, Equilibrium Thermodynamic Properties of Hard Spheres, J. of Chem. Phys. 54, S. 1523 - 1525

Mansoori, G.A., Du, P.C. und Antoniades, E., 1989, Equilibria in Multiphase Polydisperse Fluids, Int. J. of Thermophysics. 10, S. 1181 - 1204

Margerum, M.R. und Lu, B.C.Y., 1990, VLE-Correlation of Binary 1-Alkanol + N-Alkane Mixtures, Fluid Phase Eq. 56, S. 105 - 118

Martin, J.J., 1967, Equations of State, Ind. and Eng. Chem. 59, S. 34 - 52

Martin, J.J., 1979, Cubic Equations of State - which? Ind. Eng. Chem. Fundamen. 18, S. 81 - 97

Mason, E.A. und Spurling, T.H., 1969, The Virial Equation of State. Int. Encyclopedia of Phys. Chem. and Chem. Phys., Topic 10, Vol. 2, Pergamon Press, Elmford, NY

Mathias, P.M. und Copeman, T.W., 1983, Extension of the Peng-Robinson Equation of State to Complex Mixtures: Evaluation of the Various Forms of the Local Composition Concept, Fluid Phase Eq. 13, S. 91 - 108

Maurer, G. und Prausnitz, J.M., 1978, On the Derivation and Extension of the UNIQUAC Equation, Fluid Phase Eq. 2, S. 91 - 99

Mauri, C., 1980, Unified Procedure for Solving Multiphase-Multicomponent Vapor-Liquid Equilibrium Calculation, Ind. Eng. Chem. Process Des. Dev. 19, S. 482 - 489

Maxwell, J.C., 1875, On the Dynamical Evidence of the Molecular Constitution of Bodies, Nature, XI, S. 357 - 359

McCarty, R.D., 1975, Hydrogen: Its Technology and Implications - Hydrogen Properties, Volume III, CRC Press, Cleveland, Ohio

McQuarrie, D.A., 1990, Statistical Mechanics, Harper & Row, New York

Mehra, R.K., Heidemann, R.A. und Aziz, K., 1983, An Accelerated Successive Substitution Algorithm, Can. J. Chem. Eng. 61, S. 590 - 596

Meier, U., 1992, Supercritical Fluid Chromatography als schnelle und genaue Methode zur Bestimmung der Hochdruck-Phasengleichgewichte von Gemischen mit überkritischen Komponenten, Diss., ETH Zürich

Melhem, G.A., Saini, R. und Leibovici, C.F., 1991, On the Application of Concentration Dependent Mixing Rules to Systems Containing Large Numbers of Compounds, Proc. 2nd Int. Symposium on Supercritical Fluids, Boston, MA, S. 475 - 477

Meyer, E., 1988, A One-Fluid Mixing Rule for Hard Spheres Mixtures, Fluid Phase Eq. 41, S. 19 - 29

Michel, S., Hooper, H.H. und Prausnitz, J.M., 1989, Mutual Solubilities of Water and Hydrocarbons from an Equation of State. Need for an Unconventional Mixing Rule, Fluid Phase Eq. 45, S. 173 - 189

Michelsen, M.L., 1980, Calculation of Phase Envelopes and Critical Points for Multicomponent Mixtures, Fluid Phase Eq. 4, S. 1 - 10

Michelsen, M.L., 1982, The Isothermal Flash Problem. Part I: Stability Analysis. Part II: Phase Split Calculations, Fluid Phase Eq. 9, S. 1 - 19 und 21 - 40

Michelsen, M.L., 1987, Multiphase Isenthalpic and Isentropic Flash Algorithms, Fluid Phase Eq. 33, S. 13 - 27

Michelsen, M.L., 1990a, A Method for Incorporating Excess Gibbs Energy Models in Equations of State, Fluid Phase Eq. 60, S. 42 - 58

Michelsen, M.L., 1990b, A Modified Huron-Vidal Mixing Rule for Cubic Equations of State, Fluid Phase Eq. 60, S. 213 - 219

Michelsen, M.L., 1992, Phase Equilibrium Calculations. What is Easy and what is Difficult? Proc. European Symp. on Computer Aided Process Engineering - 1, S. 519 - 529

Michelsen, M.L. und Heidemann, R.A., 1988, Calculation of Tri-Critical Points, Fluid Phase Eq. 39, S. 53 - 74

Michelsen, M.L. und Kistenmacher, H., 1990, On Composition-Dependent Interaction Coefficients, Fluid Phase Eq. 58, S. 229 - 230

Mihajlov, A.N., Stevanovic, M.M. und Jovanovic, S.D., 1983, Comparative Study of Vapor-Liquid Equilibrium Predictions by Various Modifications of the Redlich-Kwong Equation of State, in: Newman, S.A. (Hrsg.), Chemical Engineering Thermodynamics, Ann Arbor, MI, USA, S. 233 - 241

Mößner, F, Oellrich, L., 1992, Entwicklung einer vierparametrigen Zustandsgleichung, Vortrag VDI-GVC-Fachausschuß "Thermodynamik" in Offenbach

Mohamed, R.S. und Holder, G.D., 1987, High Pressure Phase Behavior in Systems Containing CO_2 and Heavier Compounds with Similar Vapor Pressures, Fluid Phase Eq. 32, S. 295 - 317 und ebenda 43 (1988), S. 359 - 360

Mollerup, J., 1980, Session Summary for the Session: Phase Equilibria from Equations of State, Phase Equilibria and Fluid Properties in the Chemical Industry, Proc. 2nd Int. Conf., Berlin, EFCE, DECHEMA, S. 963 - 965

Mollerup, J., 1981, A Note on Excess Gibbs Energy Models, Equations of State and the Local Composition Concept, Fluid Phase Eq. 7, S. 121 - 138

Mollerup, J., 1985, Correlation of Gas Solubilities in Water and Methanol at High Pressure, Fluid Phase Eq. 22, S. 139 - 154

Mollerup, J., 1986, A Note on the Derivation of Mixing Rules from Excess Gibbs Energy Models, Fluid Phase Eq. 25, S. 323 - 325

Mollerup, J. und Clark, W.M., 1989, Correlation of Solubilities of Gases and Hydrocarbons in Water, Fluid Phase Eq. 51, S. 257 - 268

Moradinia, I. und Teja, A.S., 1986, Solubilities of Solid n-Octacosane, n-Triacontane and n-Dotriacontane in Supercritical Ethane, Fluid Phase Eq. 28, S. 199 - 209

Morris, W.O., Vimalchand, P. und Donohue, M.D., 1987, The Perturbed Soft Chain Theory: An Equation of State Based on the Lennard-Jones Potential, Fluid Phase Eq. 32, S. 103 - 115

Moysan, J.M., Paradowski, H. und Vidal, J., 1986, Prediction of Phase Behaviour of Gas-Containing Systems with Cubic Equations of State, Chem. Eng. Science 41, S. 2069 - 2074

Mulia, K. und Yesavage, V.F., 1989, Development of a Perturbed Hard Sphere Equation of State for Non-Polar and for Polar/Associating Fluids, Fluid Phase Eq. 52, S. 67 - 74

Nagarajan, N.R., Cullick, A.S. und Griewank, A., 1991, New Strategy for Phase Equilibrium and Critical Point Calculation by Thermodynamic Energy Analysis. I. Stability Analysis and Flash, II. Critical Point Calculations, Fluid Phase Eq. 62, S. 191 - 223

Nakamura, R., Breedveld, G.J.F. und Prausnitz, J.M., 1976, Thermodynamic Properties of Gas Mixtures Containing Common Polar and Nonpolar Components, Ind. Eng. Chem. Process Des. Dev. 15, S. 557 - 564

Naumann, K.-H., Chen, Y.P. und Leland, T.W., 1981, Conformal-Solution Theorie für Mischungen konvexer Moleküle, Ber. Bunsenges. Phys. Chem. 85, S. 1029 - 1033

Nelson, P.A., 1987, Rapid Phase Determination in Multiple-Phase Flash Calculations, Comput. chem. Engng. 11, S. 581 - 591

Nezbeda, I. und Aim, K., 1989, On the Way from Theoretical Calculations to Practical Equations of State for Real Fluids, Fluid Phase Eq. 52, S. 39 - 47

Nghiem, L.X. und Li, Y.-K., 1984, Computation of Multiphase Equilibrium Phenomena with an Equation of State, Fluid Phase Eq. 17, S. 77 - 95

Nichols, W.B., Reamer, H.H. und Sage, B.H., 1957, Volumetric and Phase Behavior in the Hydrogen-n-Hexane System, AIChE J. 3, S. 262 - 267

Nishiumi, H., 1980, An Improved Generalized BWR Equation of State with Three Polar Parameters Applicable to Polar Substances, J. Chem. Eng. Japan 13, S. 178 - 183

Nishiumi, H. und Saito, S., 1975, Improved Generalized BWR Equation of State Applicable to Low Reduced Temperatures, J. Chem. Eng. Japan 8, S.356 - 360

Nishiumi, H. und Saito, S., 1977, Correlation of the Binary Interaction Parameter of the Modified Generalized BWR Equation of State, J. Chem. Eng. Japan 10, S. 176 - 180

Nishiumi, H., Arai, T. und Takeuchi, K., 1988, Generalization of the Binary Interaction Parameter of the Peng-Robinson Equation of State by Component Family, Fluid Phase Eq. 42, S. 43 - 62

Nishiumi, M., 1988, Pressure Determination of Vapor-Liquid Equilibrium Using Successive Substitution Method, J. Chem. Engng. Japan 21, S. 210 - 214

Nitsche, J.M., 1992, New Application of Kahl's VLE Analysis to Engineering Phase Behavior Calculation, Fluid Phase Eq. 78, S. 157 - 190

Oellrich, L., Plöcker, U., Prausnitz, J.M. und Knapp, H., 1977, Methoden zur Berechnung von Phasengleichgewichten und Enthalpien mit Hilfe von Zustandsgleichungen, Chem.-Ing.-Techn. 49, S. 955 - 965

Oellrich, L. R., Knapp, H. und Prausnitz, J.M., 1978, A Simple Perturbed-Hard-Sphere Equation of State Applicable to Subcritical and Supercritical Temperatures, Fluid Phase Eq. 2, S. 163 - 171

Ohanomah, M.O. und Thompson, D.W., 1984, Computation of Multi-Component Phase Equilibria. III. Multiphase Equilibria, Comput. chem. Engng. 8, S. 163 - 168

Opfell, J.B., Sage, B.H. und Pitzer, K.S., 1956, Application of Benedict Equation to Theorem of Corresponding States, Ind. Eng. Chem. 48, S. 2069 - 2076

Orbey, H., Sandler, S.I. und Wong, D.S.H., 1993, Accurate Equation of State Predictions at High Temperatures and Pressures Using the Existing UNIFAC Model, Fluid Phase Eq. 85, S. 41 - 54

Ott, J.B., Coates, J.R. und Hall, H.T., 1971, Comparison of Equations of State in Effectively Describing PVT Relations, J. Chem. Education 48, S. 515 - 517

Otto, J., 1929, Thermische Zustandsgrößen der Gase bei mittleren und kleinen Drücken, in: Wien, W. und Harms, F. (Hrsg), Handbuch der Experimentalphysik, Bd. 8, Teil 2, S. 79 - 246

Otto, J., 1970, Zustandsgleichungen, in Landolt-Börnstein II/1, S. 298 - 309

Palenchar, R.M., Erickson, D.D. und Leland, T.W., 1986, Prediction of Binary Critical Loci by Cubic Equations of State, in: Chao, K.C. und Robinson, R.L. (Hrsg.), Equations of State. Theories and Applications, ACS Symposium Series 300, Washington, DC, S. 132 - 155

Palmer, D.A., 1987, Handbook of Applied Thermodynamics, CRC Press, Boca Raton, Fl., USA

Panagiotopoulos, A.Z. und Reid, R.C., 1986, Multiphase High Pressure Equilibria in Ternary Aqueous Systems, Fluid Phase Eq. 29, S. 525 - 534

Partington, J.R., 1950, An Advanced Treatise on Physical Chemistry, Vol. 1 Fundamental Principles and Properties of Gases, Longmans, S. 660 - 745

Patel, N.C. und Teja, A.S., 1982, A New Cubic Equation of State for Fluids and Fluid Mixtures, Chem. Eng. Sci. 37, S. 463 - 473

Paulaitis, M.E., Diandreth, J.R. und Kander, R.G., 1985, An Experimental Study of Phase Equilibria for Isopropanol-Water-CO_2 Mixtures Related to Supercritical-Fluid Extraction of Organic Compounds From Aqueous Solutions, in Penniger, J.M.L., Radosz, M. und McHugh , M.A. (Hrsg.), Supercritical Fluid Technology, Amsterdam

Pedersen, K.S., Thomassen, P. und Fredenslund, Aa., 1985, Thermodynamics of Petroleum Mixtures Containing Heavy Hydrocarbons. 3. Efficient Flash Calculation Procedures Using the SRK Equation of State, Ind. Eng. Chem. Process Des. Dev. 24, S. 948 - 954

Peneloux, A., Rauzy, E. und Freze, R., 1982, A Consistent Correction for Redlich-Kwong-Soave Volumes, Fluid Phase Eq. 8, S. 7 - 23

Peneloux, A., Abdoul, W. und Rauzy, E., 1989, Excess Functions and Equations of State, Fluid Phase Eq. 47, S. 115 - 132

Peng, D.-Y. und Robinson, D.B., 1976, A New Two-Constant Equation of State, Ind. Eng. Chem. Fundam. 15, S. 59 - 64

Peng, D.-Y. und Robinson, D.B., 1977, A Rigorous Method for Predicting the Critical Properties of Multicomponent Systems from an Equation of State, AIChE J. 23, S 137 - 144

Peng, D.-Y. und Robinson, D.B., 1979, Calculation of Three-Phase Solid-Liquid-Vapor Equilibrium Using an Equation of State, in: Chao, K.C. und Robinson, R.L. (Hrsg.), Equations of State in Engineering and Research, Advances in Chemistry Series 182, ACS, Washington, DC, S. 185 - 196

Peng, D.-Y. und Robinson, D.B. 1980, Two- and Three-Phase Equilibrium Calculations for Coal Gasification and

Related Processes, ACS Symposium Series No. 133, S. 393 - 414

Peng, D.-Y., Robinson, D.B. und Bishnoi, P.R., 1975, The Use of the Soave-Redlich-Kwong Equation of State for Predicting Condensate Fluid Behavior, Proc. 9th World Petroleum Congress, Tokyo, S. 377 - 378

Percus, J.K. und Yevick, G.J., 1958, Analysis of Classical Statistical Mechanics by Means of Collective Coordinates, Phys. Rev. 110, S. 1 - 13

Peschel, W., 1986, Die Berechnung von Phasengleichgewichten und Mischungswärmen mit Hilfe einer Zustandsgleichung in Verbindung mit der Chemischen Theorie: Methanolsysteme, Diss., Univ. Erlangen-Nürnberg

Peter, S., 1977, Die Thermodynamik von Mehrstoffsystemen als Grundlage für physikalisch-chemische Trennverfahren, Ber. Bunsenges. Phys. Chem. 81, S. 950 - 959

Pfennig, A., 1989, Zur Entwicklung einer dreiparametrigen, auf der genauen Beschreibung des Hartkugelsystems aufbauenden Zustandsgleichung, VDI-Fortschrittsbericht 3/153, VDI-Verlag, Düsseldorf

Pfohl, O., 1992, Berechnung von Abweichungsgrößen im Rahmen eines Programmes zur Phasengleichgewichtsberechnung, Studienarbeit, AB Thermische Verfahrenstechnik, TU Hamburg-Harburg

Pickering, S.F., 1925, Relations between the Temperatures, Pressures and Densities of Gases, Circular No. 279, U.S. Bureau of Standards

Pitzer, K.S., 1977, Origin of the Acentric Factor, in: Storvick, T.S. und Sandler, S.I. (Hrsg), Phase Equilibria and Fluid Properties in the Chemical Industry, ACS Symposium Series 60, Washington, DC, S. 1 - 10

Pitzer, K.S., Lippman, D.Z., Curl, R.F., Huggins, C.M. und Peterson, D.E., 1955, The Volumetric and Thermodynamic Properties of Fluids. II. Compressibility Factor, Vapor Pressure and Entropy of Vaporization, J. Am. Chem. Soc. 77, S. 3433 - 3440

Platzer, B., 1990, Eine Generalisierung der Zustandsgleichung von Bender zur Berechnung von Stoffeigenschaften unpolarer und polarer Fluide und deren Gemische, Diss., Univ. Kaiserslautern

Platzer, B. und Maurer, G., 1989, A Generalized Equation of State for Pure Polar and Nonpolar Fluids, Fluid Phase Eq. 51, S. 223 - 236

Plöcker, U., Knapp, H. und Prausnitz, J.M., 1978, Calculation of High-Pressure Vapor-Liquid-Equilibrium from a Corresponding-States Correlation with Emphasis on Asymmetric Mixtures, Ind. Eng. Chem. Process Des. Dev. 17, S. 324 - 332

Poling, B.E., Grens, E.A. und Prausnitz, J.M., 1981, Thermodynamic Properties from a Cubic Equation of State: Avoiding Trivial Roots and Spurious Derivatives, Ind. Eng. Chem. Process Des. Dev. 20, S. 127 - 130

Polt, A., Platzer, B. und Maurer, 1992, Parameter der thermischen Zustandsgleichung von Bender für 14 mehratomige reine Stoffe, Chem. Technik 22, S. 216 - 224

Prausnitz, J.M., 1977a, Praktische Anwendungen der Molekularthermodynamik zur Berechnung von Phasengleichgewichten, Ber. Bunsenges. Phys. Chem. 81, S. 900 - 908

Prausnitz, J.M., 1977b, State of the Art Review of Phase Equilibria, in: Storvick, T.S. und Sandler, S.I. (Hrsg.), Phase Equilibria and Fluid Properties in the Chemical Industry, ACS Symposium Series 60, Washington, DC, S. 11 - 62

Prausnitz, J.M., 1980, State of the Art Review of Phase Equilibria, Phase Equilibria and Fluid Properties in the Chemical Industry, Proc. 2nd Int. Conf., Berlin, EFCE, DECHEMA, S. 231 - 282

Prausnitz, J.M., 1983, Phase Equilibria for Complex Fluid Mixtures, Fluid Phase Eq. 14, S. 1 - 18

Prausnitz, J.M., 1985, Equations of State from van der Waals Theory: The Legacy of Otto Redlich, Fluid Phase Eq. 24, S. 63 - 76

Prausnitz, J.M., Anderson, T.F., Grens, E.A., Eckert, C.A. Hsieh, R. und O'Connell, J.P. 1980, Computer Calculations for Multicomponent Vapor-Liquid and Liquid-Liquid Equilibria, Prentice Hall, Englewood Cliffs, NJ

Prausnitz, J.M., Krolikowski Buck, T., Fredenslund, Aa. und Hala, E., 1983, Panel Discussion I. Current Trends in Research and Development, Fluid Phase

Eq. 14, S. 403 - 408

Prausnitz, J.M., Lichtenthaler, R.N. und Azevedo, E.G. de, 1986, Molecular Thermodynamics of Fluid-Phase Equilibria, 2nd Edition, Prentice-Hall, Englewood Cliffs, NJ

Prigogine, I. und Defay, R, 1954, in Everett, D.H., Chemical Thermodynamics, New York

Prigogine, I., R, 1957, The Molecular Theory of Solutions, North-Holland, Amsterdam

Radosz, M., Cotterman, R.L. und Prausnitz, J.M., 1987, Phase Equilibria in Supercritical Propane Systems for Separation of Continuous Oil Mixtures, Ind. Eng. Chem. Research 26, S. 731 - 737

Rätzsch, M.T. und Kehlen, H., 1983, Continuous Thermodynamics of Complex Mixtures, Fluid Phase Eq. 14, S. 225 - 234

Rätzsch, M.T. und Kehlen, H., 1985, Equilibrium Flash Vaporization Curves by Continuous Thermodynamics, Z. phys. Chem., Leipzig 266, S. 329 - 339

Rätzsch, M.T. und Kehlen, H. und Thieme, D., 1985, Polymer Compatibility by Continuous Thermodynamics, J. Macromol. Sci.-Chem. A23, S. 811 - 822

Rauzy, E. und Peneloux, A., 1986, Vapor-Liquid Equilibrium and Volumetric Properties Calculations for Solutions in Supercritical Carbon Dioxide, Int. J. Thermophys. 7, S. 635 - 646

Reamer, H.H. und Sage, B.H., 1963, Phase Equilibria in Hydrocarbon Systems. Volumetric and Phase Behavior of the n-Decane-CO_2 System, J. Chem. Eng. Data 8, S. 508 - 513

Redlich, O. und Kister, A.T. 1962, On the Thermodynamics of Solutions. VII. Critical Properties of Mixtures, J. Chem. Phys. 36, S. 2002 - 2009

Redlich, O. und Kwong, J.N.S., 1949, On the Thermodynamics of Solutions. V. An Equation of State. Fugacities of Gaseous Solutions, Chem. Rev. 44, S. 233 - 244

Renon, H. und Prausnitz, J.M., 1968, Local Compositions in Excess Thermodynamic Functions for Liquid Mixtures, AIChE J. 14, S. 135 - 144

Reid, R.C., Prausnitz, J.M. und Poling, B.E., 1987, The Properties of Gases and Liquids, 4th Ed., McGraw-Hill, New York

Rigby, M., O'Connell, J.P. und Prausnitz, J.M., 1969, Intermolecular Forces in Aqueous Vapor Mixtures, Ind. Eng. Chem. Fundam. 8, S. 460 - 464

Rijkers, M.P.W. und Heidemann, R.A., 1986, Convergence Behavior of Single-Stage Flash Calculations, in: Chao, K.C. und Robinson, R.L. (Hrsg.), Equations of State. Theories and Applications, ACS Symposium Series 300, Washington, DC, S. 476 - 493

Robinson, D.B., 1989, The Interface between Theory and Experiment, Fluid Phase Eq. 52, S. 1 - 14

Robinson, D.B. und Peng, D.-Y. 1978, The Characterization of the Heptanes and Heavier Fractions for the GPA Peng-Robinson Programs, GPA Research Report No. 28

Robinson, D.B. und Peng, D.-Y. 1980, The Use of Equations of State in Multi-Phase Equilibrium Calculations, Phase Equilibria and Fluid Properties in the Chemical Industry, Proc. 2nd Int. Conf., Berlin, EFCE, DECHEMA, S. 335-353

Robinson, D.B., Peng, D.-Y. und Ng, H.-H., 1977, Applications of the Peng-Robinson Equation of State, in: Storvick, T.S. und Sandler, S.I. (Hrsg), Phase Equilibria and Fluid Properties in the Chemical Industry, ACS Symp. Series 60, Washington, DC, S. 200 - 220

Robinson, D.B., Peng, D.-Y. und Chung, S.Y.-K., 1985, The Development of the Peng-Robinson Equation of State and its Application to Phase Equilibrium in a System Containing Methanol, Fluid Phase Eq. 24, S. 25 - 41

Rogalski, M., Mato, F.A. und Neau, E., 1992, Estimation of Hydrocarbon Critical Properties from Vapour Pressure and Liquid Density, Chem. Eng. Science 47, S. 1925 - 1931

Rowlinson, J.S., 1977, Prediction of Thermodynamic Properties, in: Storvick, T.S. und Sandler, S.I. (Hrsg), Phase Equilibria and Fluid Properties in the Chemical Industry, ACS Symposium Series 60, Washington, DC, S. 316 - 329

Rowlinson, J.S. und Swinton, F.L. 1982, Liquids and Liquid Mixtures, Butterworth, London

Rzasa, M.J., 1947, Phase Equilibria of the Methane-Kensol 16 System to Pressures of 25,000 psi and Temperatures to 250 F, Diss., Univ. of Michigan

Saager, B., Hennenberg, R. und Fischer, J., 1992, Construction and Application of Physically Based Equations of State. Part I. Modification of the BACK Equation, Fluid Phase Eq. 72, S. 41 - 66

Sadus, R.J., 1992, High-Pressure Phase Behaviour of Multicomponent Fluid Mixtures, Elsevier, Amsterdam

Sadus, R.J. und Young, C.L., 1988, Application of Hard Convex Body and Hard Sphere Equations of State to the Critical Properties of Binary Mixtures, Fluid Phase Eq. 39, S. 89 - 99

Sadus, R.J. und Young, C.L., 1991, Analysis of Gas Solubilities in Alkanes Using a Hard Sphere Equation of State, Fluid Phase Eq. 63, S. 91 - 99

Saha, S. und Peng, D.-Y., 1989, An Efficient Method for Phase Equilibrium Calculations, AIChE Annual Meeting

Saini, R., Melhem, G.A. und Goodwin, B.M., 1991, A Modified Cubic Equation of State with Binary Parameters Predicted from a Group Contribution Method, Proc. 2nd Int. Symposium on Supercritical Fluids, Boston, MA, S. 122 - 126

Saito, S. und Arai, Y., 1986, Progress of Equations of State for Chemical Engineering Physical Property Prediction, in: Physico-Chemical Properties for Chemical Engineering, Vol. 8, Kagaku Kogyosha Co., Tokyo

Sako, T., Wu, A. und Prausnitz, J.M., 1989, A Cubic Equation of State for High-Pressure Phase Equilibria of Mixtures Containing Polymers and Volatile Fluids, J. of Applied Polymer Science 38, S. 1839 - 1858

Sandarusi, J.A., Kidnay, A.J. und Yesavage, V.F., 1986, Compilation of Parameters for a Polar Fluid Soave-Redlich-Kwong EOS, Ind. Eng. Chem. Process Des. Dev. 25, S. 957 - 963

Sanderson, R.V. und Chien, H.H.Y., 1973, Simultaneous Chemical and Phase Equilibrium Calculation, Ind. Eng. Chem. Process Des. Dev. 12, S. 81 - 85

Sandler, S.I., 1979, Industrial Problems in the Prediction of Thermodynamic Properties, Proc. NPL Conf. Chemical Thermodynamic Data on Fluids and Fluid Mixtures, IPC Science and Technology Press, S. 79 - 86

Sandler, S.L., 1983, On the Coordination Numbers for Rigid Spheres, Fluid Phase Eq. 12, S. 189 - 190

Sandler, S.I., 1989, Chemical and Engineering Thermodynamics, 2nd Ed., John Wiley & Sons, New York

Sandler, S.I., Lee, K.-H., Kim, H., 1986, The Generalized van der Waals Partition Function as a Basis for Equations of State: Mixing Rules and Activity Coefficient Models, in: Chao, K.C. und Robinson, R.L. (Hrsg.), Equations of State. Theories and Applications, ACS Symp. Ser. 300, Washington, DC, S. 180 - 200

Sandoval, R., Wilczek-Vera, G. und Vera, J.H., 1989, Prediction of Ternary Vapor-Liquid Equilibria with the PRSV Equation of State, Fluid Phase Eq. 52, S. 119 - 126

Schlijper, A.G., 1987, Flash Calculations for Polydisperse Fluids: A Variational Approach, Fluid Phase Eq. 34, S. 149 - 169

Schlijper, A.G. und van Bergen, A.R.D., 1991, A Free Energy Criterion for the Selection of Pseudocomponents for Vapour/Liquid Equilibrium Calculations, in Astarita, G. und Sandler, S.I. (Hrsg), Kinetic and Thermodynamic Lumping of Multicomponent Mixtures, Proc. ACS Symp. in Atlanta, Elsevier, S. 293 - 305

Schmidt, G. und Wenzel, H., 1980, A Modified van der Waals Equation of State, Chem. Eng. Sci. 35, S. 1503 - 1512

Schmidt, R., und Wagner, W., 1985, A New Form of the Equation of State for Pure Substances and its Applications to Oxygen, Fluid Phase Eq. 19, S. 175 - 200

Schmitt, W.J. und Reid, R.C., 1986, Solubility of Monofunctional Organic Solids in Chemically Diverse Supercritical Fluids, J. Chem. Eng. Data 31, S. 204 - 212

Schreiner, K., 1986, Beschreibung des thermischen Verhaltens reiner Fluide mit druckexpliziten kubischen Zustandsgleichungen, Diss., Univ. Kaiserslautern, VDI-Fortschrittsbericht 3/125, VDI-Verlag, Düsseldorf

Schwarzentruber, J., Ponce-Ramirez, L. und Renon, H., 1986, Prediction of Binary Parameters of Cubic Equation of State from a Group-Contribution Method,

Ind. Eng. Chem. Proc. Des. Dev. 25, S. 804 - 809

Schwarzentruber, J., Galivel-Solastiouk, F. und Renon, H., 1987, Representation of the Vapor-Liquid Equilibrium of the Ternary System Carbon Dioxide - Propane - Methanol and its Binaries with a Cubic Equation of State: a New Mixing Rule, Fluid Phase Eq. 38, S. 217 - 226

Scott, R.L., 1971, Introduction, in Eyring, H., Henderson, D. und Yost, W. (Hrsg), Physical Chemistry, An Advanced Treatise, Vol. 8a, Academic Press, New York, S. 1 - 83

Scott, R.L., 1972, The Thermodynamics of Critical Phenomena in Fluid Mixtures, Ber. Bunsenges. Phys. Chem. 76, S. 296 - 308

Scott, R.L. und van Konynenburg, P.H., 1970, Van der Waals and Related Models for Hydrocarbon Mixtures, Discuss. Faraday Soc. 49, S. 87 - 97

Seider, W.D., Gautam, R. und White, C.W., 1980, Computation of Phase and Chemical Equilibrium: A Review, in: Foundations of Computer-Aided Chemical Process Design, AIChE, S. 115 - 134

Severns, W.H., Sesonske, A., Perry, R.H. und Pigford, R.L., 1955, Estimation of Ternary Vapor-Liquid Equilibrium, AIChE J. 1, S. 401 - 409

Shah, K.K. und Thodos, G., 1965, A Comparison of Equations of State, Ind. and Eng. Chem. 57, S. 30 - 37

Sheng, Y.L., Chen, P.-C., Chen, Y.-P. und Wong D.S.H., 1992, Calculations of Solubilities of Aromatic Compounds in Supercritical Carbon Dioxide, Ind. Eng. Chem. Res. 31, S. 967 - 973

Shibata, S.K., Sandler, S.I. und Behrens, R.A., 1987, Phase Equilibrium Calculations for Continuous and Semicontinuous Mixtures, Chem. Eng. Sci. 42, S. 1977 - 1988

Simnick, J.J., Lin, H.M. und Chao, K.C., 1979, The BACK Equation of State and Phase Equilibria in Pure Fluids and Mixtures, in: Chao, K.C. und Robinson, R.L. (Hrsg), Equations of State in Engineering and Research, Advances in Chemistry Series 182, ACS, S. 209 - 234

Skjold-Jorgensen, S., 1984, Gas Solubility Calculations, II. Applications of a New Group Contribution Equation of State, Fluid Phase Eq. 16, S 317 - 351

Skjold-Jorgensen, S., 1988, Group-Contribution Equation of State (GCEOS): A Predictive Method for Phase Equilibrium Computations over Wide Ranges of Temperatures and Pressures up to 30 MPa, Ind. Eng. Chem. Res. 27, S. 110 - 118

Smirnova, N.A. und Victorov, A.I., 1993, Molecular Modelling in the Search of Improved Equation of State, Fluid Phase Eq. 82, S. 333 - 344

Smith, R.L., Teja, A.S. und Kay, W.B., 1987, Measurement of Critical Temperatures of Thermally Unstable n-Alkanes, AIChE J. 33, S. 232 - 238

Soares, M.E., Medina, A.G., McDermott, C. und Ashton, N., 1983, Process Calculations Using Equations of State, in: Newman, S.A. (Hrsg.), Chemical Engineering Thermodynamics, Ann Arbor, MI, USA, S. 257 - 267

Soave, G., 1972, Equilibrium Constants from a Modified Redlich-Kwong Equation of State, Chem. Eng. Sci. 27, S. 1197 - 1203

Soave, G., 1979a, Application of the Redlich-Kwong-Soave Equation of State to Solid-Liquid Equilibria Calculations, Chem. Eng. Sci. 34, S. 225 - 229

Soave, G., 1979b, Application of a Cubic Equation of State to Vapor-Liquid Equilibria of Systems Containing Polar Compounds, Inst. Chem. Eng. Symp. Ser. 56 (Distillation, Vol. 1), S. 1.2/1 - 1.2/16

Soave, G., 1984, Improvement of the van der Waals Equation of State, Chem. Eng. Sci. 39, S. 357 - 369

Soave, G., 1993, 20 Years of Soave-Redlich-Kwong Equation of State, Fluid Phase Eq. 82, S. 345 - 359

Song, Y. und Mason, E.A., 1992, Statistical-Mechanical Basis for Accurate Analytical Equations of State for Fluids, Fluid Phase Eq. 75, S. 105 - 115

Sowers, G.M. und Sandler, S.I., 1991, Equations of State from Generalized Perturbation Theory. Part I. The Hard-Core Lennard-Jones Fluid, Fluid Phase Eq. 63, S. 1 - 25

Starling, K.E. und Han, M.S, 1972, Thermo Data Refined for LPG. Part 14: Mixtures, Hydrocarbon Processing 51, S. 129 -132

Stell, G., Rushbrooke, G.S. und Hoye,

J.S., 1973, Theory of Polar Fluids. I. Dipolar Hard Spheres, Mol. Phys. 26, S. 1199 - 1215

Strobridge, T.R., 1962, NBS Technical Note No. 129A

Stoldt, J., 1992, Eine Zustandsgleichung für Wasser und wasserhaltige Systeme unter Berücksichtigung des Dipolmomentes, Diplomarbeit, AB Thermische Verfahrenstechnik, TU-Hamburg-Harburg

Stotler, H.H. und Benedict, M., 1953, Correlation of Nitrogen-Methane Vapor-Liquid Equilibria by Equation of State, Chemical Engineering Progress Symposium Series 49, S. 25 - 36

Stryjek, R. und Vera, J.H., 1986a, PRSV - An Improved Peng-Robinson Equation of State for Pure Compounds and Mixtures, Can. J. Chem. Eng. 64, S. 323 - 333

Stryjek, R. und Vera, J.H., 1986b, PRSV - An Improved Peng-Robinson Equation of State with New Mixing Rules for Strongly Nonideal Mixtures, Can. J. Chem. Eng. 64, S. 334 - 340

Stryjek, R. und Vera, J.H., 1986c, PRSV2: A Cubic Equation of State for Accurate Vapor-Liquid Equilibria Calculations, Can. J. Chem. Eng. 64, S. 820 - 826

Sugie, H., Iwahori Y. und Lu, B.C.-Y., 1989, On the Application of Cubic Equation of State: Analytical Expressions for α/T_R and Improved Liquid Density Calculations, Fluid Phase Eq. 50, S. 1 - 29

Suresh, S.J. und Elliott, J.R., 1991, Applications of a Generalized Equation of State for Associating Mixtures, Ind. Eng. Chem. Res. 30, S. 524 - 532

Suresh, S.J. und Elliott, J.R., 1992, Multiphase Equilibrium Analysis via a Generalized Equation of State for Associating Mixtures, Ind. Eng. Chem. Res. 31, S. 2783 - 2794

Svejda, P. und Kohler, F., 1983, A Generalized van der Waals Equation of State I. Treatment of Molecular Shape in Terms of the Boublik-Nezbeda Equation, Ber. Bunsenges. Phys. Chem. 87, S. 672 - 680

Swank, D.J. und Mullins, J.C., 1986, Evaluation of Methods for Calculating Liquid-Liquid Phase-Splitting, Fluid Phase Eq. 30, S. 101 - 110

Tarakad, R.R., Spencer, C.F. und Adler, S.B., 1979, A Comparison of Eight Equations of State to Predict Gas-Phase Density and Fugacity, Ing. Eng. Chem. Process Des. Dev. 18, S. 726 - 739

Teich, J., 1992, Phasengleichgewichte bei erhöhten Drücken und Temperaturen in ternären Systemen aus Wasserstoff, Kohlendioxid, Wasser und Kohlenwasserstoffen, Diss., TU Hamburg-Harburg

Teja, A.S., 1980, A Corresponding States Equation for Saturated Liquid Densities. I. Application to LNG, AIChE J. 26, S. 337 - 341

Teja, A.S., Sandler, S.I. und Patel, N.C., 1981, A Generalization of the Corresponding States Principle Using Two Nonspherical Reference Fluids, Chem. Eng. J. 21, S. 21 - 28

Thiele, E., 1963, Equation of State for Hard Spheres, J. Chem. Phys. 39, S. 474 - 479

Tochigi, K., Kurihara, K. und Kojima, K., 1990, Prediction of High-Pressure Vapor-Liquid Equilibria Using the Soave-Redlich-Kwong Group Contribution Method, Ind. Eng. Chem. Res. 29, S. 2142 - 2149

Topliss, R.J., 1985, Techniques to Facilitate the Use of Equations of State for Complex Fluid-Phase Equilibria, Diss., Univ. of California, Berkeley

Topliss, R.J., Dimitrelis, D. und Prausnitz, J.M., 1988, Computational Aspects of a Non-Cubic Equation of State for Phase Equilibrium Calculations. Effect of Density-Dependent Mixing Rules, Comput. chem. Engng. 12, S. 483 - 489

Trebble, M.A., 1988, Correlation of VLE Data For Binary Mixtures of 1-Alkanols and Normal Hexane with the Trebble-Bishnoi Equation of State, Fluid Phase Eq. 42, S. 117 - 128

Trebble, M.A., 1989, A Preliminary Evaluation of Two- and Three-Phase Flash Initiation Procedures, Fluid Phase Eq. 53, S. 113 - 122

Trebble, M.A. und Bishnoi, P.R., 1986, Accuracy and Consistency Comparisons of Ten Cubic Equations of State for Polar and Non-Polar Compounds, Fluid Phase Eq. 29, S. 465 - 474

Trebble, M.A. und Bishnoi, P.R., 1987, Development of a New Four-Parameter Cubic Equation of State, Fluid Phase Eq. 35, S. 1 - 18

Trebble, M.A. und Bishnoi, P.R., 1988, Thermodynamic Property Predictions with the Trebble-Bishnoi Equation of State, Fluid Phase Eq. 39, S. 111 - 128

Tsonopoulos, C., 1979, Second Virial Cross-Coefficients: Correlation and Prediction of k_{ij}, in: Chao, K.C. und Robinson, R.L. (Hrsg.), Equations of State in Engineering and Research, Advances in Chemistry Series 182, ACS, Washington, DC, S. 143 - 162

Tsonopoulos, C. und Heidman, J.L., 1986, High-Pressure Vapor-Liquid Equilibria with Cubic Equations of State, Fluid Phase Eq. 29, S. 391 - 414

Tsonopoulos, C. und Prausnitz, J.M., 1969, Equations of State: A Review for Engineering Applications, Cryogenics 9 (10), S. 315 - 327

Twu, C.H., 1983, Prediction of Thermodynamic Properties of Normal Paraffins using only Normal Boiling Point, Fluid Phase Eq. 11, S. 65 - 81

Twu, C.H., 1984, An Internally Consistent Correlation for Predicting the Critical Properties and Molecular Weights of Petroleum and Coal-Tar Liquids, Fluid Phase Eq. 16, S. 137 - 150

Twu, C.H., Buck, D., Cunningham, J.R. und Coon, J.E., 1992a, A Cubic Equation of State: Relation between Binary Interaction Parameters and Infinite Dilution Activity Coefficients, Fluid Phase Eq. 72, S. 25 - 39

Twu, C.H., Coon, J.E und Cunningham, J.R., 1992b, A New Cubic Equation of State, Fluid Phase Eq. 75, S. 65 - 79

Valderrama, J.O. und Cisternas, L.A., 1986, A Cubic Equiation of State for Polar and Other Complex Mixtures, Fluid Phase Eq. 29, S. 431 - 438

Valderrama, J.O. und Reyes, L.R., 1983, Vapor-Liquid Equilibrium of Hydrogen-Containing Mixtures, Fluid Phase Eq. 13, S. 195 - 202

Valderrama, J.O., Ibrahim, A.A. und Cisternas, L.A., 1990, Temperature-Dependent Interaction Parameters in Cubic Equations of State for Nitrogen-Containing Mixtures, Fluid Phase Eq. 59, S. 195 - 205

van der Waals, J.D., 1873, Over de continuiteit van den gas- en vloestof-toestand, Diss., Univ. Leiden, bzw. deutsche Übersetzung: Leipzig, 1899

van der Waals, J.D., 1890, Molekulartheorie eines Körpers, der aus zwei verschiedenen Stoffen besteht, Zeitschrift für Physikalische Chemie - Stöchiometrie und Verwandtschaftslehre 5, S. 133 - 173

van Gaver, D., 1992, Fractionatie van vetzuuresters met supercitische extractie, Diss., Univ. Gent, Belgien

Van Konynenburg, P.H. und Scott, R.L., 1980, Critical Lines and Phase Equilibria of Binary van der Waals Mixtures, Phil. Trans. Roy. Soc. (London), 298, S. 495 - 540

van Laar, J.J., 1929, Über den Einfluß eines indifferenten Gases unter Druck auf den Dampfdruck des Wassers, Z. physik. Chem. 145, Heft 4, S. 207 - 219

Van Ness, H.C. und Abbott, M.M., 1982, Classical Thermodynamics of Nonelectrolyte Solutions. With Applications to Phase Equilibria, Mc-Graw-Hill, New York

van Pelt, A., Peters, C.J. und de Swaan Arons, 1991, Liquid-Liquid Immiscibility Loops Predicted with the Simplified-Perturbed-Hard-Chain Theory, J Chem. Phys. 95, S. 7569 - 7575

van Pelt, A., Peters, C.J. und de Swaan Arons, 1992, Application of the Simplified-Perturbed-Hard-Chain Theory for Pure Components Near the Critical Point, Fluid Phase Eq. 74, S. 67 - 83

Vera, J.H. und Prausnitz, J.M., 1972, Interpretative Review. Generalized van der Waals Theory for Dense Fluids, Chem. Engng. J. 3, S. 1 - 13

Vetere, A., 1982, A Semi-Empirical Equation of State for Fluids, Chem. Eng. Sci. 37, S. 601 - 610

Vetere, A., 1983, Vapor-Liquid Equilibrium Calculations by Means of an Equation of State, Chem. Eng. Sci. 38, S. 1281 - 1291

Vidal, J., 1978, Mixing Rules and Excess Properties in Cubic Equations of State, Chem. Eng. Sci. 33, S. 787 - 791

Vidal, J., 1989, Cubic Equations of State for Reservoir Engineering and Chemical Process Design, Fluid Phase Eq. 52, S. 15 - 30

Vidal, J. und Jacq, J., 1983, Evaluating the Parameters of Cubic Equations of State with the Help of Property-Structure Correlations: Application to Chlorofluorinated Compounds, in: Newman, S.A. (Hrsg.), Chemical Engineering Thermodynamics, Ann Arbor, MI, USA, S. 299 - 305

Vimalchand, P. und Donohue, M.D., 1985, Thermodynamics of Quadrupolar Molecules: the Perturbed Anisotropic Chain Theory, Ind. Eng. Chem. Fundam. 23, S. 246 - 257

Vimalchand, P., Donohue, M.D. und Celmins, I., 1986, Thermodynamics of Multipolar Molecules: The Perturbed-Anisotropic-Chain Theory, in: Chao, K.C. und Robinson, R.L. (Hrsg.), Equations of State. Theories and Applications, ACS Symposium Series 300, Washington, DC, S. 297 - 313

Voulgaris, M., Stamatakis, S., Magoulas, K. und Tassios, D., 1991, Prediction of Physical Properties for Non-Polar Compounds, Petroleum and Coal Liquid Fractions, Fluid Phase Eq. 64, S. 73 - 106

Walas, S., 1985, Phase Equilibria in Chemical Engineering, Butterworth, Boston

Walsh, J.M., Koh, C.A. und Gubbins, K.E., 1992, Thermodynamics of Fluids of Small Associating Molecules, Fluid Phase Eq. 76, S. 49 - 69

Walther, D., 1992, Messung und Korrelation von Hochdruck-Dampf-Flüssigkeits-Gleichgewichten in binären Mischungen aus Kohlendioxid und Benzolderivaten bei Temperaturen von 313 K bis 393 K und Drücken bis 22 MPa, Diss., Univ. Kaiserslautern

Weeks, J.D., Chandler, D. und Andersen, H.C., 1971, The Role of Repulsive Forces in Determining the Equilibrium Structure of Simple Liquids, J. Chem. Phys. 54, S. 5237 - 5247

Wells, P.A., Chaplin, R.P. und Foster, N.R., 1990, Solubility of Phenylacetic Acid and Vanillan in Supercritical Carbon Dioxide, J. Supercritical Fluids 3, S. 8 - 14

Wenzel, H. und Peter, S., 1971, Berechnung von binären Phasengleichgewichten mit einer überkritischen Komponenten, Chem.-Ing.-Techn. 43, S. 856 - 861

Wenzel, H. und Krop, E., 1989, A Short-Cut Method Allowing Association in the Calculation of Phase Equilibria by Equation of State, Fluid Phase Eq. 59, S. 147 - 169

Wenzel, H., Moorwood, R.A.S. und Baumgärtner, M., 1982, Calculation of Vapor-Liquid Equilibrium of Associated Systems by an Equation of State, Fluid Phase Eq. 9, S. 225 - 266

Wertheim, M.S., 1963, Exact Solution of the Percus-Yevick Integral Equation for Hard Spheres, Physical Review Letters 10, S. 321 - 323

Wertheim, M.S., 1984, Fluids with Highly Directional Attractive Forces. I. Statistical Thermodynamics, II. Thermodynamic Perturbation Theory and Integral Equations, J. Stat. Phys. 35, S. 19 - 47

Whiting, W.B. und Prausnitz, J.M., 1982, Equation of State for Strongly Nonideal Fluid Mixtures: Application of Local Compositions Toward Density-Dependent Mixing Rules, Fluid Phase Eq. 9, S. 119 - 147

Wiebe, R., 1941, The Binary System Carbon Dioxide - Water Under Pressure, Chem. Rev. 29, S. 475 - 481

Willman, B.T. und Teja, A.S., 1986, Continuous Thermodynamics of Phase Equilibria Using a Multivariate Distribution Function and an Equation of State, AIChE J. 32, S. 2067 - 2078

Wilson, G.M., 1964, Vapor-Liquid Equilibria, Correlation by Means of a Modified Redlich-Kwong Equation of State, Advances in Cryogenic Eng. 9, S. 168 - 176

Wilson, G.M., 1966, Calculation of Enthalpy Data from a Modified Redlich-Kwong Equation of State, Advances in Cryogenic Eng. 11, S. 392 - 400

Winkelmann, J., 1981, Perturbation Theory of Dipolar Hard Spheres: The Vapor-Liquid Equilibrium of Strongly Polar Substances, Fluid Phase Eq. 7, S. 207 - 217

Winkelmann, J., 1983, Perturbation Theory of Dipolar Hard Spheres: The Vapor-Liquid Equilibrium of Strongly Polar Mixtures, Fluid Phase Eq. 11, S. 207 - 224

Wogatzki, H., 1989, Untersuchung und Modifikation von Zustandsgleichungen des van der Waals Typs, Diss., TU Berlin, VDI Fortschrittsbericht 3/171, VDI-Verlag, Düsseldorf

Won, K.W., 1981, Vapor-Liquid Equilibria of High-Boiling Organic Solutes in Compressed Supercritical Fluids: Equation of State with New Mixing Rule, AIChE Annual Meeting, New Orleans,

8.-12. 11.

Won, K.W., 1983, Thermodynamic Calculation of Supercritical-Fluid Equilibria: New Mixing Rules for Equations of State, Fluid Phase Eq. 10, S. 191 - 210

Won, K.W. und Walker, C.K., 1979, An Equation of State for Polar Mixtures: Calculation of High-Pressure Vapor-Liquid Equilibria of Polar Solutes in Hydrocarbon Mixtures, in: Chao, K.C. und Robinson, R.L. (Hrsg.), Equations of State in Engineering and Research, Advances in Chemistry Series 182, ACS, S. 235 - 252

Wong, D.S.H. und Sandler, S.I., 1984, Calculation of Vapor-Liquid-Liquid Equilibrium with Cubic Equations of State and a Corresponding States Principle, Ind. Eng. Chem. Fundam. 23, S. 348 - 354

Wong, D.S.H. und Sandler, S.I., 1992, A Theoretically Correct Mixing Rule for Cubic Equations of State, AIChE J. 38, S. 671 - 680

Wong, D.S.H., Sandler, S.I. und Teja, A.S., 1983, Corresponding States, Complex Mixtures and Mixture Models, Fluid Phase Eq. 14, S. 79 - 90

Wong, D.S.H., Orbey, H. und Sandler, S.I., 1992, Equation of State Mixing Rule for Nonideal Mixtures Using Available Activity Coefficient Model Parameters and That Allows Extrapolation over Large Ranges of Temperature and Pressure, Ind. Eng. Chem. Res. 31, S. 2033 - 2039

Wong, D.S.H., Sandler, S.I. und Teja, A.S., 1984, Vapor-Liquid Equilibrium Calculations by Use of a Generalized Corresponding States Principle. 1. New Mixing Rules, Ind. Eng. Chem. Fundam. 23, S. 38 - 44

Wong, J.O. und Prausnitz, J.M., 1985, Comments Concerning a Simple Equation of State of the van der Waals Form, Chem. Eng. Commun. 37, S. 41 - 53

Wu, G.Z.A. und Stiel, L.I., 1985, A Generalized Equation of State for the Thermodynamic Properties of Polar Fluids, AIChE J. 31, S. 1632 - 1644

Yarborough, L., 1979, Application of a Generalized Equation of State to Petroleum Reservoir Fluids, in: Chao, K.C. und Robinson, R.L. (Hrsg.), Equations of State in Engineering and Research, Advances in Chem. Series 182, ACS, Washington, S. 385 - 439

Ying, X., Ye, R. und Hu, Y. 1989, Phase Equilibria for Complex Mixtures. Continuous Thermodynamics Method Based on Spline Fit, Fluid Phase Eq. 53, S. 407 - 414

Yokoyama, C., Arai, K. und Saito, S., 1983, Semiempirical Equation of State for Polar Substances on the Basis of Perturbation Theory, in: Newman, S.A. (Hrsg.), Chemical Engineering Thermodynamics, Ann Arbor, USA, S. 269 - 281

Yu, J.-M. und Lu, B.C.-Y., 1987, A Three-Parameter Cubic Equation of State for Asymmetric Mixture Density Calculations, Fluid Phase Eq. 34, S. 1 - 19

Yu, J.-M., Adachi, Y. und Lu, B.C.-Y., 1986, Selection and Design of Cubic for Equations of State, in: Chao, K.C. und Robinson, R.L. (Hrsg.), Equations of State. Theories and Applications, ACS Symposium Series 300, Washington, DC, S. 537 - 559

Yu, J.-M., Lu, B.C.-Y. und Iwai, Y., 1987, Simultaneous Calculation of VLE and Saturated Liquid and Vapor Volumes by Means of a 3P1T EOS, Fluid Phase Eq. 37, S. 207 - 222

Zudkevitch, D. 1975, Imprecise Data Impacts Plant Design and Operation, Hydrocarbon Process., S. 97 - 103

Zudkevitch, D. und Joffe, J, 1970, Correlation and Prediction of Vapor-Liquid Equilibria with a Redlich-Kwong Equation of State, AIChE J. 16, S. 112 - 119

Zwanzig, R.W., 1954, High-Temperature Equation of State by a Perturbation Method. I. Nonpolar Gases, J. Chem. Phys. 22, S. 1420 - 1426

Anhang 1: Allgemeines

Tabelle A1-1: Verwendete Reinstoffdaten (Erster Teil)

	Molmasse kg/kmol	T_c K	P_c MPa	ω -	v_{L20} l/mol	T_b K	$a(HPW)^1$ $\frac{MJ\,m^3}{kmol^2K^\alpha}$	$b(HPW)$ l/mol	$\alpha(HPW)$ -	a_c^2 $\frac{MJ\,m^3}{kmol^2}$	b l/mol	m -
Argon	39,948	150,80	4,87	0,001	-	87,3	-	-	-	-	-	-
Benzen	78,11	562,20	4,89	0,212	0,0889	353,3	53,13	0,07532	-0,52954	1,9350	0,07407	0,58209
Bicyclohexan	166,31	731,39	2,564	0,388	-	-	-	-	-	-	-	-
n-Butan	58,124	425,20	3,800	0,199	0,1004	272,7	32,46	0,07346	-0,52545	1,45	0,0727	0,5575
n-Decan	142,286	617,70	2,120	0,489	0,1949	447,3	588,01	0,17509	-0,74096	5,1979	0,17178	0,73391
n-Eicosan	282,556	767,04	1,004	0,876	0,3593	616,9	12638,76	0,34868	-1,03430	13,3126	0,34047	0,93003
Ethan	30,07	305,40	4,880	0,099	-	184,6	5,21	0,04351	-0,37913	C,5347	0,03245	0,56826
n-Heptan	100,205	540,30	2,740	0,349	0,1465	371,6	160,79	0,12522	-0,62876	3,1924	0,12287	0,64359
n-Hexadecan	226,448	720,60	1,419	0,742	0,2928	560,0	4126,13	0,27492	-0,92199	9,7631	0,26897	0,86464
n-Hexan	86,178	507,50	3,010	0,296	0,1308	341,9	96,70	0,10851	-0,58769	2,5793	0,10636	0,60939
Kohlendioxid	44,01	304,10	7,380	0,225	-	195,0	8,79	0,02730	-0,55689	0,3355	0,02142	0,76030
Methan	16,04	190,55	4,595	0,008	-	111,6	1,28	0,02956	-0,31802	-	-	-
n-Octadecan	254,504	745,26	1,214	0,795	0,327	589,9	7119,31	0,30839	-0,97584	11,393	0,30145	0,89968

1 Parameter a, b und α der Hederer-Peter-Wenzel-Zustandsgleichung (1976)
2 Modifizierte Pameter a_c, b und m der Peng-Robinson-Gleichung nach Dohrn und Brunner (1989 und 1988c)

Tabelle A1-1: Verwendete Reinstoffdaten (Zweiter Teil)

	Molmasse kg/kmol	T_c K	P_c MPa	ω -	v_{L20} l/mol	T_b K	$a(HPW)$ $\frac{MJ\,m^3}{kmol^2 K^\alpha}$	$b(HPW)$ l/mol	$\alpha(HPW)$ -	a_c $\frac{MJ\,m^3}{kmol^2}$	b l/mol	m -
n-Octan	114,232	568,80	2,490	0,398	0,1625	389,8	254,32	0,1418	-0,66682	3,8344	0,13919	0,67509
Palmöl	691,0	-	-	-	0,7747	-	-	-	-	-	-	-
n-Pentan	72,151	469,70	3,370	0,251	0,1153	309,2	55,26	0,09195	-0,54492	2,0043	0,08984	0,57363
1Pentylnaphthalin	198,29	799,41	2,211	0,514	-	-	-	-	-	-	-	-
Propan	44,094	369,80	4,250	0,153	-	231,1	12,19	0,05973	-0,42139	1,0157	0,05667	0,48179
Propen	42,081	364,90	4,600	0,144	-	225,5	12,84	0,05567	-0,45281	0,9038	0,05233	0,51483
Squalan	422,83	-	-	-	0,5257	689,2	53949,13	0,50769	-1,16124	21,5557	0,4965	1,08108
Stickstoff	28,013	126,20	3,390	0,039	-	77,4	-	-	-	-	-	-
n-Tetracosan	338,67	-	-	-	0,4353	659,2	468684,50	0,42275	-1,54403	15,9643	0,41436	1,69212
Toluen	92,141	591,70	4,100	0,257	0,1063	383,8	67,15	0,09199	-0,51570	2,5643	0,0906	0,55997
Wasser	18,015	647,30	22,120	0,334	0,0181	373,2	11,46	0,01607	-0,47909	0,6306	0,0196	0,93742
Wasserstoff	2,016	33,20	1,300	-0,218	-	20,4	0,03	0,01772	-0,01049	-	-	-
Wasserstoff[1]	2,016	43,60	2,050	0,000	-	20,4	0,03	0,01772	-0,01049	-	-	-

[1] Klassische Werte für die kritischen Daten, bei denen ω nicht negativ wird (z.B. Dohrn-Prausnitz-Gleichung)

Anhang 2: Thermodynamische Grundlagen

Gibbs-Funktionen oder Thermodynamische Potentiale:

$\quad$ U = innere Energie $\hfill$ (A2-1)

$\quad$ H = U + PV = Enthalpie $\hfill$ (A2-2)

$\quad$ A = U - TS = Freie Energie $\hfill$ (A2-3)

$\quad$ G = U + PV - TS = H - TS = Freie Enthalpie. $\hfill$ (A2-4)

Partielle Ableitungen der Fundamentalgleichung:

$$\left(\frac{\partial U}{\partial S}\right)_V = T = \left(\frac{\partial H}{\partial S}\right)_P \qquad (A2-5)$$

$$\left(\frac{\partial H}{\partial P}\right)_S = V = \left(\frac{\partial G}{\partial P}\right)_T \qquad (A2-6)$$

$$\left(\frac{\partial U}{\partial V}\right)_S = -P = \left(\frac{\partial A}{\partial V}\right)_T \qquad (A2-7)$$

$$\left(\frac{\partial A}{\partial T}\right)_V = -S = \left(\frac{\partial G}{\partial T}\right)_P \qquad (A2-8)$$

Diese Beziehungen und auch die nachfolgenden Maxwell-Beziehungen gelten für geschlossene Systeme, oder für offene System, sofern die Teilchenzahlen beim Ableiten konstant gehalten werden.

Maxwell-Beziehungen:

$$\left(\frac{\partial T}{\partial P}\right)_S = \left(\frac{\partial V}{\partial S}\right)_P \qquad (A2-9)$$

$$\left(\frac{\partial S}{\partial V}\right)_T = \left(\frac{\partial P}{\partial T}\right)_V \qquad (A2-10)$$

$$\left(\frac{\partial S}{\partial T}\right)_T = -\left(\frac{\partial V}{\partial T}\right)_P \qquad (A2-11)$$

$$\left(\frac{\partial T}{\partial V}\right)_S = -\left(\frac{\partial P}{\partial S}\right)_V \qquad (A2-12)$$

Wärmekapazitäten:

$$\left(\frac{\partial u}{\partial T}\right)_{V,n_i} = c_V \quad \text{bzw.} \quad \left(\frac{\partial U}{\partial T}\right)_{V,n_i} = C_V = nc_V \qquad (A2-13)$$

$$\left(\frac{\partial h}{\partial T}\right)_{P,n_i} = c_P \quad \text{bzw.} \quad \left(\frac{\partial H}{\partial T}\right)_{P,n_i} = C_P = nc_P \qquad (A2-14)$$

Anhang 3: Zustandsgleichungen
A3.1 Tabellen

Tabelle A3-1: Einige kubische Zustandsgleichungen der Form $P = \dfrac{RT}{v-b} - \dfrac{\Theta(v-\eta)}{(v-b)(v^2+\delta v + \varepsilon)}$ (Erster Teil)

Gleichung	b	Θ	η	δ	ε
van der Waals (1873)	b	a	b	0	0
Clausius (1880)	b	a T^{-1}	b	2c	c^2
Berthelot (1899)	b	a T^{-1}	b	0	0
Keyes (1917)	b	a	b	−2c	c^2
Redlich-Kwong (1949)	b	a T$^{-0,5}$	b	b	0
Wilson (1964)	b	a(T)	b	b	0
Zudkevitch-Joffe (1970)	b(T)	a(T) T$^{-0,5}$	b(T)	b(T)	0
Soave-Redlich-Kwong (1972)	b	a(T)	b	b	0
Lee-Erbar-Edmister (1973)	b	Θ$_{Lee}$(T)	η(T)	b	0
Fuller (1976)	b(T)	a(T)	b(T)	c(T) d(T)	0
Hederer-Peter-Wenzel (1976)	b	a T$^{\alpha}$	b	b	0
Peng-Robinson (1976)	b	a(T)	b	2b	b^2
Martin (1979)	b	a(T)	b	$0{,}25 RT_c P_c^{-1} - 2b$	$(0{,}125 RT_c P_c^{-1} - b)^2$

Anhang 3. Zustandsgleichungen

Tabelle A3-1: Einige kubische Zustandsgleichungen der Form $\quad P = \dfrac{RT}{v-b} - \dfrac{\Theta(v-\eta)}{(v-b)(v^2+\delta v+\varepsilon)} \quad$ (Zweiter Teil)

Gleichung	b	Θ	η	δ	ε
Schmidt-Wenzel (1980)	b	a(T)	b	$(1+3\omega)$ b	$-3\omega b^2$
Harmens-Knapp (1980)	b	a(T)	b	$(1-f(\omega))$ b	$f(\omega) b^2$
Kubic (1982)	b	a(T)	b	2c	c^2
Patel-Teja (1982)	b	a(T)	b	b + c	– cb
Adachi et al. (1983)	b	a(T)	b	d – c	– cd
Heyen (1983)	b(T)	a(T)	b(T)	d(T) + c	– b(T) c
Leiva-Sanchez (1983)	b(T)	a(T)	b(T)	b(T)	0
Adachi et al. (1986)	b	a(T)	c(T)	e(T) – d(T)	– d(T) e(T)
Schreiner (1986)	b(T)	a(T)d(T)+c(T)	b(T)	d(T) – c(T)	– c(T) d(T)
Valderrama-Cisternas (1986)	b	a(T)	b	b + c	– cb
Trebble-Bishnoi (1987)	b(T)	a(T)	b(T)	b(T) + c	– b(T) c – d^2
Yu-Lu (1987)	b	a(T)	b	3b + c	cb
Twu et al. (1992)	b	a(T)	b	4b + c	cb
Nitsche (1992)	b	a; p^{Sat} mit Δ(T)	b	c(T)	0

Tabelle A3-2: Mittlere Abweichungen (%) zwischen experimentellen und mit verschiedenen Zustandsgleichungen berechneten Dichten von kritischen Isothermen (P = 0 - 35 MPa)

Zustandsgleichung	Ges.	CH_4	C_2H_6	C_3H_6	C_3H_8	C_4H_{10}	CO_2	Ar	N_2
Dohrn-Prausnitz	3,92	3,58	4,16	3,25	4,40	5,36	3,91	2,40	4,29
Peng-Robinson	4,59	4,41	4,91	3,66	4,99	5,93	4,53	3,13	5,17
CS-Redlich-Kwong	5,60	5,30	5,96	4,72	6,16	7,40	4,68	3,77	6,79
Redlich-Kwong	6,12	5,07	7,22	6,36	7,60	9,06	7,16	1,88	4,61
Mulia-Yesavage	8,79	7,43	10,71	8,57	10,86	12,29	10,31	3,17	6,99
Wong-Prausnitz	9,11	7,73	11,08	8,87	11,21	12,61	10,71	3,36	7,32
CS-van-der-Waals	12,38	11,40	14,66	11,78	14,80	16,23	13,38	5,71	11,06
CS-Peng-Robinson	13,79	17,35	13,66	11,94	13,77	13,37	8,78	12,60	18,84

A3.2 Wichtige Beziehungen für die Peng-Robinson-Gleichung

Reine Stoffe:
$$P = \frac{RT}{v-b} - \frac{a(T)}{v^2+2bv-b^2} \tag{A3.2-1}$$

$$a_i(T) = a_{ci} \, \alpha_i(T) \tag{A3.2-2}$$

mit
$$a_{ci} = 0{,}45724 \, \frac{R^2 T_{ci}^2}{P_{ci}} \tag{A3.2-3}$$

und
$$\alpha_i(T) = \left(1 + m_i \left(1 - \sqrt{T/T_{ci}}\right)\right)^2 \tag{A3.2-4}$$

mit
$$m_i = \left(0{,}37464 + 1{,}54226 \, \omega_i - 0{,}26992 \, \omega_i^2\right) \tag{A3.2-5}$$

$$\left(\frac{\partial a_i(T)}{\partial T}\right) = a_{ci} \left(\frac{\partial \alpha_i(T)}{\partial T}\right) \tag{A3.2-6}$$

mit
$$\left(\frac{\partial \alpha_i(T)}{\partial T}\right) = -m_i \, \frac{1 + m_i(1 - \sqrt{T/T_{ci}})}{\sqrt{TT_{ci}}} \tag{A3.2-7}$$

$$\left(\frac{\partial^2 a_i(T)}{\partial T^2}\right) = a_{ci} \left(\frac{\partial^2 \alpha_i(T)}{\partial T^2}\right) \tag{A3.2-8}$$

Anhang 3. Zustandsgleichungen

mit $\left(\dfrac{\partial^2 \alpha_i(T)}{\partial T^2}\right) = \dfrac{m_i}{2\sqrt{TT_{ci}}}\left(\dfrac{(1+m_i(1-\sqrt{T/T_{ci}}))}{T} + \dfrac{m_i}{\sqrt{TT_{ci}}}\right)$ (A3.2-9)

$$Z = \dfrac{P}{\rho RT} = \dfrac{1}{1-b\rho} - \dfrac{\rho a(T)}{RT(1+2b\rho-b^2\rho^2)} \quad \text{(A3.2-10)}$$

$$\Theta = \dfrac{Z-1}{\rho} = \dfrac{b}{1-b\rho} - \dfrac{a(T)}{RT(1+2b\rho-b^2\rho^2)} \quad \text{(A3.2-11)}$$

$$\tilde{a}^r = \dfrac{a^r}{RT} = \int_0^\rho \Theta\, d\rho = -\ln(1-b\rho) - \dfrac{a(T)}{RT\,2\sqrt{2}\,b}\ln\left(\dfrac{1+(1+\sqrt{2})b\rho}{1+(1-\sqrt{2})b\rho}\right) \quad \text{(A3.2-12)}$$

$$\left(\dfrac{\partial \tilde{a}^r}{\partial T}\right)_\rho = -\dfrac{\left(\dfrac{\partial a(T)}{\partial T}\right)T - a(T)}{2\sqrt{2}\,RbT^2}\ln\left(\dfrac{1+(1+\sqrt{2})b\rho}{1+(1-\sqrt{2})b\rho}\right) \quad \text{(A3.2-13)}$$

$$\left(\dfrac{\partial^2 \tilde{a}^r}{\partial T^2}\right)_\rho = \dfrac{-\left(\dfrac{\partial^2 a(T)}{\partial T^2}\right)T + 2\left(\dfrac{\partial a(T)}{\partial T}\right) - 2\dfrac{a(T)}{T}}{2\sqrt{2}\,RbT^2}\ln\left(\dfrac{1+(1+\sqrt{2})b\rho}{1+(1-\sqrt{2})b\rho}\right) \quad \text{(A3.2-14)}$$

Mischungen:

Partielle Ableitungen nach den Parametern a und b zur Berechnung des Fugazitätskoeffizienten:

$$\tilde{a}^r_a = \left(\dfrac{\partial \tilde{a}^r}{\partial a}\right)_{\rho,T,b} = -\dfrac{1}{2\sqrt{2}\,bRT}\ln\left(\dfrac{1+(1+\sqrt{2})b\rho}{1+(1-\sqrt{2})b\rho}\right) \quad \text{(A3.2-15)}$$

und

$$\tilde{a}^r_b = \left(\dfrac{\partial \tilde{a}^r}{\partial b}\right)_{\rho,T,a} = \dfrac{\rho}{1-b\rho} + \dfrac{a(T)}{2\sqrt{2}\,b^2 RT}\ln\left(\dfrac{1+(1+\sqrt{2})b\rho}{1+(1-\sqrt{2})b\rho}\right)$$

$$\qquad - \dfrac{a(T)\rho}{bRT}\dfrac{1}{1+2b\rho-(b\rho)^2} \quad . \quad \text{(A3.2-16)}$$

Die restlichen Formeln gelten nur bei der Verwendung von quadratischen Mischungsregeln.

$$a(T) = \sum_i \sum_j \xi_i \xi_j\, a_{ij}(T) \quad \text{(A3.2-17)}$$

mit $\quad a_{ij}(T) = (1-k_{ij})\sqrt{a_i(T)\,a_j(T)} \quad$ (A3.2-18)

$$\left(\dfrac{\partial a(T)}{\partial T}\right) = \sum_i \sum_j \xi_i \xi_j \left(\dfrac{\partial a_{ij}(T)}{\partial T}\right) \quad \text{(A3.2-19)}$$

$$\left(\frac{\partial^2 a(T)}{\partial T^2}\right) = \sum_i \sum_j \xi_i \xi_j \left(\frac{\partial^2 a_{ij}(T)}{\partial T^2}\right) \quad (A3.2-20)$$

mit
$$\left(\frac{\partial a_{ij}(T)}{\partial T}\right) = \frac{1}{2}(1-k_{ij})\left(\left(\frac{\partial a_i(T)}{\partial T}\right)\sqrt{a_j(T)/a_i(T)}\right.$$

$$\left.+\left(\frac{\partial a_j(T)}{\partial T}\right)\sqrt{a_i(T)/a_j(T)}\right) \quad (A3.2-21)$$

und
$$\left(\frac{\partial^2 a_{ij}(T)}{\partial T^2}\right) = \frac{1}{2}(1-k_{ij})\left(\sqrt{a_j(T)/a_i(T)}\left(\left(\frac{\partial^2 a_i(T)}{\partial T^2}\right)+\left(\frac{\partial a_j(T)/\partial T}{2a_j^2(T)}\right)\right.\right.$$

$$\left.\left(\left(\frac{\partial a_i(T)}{\partial T}\right)a_j(T) - \left(\frac{\partial a_j(T)}{\partial T}\right)a_i(T)\right)\right) + \sqrt{a_i(T)/a_j(T)}\left(\left(\frac{\partial^2 a_j(T)}{\partial T^2}\right)\right.$$

$$\left.\left.+\left(\frac{\partial a_i(T)/\partial T}{2a_i^2(T)}\right)\left(\left(\frac{\partial a_j(T)}{\partial T}\right)a_i(T) - \left(\frac{\partial a_i(T)}{\partial T}\right)a_j(T)\right)\right)\right) \quad (A3.2-22)$$

A3.3 Wichtige Beziehungen für die Dohrn-Prausnitz-Gleichung

Unpolare, reine Stoffe:

$$P = RT\rho \frac{1+\eta+\eta^2-\eta^3}{(1-\eta)^3} - a\rho^2 \Psi \quad (A3.3-1)$$

mit der reduzierten Dichte η:
$$\eta = \frac{b}{4v} = \frac{b}{4}\rho \quad (A3.3-2)$$

und der Korrekturfunktion $\Psi = 1 - 1{,}41\,\eta + 5{,}07\,\eta^2 \quad (A3.3-3)$

$$Z = \frac{P}{\rho RT} = \frac{1+\eta+\eta^2-\eta^3}{(1-\eta)^3} - \frac{a}{RT}\rho\Psi \quad (A3.3-4)$$

Parameter a und seine Temperaturabhängigkeit:

$$a_c = 0{,}550408\ R^2 T_c^2/P_c \quad (A3.3-5)$$

$$\frac{a}{a_c} = a^{(1)}\tanh\left(a^{(2)}|T_R - 1|^{0.7}\right) + 1 \quad (A3.3-6)$$

mit $T_R = T/T_c$. Die Koeffizienten wurden generalisiert und können mit Hilfe des azentrischen Faktors ω berechnet werden:

Anhang 3. Zustandsgleichungen

$$a^{(1)} = 0{,}367845 + 0{,}055966\,\omega, \tag{A3.3-7}$$

$$a^{(2)} = (-1)^m (0{,}604709 - 0{,}008477\,\omega), \tag{A3.3-8}$$

$$m = 0 \text{ für } T_R < 1 \text{ und } m = 1 \text{ für } T_R \geq 1, \tag{A3.3-9}$$

Parameter b und seine Temperaturabhängigkeit:

$$b_c = 0{,}187276\,RT_c/P_c, \tag{A3.3-10}$$

$$\frac{b}{b_c} = b^{(1)} \tanh\left(b^{(2)} |\ln T_R|^{0.8}\right) + 1, \tag{A3.3-11}$$

$$b^{(1)} = 0{,}356983 - 0{,}190003\,\omega, \tag{A3.3-12}$$

$$b^{(2)} = (-1)^m (1{,}37 - 1{,}898981\,\omega), \tag{A3.3-13}$$

wobei m mit Gl. (A3.3-9) bestimmt wird.

$$\Theta = \frac{Z-1}{\rho} = \frac{b}{4}\frac{4-2\eta}{(1-\eta)^3} - \frac{a}{RT}\Psi \tag{A3.3-14}$$

sowie

$$\tilde{a}^r = \int_0^\rho \Theta\,d\rho = \frac{4\eta - 3\eta^2}{(1-\eta)^2} - \frac{a\rho}{RT}\left(1 - \frac{1{,}41\,\eta}{2} + \frac{5{,}07\,\eta^2}{3}\right) \tag{A3.3-15}$$

$$\left(\frac{\partial \tilde{a}^r}{\partial T}\right)_\rho = \frac{4-2\eta}{(1-\eta)^3}\frac{\rho}{4}\left(\frac{\partial b}{\partial T}\right) - \frac{\rho\left(\left(\frac{\partial a}{\partial T}\right) - \frac{a}{T}\right)}{RT}\left(1 - \frac{1{,}41\,\eta}{2} + \frac{5{,}07\,\eta^2}{3}\right)$$

$$- \frac{a\rho^2}{4RT}\left(-\frac{1{,}41}{2} + \frac{5{,}07\,\eta}{1{,}5}\right)\left(\frac{\partial b}{\partial T}\right) \tag{A3.3-16}$$

$$\left(\frac{\partial^2 \tilde{a}^r}{\partial T^2}\right)_\rho = \frac{10-4\eta}{(1-\eta)^4}\left(\left(\frac{\rho}{4}\right)\left(\frac{\partial b}{\partial T}\right)\right)^2 + \frac{4-2\eta}{(1-\eta)^3}\frac{\rho}{4}\left(\frac{\partial^2 b}{\partial T^2}\right) - \frac{\rho}{RT}\left(\left(\left(\frac{\partial^2 a}{\partial T^2}\right)\right.\right.$$

$$\left.\left. - \frac{2}{T}\left(\frac{\partial a}{\partial T}\right) + \frac{2a}{T^2}\right)\left(1 - \frac{1{,}41\,\eta}{2} + \frac{5{,}07\,\eta^2}{3}\right) + \left(\frac{a\rho}{4}\left(\frac{\partial^2 b}{\partial T^2}\right) - \frac{a\rho}{2T}\left(\frac{\partial b}{\partial T}\right)\right.\right.$$

$$\left.\left. + \frac{\rho}{2}\left(\frac{\partial a}{\partial T}\right)\left(\frac{\partial b}{\partial T}\right)\right)\left(-\frac{1{,}41}{2} + \frac{5{,}07\,\eta}{1{,}5}\right) + \frac{a\rho}{4}\left(\frac{\partial b}{\partial T}\right)^2\left(\frac{5{,}07}{1{,}5}\right)\right) \tag{A3.3-17}$$

Polare, reine Stoffe:

$$Z = \frac{1 + d^{(1)}\eta + d^{(2)}\eta^2 - d^{(3)}\eta^3}{(1-\eta)^3} - \frac{4a}{RTb}\eta\Psi \qquad (A3.3\text{-}18)$$

Die Dipolkoeffizienten $d^{(1)}$, $d^{(2)}$ und $d^{(3)}$ sind eine Funktion eines reduzierten Dipolmomentes μ:

$$\mu = 3{,}02292 \frac{\hat{\mu}}{\sqrt{b_c T}} \qquad (A3.3\text{-}19)$$

mit $\hat{\mu}$ in Debye, b_c in m³/kmol und T in K.

$$d^{(1)} = 1 + d^{(11)}\mu^2 + d^{(12)}\mu^4 \qquad (A3.3\text{-}20)$$

$$d^{(2)} = 1 + d^{(21)}\mu^2 + d^{(22)}\mu^4 \qquad (A3.3\text{-}21)$$

$$d^{(3)} = 1 + d^{(31)}\mu^2 \qquad (A3.3\text{-}22)$$

Ist das reduzierte Dipolmoment gleich Null, so sind alle Dipolkoeffizienten gleich 1, und die erweiterte Dohrn-Prausnitz-Gleichung (Gl. A3.3-17) reduziert sich zur unpolaren Form der Zustandsgleichung (Gl. A3.3-3). Für Wasser wurden durch Anpassung an PvT-Daten und Dampfdrücke folgende Konstanten gefunden:

$$d^{(11)} = -3{,}551912 \qquad d^{(12)} = -4{,}439708 \qquad (A3.3\text{-}23)$$

$$d^{(21)} = 15{,}942879 \qquad d^{(22)} = 16{,}004955 \qquad (A3.3\text{-}24)$$

$$d^{(31)} = 44{,}368097 \: . \qquad (A3.3\text{-}25)$$

Folgende Reinstoffgrößen sind zu verwenden:

$$\omega = 0{,}08; \; T_c = 163{,}4 \text{ K}; \; P_c = 625{,}6 \text{ kPa und } \hat{\mu} = 1{,}87 \text{ Debye}. \qquad (A3.3\text{-}26)$$

Folgender Ansatz (Diplomarbeit Stoldt, 1992) führt zu einer etwas besseren Beschreibung der PvT- und Dampfdruckdaten von Wasser als die Verwendung der Gleichungen (A3.3-20) bis (A3.3-25):

$$d^{(1)} = 1 + d^{(11)}\mu + d^{(12)}\mu^3 \: , \qquad (A3.3\text{-}27)$$

$$d^{(2)} = 1 + d^{(21)}\mu + d^{(22)}\mu^3 \: , \qquad (A3.3\text{-}28)$$

$$d^{(3)} = 1 + d^{(31)}\mu + d^{(32)}\mu^3 \: , \qquad (A3.3\text{-}29)$$

Anhang 3. Zustandsgleichungen 283

$$d^{(11)} = 0{,}271674 , \quad d^{(12)} = -8{,}695850 , \quad (A3.3-30)$$

$$d^{(21)} = 3{,}504251 , \quad d^{(22)} = 32{,}344635 , \quad (A3.3-31)$$

$$d^{(31)} = 28{,}104910 , \quad d^{(32)} = 22{,}155004 , \quad (A3.3-32)$$

$$\Theta = \frac{Z-1}{\rho} = \frac{b}{4} \frac{(d^{(1)}+3)+(d^{(2)}-3)\eta-(d^{(3)}-1)\eta^2}{(1-\eta)^3} - \frac{a}{RT}\Psi , \quad (A3.3-33)$$

sowie

$$\tilde{a}^r = \frac{-d^{(1)}-d^{(2)}+d^{(3)}-1+(d^{(1)}-d^{(2)}+3d^{(3)}+3)\eta}{2(1-\eta)} + \frac{d^{(1)}+d^{(2)}-d^{(3)}+1}{2(1-\eta)^2}$$

$$+ (d^{(3)}-1)\ln(1-\eta) - \frac{a\rho}{RT}\left(1 - \frac{1{,}41\eta}{2} + \frac{5{,}07\eta^2}{3}\right) . \quad (A3.3-34)$$

Mischungen unpolarer Stoffe

Werden für den Referenzterm nicht die Boublik-Mansoori-Mischungsregeln verwendet, benötigt man zur Berechnung des Fugazitätskoeffizienten die partiellen Ableitungen von $\tilde{a}^r$ nach den Parametern a und b:

$$\tilde{a}^r_a = \left(\frac{\partial \tilde{a}^r}{\partial a}\right)_{\rho,T,b} = -\frac{\rho}{RT}\left(1 - \frac{1{,}41\eta}{2} + \frac{5{,}07\eta^2}{3}\right) , \quad (A3.3-35)$$

$$\tilde{a}^r_b = \left(\frac{\partial \tilde{a}^r}{\partial b}\right)_{\rho,T,a} = \frac{\rho}{4}\left(\frac{4-2\eta}{(1-\eta)^3} - \frac{a\rho}{RT}\left(-\frac{1{,}41}{2} + \frac{5{,}07}{1{,}5}\eta\right)\right) . \quad (A3.3-36)$$

Mit Boublik-Mansoori-Mischungsregeln:

$$Z = \frac{1+\left(3\frac{DE}{F}-2\right)\eta+\left(3\frac{E^3}{F^2}-3\frac{DE}{F}+1\right)\eta^2-\frac{E^3}{F^2}\eta^3}{(1-\eta)^3} - \frac{a\rho}{RT}\left(1-1{,}41\eta+5{,}07\eta^2\right) \quad (A3.3-37)$$

mit $\quad D = \sum_{i=1}^{N} x_i \sigma_i \qquad E = \sum_{i=1}^{N} x_i \sigma_i^2 \qquad F = \sum_{i=1}^{N} x_i \sigma_i^3 \quad$ (A3.3-38)

und $\quad \sigma_i = \left(\frac{3b_i}{2\pi N_A}\right)^{1/3} \quad$ sowie $\quad \eta = \frac{1}{6}\pi N_A F\rho \quad$ (A3.3-39)

$$\Theta = \frac{\left(3\frac{DE}{F}+1\right)+\left(3\frac{E^3}{F^2}-3\frac{DE}{F}-2\right)\eta-\left(\frac{E^3}{F^2}-1\right)\eta^2}{(1-\eta)^3} - \frac{a}{RT}\left(1-1{,}41\eta+5{,}07\eta^2\right) \quad (A3.3-40)$$

$$\tilde{a}^r = \frac{3\frac{DE}{F}\eta}{1-\eta} + \frac{\frac{E^3}{F^2}\eta}{(1-\eta)^2} + \left(\frac{E^3}{F^2}-1\right)\ln(1-\eta) - \frac{a\rho}{RT}\left(1-\frac{1{,}41\eta}{2}+\frac{5{,}07\eta^2}{3}\right) \quad (A3.3\text{-}41)$$

$$\left(\frac{\partial \tilde{a}^r}{\partial T}\right)_\rho = \frac{3\frac{DE}{F}\frac{\rho}{4}\left(\frac{\partial b}{\partial T}\right)}{(1-\eta)^2} + \frac{3\eta\left(\frac{\partial DE/F}{\partial T}\right)}{1-\eta} + \frac{\frac{E^3}{F^2}\frac{\rho}{4}\left(\frac{\partial b}{\partial T}\right)(1+\eta)}{(1-\eta)^3} + \frac{\eta\left(\frac{\partial E^3/F^2}{\partial T}\right)}{(1-\eta)^2}$$

$$- \frac{\left(\frac{E^3}{F^2}-1\right)\frac{\rho}{4}\left(\frac{\partial b}{\partial T}\right)}{1-\eta} + \left(\frac{\partial E^3/F^2}{\partial T}\right)\ln(1-\eta) - \frac{a\rho^2}{4RT}\left(\frac{\partial b}{\partial T}\right)\left(-\frac{1{,}41}{2}+\frac{5{,}07\eta}{3}\right)$$

$$- \frac{\rho}{RT}\left(\left(\frac{\partial a}{\partial T}\right)-\frac{a}{T}\right)\left(1-\frac{1{,}41\eta}{2}+\frac{5{,}07\eta^2}{3}\right) \quad (A3.3\text{-}42)$$

$$\left(\frac{\partial^2 \tilde{a}^r}{\partial T^2}\right)_\rho = \left(\frac{\rho}{4}\left(\frac{\partial b}{\partial T}\right)\right)^2\left(\frac{1}{(1-\eta)^2}+\frac{6\frac{DE}{F}}{(1-\eta)^3}+\frac{\frac{E^3}{F^2}(3+4\eta-\eta^2)}{(1-\eta)^4}\right) + \frac{\rho}{4}\left(\frac{\partial b}{\partial T}\right)\left(\frac{6\left(\frac{\partial DE/F}{\partial T}\right)}{(1-\eta)^2}\right.$$

$$\left.+\frac{\left(\frac{\partial E^3/F^2}{\partial T}\right)(6\eta-2\eta^2)}{(1-\eta)^3}\right) + \frac{\rho}{4}\left(\frac{\partial^2 b}{\partial T^2}\right)\left(\frac{1}{(1-\eta)}+\frac{3\frac{DE}{F}}{(1-\eta)^2}+\frac{\frac{E^3}{F^2}(3\eta-\eta^2)}{(1-\eta)^3}\right)$$

$$+ \eta\left(\frac{3\left(\frac{\partial^2 DE/F}{\partial T^2}\right)}{(1-\eta)}+\frac{\left(\frac{\partial^2(E^3/F^2)}{\partial T^2}\right)}{(1-\eta)^2}\right)+\left(\frac{\partial^2(E^3/F^2)}{\partial T^2}\right)\ln(1-\eta) - \frac{\rho}{RT}\left(\left(\left(\frac{\partial^2 a}{\partial T^2}\right)\right.\right.$$

$$\left.\left. -\frac{2}{T}\left(\frac{\partial a}{\partial T}\right)-\frac{2a}{T^2}\right)\left(1-\frac{1{,}41\eta}{2}+\frac{5{,}07\eta^2}{3}\right) + \left(\frac{\rho a}{4}\left(\frac{\partial^2 b}{\partial T^2}\right)-\frac{a\rho}{2T}\left(\frac{\partial b}{\partial T}\right)+\frac{\rho}{2}\left(\frac{\partial a}{\partial T}\right)\left(\frac{\partial b}{\partial T}\right)\right)\right.$$

$$\left.\left(-\frac{1{,}41}{2}+\frac{5{,}07\eta}{3}\right)+\frac{a\rho}{4}\left(\frac{\partial b}{\partial T}\right)^2\frac{5{,}07}{1{,}5}\right) \quad (A3.3\text{-}43)$$

Zur Berechnung des Fugazitätskoeffizienten müssen die partiellen Ableitungen von $\tilde{a}^r$ nach den drei Parametern des Referenzterms D, E und F sowie nach den beiden Parametern des Störungsterms a und b bestimmt werden.

$$\tilde{a}^r_D = \left(\frac{\partial \tilde{a}^r}{\partial D}\right)_{\rho,T,a,b,E,F} = \frac{3\frac{E}{F}\eta}{1-\eta} \quad (A3.3\text{-}44)$$

$$\tilde{a}^r_E = \left(\frac{\partial \tilde{a}^r}{\partial E}\right)_{\rho,T,a,b,D,F} = \left(\frac{3\frac{D}{F}\eta}{1-\eta}+\frac{3\frac{E^2}{F^2}\eta}{(1-\eta)^2}+3\frac{E^2}{F^2}\ln(1-\eta)\right) \quad (A3.3\text{-}45)$$

Anhang 3. Zustandsgleichungen

$$\tilde{a}_F^r = \frac{\frac{\eta}{F} + \frac{E^3}{F^3}(2-\eta)}{1-\eta} + \frac{3\frac{DE}{F^2}\eta^2 - \frac{E^3}{F^3}(2+\eta)}{(1-\eta)^2} + \frac{2\frac{E^3}{F^3}\eta}{(1-\eta)^3} - 2\frac{E^3}{F^3}\ln(1-\eta) \quad \text{(A3.3-46)}$$

$\tilde{a}_a^r$ wird mit Gleichung (3.3-13) berechnet. Die Abhängigkeit zwischen η und b bzw. F im Referenzterm wird bereits durch $\tilde{a}_F^r$ abgedeckt, so daß sich die Berechnung von $\tilde{a}_b^r$ im Vergleich zu Gleichung (3.3-14) vereinfacht. Es muß nur noch der Zusammenhang zwischen η und b im Störungsterm berücksichtigt werden:

$$\tilde{a}_b^r = \left(\frac{\partial \tilde{a}^r}{\partial b}\right)_{\rho,T,a} = -\frac{a\rho^2}{RT}\left(-\frac{1{,}41}{8} + \frac{5{,}07}{6}\eta\right). \quad \text{(A3.3-47)}$$

Die partiellen Ableitungen der Parameter nach dem Molenbruch lauten:

$$D_{xi} = \left(\frac{\partial D}{\partial x_i}\right)_{\rho,T,x_k \neq j} = \sigma_i; \quad E_{xi} = \sigma_i^2; \quad F_{xi} = \sigma_i^3 \quad \text{(A3.3-48)}$$

Für die Berechnung des Fugazitätskoeffizienten φ_i mit der Dohrn-Prausnitz-Gleichung in Verbindung mit Boublik-Mansoori-Mischungsregeln für den Referenzterm und mit quadratischen Mischungsregeln für die Parameter a und b im Störungsterm gilt folgende Gleichung:

$$\boxed{\begin{aligned}\ln\varphi_i &= \tilde{a}^r + 2\tilde{a}_a^r\left(\sum_{j=1}^N x_j a_{ij} - a\right) + 2\tilde{a}_b^r\left(\sum_{j=1}^N x_j b_{ij} - b\right) \\ &+ \tilde{a}_D^r(\sigma_i - D) + \tilde{a}_E^r(\sigma_i^2 - E) + \tilde{a}_F^r(\sigma_i^3 - F) + Z - 1 - \ln Z\end{aligned}} \quad \text{(A3.3-49)}$$

Mischungen aus Wasser und unpolaren Komponenten

$$Z = \frac{1 + d^{(1)}\left(3\frac{DE}{F} - 2\right)\eta + d^{(2)}\left(3\frac{E^3}{F^2} - 3\frac{DE}{F} + 1\right)\eta^2 - d^{(3)}\frac{E^3}{F^2}\eta^3}{(1-\eta)^3} - \frac{4a}{RTb}\eta\Psi \quad \text{(A3.3-50)}$$

$$\Theta = \frac{b}{4}\frac{d^{(1)}\left(3\frac{DE}{F} - 2\right) + 3 + \left(d^{(2)}\left(3\frac{E^3}{F^2} - 3\frac{DE}{F} + 1\right) - 3\right)\eta - \left(d^{(3)}\frac{E^3}{F^2} - 1\right)\eta^2}{(1-\eta)^3}$$

$$-\frac{a}{RT}\Psi \quad \text{(A3.3-51)}$$

$$\tilde{a}^r = \left(d^{(1)}\left(3\frac{DE}{F}-2\right)+3\right)\frac{1}{2}C_1 + \left(d^{(2)}\left(3\frac{E^3}{F^2}-3\frac{DE}{F}+1\right)-3\right)C_2$$

$$+ \left(d^{(3)}\frac{E^3}{F^2}-1\right)C_3 + \tilde{a}_a^r\, a \qquad (A3.3-52)$$

mit
$$C_1 = \frac{1}{(1-\eta)^2} - 1 \qquad (A3.3-53)$$

$$C_2 = \frac{-1}{1-\eta} + \frac{0{,}5}{(1-\eta)^2} + 0{,}5 \qquad (A3.3-54)$$

$$C_3 = \ln(1-\eta) + \frac{2}{1-\eta} - \frac{0{,}5}{(1-\eta)^2} - 1{,}5 \qquad (A3.3-55)$$

$$\tilde{a}_D^r = 1{,}5\, d^{(1)}\frac{E}{F}C_1 - 3\, d^{(2)}\frac{E}{F}C_2 \qquad (A3.3-56)$$

$$\tilde{a}_E^r = 1{,}5\, d^{(1)}\frac{D}{F}C_1 + d^{(2)}\left(9\frac{E^2}{F^2}-3\frac{D}{F}\right)C_2 + 3\, d^{(3)}\frac{E^2}{F^2}C_3 \qquad (A3.3-57)$$

$$\tilde{a}_F^r = -1{,}5\, d^{(1)}\frac{DE}{F^2}C_1 + d^{(2)}\left(-6\frac{E^3}{F^3}+3\frac{DE}{F^2}\right)C_2 - 2\, d^{(3)}\frac{E^3}{F^3}C_3 + \frac{\eta}{F}\Bigg(\left(d^{(1)}\right.$$

$$\left(3\frac{DE}{F}-2\right)+3\bigg)\frac{1}{(1-\eta)^3} + \left(d^{(2)}\left(3\frac{E^3}{F^2}-3\frac{DE}{F}+1\right)-3\right)\left(\frac{-1}{(1-\eta)^2}+\frac{1}{(1-\eta)^3}\right)$$

$$+ \left(d^{(3)}\frac{E^3}{F^2}-1\right)\left(-\frac{1}{(1-\eta)}+\frac{2}{(1-\eta)^2}-\frac{1}{(1-\eta)^3}\right)\Bigg) \qquad (A3.3-58)$$

$$\tilde{a}_\mu^r = \left(2 d^{(11)}\mu + 4 d^{(12)}\mu^3\right)\left(3\frac{DE}{F}-2\right)\frac{1}{2}C_1 + \left(2 d^{(21)}\mu + 4 d^{(22)}\mu^3\right)$$

$$\left(3\frac{E^3}{F^2}-3\frac{DE}{F}+1\right)C_2 + \left(2 d^{(31)}\mu\right)\frac{E^3}{F^2}C_3 \qquad (A3.3-59)$$

Für das reduzierte Dipolmoment einer Mischung gilt:

$$\mu = \left((S_{M1}-S_{1M}-2)x_1^3 + (S_{1M}-2S_{M1}+3)x_1^2 + S_{M1}\, x_1\right)\mu_1, \qquad (A3.3-60)$$

wobei Wasser die erste Komponente ist, d. h. den Index 1 trägt,

mit $\qquad S_{1M} = \sum\limits_{j=2}^{N}\dfrac{x_j}{1-x_1}S_{1j} \quad$ und $\quad S_{M1} = \sum\limits_{j=2}^{N}\dfrac{x_j}{1-x_1}S_{j1} \qquad (A3.3-61)$

und den binären Parametern

$$S_{1j} = \lim_{x_j \to 0}\left(\frac{\partial \mu}{\partial x_j}\right), \qquad S_{j1} = \lim_{x_1 \to 0}\left(\frac{\partial \mu}{\partial x_1}\right). \qquad (A3.3-62)$$

Anhang 4: Einstoffsysteme

Tabelle A4-1: Mittlere Abweichungen (%) zwischen experimentellen und mit der Dohrn-Prausnitz(DP)- und der Peng-Robinson (PR)-Gleichung berechneten Dichten und Dampfdrücken; 215 Datenpunkte; T_R = 0,5 - 1; P = 0 - 35 MPa.

	Dampfdruck		Sättigungsdichten		Flüssigkeitsdichten	
	DP	PR	DP	PR	DP	PR
Kohlendioxid	0,57	0,66	2,32	2,75	1,43	3,64
Argon	2,79	0,42	3,85	5,20	2,64	11,86
Benzen	0,28	0,60	1,99	1,77	0,87	3,14
Propen	2,85	0,41	2,46	3,81	2,07	8,78
Methan	2,98	1,08	3,39	4,81	0,71	10,63
Propan	2,68	0,38	1,48	2,46	1,28	6,18
n-Butan	2,34	0,66	2,01	2,79	1,20	5,27
n-Pentan	0,67	0,54	1,01	1,40	1,41	3,17
n-Heptan	0,72	0,70	0,68	0,57	1,05	1,82
n-Octan	0,86	0,40	-	-	0,88	2,33
n-Hexadecan	2,79	3,02	-	-	0,56	11,68
Gesamt	1,78	0,81	2,13	2,84	1,28	6,23

Tabelle A4-2: Koeffizienten der Korrelationen von **Brunner (1978)** für die HPW-Gleichung

	N	$b = b^{(1)} v_{L20} + b^{(2)}$			$\ln(a_{20}^+) = \alpha^{(1)}\ln(b) + \alpha^{(2)}$			$\ln(a) = a^{(1)}\ln(a_{20}^+) + a^{(2)}$		
		$b^{(1)}$	$b^{(2)}$	r	$\alpha^{(1)}$	$\alpha^{(2)}$	r	$a^{(1)}$	$a^{(2)}$	r
Gesamtkorrel.	214	0,992042	−0,01361	0,99862	1,735895	5,39532	0,97192	1,863155	2,30615	0,97110
Alkane	33	1,011274	−0,02390	0,99989	2,004929	5,67572	0,99890	2,002736	2,13600	0,99689
Alkene, Alkine	12	1,005255	−0,02192	0,99991	1,949748	5,61091	0,99879	1,944770	2,20978	0,99818
Ringverbindungen	43	0,992032	−0,01216	0,99979	1,768955	5,61256	0,97895	1,906477	2,00291	0,96967
Ester, Alde., Ketone	45	0,994223	−0,01445	0,99985	1,747005	5,43880	0,99004	1,775060	2,51140	0,97408
Alkohole	13	1,513875	+0,00249	0,99790	1,383757	4,25186	0,94138	2,279577	1,60960	0,94461
Carbonsäuren	16	0,991862	−0,01176	0,99998	1,708684	5,53925	0,99677	2,040142	1,85470	0,98285
Stickstoffverbind.	23	0,988980	−0,01142	0,99983	1,640596	5,35075	0,98867	1,857628	2,39710	0,98364
Halogenverbind.	24	1,001862	−0,01933	0,99880	1,831685	5,59728	0,99350	1,817558	2,48126	0,98829
Sonstige	19	0,992365	−0,01334	0,99981	1,789098	5,61280	0,98966	1,886898	2,48427	0,97475

$\alpha = 0,176035 \ln(a_{20}^+/a)$; Einheiten: b und v_{L20}: $m^3 kmol^{-1}$, a_{20}^+: $MJ m^3 kmol^{-2}$, a: $MJ m^3 kmol^{-2} K^{-\alpha}$, r=Korrelat.koeff.

Anhang 4. Einstoffsysteme

Tabelle A4-3: Koeffizienten der Korrelationen von **Hederer (1981)** für die HPW-Gleichung

	N	$b = b^{(1)} v_{L20} + b^{(2)}$			$a = a^{(1)} b^{a^{(2)}}$			$\alpha = \alpha^{(1)} \ln(b) + \alpha^{(2)}$		
		$b^{(1)}$	$b^{(2)}$	r	$a^{(1)}$	$a^{(2)}$	r	$\alpha^{(1)}$	$\alpha^{(2)}$	r
Gesamtkorrelation	377	0,991032	-0,01367	0,99933	273022,59	3,2652526	0,92300	-0,2690338	-1,2414034	-
Alkane	50	1,009296	-0,02306	0,99992	807415,37	4,1273119	0,98842	-0,3704151	-1,3930133	-
Alkene, Alkine	22	1,001623	-0,01970	0,99996	448685,52	3,6991637	0,98064	-0,3205950	-1,3197839	-
Ringverbindungen	72	0,99560	-0,01430	0,99973	364956,92	3,5648229	0,94803	-0,3002356	-1,2527566	-
Ester, Alde., Ketone	95	0,994637	-0,01415	0,99989	249542,86	3,1841998	0,95563	-0,2460174	-1,2117022	-
Alkohole	13	1,513875	-0,00249	0,99790	80988,34	3,15438063	0,88924	-0,3116901	-1,2410743	-
Phenole	23	0,985492	-0,00778	0,99997	375629,89	2,8858388	0,96121	-0,2358661	-1,3096213	-
Carbonsäuren	16	0,989011	-0,01023	0,9996	685131,94	3,4026385	0,95376	-0,3033899	-1,3915387	-
Stickstoffverbind.	49	0,988304	-0,01034	0,99973	306298,81	3,1324374	0,92054	-0,2536678	-1,2489722	-
Halogenverbind.	49	0,992728	-0,01343	0,99991	371675,82	3,4080926	0,98515	-0,2898003	-1,2873267	-
Andere	12	0,989699	-0,01210	0,99989	434442,18	3,3754178	0,98007	-0,2893417	-1,3107199	-

Einheiten: b und v_{L20}: $m^3 kmol^{-1}$, a: $MJ m^3 kmol^{-2} K^{-\alpha}$, r = Korrelationskoeffizient

Tabelle A4-4: Koeffizienten der Korrelationen von **Dohrn (1992)** für zweiparametrige Zustandsgleichungen

	N	$b_c = \Omega_b (b^{(1)} v_{L20} T_b + b^{(2)})$				$a_c = \Omega_a a^{(1)} (\frac{b_c}{\Omega_b} T_b)^{a^{(2)}}$			
		$b^{(1)}$	$b^{(2)}$	r	Abw.	$a^{(1)}$	$a^{(2)}$	r	Abw.
Gesamtkorrelation	380	0,02556188	0,168721	0,9866	6,09	21,26924	0,913049	0,9987	2,08
Alkane	59	0,02567899	0,189235	0,9963	2,98	21,64813	0,909791	0,9999	0,59
Alkene, Alkine	47	0,02748117	0,169513	0,9983	2,25	21,83080	0,908836	0,9998	0,73
Ringverbindungen	69	0,02850249	−0,065826	0,9899	5,47	23,41278	0,903021	0,9996	1,37
Ester, Aldehyde, Ketone	72	0,02346029	0,272283	0,9923	4,49	21,81524	0,907781	0,9989	1,40
Alkohole	24	0,02221050	0,246716	0,9934	6,41	20,07474	0,915353	0,9988	2,09
Phenole	4	0,02573506	−0,075352	0,8581	4,38	20,47552	0,920835	0,9992	0,42
Carbonsäuren	7	0,02422684	0,214574	0,9850	5,43	18,28619	0,932858	0,9995	0,87
Stickstoffverbindungen	40	0,02101057	0,364923	0,9456	8,80	20,96849	0,914466	0,9982	2,14
Halogenverbindungen	48	0,02818291	0,104545	0,9640	6,93	24,04730	0,891023	0,9960	3,37
Andere	14	0,02721542	0,105248	0,9791	5,52	23,12890	0,900018	0,9983	1,86

Einheiten: b_c und v_{L20} : $m^3 kmol^{-1}$, T_b: K, a_c: $kJ m^3 kmol^{-2}$, Abw.=mittlere rel. Abweichung: %, r=Korrelationskoeff.

Anhang 4. Einstoffsysteme

Tabelle A4-5: Parameterkorrelationen für zweiparametrige Zustandsgleichungen von Dohrn (1992): Mittlere Abweichungen (%) zwischen berechneten und experimentellen Dampfdrücken und Flüssigkeitsdichten von 297 Stoffen (experimentelle Daten von Reid et al., 1987)

	Flüssigkeitsdichte bei 20°C	Dampfdruck			
		$0,9 \cdot T_b$	T_b	$1,1 \cdot T_b$	gesamt[1]
Peng-Robinson-Gleichung:					
Original-Parameter	6,80	4,18	1,71	1,97	3,00
Gesamtkorrelation	6,98	6,05	2,34	4,31	4,95
Soave-Redlich-Kwong-Glg:					
Original-Parameter	14,55	4,22	1,89	1,95	3,00
Gesamtkorrelation	13,59	6,54	2,76	4,53	5,27
Dohrn-Prausnitz-Glg.:					
Original-Parameter	5,82	4,56	2,07	2,09	3,26
Gesamtkorrelation	3,87	7,36	3,12	4,04	5,49
Mulia-Yesavage-Gleichung:					
Original-Parameter	6,80	4,19	2,38	2,17	3,15
Gesamtkorrelation	5,43	9,64	5,02	3,52	6,52

---

[1] Mittlere absolute Abweichungen zwischen mit verschiedenen Methoden berechneten Dampfdrücken bei 7 Temperaturen (0,85, 0,9, 0,95, 1,0, 1,05, 1,1 und $1,15 \cdot T_b$): a) berechnet mit den angegebenen Zustandsgleichungen; b) berechnet mit den Dampfdruckgleichungen und Koeffizienten nach Reid et al. (1987)

Tabelle A4-6 Abweichungen zwischen geschätzten und experimentellen Werten für die kritische Temperatur von fünf n-Alkanen (Daten von Smith et al., 1987)

	$T_{c,\text{geschätzt}} - T_{c,\text{exp}}$ (K)					
	Ambrose 1978	API 4D3.1	Joback 1984	Laux 1990	Dohrn (1992) Ges.-Kor.	Alkane
n-Hexadecan	1,73	3,65	-3,39	2,07	3,05	0,22
n-Heptadecan	2,27	2,98	-2,95	2,57	2,95	0,02
n-Octadecan	2,91	2,08	-2,11	3,12	2,91	-0,12
n-Nonadecan	3,19	3,02	-1,28	4,14	2,95	-0,16
n-Eicosan	4,05	2,74	0,49	4,04	2,99	-0,22
AAD (K)	2,83	2,90	2,04	3,19	2,97	0,15

Tabelle A6-7: Abweichungen zwischen geschätzten und experimentellen Werten für den kritischen Druck von fünf n-Alkanen (Daten von Smith et al., 1987)

	$P_{c,\text{geschätzt}} - P_{c,\text{exp}}$ (kPa)					
	Ambrose 1979	API 4D4.1	Joback 1984	Laux 1990	Dohrn (1992) Ges.-Kor.	Alkane
n-Hexadecan	29,1	-92,3	-100,1	42,8	-39,4	-56,3
n-Heptadecan	58,8	-75,0	-85,8	64,7	-22,1	-37,7
n-Octadecan	96,9	-50,5	-61,3	95,5	4,8	-9,5
n-Nonadecan	134,0	-0,8	-36,4	125,8	39,3	25,9
n-Eicosan	192,8	53,6	11,5	178,1	92,7	80,2
AAD (kPa)	102,3	54,4	59,0	101,4	39,7	41,9

Anhang 5: Stoffmischungen

Tabelle A5-1: Formeln zur Bestimmung von partiellen molaren Größen und Mischungsgrößen für Mischungen idealer Gase (IGM).

partielle molare Größen	Mischungsgrößen
$\bar{v}_i^{IGM}(T,P,x_i) = v_i^{IG}(T,P)$	$\Delta v_{mix}^{IGM} = 0$
$\bar{u}_i^{IGM}(T,x_i) = u_i^{IG}(T)$	$\Delta u_{mix}^{IGM} = 0$
$\bar{h}_i^{IGM}(T,x_i) = h_i^{IG}(T)$	$\Delta h_{mix}^{IGM} = 0$
$\bar{s}_i^{IGM}(T,P,x_i) = s_i^{IG}(T,P) - R\ln x_i$	$\Delta s_{mix}^{IGM} = -R \sum_{i=1}^{N} x_i \ln x_i$
$\bar{g}_i^{IGM}(T,P,x_i) = g_i^{IG}(T,P) + RT\ln x_i$	$\Delta g_{mix}^{IGM} = RT \sum_{i=1}^{N} x_i \ln x_i$
$\bar{a}_i^{IGM}(T,P,x_i) = a_i^{IG}(T,P) + RT\ln x_i$	$\Delta a_{mix}^{IGM} = RT \sum_{i=1}^{N} x_i \ln x_i$

Tabelle A5-2: Formeln zur Bestimmung von partiellen molaren Größen, Mischungs- und Exzeßgrößen für Ideale (IM) und Reale Mischungen

Ideale Mischung	Reale Mischung
$\overline{v}_i^{IM} = v_i$ $\Delta v_{mix}^{IM} = 0$	$\overline{v}_i^{E} = \overline{v}_i - v_i$ $v^E = \Delta v_{mix}$
$\overline{u}_i^{IM} = u_i$ $\Delta u_{mix}^{IM} = 0$	$\overline{u}_i^{E} = \overline{u}_i - u_i$ $u^E = \Delta u_{mix}$
$\overline{h}_i^{IM} = h_i$ $\Delta h_{mix}^{IM} = 0$	$\overline{h}_i^{E} = \overline{h}_i - h_i$ $h^E = \Delta h_{mix}$
$\overline{s}_i^{IM} = s_i - R\ln x_i$ $\Delta s_{mix}^{IM} = -R\sum x_i \ln x_i$	$\overline{s}_i^{E} = \overline{s}_i - s_i + R\ln x_i$ $s^E = \Delta s_{mix} + R\sum x_i \ln x_i$
$\overline{g}_i^{IM} = g_i + RT\ln x_i$ $\Delta g_{mix}^{IM} = RT\sum x_i \ln x_i$	$\overline{g}_i^{E} = \overline{g}_i - g_i - RT\ln x_i$ $g^E = \Delta g_{mix} - RT\sum x_i \ln x_i$
$\overline{a}_i^{IM} = a_i + RT\ln x_i$ $\Delta a_{mix}^{IM} = RT\sum x_i \ln x_i$	$\overline{a}_i^{E} = \overline{a}_i - a_i - RT\ln x_i$ $a^E = \Delta a_{mix} - RT\sum x_i \ln x_i$

Anhang 6: Phasengleichgewichte in Mischungen

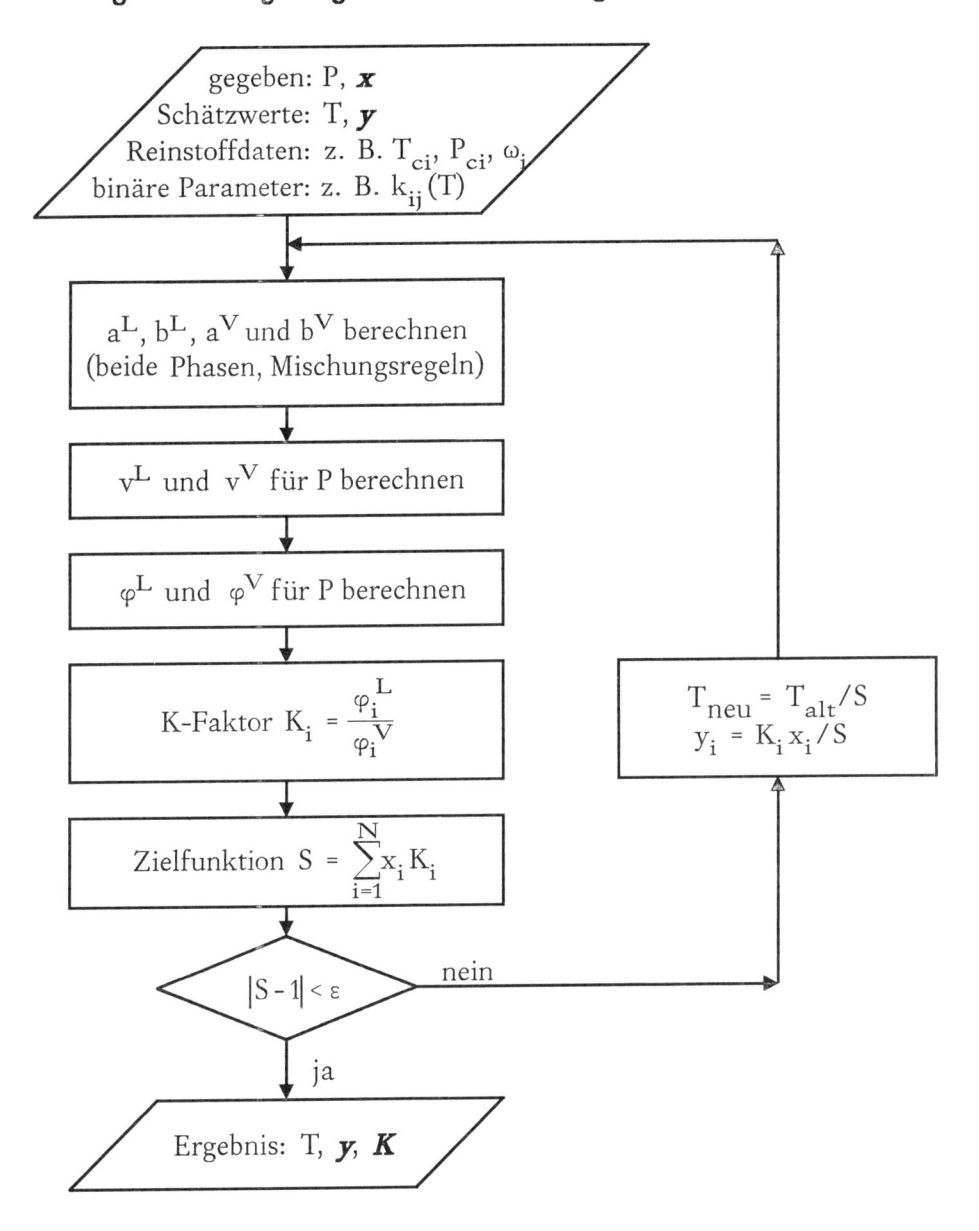

gegeben: P, **x**
Schätzwerte: T, **y**
Reinstoffdaten: z. B. T_{ci}, P_{ci}, ω_i
binäre Parameter: z. B. $k_{ij}(T)$

↓

a^L, b^L, a^V und b^V berechnen
(beide Phasen, Mischungsregeln)

↓

v^L und v^V für P berechnen

↓

φ^L und φ^V für P berechnen

↓

K-Faktor $K_i = \dfrac{\varphi_i^L}{\varphi_i^V}$

↓

Zielfunktion $S = \sum_{i=1}^{N} x_i K_i$

↓

$|S - 1| < \varepsilon$ — nein → $T_{neu} = T_{alt}/S$; $y_i = K_i x_i / S$ ↑

↓ ja

Ergebnis: T, **y**, **K**

Abb. A6-1: Programmablaufplan zur Berechnung der Siedetemperatur T und der Gasphasenzusammensetzung **y** (Siedetemperaturproblem)

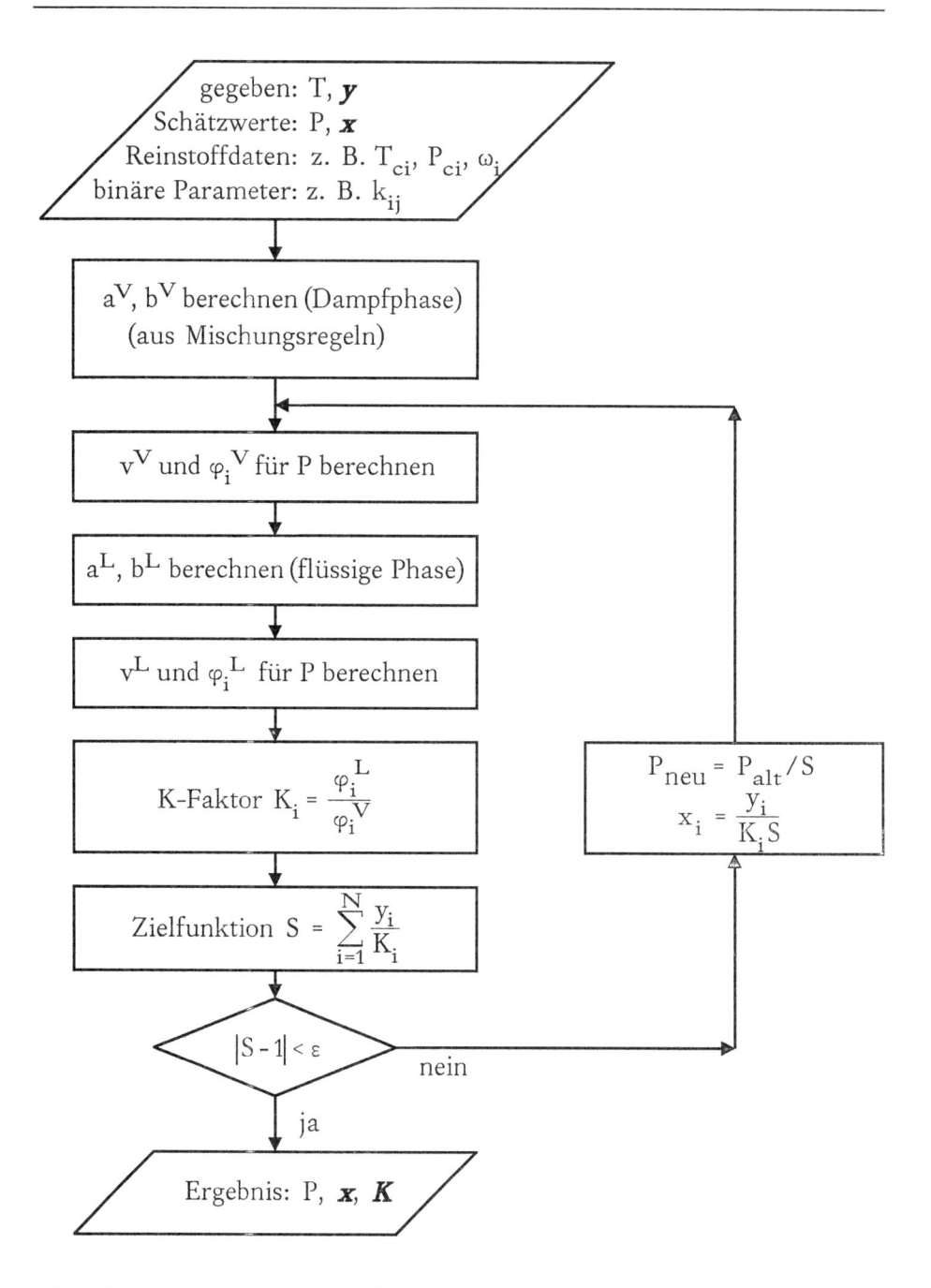

```
┌─────────────────────────────────┐
│  gegeben: T, y                  │
│  Schätzwerte: P, x              │
│  Reinstoffdaten: z. B. T_ci, P_ci, ω_i │
│  binäre Parameter: z. B. k_ij   │
└─────────────────────────────────┘
                 ↓
┌─────────────────────────────────┐
│  a^V, b^V berechnen (Dampfphase)│
│  (aus Mischungsregeln)          │
└─────────────────────────────────┘
                 ↓
┌─────────────────────────────────┐
│  v^V und φ_i^V für P berechnen  │
└─────────────────────────────────┘
                 ↓
┌─────────────────────────────────┐
│  a^L, b^L berechnen (flüssige Phase) │
└─────────────────────────────────┘
                 ↓
┌─────────────────────────────────┐
│  v^L und φ_i^L für P berechnen  │
└─────────────────────────────────┘
                 ↓
┌─────────────────────────────────┐          ┌──────────────────┐
│  K-Faktor  $K_i = \dfrac{\varphi_i^L}{\varphi_i^V}$ │          │ $P_{neu} = P_{alt}/S$ │
│                                 │          │ $x_i = \dfrac{y_i}{K_i S}$ │
└─────────────────────────────────┘          └──────────────────┘
                 ↓                                   ↑
┌─────────────────────────────────┐                  │
│  Zielfunktion $S = \sum_{i=1}^{N} \dfrac{y_i}{K_i}$ │                  │
└─────────────────────────────────┘                  │
                 ↓                                   │
            ◇ |S-1| < ε ◇  ── nein ───────────────→──┘
                 │
                 ja
                 ↓
┌─────────────────────────────────┐
│  Ergebnis: P, x, K              │
└─────────────────────────────────┘
```

Abb. A6-2: Programmablaufplan zur Berechnung der Flüssigkeitszusammensetzung *x* und des Druckes P am Taupunkt (Siededruckproblem)

Anhang 6. Phasengleichgewichte in Mischungen

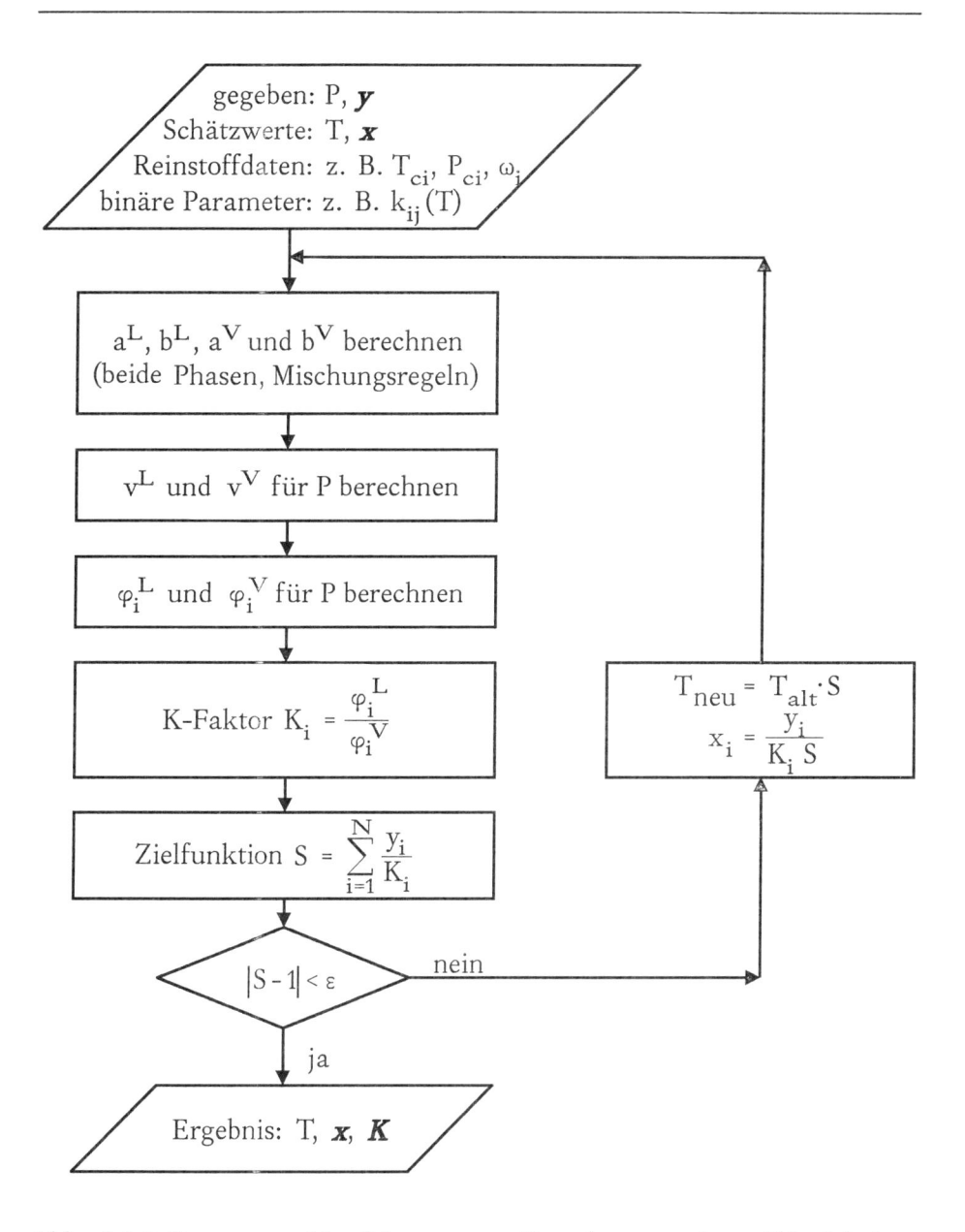

```
gegeben: P, y
Schätzwerte: T, x
Reinstoffdaten: z. B. T_ci, P_ci, ω_i
binäre Parameter: z. B. k_ij(T)
           │
           ▼
┌─────────────────────────────────┐
│ a^L, b^L, a^V und b^V berechnen │
│ (beide Phasen, Mischungsregeln) │
└─────────────────────────────────┘
           │
┌─────────────────────────────────┐
│ v^L und v^V für P berechnen     │
└─────────────────────────────────┘
           │
┌─────────────────────────────────┐
│ φ_i^L und φ_i^V für P berechnen │
└─────────────────────────────────┘
           │
┌─────────────────────────────────┐
│ K-Faktor K_i = φ_i^L / φ_i^V    │        T_neu = T_alt · S
└─────────────────────────────────┘        x_i = y_i / (K_i S)
           │
┌─────────────────────────────────┐
│ Zielfunktion S = Σ y_i/K_i      │
└─────────────────────────────────┘
           │
       |S-1| < ε  ──nein──────────────►
           │ ja
      Ergebnis: T, x, K
```

Abb. A6-3: Programmablaufplan zur Berechnung der Flüssigkeitszusammensetzung **x** und der Temperatur T am Taupunkt (Tautemperaturproblem)

Einphasige Systeme		
Gasphase	Flüssigphase I	Flüssigphase II
$\sum_i \dfrac{z_i}{K_i^I} < 1$ und $\sum_i \dfrac{z_i}{K_i^{II}} < 1$	$\sum_i z_i K_i^I < 1$ und $\sum_i z_i \dfrac{K_i^I}{K_i^{II}} < 1$	$\sum_i z_i K_i^{II} < 1$ und $\sum_i z_i \dfrac{K_i^{II}}{K_i^I} < 1$
keine iterativen Berechnungen erforderlich		

Zweiphasige Systeme		
Gas- und FlüssigI-Phase	Gas- und FlüssigII-Phase	FlüssigI- und FlüssigII-Phase
$\sum_i \dfrac{z_i}{K_i^I} > 1$, $\sum_i z_i K_i^I > 1$ und $Q_2(\Psi^I, 0) < 0$ für die Lösung von $Q_1(\Psi^I, 0) = 0$	$\sum_i \dfrac{z_i}{K_i^{II}} > 1$, $\sum_i z_i K_i^{II} > 1$ und $Q_1(0, \Psi^{II}) < 0$ für die Lösung von $Q_2(0, \Psi^{II}) = 0$	$\sum_i z_i \dfrac{K_i^I}{K_i^{II}} > 1$, $\sum_i z_i \dfrac{K_i^{II}}{K_i^I} > 1$ und $Q_1(\Psi^I, 1-\Psi^I) > 0$ für die Lösung von $Q_1(\Psi^I, 1-\Psi^I) - Q_2(\Psi^I, 1-\Psi^I) = 0$
iterative Berechnung der Nullstellen von Q_1, Q_2 und $Q_1 - Q_2$		

Dreiphasige Systeme Gas-FlüssigI-FlüssigII
$Q_1(\Psi^I, \Psi^{II}) = Q_2(\Psi^I, \Psi^{II}) = 0$
iterative Berechnung der Nullstellen von $Q_1 = Q_2$

Abb. A6-4: Existenzkriterien für Ein-, Zwei- und Dreiphasengebiete (Bünz, Dohrn und Prausnitz, 1992)

Tabelle A6-1: Koeffizienten der Temperaturabhängigkeit der Wechselwirkungsparameter k_{ij} für das System Methan - Kensol-16 (Dohrn et al., 1991) ; vgl. Tabelle 6.6-1.
$$k_{ij} = k_{ij}^{(1)}(T - 273{,}15K) + k_{ij}^{(0)}$$

	SRK-Gleichung (Soave, 1972)		Peng-Robinson-Gl. (1976)		Perturbed-Hard-Chain (Sako et al., 1989)	
	$10^4\, k_{ij}^{(1)}$	$k_{ij}^{(0)}$	$10^4\, k_{ij}^{(1)}$	$k_{ij}^{(0)}$	$10^4\, k_{ij}^{(1)}$	$k_{ij}^{(0)}$
k_{12}	-0,0732	0,0407	1,9365	0,0421	-2,9291	0,0182
k_{15}	-2,1968	0,0611	0	0,07	0	-0,02
k_{16}	9,5196	0,1185	6,3278	0,1501	3,3610	0,1501
k_{25}	2,9291	-0,0082	1,4646	0,0009	0	0
k_{26}	2,9291	0,0018	5,4222	0,0339	-7,7622	0,0596

Tabelle A6-2: Einfluß der Wechselwirkungsparameter k_{ij} auf die Form berechneter χ,P-Kurven für das System Methan - Kensol-16 (Künstler, 1989); vgl. Tabelle 6.6-1.

k_{ij}-Änderung	Änderung des oberen Taupunktes	Änderung des Maximums der χ-P-Kurve
k_{12} ↑	↑↑	↑
k_{15} ↑	↑	↑
k_{16} ↑	↑↑	↓
k_{25} ↑	↓	↓
k_{26} ↑	↓	↑↑

↑ bedeutet Anstieg, ↑↑ starker Anstieg, ↓ Abfall, ↓↓ starker Abfall.

Beispiel: eine Erhöhung von k_{12} von 0,07 auf 0,08 erhöht den oberen Taupunkt um 8 MPa (↑↑) auf 82 MPa, gleichzeitig erhöht sich das Maximum der χ,P-Kurve um 0,2% (↑) auf 41,2%.

Sachwortverzeichnis

A
Absorption 1, 159
Abstoßungskräfte 58, 200
Abweichungsgröße 146
Aceton 158
Adachi-Lu-Sugie-Gleichung 96, 122
Adachi-Sugie-Mischungsregel 140, 230
Änderung der Freien Energie 84
Änderung der Freien Enthalpie 84
AEOS-Modell 208
Aktivität 18
Aktivitätskoeffizient 18, 153, 158
Aktivitätskoeffizientenmodelle 129
Algorithmus 162, 168, 169, 186
Alkohole 184, 203
Ammoniak 94, 203
Andrews, Thomas (1813-1885) 21
Anthracen 198
Arbeit 6, 8
Argon 46, 287
ASOG-Gleichung 131
Assoziat 205
Assoziation 199, 205, 218
Assoziationsmodell 207
Attraktionskräfte 125
Attraktionsterm 27
Avogadro-Konstante 127
azentrischer Faktor 28, 47, 71, 108, 170

B
BACK-Gleichung 54
Beattie-Bridgeman-Gleichung 43
Bender-Gleichung 44
Benedict-Webb-Rubin-Gleichung 43
Benzen 155, 157, 175, 177, 193, 216, 287
Berechnungsbeispiel 74, 91, 114, 115, 155, 170, 191
Berthelot-Gleichung 19, 29
Bezugszustand 131
Bicyclohexan 224
Biomasse 184
Boublik-Gleichung 52
Boublik-Mansoori-Gleichung 128, 135, 153, 171, 283
Boyle, Robert (1627-1691) 19
Brunner-Methode 97, 118, 174
BWRCSH-Gleichung 44, 197

C
Cagniard de la Tour, Charles (1777-1859) 21
Cardani-Gleichungen 73
Carnahan-Starling-Gleichung 52, 59, 60, 128, 202
Carotin 232
CCOR-Gleichung 40, 52, 122, 197, 242
Charakterisierung 221, 222
charakteristische Größe 234
Chemische Theorie 205
Chloroform 158
Christoforakis-Franck-Gleichung 59
Chueh-Prausnitz-Methode 121
Clapeyron, B.-P.-E. (1799-1864) 19
Clapeyron-Gleichung 90
Clausius, Rudolf (1822-1888) 5, 7
Clausius-Gleichung 29, 121
Cluster 199
Computersimulation 49, 249
COR-Gleichung 242
CS-Peng-Robinson-Gleichung 64, 278
CS-Redlich-Kwong-Gleichung 64, 278
CS-van-der-Waals-Gleichung 64, 278
Cyclohexan 210

D
Dampf-Flüssig-Flüssig-Gleichgewicht 178, 185, 187
Dampf-Flüssig-Gleichgewicht 160, 206, 235
Dampf-Flüssig-Zweiphasengebiet 25
Dampfdruck 25, 33, 115, 119, 121, 202, 287, 291
Dampfdruck-Gleichungen 118
Dampfdruckberechnung 88
De-Broglie-Wellenlänge 55
Deiters-Gleichung 58
Dichte, Sättigungs- 172, 287
Dichtefindungsproblem 73, 163
Dieterici-Gleichung 30
Diglycerid 232
Dimer 199, 205
Dipolkoeffizient 67, 282
Dipolmoment 67, 199, 211
Dipolmoment, Mischungsregeln 286
Dipolmoment, reduziertes 282
Dispersionsenergiepotential 68
Dispersionskräfte 200
Dohrn-Methode 103, 116, 173, 291
Dohrn-Prausnitz-Gleichung 60, 64, 74, 91, 112, 114, 153, 155, 171, 180, 181, 278, 280, 287, 291
Dreiecksdiagramm, Gibbssches 175, 230, 233
Dreikörpereffekt 58
Dreiphasengebiet 178, 191
Druck, kritischer 70, 94
druckexplizit 73

Sachwortverzeichnis

E

Ein-Fluid-Annahme	124
Einstoffsystem	69
elektrostatische Kräfte	200
Elementar-Analyse	220
Energie, innere	7, 275
Energieänderung	83, 150
Energieparameter, attraktiver	124
Enhancement factor	196
Enthalpie	9, 47, 91, 275
Enthalpie, residuelle	80, 81
Enthalpieänderung	82, 150
Enthalpiebilanz	162
Entropie	7, 12, 92, 93
Entropie, residuelle	79, 81
Entropieänderung	83, 150
Erdgas-System	236
Erdgasaufbereitung	222
Erdöl	184, 219
Erdöllagerstätte	219, 236
Erhaltungssätze	80
Ethan	107
Existenzkriterien für Phasen	298
Expanded-Liquid-Modell	195
extensive Größe	145
Extraktion	1, 159
Exzeßenthalpie	157
Exzeßgröße	146, 149
Exzeßvolumen	130

F

Fettsäure	232
Fettsäuremethylester	229
Fischöl	229
Flashproblem	163, 166, 185, 190
Flüssig-Flüssig-Gleichgewicht	182, 207
Flüssigkeitsanteil	225
Flüssigkeitsdichte	74, 115, 119, 203, 232, 287, 291
Flüssigkeitsvolumen	104
Formfaktor	48
Fraktion	221
Freie Bildungsenthalpie	206
Freie Energie	9, 275
Freie Energie, Änderung der	151
Freie Energie, residuelle	80, 284
Freie Enthalpie	9, 275
Freie Enthalpie, Änderung der	151
Freie Enthalpie, Minimierung	168
Freie Enthalpie, residuelle	80, 81, 87
Freie Exzeßenergie	136
Freie Exzeßenthalpie	129, 154, 157
Fugazität	15, 79, 87, 194
Fugazität, Druckabhängigkeit	88
Fugazität, Temperaturabhängigkeit	88
Fugazitätskoeffizient	16, 33, 86, 87, 151, 160, 285
Fugazitätskoeffizient, Berechnung	152
Fuller-Gleichung	38, 122
funktionelle Gruppe	221

G

Gaschromatographie	220
Gasextraktion	1, 193, 229
Gasgesetz, ideales	19
Gay-Lussac, Joseph L. (1778-1850)	19
GC-EOS	134
g^E-Modell-Mischungsregel	129, 204
Gegenstromtrennverfahren	231
Generalisierung	71
Generalisierung von Parametern	44, 48, 54
Gesamtbilanz	162, 187
Gesamtkorrelation	98, 104, 174
Gesamtzusammensetzung, Variation	175
Gibbs, Josiah Willard (1839-1903)	5
Gibbs-Duhem-Gleichung	14
Gibbs-Funktion	8, 275
Gibbssche Fundamentalgleichung	8, 11, 81
Gleichgewicht, chemisches	206
Gleichgewicht, mechanisches	12
Gleichgewicht, stoffliches	12, 17, 88, 160, 179, 182, 184, 194, 206, 235
Gleichgewicht, thermisches	12
Gleichgewichtsbedingungen	11
gleichgewichtsbestimmt	1, 159
Gleichgewichtsbeziehung	162, 187
Graboski-Daubert-Version	121
Gruppenbeitrags-Mischungsregel	130
Gruppenbeitragszustandsgleichung	134
Guggenheim-Gleichung	52

H

Harmens-Knapp-Gleichung	122, 197
Hartkugeldurchmesser	51, 127
Hartkugelreferenzterm	240
Hartkugelsystem	127
Hartkugelterm	52
Hederer-Methode	100, 118, 174
Hederer-Peter-Wenzel-Gleichung	36
Helmholtz, Hermann von (1821-1894)	5
Helmont, J. B. van (1579-1644)	21
Henry-Konstante	181
heterogen	6
heterogene Methode	160
Heyen-Gleichung	122, 197, 242
homogen	6
homogene Methode	160
homogene Methode, Vor- und Nachteile	161

HPLC	220
HPW-Gleichung	35, 97, 100, 118, 174, 178, 191, 193, 232
Huron-Vidal-Mischungsregel	130
Hydrat	184
hydrophob	216, 217

I

ideale Mischung	146, 148, 294
ideales Gas	84
Infrarot-Spektroskopie	220
intensive Größe	145
Isofugazitätsbedingung	194
Isotherme, kritische	61, 65, 74

J

Joback-Methode	229
Joule, James Prescott (1818-1889)	5

K

K-Faktor	161, 165, 182
K-Faktor, Schätzwerte	166
Kabadi-Danner-Mischungsregel	139
Kammerlingh-Onnes, Heike (1853-1926)	41
Kensol-16	224, 299
Kohlendioxid	91, 92, 93, 173, 175, 184, 198, 216, 229, 232, 242, 287
Kohlenstoffdisulfid	157
Kohlenwasserstoffe	72
Kohleöl	219, 236
Kohleverflüssigung	184
Kollisionsdurchmesser	124
Kombinationsregel	125
Kompressibilität, kritische	63, 70, 77, 202
Kompressibilitätsfaktor	47, 48, 52
Kondensation, retrograde	223
Kondensationstemperatur, kritische	223
konvexe harte Körper	53
Konzentrationstetraeder	177, 193
Korrekturfunktion	63
Korrespondenzprinzip	27, 46, 71, 161
Kosten	1
Kreuzassoziat	209
kritische Kurve	237
kritischer Punkt	26
Kubic-Gleichung	122, 197, 242

L

Ladungsübertragung	200
Lee-Kesler-Gleichung	47
Legendre-Transformation	9
Leistungsfähigkeit, Zustandsgleichung	120
Lewis, G. Newton	15
LLE	182, 236
LLVE	178, 185
Löslichkeit von Feststoffen	193, 196
Löslichkeit von Gasen in Flüssigkeiten	134, 179
lokale Zusammensetzung	129, 133
Lorentz-Kombinationsregel	127
Lydersen-Methode	114

M

Margules-Typ-Mischungsregel	140
Martin-Gleichung	121
Massenspektroskopie	220
Maxwellsche Flächenbedingung	24
Mehrkörpereffekt	200
Melhem-Mischungsregel	141, 174
metastabil	12
Methan	94, 226, 242, 287, 299
Methanol	210, 232
Meyer-Mischungsregel	128
MHV1-Mischungsregel	132
MHV2-Mischungsregel	132
Michelsen-Kistenmacher-Syndrom	141
Mischung idealer Gase	146, 293
Mischungen, Eigenschaften	123
Mischungsgröße	145, 149, 293
Mischungsregel	123, 161, 244
Mischungsregel, dichteabhängige	133, 204
Mischungsregel, lineare	126
Mischungsregel, quadratische	124
Mischungsregel, zusammensetzungsabhängige	138, 204, 230
Mischungsregeln, Vergleich	142
Mittelwert, geometrischer	125
Molekül, repräsentatives	221
Molekular-Simulation	49, 249
Molmasse	232
Molmassenverteilung	222
Monoglycerid	232
Mulia-Yesavage-Gleichung	64, 113, 278, 291
Multipolmoment	200

N

n-Butan	75, 216, 287
n-Decan	180
n-Eicosan	109, 224
n-Heptan	287
n-Hexadecan	107, 175, 177, 183, 191, 193, 287
n-Hexan	109, 170, 183, 210
n-Octadecan	224
n-Octan	47, 107, 287
n-Pentan	287
n-Tetracosan	224
Newton-Raphson-Methode	169, 185

Sachwortverzeichnis

Newton-Verfahren 166
Nichtsphärizitätsfaktor 53
NMR-Spektroskopie 220
NRTL-Gleichung 130, 134

O

Ölsäuremethylester 114
Orbital 200

P

P,x-Prisma 177
Paarpotential 51, 199
Paarverteilungsfunktion 129
Packungsdichte 131
PACT-Modell 57
Panagiotopoulos-Reid-Mischungsregel 140, 210
Parameter-Korrelationen 94
Partialdruck 16, 147
partielle molare Größe 293
Patel-Teja-Gleichung 122, 198, 202
Peng-Robinson-Gleichung 27, 37, 64, 74, 94, 112, 118, 121, 122, 136, 138, 153, 158, 172, 173, 176, 181, 183, 197, 226, 242, 278, 287, 291, 299
Percus-Yevick-Theorie 128
Perturbed-Hard-Chain-Theorie 56
pflanzliche Fette und Öle 236
Phasenanteil 188
Phasengesetz, Gibbssches 14
Phasengleichgewicht 1
PHC-Gleichung 206, 226, 246, 299
PHC-Theorie 56, 57
polar 199, 249
Polarisation 200
Polarisierbarkeit 68
Polarität 203
Potential, chemisches 10, 15
Potential, thermodynamisches 275
Poynting-Faktor 195
Programmablaufplan 116, 164, 167, 295, 296, 297
Propan 216, 287
Propen 287
Prozeß 6
Prozeßsimulation 159
PSC-Theorie 57
Pseudokomponente 206, 219, 221, 229, 234
PSRK-Gleichung 131
Punkt, trikritischer 239

Q

Quadrupolmoment 199

R

Raoultsches Gesetz 235
Realanteil 79
Rechenzeit 159
Redlich-Kwong-Gleichung 31, 64, 121, 130, 197, 201, 239, 278
Referenzfluid 50
Reinstoffparameter 69, 94, 248
Rektifikation 1, 159
Repulsionskräfte 125
Repulsionsterm 27
Residualgröße 79, 146, 155
Residualgrößen 79
reversibel 7
Rotationsfreiheitsgrade 55

S

Sättigungsdichte 121
Scaled-Particle-Theorie 128
Schmidt-Wenzel-Gleichung 122, 197, 206
Schreiner-Gleichung 39, 241
Schwarzentruber-Mischungsregel 141, 210
Schwefelwasserstoff 184
Schweröl 236
Schwingungsfreiheitsgrade 55
Scott-Gleichung 52
Siededruckproblem 163, 164, 180, 296
Siedetemperatur 104
Siedetemperaturproblem 163, 295
Soave-Redlich-Kwong-Gleichung 27
SPHC-Theorie 57, 239
Spinodale 24
Square-Well-Potential 54, 56, 58, 59
SRK-Gleichung 27, 34, 94, 96, 112, 122, 130, 172, 173, 197, 202, 226, 291, 299
Stabilität 190, 239
Stabilität, mechanische 13, 23
Stabilität, thermische 13
Stabilitätsbedingungen 11
Stabilitätskriterium 12
Standardabweichung 172
Standardfugazität 18
Standardzustand 179
Stickstoff 184, 242
Störungsterm 53, 60
Störungstheorie 50
Stoffbilanz 162, 187
Strukturparameter 220
Stryjek-Vera-Mischungsregel 140, 210
Stützpunktmethode 236
sukzessive Substitution 165, 168
Summationsbeziehung 162, 187
System 5

System, abgeschlossenes 5
System, binär 155, 157, 158, 170, 173, 198, 215
System, geschlossenes 6
System, offenes 6, 10
System, quaternär 177, 193
System, ternär 175, 183, 191
Systemgrenze 5

T

Tangentialebenen-Kriterium 169
Taudruckproblem 163
Taupunkt-Gebiet 223
Tautemperaturproblem 163, 297
Temperatur, kritische 70, 94
Temperaturabhängigkeit 66, 71, 202, 247, 299
Tetramer 199
Thermodynamik mit kontinuierlichen Verteilungen 220
Thermodynamik, statistische 50, 249
Thermodynamisches Potential 8
Thomson, William (1824-1907) 5
Trebble-Bishnoi-Gleichung 93, 122, 241
Trennfaktor 230
Trennverfahren 1, 159
Triglycerid 232
Trimethylpentan 155

U

Umgebung 5
UNIFAC-Gleichung 130

V

van der Waals, J. 21, 124
Van-der-Waals-Gleichung 22, 26, 27, 70, 131, 239
Van-der-Waals-Mischungsregel 124, 204, 231, 232
Van-der-Waals-Theorie 55, 59
Van-der-Waals-Volumen 96
Van-Laar-Typ-Mischungsregel 140, 210
verdampfter Anteil 185
Verdampfungsenthalpie 70
Verstärkungsfaktor 196
Verteilungsfunktion 234
Vielkomponentensystem 224, 231, 233
Vielstoffsystem 248
Vierphasengebiet 184
Virialgleichung, modifizierte 41, 44
Virialkoeffizient, zweiter 41, 136
VLE 160
Volumen, partielles molares 147, 148
Volumenarbeit 7

Volumentranslation 39

W

Waals, Johannes D. van der (1837-1923) 21, 124
Wärme 6, 8
Wärmekapazität 10, 85, 86, 94, 275
Wasser 67, 76, 94, 177, 183, 184, 191, 193, 201, 215
Wasser-Kohlenwasserstoff-System 139
Wasserstoff 72, 170, 177, 180, 191, 193, 241
Wasserstoffbrückenbindung 199
Wechselwirkungsdurchmesser 127
Wechselwirkungsparameter 125, 161, 165, 175, 191, 225, 240, 245
Wong-Prausnitz-Gleichung 64, 278
Wong-Sandler-Mischungsregel 136

Y

Yu-Lu-Gleichung 122, 210

Z

Zersetzungstemperatur 94
Zielfunktion 165
Zustand 6
Zustandsfunktion 82
Zustandsgleichung 246
Zustandsgleichung, kubische 21, 41
Zustandsgleichung, thermische 2
Zustandsgröße 6
Zustandssumme 55, 56
Zweiphasengebiet 178

1-Pentylnaphthalin 224
α-Tocopherol 115, 173
ω-3-Fettsäure 229